Adobe

Adobe After Effects CC 2019 经典教程

[美] 布里·根希尔德（Brie Gyncild）丽莎·弗里斯玛（Lisa Fridsma）著
武传海 译

人 民 邮 电 出 版 社
北 京

图书在版编目（CIP）数据

Adobe After Effects CC 2019经典教程 /（美）布里·根希尔德（Brie Gyncild），（美）丽莎·弗里斯玛（Lisa Fridsma）著；武传海译. -- 北京：人民邮电出版社，2021.1
ISBN 978-7-115-52709-7

Ⅰ. ①A… Ⅱ. ①布… ②丽… ③武… Ⅲ. ①图象处理软件—教材 Ⅳ. ①TP391.413

中国版本图书馆CIP数据核字(2019)第267720号

版权声明

◆ 著　［美］布里·根希尔德（Brie Gyncild）
　　　［美］丽莎·弗里斯玛（Lisa Fridsma）
　译　武传海
　责任编辑　胡俊英
　责任印制　王　郁　焦志炜
◆ 人民邮电出版社出版发行　北京市丰台区成寿寺路 11 号
　邮编　100164　电子邮件　315@ptpress.com.cn
　网址　https://www.ptpress.com.cn
　北京鑫正大印刷有限公司印刷
◆ 开本：800×1000　1/16
　印张：25
　字数：560 千字　2021 年 1 月第 1 版
　印数：1 – 2 000 册　2021 年 1 月北京第 1 次印刷

著作权合同登记号　图字：01-2019-3815 号

定价：79.90 元

读者服务热线：(010)81055410　印装质量热线：(010)81055316
反盗版热线：(010)81055315
广告经营许可证：京东市监广登字 20170147 号

内容提要

本书由 Adobe 公司的专家编写，是 Adobe After Effects CC 软件的官方指定培训教材。

本书内容共分为 15 课，每一课先介绍重要的知识点，然后借助具体的示例进行讲解，步骤详细，重点明确，让读者尽快学会如何进行实际操作。本书是一个有机的整体，涵盖了 After Effects 的工作流程、使用效果和预设创建基本动画、文本动画、使用形状图层、多媒体演示动画、制作图层动画、使用蒙版、使用人偶工具使对象变形、使用 Roto 笔刷工具、颜色校正、创建动态图形模板、使用 3D 功能、使用 3D 摄像机跟踪器、高级编辑技术以及渲染和输出等内容，并在适当的地方穿插介绍了 After Effects CC 版本中的新功能。

本书语言通俗易懂，并配有大量图示，特别适合 After Effects 新手阅读；有一定 After Effects 使用经验的读者也可以通过本书学到大量高级功能和 After Effects CC 的新增功能。本书也适合作为相关培训班的教材。

前 言

Adobe After Effects 为动态影像设计师、视觉效果艺术家、网页设计师、影视专业人员提供了一套完整的 2D 与 3D 工具，用来实现影像合成、动画以及各种动态效果。After Effects 广泛应用于电影、视频、DVD 以及 Web 等后期数字制作过程中。借助 After Effects 软件，你可以使用不同方式合成图层，应用和合成复杂的视觉、声音效果，并让对象与效果动起来。

关于本书

本书是 Adobe 图形图像与排版软件官方培训教程之一，在 Adobe 产品专家的支持下编写并推出。本书在设计时做了精心的安排，大家可以灵活地使用本书自学。如果是初次接触 Adobe After Effects 软件，那么你将会在本书中学到各种基础知识、概念，为掌握 After Effects 打下坚实的基础。如果你已经用过一段时间的 After Effects，那么你将通过本书学到软件的许多高级功能，包括新版本的使用提示与技巧。

书中每课在讲解相关项目时，都给出了详细的操作步骤。尽管如此，讲解仍然留出了一些空间，以供大家自己去探索与尝试。在学习本书时，你既可以从头一直学到尾，也可以只学习自己感兴趣的部分，请根据自身情况灵活安排。本书在每一课的结尾都安排了复习部分，以便大家对前面学习的内容进行巩固。

配置学习环境

在学习本书之前，要保证你的计算机系统设置正确，并且安装了所需软件与硬件。你应该对自己的计算机和操作系统有一定的了解，会使用鼠标、标准菜单与命令，还知道如何打开、保存、关闭文件。如果你还不懂这些知识，请阅读相关的纸质文档或在线文档。这些文档你可以在 Microsoft Windows、Apple macOS 软件中找到。

在学习本书之前，你需要先在计算机上安装 After Effects CC（2019 release）与 Adobe Bridge CC 两款软件。书中的练习全部基于 After Effects CC（2019 release）。

安装 After Effects、Bridge、Media Encoder

本书不提供 Adobe After Effects CC 软件，它是 Adobe Creative Cloud 的一部分，你必须另行购买。关于安装 After Effects CC 的系统需求与说明，请访问 Adobe 官网关于 After Effects

CC 的页面。请注意，After Effects CC 软件需要安装在 64 位操作系统下。为了观看 QuickTime 影片，你还需要在自己的计算机系统中安装 Apple QuickTime 7.6.6 或更新版本。

学习本书的部分课程时，需要用到 Adobe Bridge 与 Adobe Media Encoder 两款软件。After Effects、Bridge、Media Encoder 这 3 款软件是相互独立的，需要分别安装。你必须通过 Adobe Creative Cloud 把它们安装到你的硬盘上。在安装时，你只要根据软件提示一步步往下进行即可顺利完成软件安装。

激活字体

本书的部分课程会用到几款特殊字体，你的系统中可能没有安装它们。为此，你可以使用 Adobe Fonts 激活这些字体，或者选用系统中的类似字体进行替换。请注意：如果你选用类似字体进行替换，那最终得到的效果可能和本书给出的效果不太一样。Adobe Fonts 许可证包含在 Creative Cloud 之中。

为了激活这些字体，你可以在 After Effects 中依次选择 File（文件）→ Fonts From Adobe（从 Adobe 添加字体）菜单，或者单击 Creative Cloud 图标，在属性面板的 Font 菜单中添加 Adobe Fonts，然后进入 Adobe 字体页面，找到相应字体进行激活。

优化性能

在台式计算机中制作影片非常消耗内存。After Effects CC（2019 release）正常运行需要至少 8GB 内存。After Effects 在运行时可用的内存越多，其运行速度越快。与 After Effects 内存优化、缓存使用以及其他设置相关的内容，请阅读 After Effects 帮助菜单中的 Improve performance（提升性能）部分。

恢复默认设置

配置文件控制着 After Effects 用户界面在屏幕上的呈现方式。本书在讲解与工具、选项、窗口、面板等外观有关的内容时都假定你使用的是默认用户界面。因此，建议你为 After Effects 恢复默认配置文件，尤其是当你初次接触 After Effects 时，强烈建议你这样做。

在每次退出时，After Effects 都会把面板位置、某些命令设置保存在配置文件中。启动 After Effects 时，按 Ctrl+Alt+Shift（Windows）或 Command+Option+Shift（macOS）组合键即可恢复默认配置。（当你启动 After Effects 时，若配置文件不存在，则 After Effects 会自动新建配置文件。）

如果有人在你的计算机上用过 After Effects 并做了个性化设置，那恢复默认配置功能将会非常有用。你可以使用它把 After Effects 恢复成原来的样子。如果你安装好 After Effects 软件之后还未启动过它，此时配置文件不存在，也就不需要执行恢复默认配置这个操作了。

注意：如果你想保存当前设置，建议不要把现有配置文件删除，而是改成其他名字。这样，当你想恢复原来的设置时，可以把配置文件名重新改回去，并且确保配置文件位于正确的配置文件夹中。

1. 在你的计算机中，找到 After Effects 的配置文件夹。
   - Windows 系统：.../Users/<user name>/AppData/Roaming/Adobe/After Effects/16.0。
   - macOS 系统：.../Users/<user name>/Library/Preferences/Adobe/After Effects/16.0。
2. 对想保留的配置文件进行重命名，然后重启 After Effects。

注意：在 macOS 系统下，Library 文件夹默认是隐藏的。要在 Finder 中查看它，请选择 Go → Go To Folder，然后在 Go To Folder 对话框中，输入“~/Library”，再单击 Go 按钮。

资源下载

购买本书之后，请访问“数艺设”网站（www.shuyishe.com），并在本书对应的页面内下载与书配套的资源。

课程文件

在本书学习过程中，为了跟做示例项目，你需要下载课程文件。当你下载时，既可以按课分别下载，也可以一次把所有文件全部下载下来。

组织课程文件

本书的课程文件以 ZIP 文档形式提供，这不仅可以加快下载速度，还可以起到保护作用，防止文件在传输过程中发生损坏。当你使用课程文件之前，必须先对下载的文件进行解压缩，恢复它们原来的大小和格式。在 macOS 和 Windows 系统中，双击即可打开 ZIP 文档。

1. 在硬盘上，找一个合适的位置，新建一个文件夹，将其命名为 Lessons。具体操作方法如下。
   - 在 Windows 系统下，单击鼠标右键，在弹出的快捷菜单中，依次选择 New → Folder（新建→文件夹），而后为文件夹输入名称。
   - 在 macOS 系统下，在 Finder 中，依次选择 File（文件）→ New Folder（新建文件夹），为新建的文件夹输入名称，再将其拖曳到指定的位置。
2. 把解压缩后的课程文件夹（里面包含一系列名为 Lesson01、Lesson02 的文件夹）拖曳到你刚刚创建的 Lessons 文件夹中。当你开始学习时，可以进入与课程对应的文件夹，在其中找到所有学习所需的资源。

Ae **注意：**出于某些原因，你可能需要重新下载课程文件，此时，你可以再次到“数艺设”网站下载它们，并且可以随时下载。

复制示例影片和项目

在本书部分课程的学习过程中，你需要创建与渲染一个或多个影片。Sample_Movies 文件夹中包含每一课的最终效果文件，你可以通过这些文件了解最终的制作效果，并把它们与自己制作的效果进行比较。

End_Project_File 文件夹中包含每一课完整的项目文件，上面提到的最终效果文件就是由这些项目文件输出的。你可以将这些项目文件作为参考，把自己制作的项目文件与这些文件进行比较，分析产生效果差异的原因。

最终效果文件（示例影片）与项目文件的大小不一，有的很小，有的几兆字节。如果有足够的存储空间，你可以把它们一次性全部下载下来。当然，你也可以学一课下载一课的文件，并把之前用过的文件删除，这样可以大大节省存储空间。

如何使用这些课程

本书中的每一课都提供了详细的操作步骤，这些步骤用来创建真实项目中的一个或多个特定元素。这些课程在概念和技巧上是相辅相成的，所以学习本书最好的方法是按照顺序来学习这些课程。请注意：在这本书中，有些技术和方法只在你第一次使用它们时做详细讲解。

After Effects 应用程序的许多功能都有多种操控方法，比如菜单命令、按钮、拖曳和键盘快捷键。在某个项目的制作过程中，同一种功能用到的操控方法可能不止一种，这样即使这个项目你以前做过，你仍然可以从中学到不同的操控方法。

请注意，本书课程的组织以设计而非软件功能为导向。也就是说，你将在几节课而非一节课中处理真实设计项目中的图层和效果。

更多资源

本书并非用来取代软件说明文档，因此不会详细讲解软件的每个功能，而只讲解课程中用到的命令和菜单。

After Effects 软件中附带的教程可以带你入门。在 After Effects 中，依次选择 Help（帮助）→ Learn After Effects（了解 After Effects），打开 Learn 面板，其中包含一系列教程。

资源与支持

本书由“数艺设”出品，“数艺设”社区平台（www.shuyishe.com）为您提供后续服务。

资源获取请扫码

“数艺设”社区平台，为艺术设计从业者提供专业的教育产品。

与我们联系

我们的联系邮箱是 szys@ptpress.com.cn。如果您对本书有任何疑问或建议，请您发邮件给我们，并请在邮件标题中注明本书书名及 ISBN，以便我们更高效地做出反馈。

如果您有兴趣出版图书、录制教学课程，或者参与技术审校等工作，可以发邮件给我们；有意出版图书的作者也可以到“数艺设”社区平台在线投稿（直接访问 www.shuyishe.com 即可）。如果学校、培训机构或企业想批量购买本书或“数艺设”出版的其他图书，也可以发邮件联系我们。

如果您在网上发现针对“数艺设”出品图书的各种形式的盗版行为，包括对图书全部或部分内容的非授权传播，请您将怀疑有侵权行为的链接通过邮件发给我们。您的这一举动是对作者权益的保护，也是我们持续为您提供有价值的内容的动力之源。

关于“数艺设”

人民邮电出版社有限公司旗下品牌“数艺设”，专注于专业艺术设计类图书出版，为艺术设计从业者提供专业的图书、U 书、课程等教育产品。出版领域涉及平面、三维、影视、摄影与后期等数字艺术门类，字体设计、品牌设计、色彩设计等设计理论与应用门类，UI 设计、电商设计、新媒体设计、游戏设计、交互设计、原型设计等互联网设计门类，环艺设计手绘、插画设计手绘、工业设计手绘等设计手绘门类。更多服务请访问“数艺设”社区平台 www.shuyishe.com。我们将提供及时、准确、专业的学习服务。

目　录

第1课 了解工作流程

课程概述

本课讲解如下内容：

- 创建项目与导入素材
- 创建合成与排列图层
- 了解 Adobe After Effects 界面
- 使用 Project（项目）、Composition（合成）、Timeline（时间轴）面板
- 更改图层属性
- 应用基本效果
- 创建关键帧
- 预览作品
- 自定义工作区
- 设置用户界面
- 查找更多 After Effects 资源

学完本课大约需要 1 小时。如果你尚未下载本课项目文件，请先到“数艺设”网站下载。在学习本课的过程中，原始项目文件会被覆盖掉。如果你想用原始项目文件，请另行备份。

项目：TITLE SEQUENCE

无论你是使用After Effects制作简单的DVD片头动画，还是创建复杂的特效，所遵循的基本工作流程通常都是一样的。After Effects出色的用户界面为你创作作品提供了极大的便利，并且在制作作品的各个阶段你都能深切地体会到这一点。

After Effects工作区

After Effects 拥有灵活且可自定义的工作区。After Effects 的主窗口称为“应用程序窗口”（application window），其中排列着各种面板，形成所谓的工作区（workspace）。在默认工作区中既有堆叠面板也有独立面板，如图 1-1 所示。

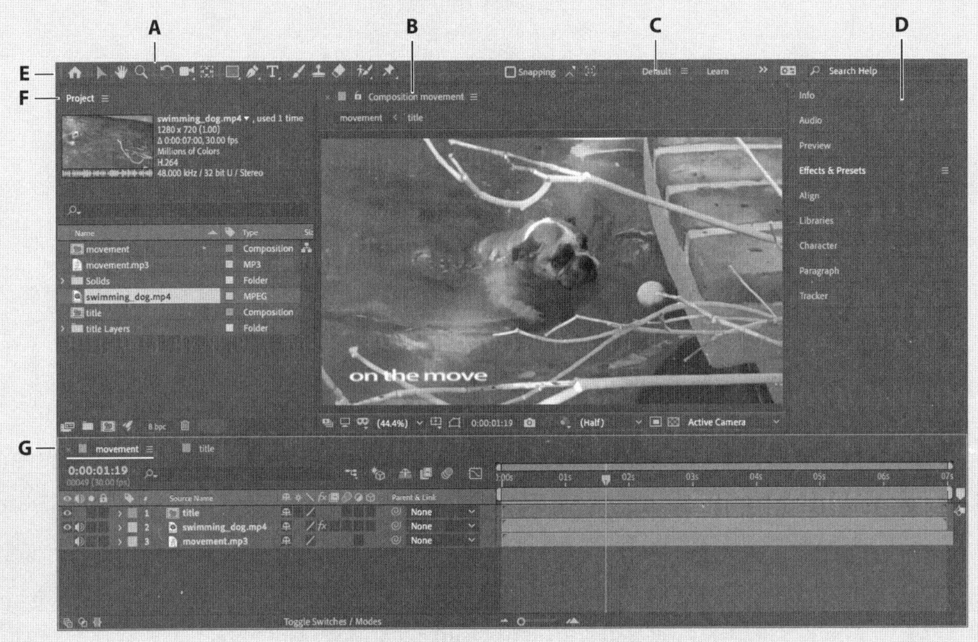

A 应用程序窗口　B 合成面板　C 工作区菜单条　D 堆叠面板

E 工具面板　F 项目面板　G 时间轴面板

图1-1

你可以根据自己的工作习惯通过拖曳面板来定制工作区。你可以把面板拖放到新位置，更改面板的堆叠顺序，把面板拖入或拖离一个组，将面板并排或堆叠在一起；还可以把面板拖出让其作为新窗口漂浮在应用程序窗口之上。当你重排某些面板时，其他面板会自动调整大小，以适应窗口尺寸。

你可以通过面板标题条将面板拖曳到指定的位置，此时，停放面板的区域（称为“拖放区”）会高亮显示。拖放区决定面板在工作区中的插入位置与方式。把一个面板拖曳到一个拖放区将实现面板的停靠、分组、堆叠操作。

当把一个面板被拖曳到另一个面板、面板组或窗口的边缘时，它会紧挨着现有组停靠，并且调整所有组的尺寸，以便容纳新面板。

当把一个面板被拖曳到另一个面板、面板组中，或拖至某个面板的标题区时，该面板将被添加到现有面板组，并且位于堆叠的最顶层。对一个面板进行分组不会引起其他分组尺寸的变化。

你还可以在浮动窗口中打开一个面板。为此，需要先选择面板，然后在面板菜单中选择 Undock Panel（浮动面板）或 Undock Frame（浮动框架），也可以把面板或面板组拖离应用程序窗口。

1.1 准备工作

在 After Effects 中，一个基本的工作流程包含 6 个步骤：导入与组织素材、创建合成与排列图层、添加效果、制作元素动画、预览作品、渲染及输出最终合成以供他人观看。本课将使用上述工作流程制作一个简单的视频动画，制作过程会介绍 After Effects 用户界面的相关内容。

首先，请你预览一下最终效果，明确本课要创建的效果。

1. 检查你的硬盘的 Lessons/Lesson01 文件夹中是否包含如下文件。若没有，请立即前往“数艺设”网站下载。
   - Assets 文件夹：movement.mp3、swimming_dog.mp4、title.psd。
   - Sample_Movies 文件夹：Lesson01.avi、Lesson01.mov。
2. 在 Windows Movies & TV 中打开并播放 Lesson01.avi 示例影片，或者使用 QuickTime Player 播放 Lesson01.mov 示例影片，了解本课要创建什么效果。在观看完之后，关闭 Windows Movies & TV 或 QuickTime Player。如果存储空间有限，此时，你可以把这两段示例影片从硬盘中删除。

1.2 创建项目与导入素材

在学习每课之前，最好先把 After Effects 恢复成默认设置（参见前言中“恢复默认设置”中的内容）。你可以使用如下快捷键完成这个操作。

1. 启动 After Effects 时，立即按下 Ctrl+Alt+Shift（Windows 系统）或 Command+Option+Shift（macOS 系统）组合键，弹出一个消息框，询问“是否确实要删除你的首选项文件？”，单击 OK（确定）按钮，即可删除你的首选项文件，恢复默认设置。

在 After Effects 启动后，会首先打开 Home（主页）窗口。通过这个窗口，你可以更轻松地访问最近的 After Effects 项目、教程，以及关于 After Effects 的更多信息。

提示：在 Windows 系统下恢复默认设置可能会比较棘手，尤其是当你使用的是一个速度极快的系统时。你需要在双击应用程序的图标之后，在 After Effects 列出活动文件之前按下组合键。或者，你还可以在 After Effects 启动完成后，依次选择 Edit（编辑）→ [你的 Creative Cloud 账户名] → Clear Settings（清除设置）命令，然后重启 After Effects。

2. 如图 1-2 所示，在 Home（主页）窗口中，单击 New Project（新建项目）。

图1-2

此时，After Effects 会打开一个未命名的空项目，如图 1-3 所示。

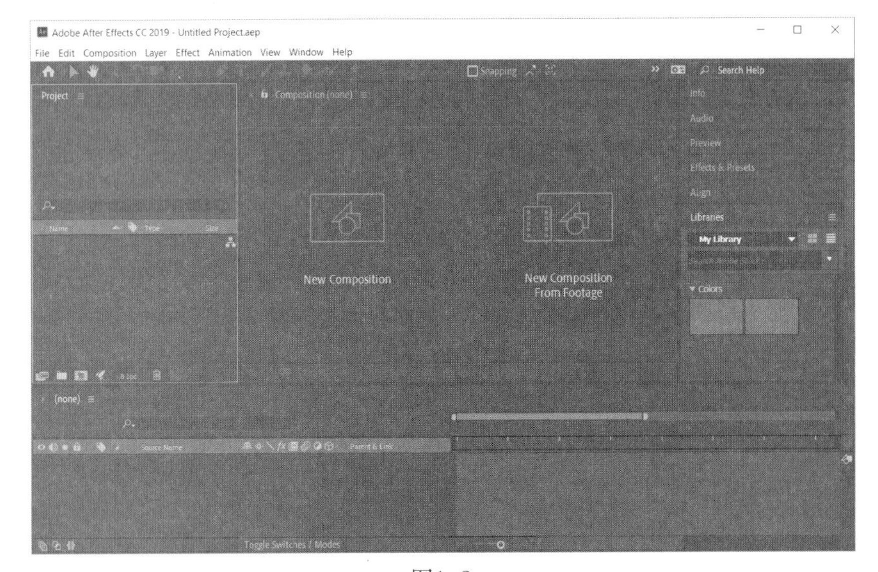

图1-3

> **提示：**双击标签面板可以快速将一个面板最大化，要想将面板恢复到原始大小，可以再次双击标签面板。

After Effects 项目是单个文件，其中保存对项目所有素材的引用。项目文件中还包含有合成（compositions），合成是一个容器，用来组合素材、应用特效以及生成输出。

新建项目后，首先要做的是向其添加素材。

3. 在菜单栏中，依次选择 File（文件）→ Import（导入）→ File（文件）菜单，打开“导入文件”对话框。

4. 在“导入文件”对话框中，转到 Lessons/Lesson01/Assets 文件夹下，按住 Shift 键，点选 movement.mp3 与 swimming_dog.mp4 这两个文件，把它们同时选中，然后单击 Import（导入）或 Open（打开）按钮（见图 1-4）。

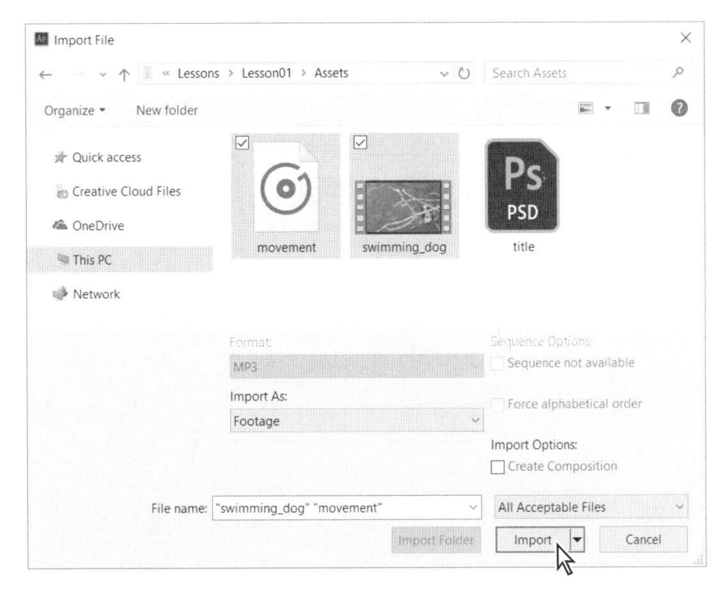

图1-4

素材是 After Effects 项目的基本单位。After Effects 支持导入多种素材，包括动态图像文件、静态图像文件、静态图像序列、音频文件、Adobe Photoshop 与 Adobe Illustrator 产生的图层文件、其他 After Effects 项目、Adobe Premiere Pro 项目，并且支持随时导入素材。

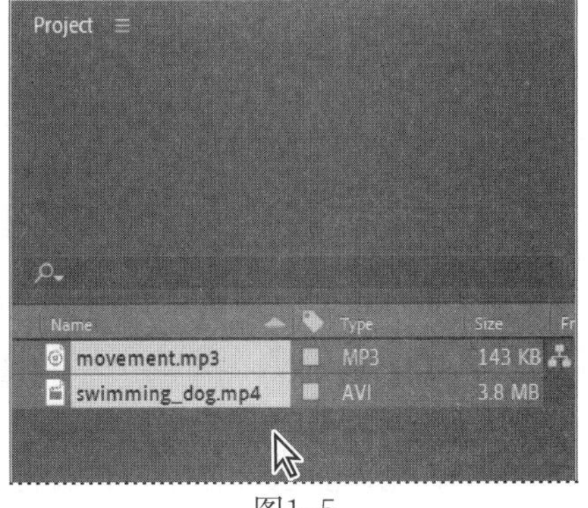

图1-5

在导入素材时，After Effects 将在 Info（信息）面板中显示导入进程。

在本项目制作时，你会用到一个包含多个图层的 Photoshop 文件，我们需要将其作为一个合成单独导入。

5. 如图 1-5 所示，在 Project（项目）面板素材列表下的空白区域中，双击鼠标左键，打开 Import File（导入文件）对话框。

> **提示：** 你还可以从菜单栏中选择 File（文件）→ Import（导入）→ Multiple Files（多个文件）菜单，选择位于不同文件夹中的文件。或者，从资源浏览器或 Finder 中拖放多个文件。此外，你也可以使用 Adobe Bridge 搜索、管理、预览和导入素材。

6. 再次转到 Lesson01/Assets 文件夹，选择 title.psd 文件。在 Import As（导入为）中，选择 Composition（合成）（在 macOS 系统下，可能需要单击 Options 才能看到 Import As 菜单）。然后，单击 Import（导入）或 Open（打开）按钮（见图 1-6）。

After Effects 会打开另外一个对话框，显示当前导入文件的多个选项。

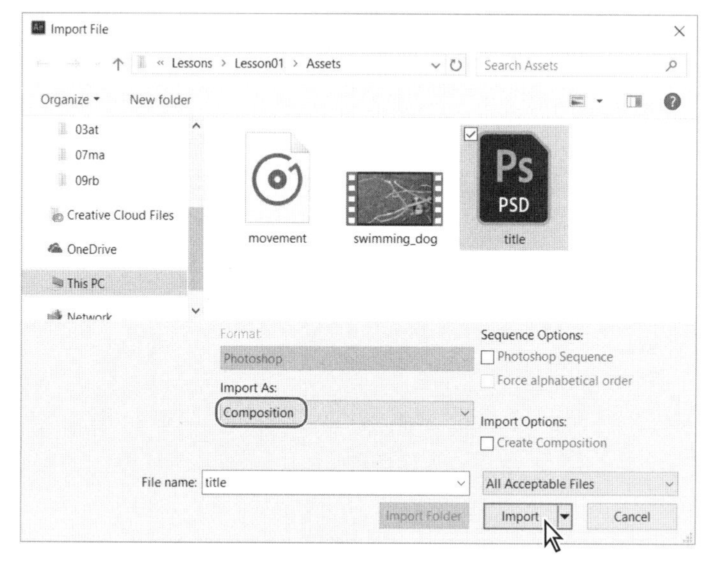

图1-6

7. 如图 1-7 所示，在 title.psd 对话框中，在 Import Kind（导入种类）中选择 Composition（合成），把包含图层的 Photoshop 文件导入为合成。在 Layer Options（图层选项）中，选择 Editable Layer Styles（可编辑的图层样式），然后单击 OK（确定）按钮。

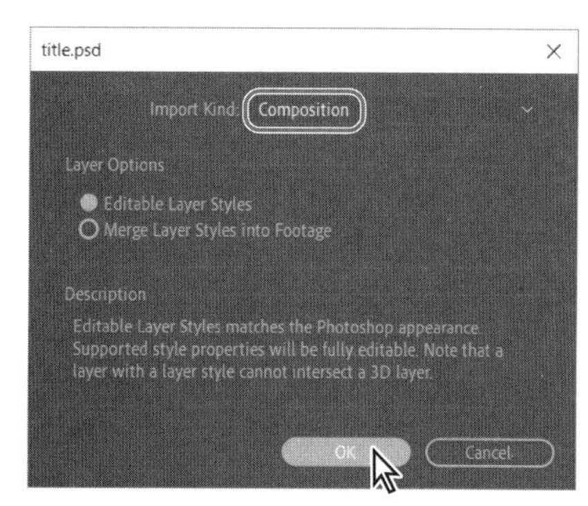

图1-7

此时，在项目面板中，即可看到所导入的素材。

8. 如图 1-8 所示，在 Project（项目）面板中，单击选择不同素材。此时，在 Project（项目）面板的顶部区域，你会看到相应的预览缩略图，而且在缩略图右侧还显示着各个素材文件的类型、大小等信息。

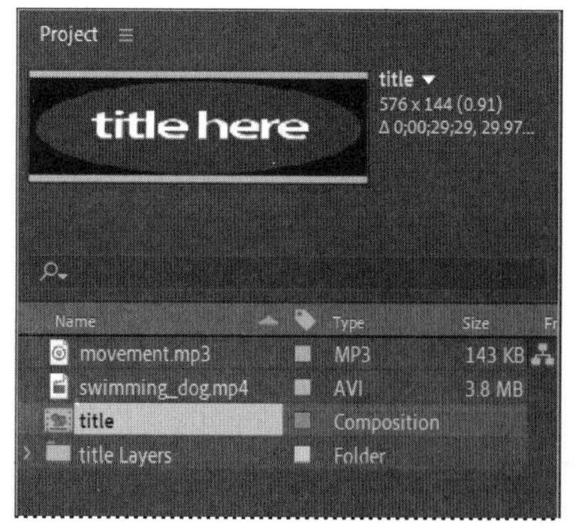

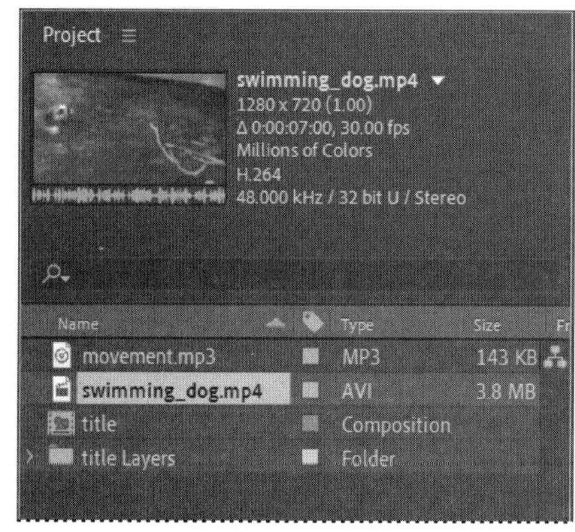

图1-8

请注意，在导入文件时，After Effects 并不会把视频、音频本身复制到项目中。Project（项目）面板中列出的每个素材项包含的只是到相应源文件的引用链接。当 After Effects 需要获取图像或音频时，它会直接从相应的源文件读取。这样做可以使项目文件保持较小的尺寸，并且允许你在其他应用程序中修改源文件，而无须修改项目文件。

如果你移走了源文件，或者 After Effects 无法访问到源文件，After Effects 就会报文件缺失警告。此时，可以选择 File（文件）→ Dependencies（整理工程）→ Find Missing Footage（查找缺失的素材）命令，查找缺失的素材。你还可以在 Project（项目）面板的搜索框中输入 Missing Footage（缺失素材）来查找缺失的素材。

Ae **提示：**你可以使用同样的方法查找缺失的字体与效果。选择 File（文件）→ Dependencies（整理工程），然后选择 Find Missing Fonts（查找缺失的字体）或 Find Missing Effects（查找缺失的效果）。或者，在 Project（项目）面板的搜索框中，直接输入 Missing Fonts（缺失字体）或 Missing Effects（缺失效果）。

为了节省时间，最大限度地减小项目尺寸和降低复杂度，即使某个素材在一个合成中多次用到，通常也只导入一次。但是，在某些情况下，你可能仍然需要多次导入同一个源素材文件，例如当你需要以不同的帧速率使用这个素材文件时。

当素材导入完成后，接下来就该保存项目了。

9. 选择 File（文件）→ Save（保存）命令，在弹出的 Save As（另存为）对话框中，转到 Lessons/ Lesson01/Finished_Project 文件夹，把项目命名为 Lesson01_Finished.aep，然后单击 Save（保存）按钮。

1.3 创建合成和排列图层

工作流程的下一步是创建合成。在合成中，你可以创建动画、图层、效果。After Effects 中的合成同时具有空间大小和时间大小（时长）。

合成包含一个或多个图层，它们排列在 Composition（合成）面板和 Timeline（时间轴）面板中。添加到合成中的任何一个素材（例如静态图像、动态图像、音频文件、灯光图层、摄像机图层，甚至另一个合成）都是一个新图层。简单项目可能只包含一个合成，而复杂项目可能包含若干个图层，用来组织大量素材或复杂效果序列。

在创建合成时，你只需把素材拖曳到 Timeline（时间轴）面板中，After Effects 会自动为它们创建图层。

Ae **提示：**在导入素材时，在 Import File（导入文件）对话框中，选择待导入的文件，然后在“导入选项”下选择“创建合成”，即可从选中的素材创建合成。

1. 如图 1-9 所示，在 Project（项目）面板中，按住 Shift 键，同时选中 movement.mp3、swimming_dog.mp4、title 这 3 个素材。请注意，不要选择 title 图层文件夹。

2. 把选中的素材拖曳到 Timeline（时间轴）面板中。此时会弹出 New Composition From Selection（基于所选项新建合成）对话框，如图 1-10 所示。

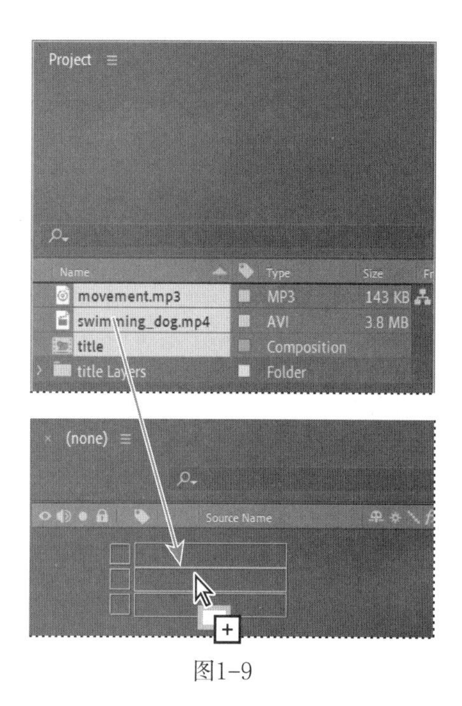

图1-9

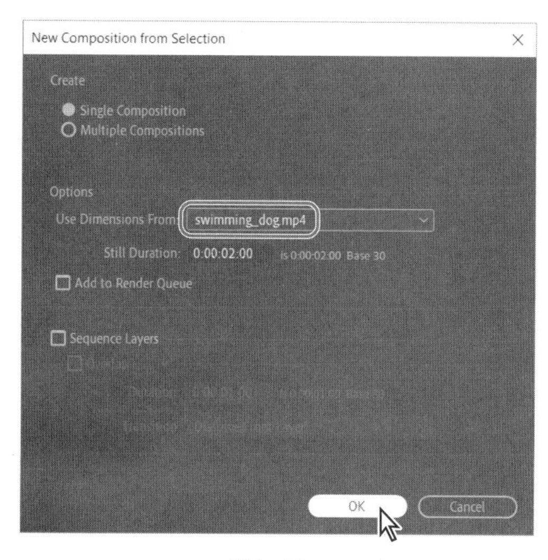

图1-10

After Effects 根据所选素材确定新合成的尺寸。在本例中，所有素材尺寸相同，因此你可以采用对话框中默认的合成设置。

3. 在 Use Dimensions From（使用尺寸来自）中，选择 swimming_dog.mp4，然后单击 OK（确定）按钮新建合成。

如图 1-11 所示，素材以图层形式出现在 Timeline（时间轴）面板中，After Effects 在 Composition（合成）面板中显示名为 swimming_dog 的合成。

图1-11

当向某个合成添加素材时，After Effects 即以所添加的素材为源新建图层。一个合成可以包含任意多个图层，并且你可以把一个合成作为图层放入另一个合成中，这称为“合成的嵌套”。

有些素材时长比其他素材更长，但你希望它们与小狗视频一样长。为此，你可以把整个合成的持续时间更改为 7 秒，使之与小狗视频相匹配。

4. 选择 Composition（合成）→ Composition Settings（合成设置），打开 Composition Settings（合成设置）对话框。

5. 如图 1-12 所示，在 Composition Settings（合成设置）对话框中，把合成重命名为 movement，设置 Duration（持续时间）为 7 秒，然后单击 OK（确定）按钮。

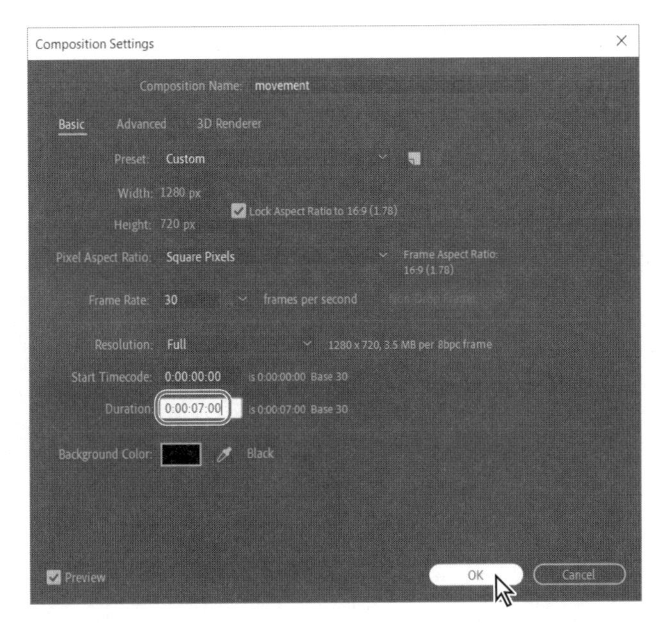

图1-12

在 Timeline（时间轴）面板中，各个图层显示为相同的持续时间。

这个合成中有 3 个素材，因此在 Timeline（时间轴）面板中显示为 3 个图层。图层堆叠顺序取决于导入素材时对素材的选择顺序，所以最终你得到的图层堆叠顺序可能与上一页不同。在添加效果与动画时，需要图层按特定的顺序堆叠，因此，接下来我们将对图层堆叠顺序进行调整。

关于图层

图层是用来创建合成的组件。添加到合成的任何素材（比如静态图像、动态图像、音频文件、灯光图层、摄像机图层、其他合成）都以图层形式存在。若没有图层，则合成只包含一个空帧。

图层把一种素材与另一种素材分开，这样当你处理这个素材时就不会影响到另一个素材了。例如，你可以移动、旋转一个图层，或者在这个图层上绘制蒙版，这些操作不会对合成中的其他图层产生影响。当然，你还可以把同一个素材放到多个图层上，每个图层用于不同用途。一般而言，Timeline（时间轴）面板中的图层顺序与 Composition（合成）面板中的堆叠顺序相对应。

6. 在 Timeline（时间轴）面板中，单击空白区域，取消图层选择。如果 title 图层不在最顶层，将其拖曳到最顶层。把 movement.mp3 图层拖曳到最底层，如图 1-13 所示。

提示：在 Timeline（时间轴）面板中单击空白区域，或者按 F2 键，可以取消对所有图层的选择。

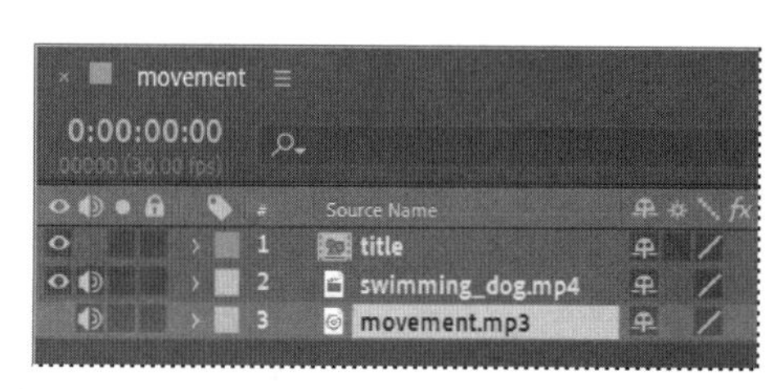

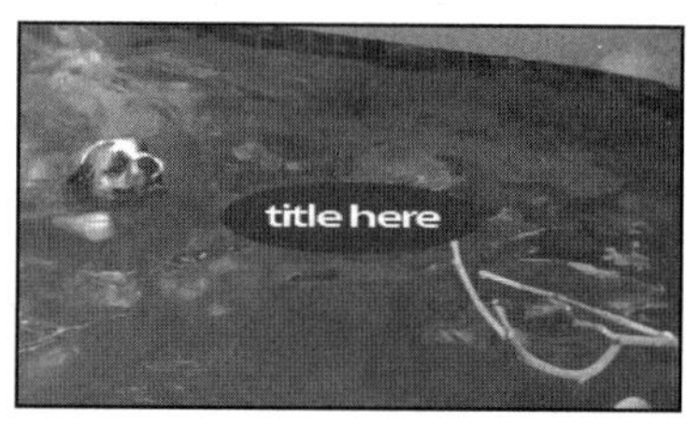

图1-13

7. 选择 File（文件）→ Save（保存）命令，保存当前项目。

1.4 添加效果与更改图层属性

前面我们已经创建好了合成，接下来就该添加效果、做变换并且添加动画了，这会是一个有趣的“旅程”。你可以添加、组合任意效果，更改图层的任意属性，比如尺寸、位置、不透明度等。你可以使用效果改变图层的外观或声音，甚至从零开始创建视觉元素。After Effects 为我们提供了几百种效果，为项目添加效果最简单的方式就是应用这些效果。

提示：本节展示的只是 After Effects 强大功能的冰山一角。在第 2 课及本书的其余课程中，我们将介绍更多有关特效和动画预设的内容。

1.4.1 更改图层属性

当前 title 位于屏幕的中央位置，它会遮挡住小狗，也很容易分散观看者的视线。为此，我们需要把它移动到画面的左下角，此时 title 仍然可见，但并不会影响整个画面的视觉表达。

1. 如图 1-14 所示，在 Timeline（时间轴）面板中，选择 title 图层（第 1 个图层）。此时，在 Composition（合成）面板中，在图层的周围出现多个控制点。

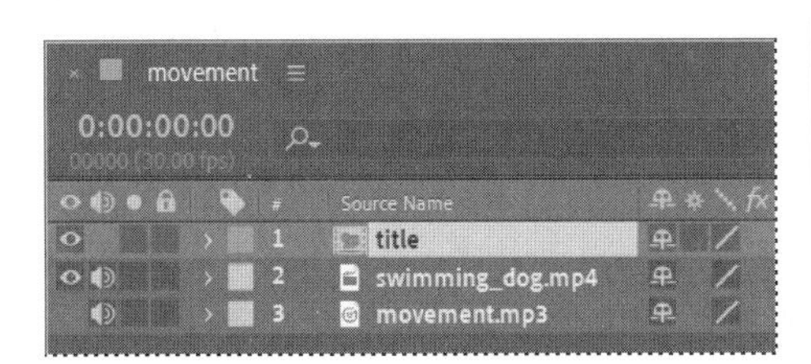

图1–14

2. 如图 1-15 所示，单击图层编号左侧的三角箭头，展开图层，再展开 Transform（变换）属性：Anchor Point（锚点）、Position（位置）、Scale（缩放）、Rotation（旋转）、Opacity（不透明度）。

3. 如果你看不到这些属性，请向下拖曳 Timeline（时间轴）面板右侧的滚动条。不过，更好的做法是，再次选中 title 图层，按 P 键（见图 1-16）。

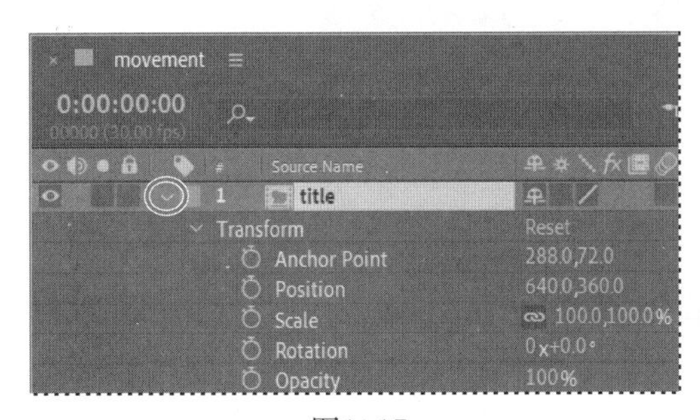

图1–15

图1–16

按 P 键后，只显示 Position（位置）属性，本节我们只修改这个属性，借此把 title 图层移动到画面左下角。

4. 如图 1-17 所示在 Position（位置）属性中，把坐标修改为 265,635。或者使用 Selection 工具（选取工具）把 title 图层拖曳到画面的左下角。

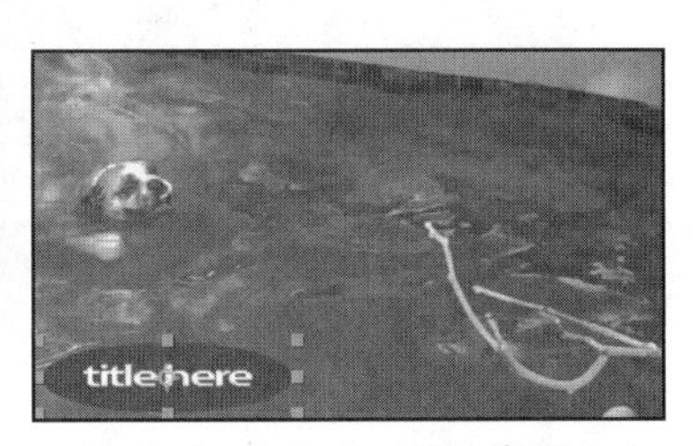

图1–17

5. 按 P 键，隐藏 Position（位置）属性，或者再次单击图层编号左侧的三角箭头，隐藏所有属性。

1.4.2 添加自动对比度

After Effects 提供了多种效果，用来校正与调整画面颜色。本节将使用 Auto Contrast（自动对比度）调整整个画面的对比度，强化水体颜色。

1. 在 Timeline（时间轴）面板中，选择 swimming_dog.mp4 图层。

提示：在 Timeline（时间轴）面板中，双击某个图层，After Effects 会在 Layer（图层）面板中打开它。此时单击 Composition（合成）标题，可返回到 Composition（合成）面板。

2. 如图 1-18 所示，在应用程序窗口右侧的堆叠面板中，单击 Effects & Presets（效果和预设）面板，将其展开。在搜索框中，输入 contrast（对比度），并按 Enter 键。

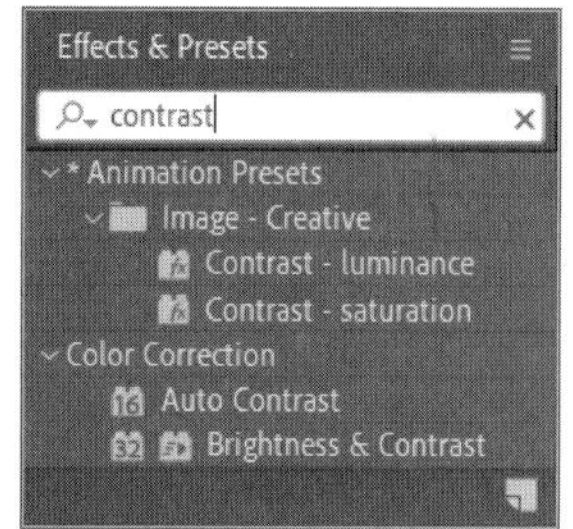

图1-18

After Effects 帮我们搜索包含 contrast 关键字的效果和预设，并把搜索结果显示出来。其实，在你输完 contrast（对比度）这个词之前，Auto Contrast（自动对比度，属于颜色校正组）效果就已经在面板中显示了出来。

3. 如图 1-19 所示，把 Auto Contrast（自动对比度）效果拖曳到 Timeline（时间轴）面板中的 swimming_dog 图层之上。

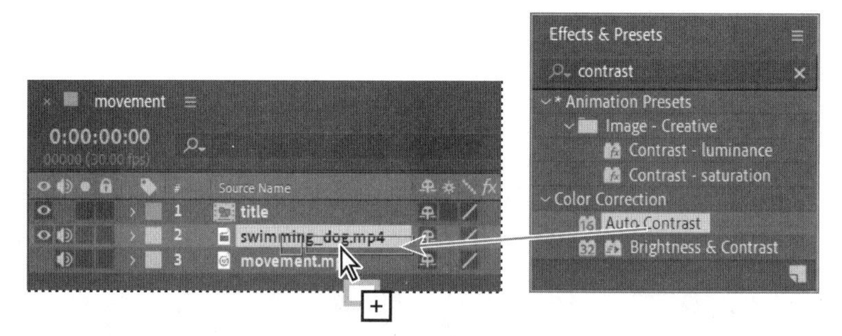

图1-19

如图 1-20 所示，After Effects 会把 Auto Contrast（自动对比度）效果应用到 swimming_dog 图层，并在工作区的左上角自动打开 Effect Controls（效果控件）面板。

Auto Contrast（自动对比度）效果大大增强了画面的对比度，并且有些过头了。此时，你可以自己调整 Auto Contrast（自动对比度）效果各个参数，把对比度降下来。

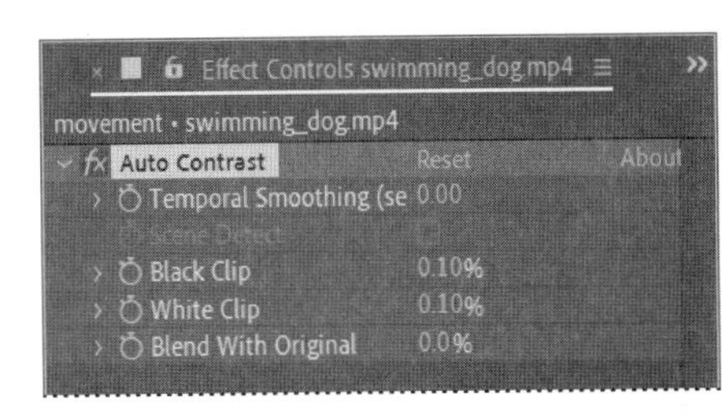

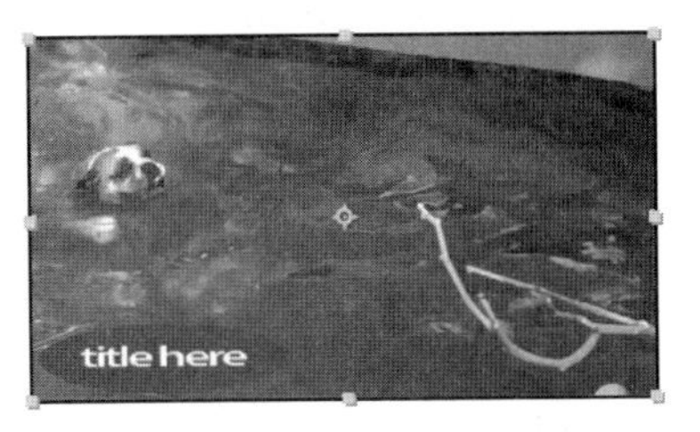

图1-20

4. 如图 1-21 所示，在 Effect Controls（效果控件）面板中，单击 Blend With Original（与原始图像混合）右侧的数字，输入 20%，按 Enter（回车键）或 Return 键，让新输入的值生效。

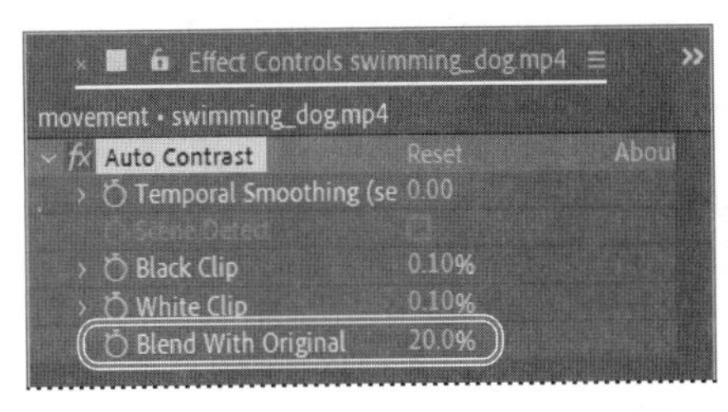

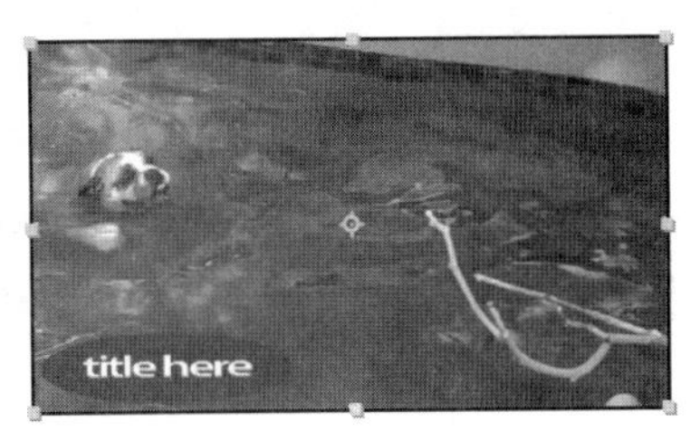

图1-21

1.4.3 添加风格化效果

After Effects 提供了大量风格化效果。例如，借助这些效果，你可以轻松地把一束光线添加到影片剪辑中，再通过控制参数调整光线的角度与明亮度，以此增强影片本身的艺术效果。

1. 如图 1-22 所示，在 Effects & Presets（效果和预设）面板中，单击搜索框右侧的“×”，将其清空。然后根据如下步骤找到 CC Light Sweep 效果：
   - 在搜索框中，输入 CC Light；
   - 单击 Generate（生成）左侧三角箭头，将其展开，找到 CC Light Sweep。

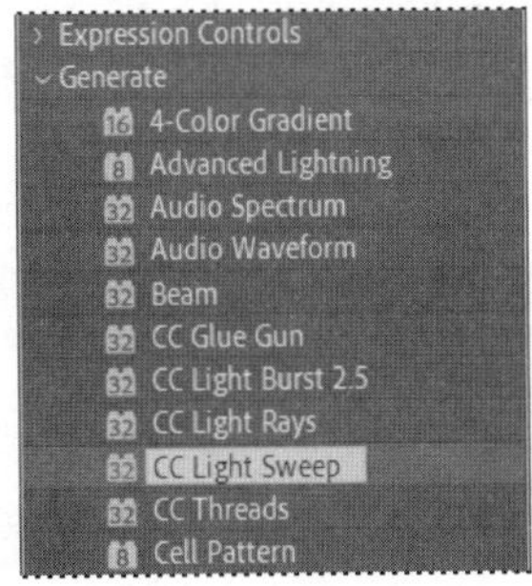

图1-22

2. 把 CC Light Sweep 拖曳到 Timeline（时间轴）面板中的 swimming_dog 图层之上。此

时，在 Effect Controls（效果控件）面板中，你可以看到刚刚添加的 CC Light Sweep 效果，它就在 Auto Contrast（自动对比度）效果之下。

3. 如图 1-23 所示，在 Effect Controls（效果控件）面板中，单击 Auto Contrast（自动对比度）效果左侧的三角形箭头，将其设置参数收起。这样可以更方便地查看 CC Light Sweep 效果的设置参数。

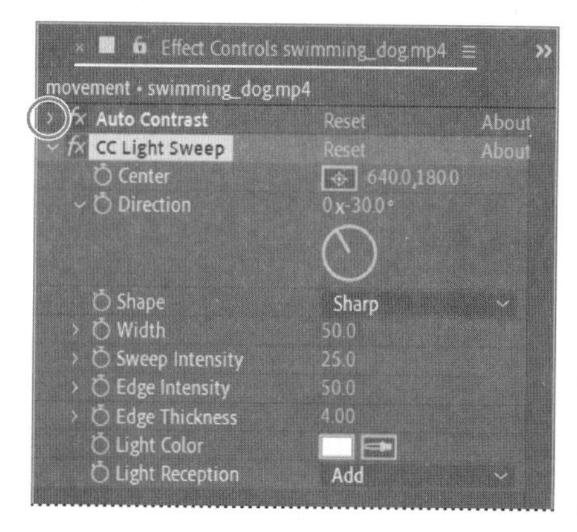

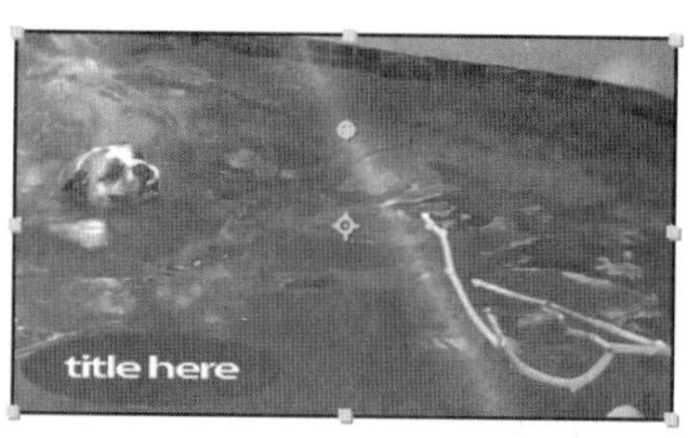

图1-23

首先，按照图 1-24 所示改变光线照射的方向。

4. 在 Direction（方向）中，输入 37°。

5. 从 Shape（形状）菜单中，选择 Smooth（平滑），把光束变宽变柔和。

6. 在 Width（宽度）中，输入 68，让光束再宽一些。

7. 把 Sweep Intensity（扫光强度）修改为 20，让光束更柔和一些。

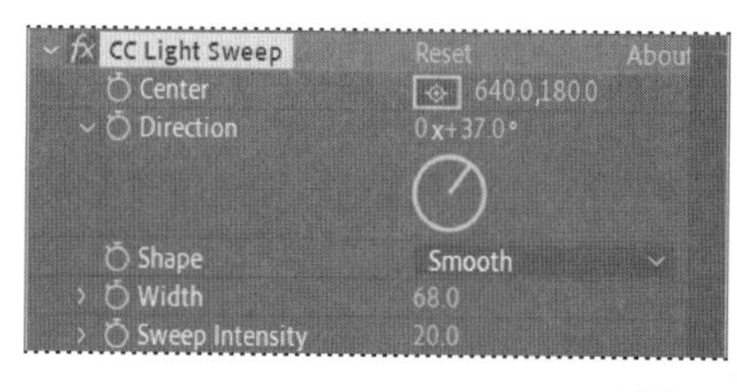

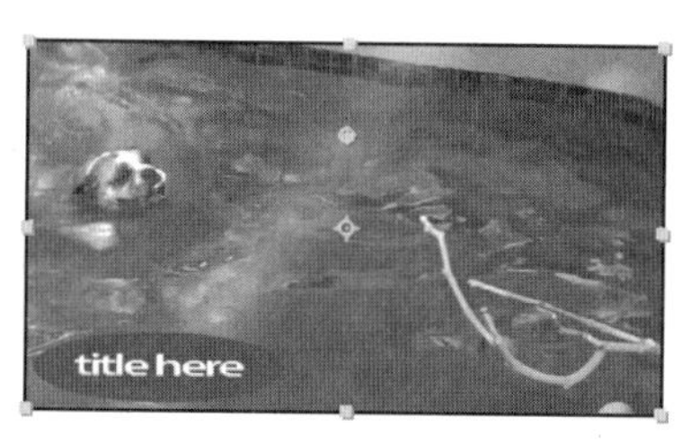

图1-24

8. 选择 File（文件）→ Save（保存），保存当前项目。

1.5 制作合成动画

到目前为止，你已经建好了一个项目，创建了合成，导入了素材，还应用了一些效果。整个画面看起来挺不错的，接下来，再来点动态效果怎么样？你前面添加的效果都只是静态效果而已。

在 After Effects 中，你可以使用传统的 Keyframe（关键帧）、Expression（表达式）、

Keyframe Assistants（关键帧辅助）让图层的多个属性随时间变化而变化。在本书的学习过程中，你会接触到这些方法。在本项目中，我们将应用一个动画预设，把指定文本在画面中逐渐显示出来，并且让文本颜色随着时间发生变化。

1.5.1　准备文本合成

在这个练习中，我们将使用一个已有的 title 合成，它是前面在导入包含图层的 Photoshop 文件时创建的。

1. 选择 Project（项目）选项卡，显示 Project（项目）面板，然后双击 title 合成，将其在时间轴（Timeline）面板中作为合成打开。

提示：如果 Project（项目）选项卡未显示，请选择 Window（窗口）→ Project（项目）打开 Project（项目）面板。

如图 1-25 所示，title 合成是在导入包含图层的 Photoshop 文件时创建的，它包含 Title Here、Ellipse 1 两个图层，显示在时间轴（Timeline）面板中。Title Here 图层包含着占位文本，它是在 Photoshop 中创建的。

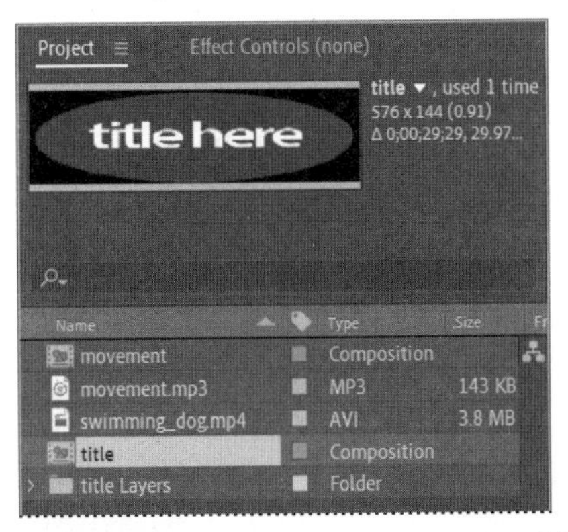

图1-25

如图 1-26 所示，Composition（合成）面板顶部是 Composition Navigator Bar（合成导航条），它显示了主合成（movement）与当前合成（title，嵌套于主合成之中）之间的关系。

你可以把多个合成彼此嵌套在一起。Composition Navigator Bar（合成导航条）显示整个合成路径。合成名称之间的箭头表示信息流动的方向。

图1-26

在替换文本之前，需要先把图层转换为可编辑状态。

2. 如图 1-27 所示，在 Timeline（时间轴）面板中，选择 Title Here 图层（第 1 个图层），

然后在菜单栏中，依次选择 Layer（图层）→ Create（创建）→ Convert To Editable Text（转换为可编辑文字）。

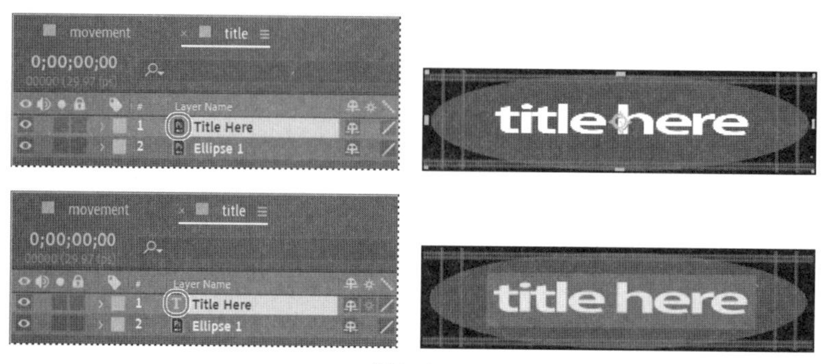

图1-27

> Ae **提示：** 如果 After Effects 警告字体缺失或图层依赖关系出现问题，请单击 OK（确定）按钮。若打开 Adobe Fonts，激活缺失字体即可。

在 Timeline（时间轴）面板中，Title Here 左侧出现 T 图标，表示当前图层为可编辑文本图层。此时在 Composition（合成）面板中，title here 文本处于选中状态，等待编辑。

在 Composition（合成）面板的上下左右出现一些蓝色线条，它们代表字幕安全区和动作安全区。电视机播放视频影像时会将其放大，导致屏幕边缘把视频影像的部分外边缘切割掉，这就是所谓的“过扫描”（overscan）。不同电视机的过扫描值各不相同，所以我们必须把视频图像的重要部分（比如动作或字幕）放在安全区之内。在本例中，我们要把文本置于内侧蓝线中，确保其位于字幕安全区内，同时还要把重要的场景元素放在外侧蓝线之内，保证其位于动作安全区中。

1.5.2 编辑文本

首先把占位文本替换为真实文本，然后调整文本格式，使其呈现出最好的显示效果。

1. 如图 1-28 所示，在 Tools（工具）栏中，选择 Horizontal Type tool（横排文字工具，T），在 Composition（合成）面板中，拖选占位文本，输入“on the move”。

图1-28

> Ae **提示：** After Effects 提供了灵活的字符和段落格式控制，本项目使用 After Effects 的默认设置（不论你使用哪种字体输入文本）即可。在第 3 课中将讲解更多有关文字的内容。

关于工具栏

如图 1-29 所示，在 After Effects 中，工具栏位于应用程序窗口的左上角，一旦创建好合成，工具栏中的工具就进入可用状态。After Effects 提供了多种工具帮助我们调整合成中的元素。如果你使用过 Adobe 的其他软件（例如 Photoshop），相信你会对其中的某些工具很熟悉，比如选取工具和手形工具。而另外一些工具则是 After Effects 所特有的，对你而言，这些工具是全新的。

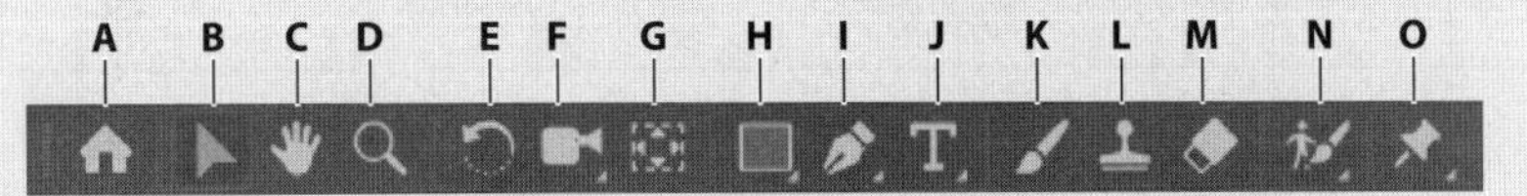

A主页　B选取工具　C 手形工具　D 缩放工具　E 旋转工具　F 摄像机工具　G 向后平移工具　H 蒙版和形状工具　I 钢笔工具　J 文字工具　K 画笔工具　L 仿制图章工具　M橡皮擦工具　N Roto笔刷工具和调整边缘工具　O 人偶工具

图1-29

当把鼠标放到某个工具之上时，After Effects 将显示工具名称及其快捷键。有些工具的右下角有一个三角形图标，这表示该工具之下包含多个工具，此时，在工具图标上按住鼠标左键不放，将显示其下所有工具，然后从中选择所需工具使用即可。

2. 如图 1-30 所示，再次选中文本，在 Character（字符）面板（该面板位于屏幕右侧）中，设置字体大小为 100 像素，字符间距为 −50。

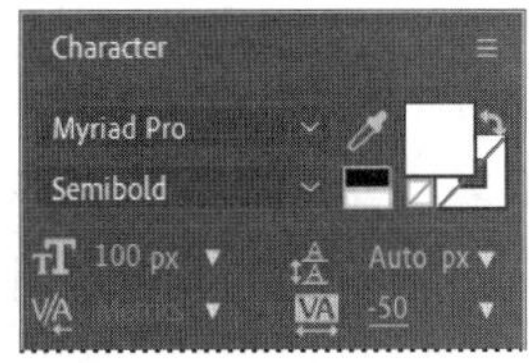

图1-30

1.5.3　使用动画预设制作文本动画

上面我们已经设置好了文本格式，接下来就可以向其应用动画预设了。这里，我们将向文本应用 Fade Up Words（解码淡入）预设，这样文本会随着时间依次出现在画面上。

1. 如图 1-31 所示，在 Timeline（时间轴）面板中，再次选中 Title Here 图层，使用如下方法之一确保当前位于动画的第一帧。

- 把当前时间指示器沿着时间标尺向左拖曳到 0:00 位置。
- 按键盘上的 Home 键。

图1-31

Ae **提示**：若 Effects & Presets（效果和预设）选项卡未显示，请选择 Window（窗口）→ Effects & Presets（效果和预设）将其显示出来。

2. 单击 Effects & Presets（效果和预设）选项卡，将其展开。在搜索框中，输入 fade up words（解码淡入）。

3. 如图 1-32 所示，在 Animate In 中，选中 fade up words（解码淡入）效果，将其拖曳到 Composition（合成）面板中的 on the move 文本上。

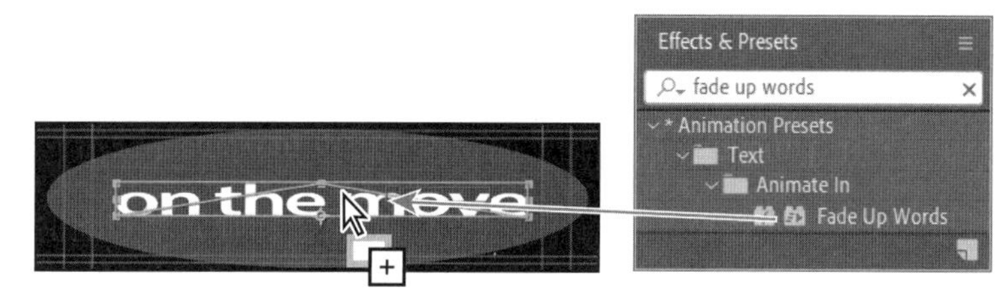

图1-32

这样 After Effects 就把 fade up words（解码淡入）效果应用到了 on the move 文本上。fade up words（解码淡入）效果很简单，因此，Effect Controls（效果控件）面板中没有显示出任何相关设置参数。

4. 把当前时间指示器从 0:00 拖曳到 1:00，预览文本淡入效果，可以看到随着时间的推移，组成文本的各个字母从左到右依次显示出来，到 1:00 时，所有字母就会全部显示出来（见图 1-33）。

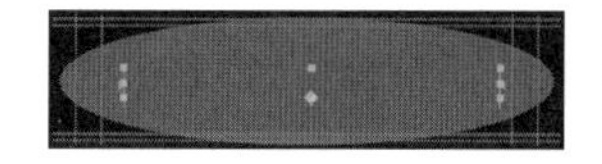

图1-33

关于时间码与持续时间

一个与时间相关的重要概念是持续时间，或称时长。项目中的每个素材、图层、合成都有相应的持续时间，它在 Composition（合成）、Layer（图层）和 Timeline（时间轴）面板中的时间标尺上表现为开始时间与结束时间。

在 After Effects 中查看和指定时间的方式取决于所采用的显示样式，或度量单位，即用来描述时间的单位。默认情况下，After Effects 采用 SMPTE（Society of Motion Picture and Television Engineers，电影和电视工程师协会）时间码显示时间，其标准格式是：小时、分钟、秒、帧。请注意：After Effects 界面中以分号分隔的时间数字为 drop-frame（丢帧）时间码，而本书采用的是冒号分隔，表示的是 non-drop-frame（非丢帧）时间码。

如果你想了解何时以及如何切换到另一种时间显示系统，比如以帧、英尺或胶片帧为计时单位等，请阅读 After Effects 帮助中的相关内容。

关于时间轴面板BQ

使用时间轴面板可以动态改变图层属性，为图层设置入点与出点（入点和出点指的是图层在合成中的开始点和结束点）。时间轴面板中的许多控件都是按功能分栏组织的。在默认情况下，时间轴面板包含若干栏和控件，如图 1-34 所示。

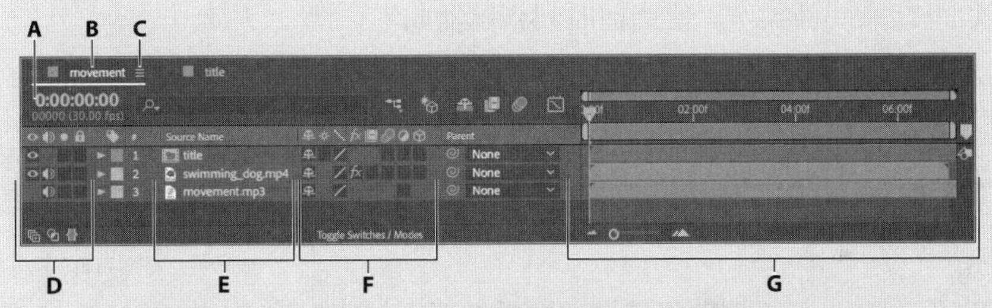

A 当前时间　B 合成名称　C 时间轴面板菜单　D 音频/视频开关栏
E 源文件名/图层名称栏　F 图层开关　G 时间曲线/曲线编辑区域
图1-34

理解时间曲线 BQ

如图 1-35 所示，时间轴面板中的时间曲线图部分（位于右侧）包含一个时间标尺、当前时间指示器、图层持续时间条。

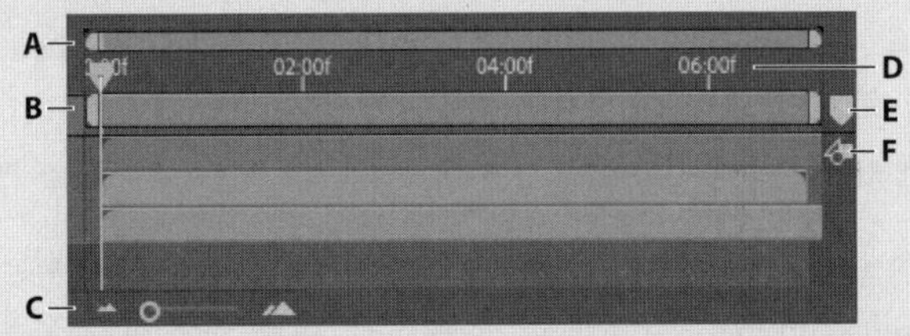

A 时间导航器开始与时间导航器结束　B 工作区域开头与工作区域结尾
C 时间缩放滑块　D 时间标尺　E 合成标记素材箱　F 合成按钮
图1-35

在深入讲解动画之前，有必要先了解一下其中一些控件。合成、图层、素材的持续时间都在时间曲线中直观地显示出来。在时间标尺上，当前时间指示器指示当前正在查看或编辑的帧，该帧会同时显示在 Composition（合成）面板中。

工作区域开头和工作区域结尾指示要渲染合成的哪部分，用作预览或最终输出。当处理合成时，你可能只想渲染其中的一部分，此时你可以把合成时间标尺上的一个片段指定为工作区域。

合成的当前时间显示在时间轴面板的左上角。拖曳时间标尺上的当前时间指示器可以更改当前时间。此外，你还可以在时间轴面板或合成面板中，单击当前时间区域，输入新时间，然后按 Enter 或 Return，或者单击 OK（确定）按钮。

有关时间轴面板的更多内容，请阅读 After Effects 帮助文档。

1.5.4 使用关键帧制作文本模糊动画

本节我们将学习使用关键帧为文本制作模糊动画效果。

1. 执行以下任意一种操作，使当前时间指示器归零。

- 沿着时间标尺向左拖曳当前时间指示器，使之到达最左侧，即 0:00。
- 在时间轴面板中，单击当前时间区域，输入 00。或者，在合成面板中，单击预览时间，在弹出的 Go To Time（转到时间）对话框中，输入 00，单击 OK（确定）按钮，关闭对话框。

2. 在 Effects & Presets（效果和预设）面板的搜索框中，输入 channel blur（通道模糊）。

3. 把 Channel Blur（通道模糊）效果拖曳到时间轴面板中的 Title Here 图层上。

After Effects 把 Channel Blur（通道模糊）效果应用到 Title Here 图层上，并在 Effect Controls（效果控件）面板中，显示设置参数。Channel Blur（通道模糊）效果分别对图层中的红色、绿色、蓝色、Alpha 通道做模糊处理，这将为视频上的文本创建一种有趣的外观。

4. 在 Effect Controls（效果控件）面板中，分别把 Red Blurriness（红色模糊度）、Green Blurriness（绿色模糊度）、Blue Blurriness（蓝色模糊度）、Alpha Blurriness（Alpha 模糊度）设置为 50。

5. 在 Red Blurriness（红色模糊度）、Green Blurriness（绿色模糊度）、Blue Blurriness（蓝色模糊度）、Alpha Blurriness（Alpha 模糊度）左侧分别有一个秒表图标（），逐个单击它们，创建初始关键帧。这样，文本最初出现时就是模糊的。

关键帧用来创建和控制动画、效果、音频属性和其他许多随时间改变的属性。在关键帧标记的时间点上，我们可以设置空间位置、不透明度、音量等各种属性值。After Effects 会自动使用插值法计算关键帧之间的值。在使用关键帧创建动画时，至少要用到两个关键帧，其中一个关键帧记录变化之前的状态，另一个关键帧记录变化之后的状态。

6. 如图 1-36 所示，在 Blur Dimensions（模糊方向）菜单中，选择 Vertical（垂直）。

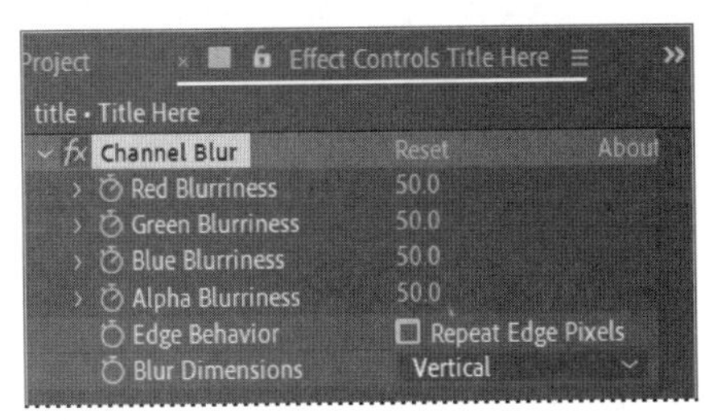

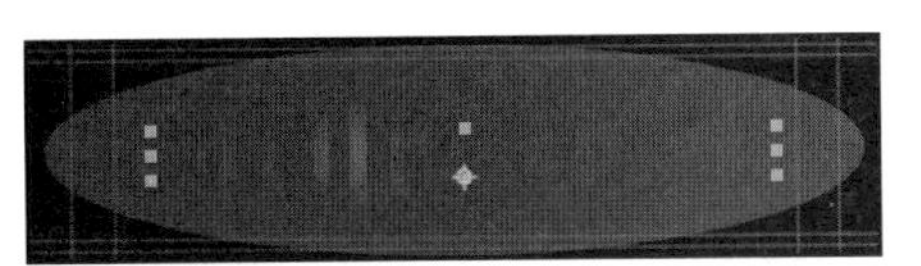

图1-36

7. 在时间轴面板中，把当前时间调至 1:00。

8. 如图 1-37 所示，更改 Red Blurriness（红色模糊度）、Green Blurriness（绿色模糊度）、Blue Blurriness（蓝色模糊度）、Alpha Blurriness（Alpha 模糊度）的值。

- Red Blurriness（红色模糊度）：0。
- Green Blurriness（绿色模糊度）：0。
- Blue Blurriness（蓝色模糊度）：0。
- Alpha Blurriness（Alpha 模糊度）：0。

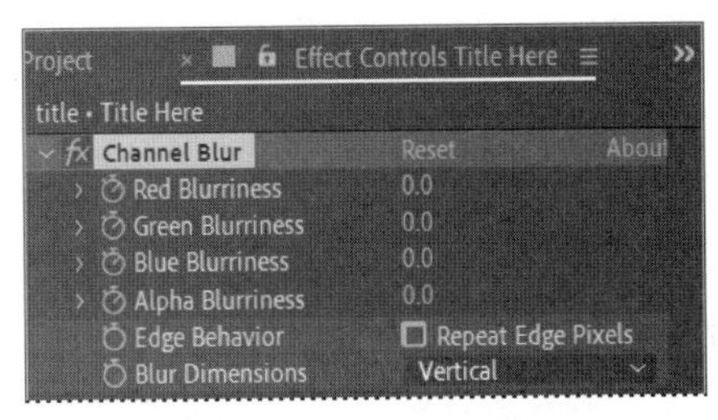

图1-37

9. 如图 1-38 所示，把当前时间指示器从 0 拖曳到 1:00，并预览应用的模糊效果。

图1-38

1.5.5 更改背景的不透明度

到这里，文字效果就制作完成了。但是背景椭圆太实了，把一部分视频画面完全挡住了。接下来，我们调整一下椭圆的不透明度，使其遮挡的视频画面透显出来（见图 1-39）。

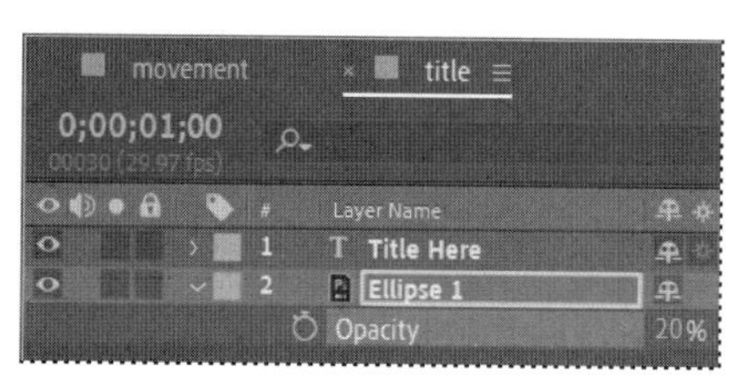

图1-39

1. 在 Timeline（时间轴）面板中，选择 Ellipse 1 图层。
2. 按 T 键，把 Opacity（不透明度）属性显示出来。
3. 把不透明度值更改为 20%。

提示：Opacity（不透明度）属性的快捷键是 T。为了便于记忆，我们可以把 Opacity（不透明度）看作 Transparency（透明度），而 Transparency（透明度）的首字母就是 T。

提示：在 Timeline（时间轴）面板中，单击 movement 选项卡，即可查看文本及椭圆背景在视频画面中的显示效果。

1.6 作品预览

在作品的制作过程中，有时你可能想预览一下整体效果。此时，可以通过 Preview（预览）面板进行预览。在默认工作区下，Preview（预览）面板堆叠于应用程序窗口右侧。在 Preview（预览）面板中，单击 Play/Stop（播放 / 停止）按钮，即可预览自己的作品，此外，你还可以直接按键盘上的空格键进行预览。

1. 在 title 合成的 Timeline（时间轴）面板中，隐藏所有图层属性，取选所有图层。
2. 在图层最左侧分别有一个眼睛图标（ ），确保待预览图层左侧的眼睛处于开启状态。在本例中，待预览的图层为 Title Here 与 Ellipse 1 两个图层。
3. 按 Home 键，把当前时间指示器移到时间标尺的起始位置。
4. 如图 1-40 所示，执行如下两种操作之一，即可预览视频。
   - 在 Preview（预览）面板中，单击 Play/Stop（播放 / 停止， ）按钮。
   - 按空格键。

提示：确保工作区域开头和工作区域结尾标记之间包含所有待预览的帧。

图1-40

5. 执行如下操作之一，即可停止预览（见图 1-41）。

 - 在 Preview（预览）面板中，单击 Play/Stop（播放/停止）按钮。
 - 按空格键。

图1-41

到此，你已经预览了一段简单的动画，这段动画有可能是实时播放的。

当你按下空格键或者单击 Play/Stop（播放 / 停止）按钮时，After Effects 会缓存视频动画，并且分配足够的内存供预览（包含声音）使用，系统会尽可能快地播放预览视频，最快播放速度为视频的帧速率。实际播放帧数取决于 After Effects 可用的内存大小。通常，只有当 After Effects 缓存了所有帧，它才会实时播放预览视频，所谓实时播放是指以视频实际帧速率播放视频。

在时间轴面板中，你可以在工作区域中指定要预览的时间段，或者从时间标尺的起始位置开始播放。在 Layer（图层）和 Footage（素材）面板中，预览时只播放未修剪的素材。预览之前，要检查一下有哪些帧被指定成了工作区。

接下来，返回到 movement 合成，预览整个作品，即包含动画文本和图形效果的作品。

6. 如图 1-42 所示，在 Timeline（时间轴）面板中，单击 movement 选项卡，进入 movement 合成中。

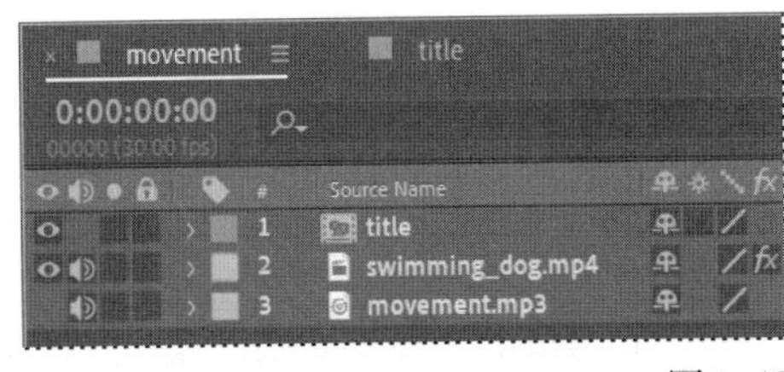

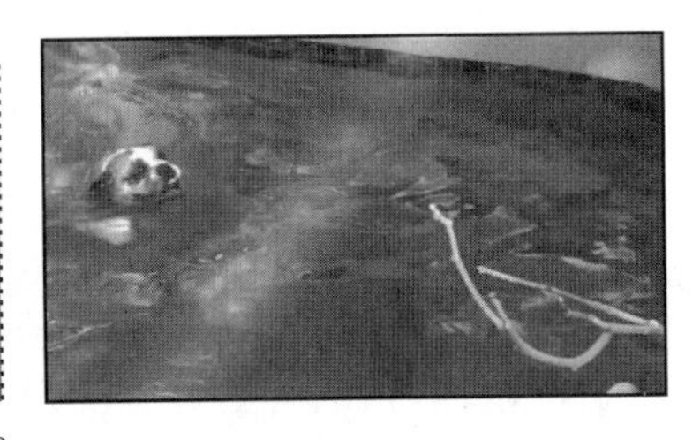

图1-42

7. 除了 movement.mp3 这个音频层外，确保 movement 合成中的其他图层左侧的视频开关（ ）都处于打开状态。按 F2 键，取消选择所有图层。

8. 把当前时间指示器拖曳到时间标尺的最左端（即起始位置），或者按 Home 键。

9. 如图 1-43 所示，在 Preview（预览）面板中单击 Play/Stop（播放 / 停止，▶）按钮，或者按空格键，启动预览。

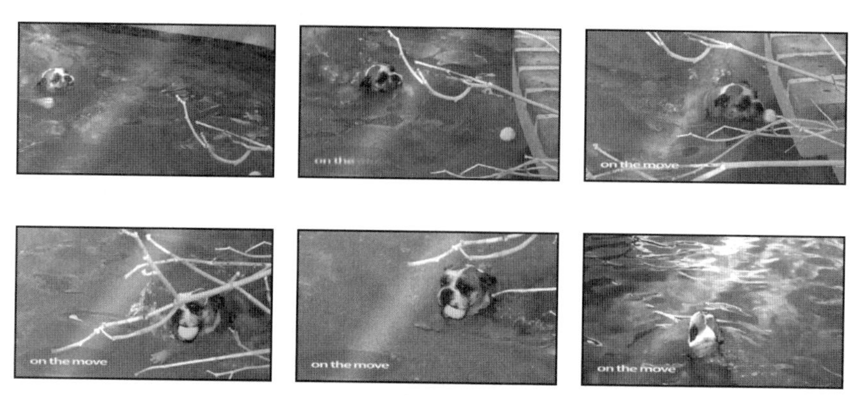

图1-43

图 1-44 中绿色进度条表示当前有哪些帧已经被缓存到内存中。当工作区域中的所有帧都被缓存到内存中后，我们就可以进行实时预览了。在所有帧完成缓存之前，预览过程中可能会出现画面和声音卡顿的问题。

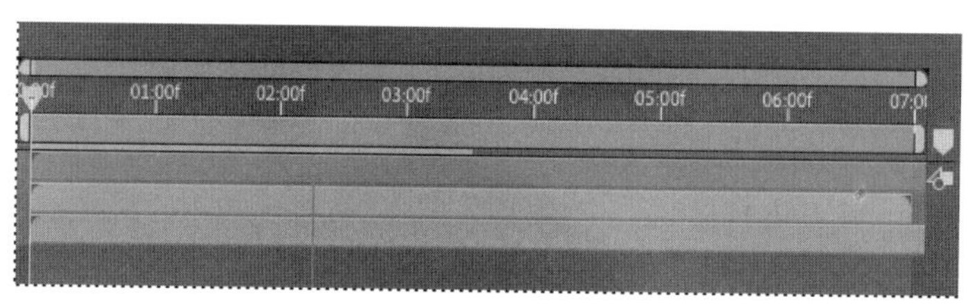

图1-44

对预览细节和精度要求得越高，所需要的内存就越多。通过修改作品的分辨率、放大倍率、预览质量，你可以控制显示的细节数量。通过关闭某些图层左侧的视频开关，你还可以限制预览图层的数量。此外，通过调整视频工作区域的大小，你还可以限制预览的帧数。

10. 按空格键，停止预览。

11. 在菜单栏中，依次选择 File（文件）→ Save（保存），保存当前项目。

1.7 After Effects 性能优化

After Effects 及计算机的配置共同决定了其渲染项目的速度。制作复杂的视频作品需要大量内存进行渲染，而且渲染后的影片也需要大量磁盘空间进行存储。在 After Effects 帮助中，搜索 Improve Performance（提升性能），你会得到大量相关讲解，教你如何配置系统、After Effects 首选项以及项目来获取更好的性能。

在默认情况下，After Effects 会为各种效果、图层动画，以及其他需要使用性能增强的功能启用 GPU 加速。Adobe 官方建议用户开启 GPU 加速，当启用 GPU 加速后，如果系统显示错误，或者提示所用系统的 GPU 与 After Effects 不兼容，此时，在菜单栏中，依次选择 File（文件）→ Project Settings（项目设置），打开 Project Settings（项目设置），在 Video Rendering And Effects（视频渲染和效果）选项卡中，选择 Mercury Software Only（仅 Mercury 软件），即可为当前项目关闭 GPU 加速。

> Ae **提示：**在 Project（项目）面板的底部，有一个火箭图标，用来指示 GPU 加速是否开启。当火箭图标显示为灰色关闭状态时，表示未启用 GPU 加速。你可以使用这种方法快速查看 GPU 加速处于何种状态。

1.8 渲染与导出视频作品

到这里，你的“大作”就已经制作好了。接下来，就可以以指定质量渲染它，并以指定的影片格式导出它。关于导出影片的内容，我们会在后续课程中讲解，尤其是在第 15 课“渲染和输出”中。

1.9 自定义工作区

在某个项目的制作过程中，你可能需要调整某些面板的尺寸和位置，以及打开一些新面板。在你对工作区进行调整之后，After Effects 会把这些调整保存下来，当你再次打开同一个项目时，After Effects 会自动启用最近修改的工作区。不过，如果你想恢复默认的工作区布局，可以在菜单栏中，依次选择 Window（窗口）→ Workspace（工作区）→ Reset “Default” To Saved Layout（将“默认”重置为已保存的布局）。

此外，如果某些面板你经常使用但它们又不在默认工作区中，或者你想为不同类型的项目设置不同的面板尺寸和分组，此时，你可以通过自定义工作区来满足自己的需求，以及节省工作区设置时间。在 After Effects 中，你可以根据自身需要定义并保存工作区，也可以使用 After Effects 预置的不同风格的工作区。这些预置的工作区适用于不同的工作流程，例如制作动画或效果。

1.9.1 使用预置工作区

下面让我们花点时间了解一下 After Effects 预置的工作区。

1. 开始之前，如果你已经关闭了 Lesson01_Finished.aep 项目，请再次打开它。当前，你也可以打开其他任何一个 After Effects 项目。
2. 如图 1-45 所示，在工作区布局栏最右侧靠近 Tools（工具）面板的地方，有一个右向双箭头（**»**），其下列出了所有未在布局栏中显示的工作区布局。单击箭头图标，在弹出的下拉菜单中，选择 Animation（动画）。

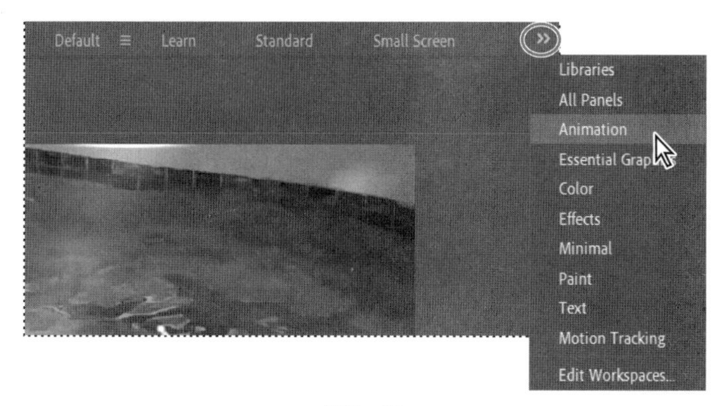

图1-45

After Effects 在应用程序窗口右侧打开了如下面板：Info（信息）、Preview（预览）、Effects & Presets（效果和预设）、Motion Sketch（动态草图）、Wiggler（摇摆器）、Smoother（平滑器）和 Audio（音频）。

此外，你还可以使用工作区菜单来切换不同的工作区。

3. 在菜单栏中，依次选择 Window（窗口）→ Workspace（工作区）→ Motion Tracking（运动跟踪）。

在 Motion Tracking（运动跟踪）工作区中，会打开如下面板：Info（信息）、Preview（预览）和 Tracker（跟踪器）面板。通过这些面板，你可以很轻松地找到要使用的工具和控件，从而把关注点放在跟踪对象上。

1.9.2 保存自定义工作区

任何时候，你都可以把任意一个工作区保存成自定义工作区。自定义工作区一旦保存好之后，你就可以在 Window（窗口）→ Workspace（工作区）菜单下，或应用程序窗口顶部的工作区布局栏中找到它。当你把一个带有自定义工作区的项目在一个不同的系统（这个系统与创建项目时所用的系统不同）中打开时，After Effects 会在当前系统中查找同名工作区。若找到（且显示器配置相匹配），则使用它；若找不到（或者显示配置不匹配），After Effects 会使用本地工作区打开项目。

1. 如图 1-46 所示，在面板菜单中，选择 Close Panel（关闭面板），可以关闭相应面板。

2. 在菜单栏中，依次选择 Window（窗口）→ Effects & Presets（效果和预设），打开 Effects & Presets（效果和预设）面板。

这时，你就可以在应用程序窗口右侧的堆叠面板中看到 Effects & Presets（效果和预设）面板了。

3. 在菜单栏中，依次选择 Window（窗口）→ Workspace（工作区）→ Save As New Workspace（另存为新工作区），

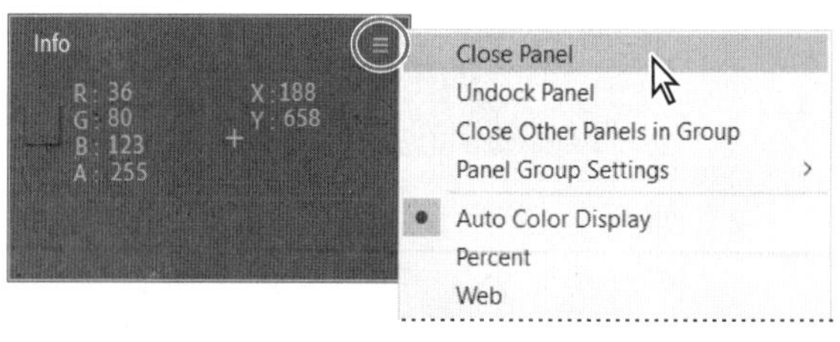

图1-46

在弹出的“新建工作区”对话框中，输入工作区名称，单击 OK（确定）保存它。如果不想保存，单击 Cancel（取消）即可。

4. 在工作区布局栏中，单击 Default（默认），返回到默认工作区之下。

1.10 调整用户界面亮度

在 After Effects 中，你可以根据自身需要灵活地调整用户界面的明暗程度。调整用户界面亮度会影响到面板、窗口、对话框的显示效果。

1. 在菜单栏中，依次选择 Edit（编辑）→ Preferences（首选项）→ Appearance（外观）（Windows）或 After Effects CC → Preferences（首选项）→ Appearance（外观）（macOS）。
2. 在外观参数设置中，有一个 Brightness（亮度）调整滑块，向左或向右拖曳亮度滑块，观察用户界面明暗度的变化。

注意：在默认设置下，After Effects 的用户界面比较暗。我们选用了一个较亮的用户界面来做本书的截图，这样界面上的文本在印刷后会有较高的辨识度。如果你采用 After Effects 默认的 UI 亮度设置，那么你看到的面板、对话框会比这里暗一些。

3. 单击 OK（确定）按钮，保存新设置的亮度值，或者单击 Cancel（取消）按钮，直接退出首选项窗口。如图 1-47 所示，在亮度滑动块下方有一个 Default（默认）按钮，单击它可以恢复默认的亮度设置。

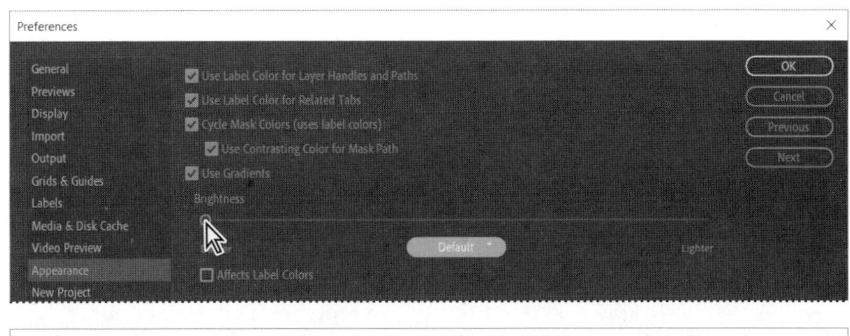

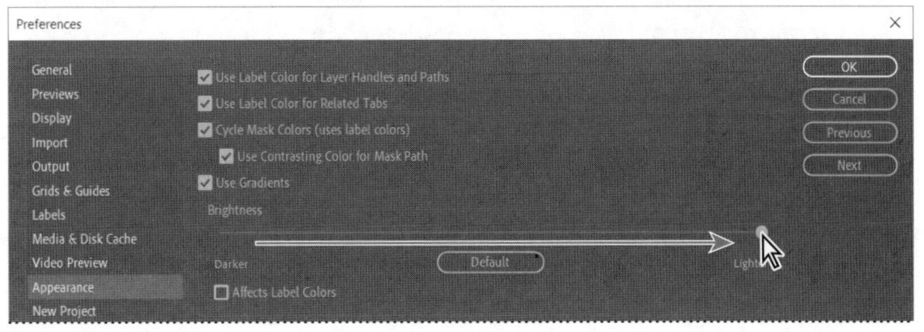

图1-47

4. 在菜单栏中，依次选择 File（文件）→ Close Project（关闭项目）菜单，不保存任何修改。

1.11 寻找更多的 After Effects 资源

After Effects 软件内置有交互式学习教程。在工作区工具栏中，单击 Learn（了解），可打开 Learn 面板，其中介绍了 After Effects 的用户界面、基本功能，还包含一些交互式教程。

当 After Effects 启动后，你首先会看到 Home（主页）窗口，在其中，你不仅可以快速访问到 Learn 面板中的教程，还可以访问更多在线高级教程。另外，Home 窗口中还包含一些 After Effects 相关信息的链接，了解这些信息，有助于你更好地理解和使用 After Effects 软件。当 Home 窗口关闭之后，你可以单击工具栏中的 Home（主页）图标，再次打开 Home 窗口。

若想了解有关 After Effects 面板、工具以及其他功能更全面、更新的信息，请访问 Adobe 官方网站。要想在 After Effects 帮助、支持文档以及其他 After Effects 用户站点中搜索信息，只要在应用程序窗口右上角的 Search Help（搜索帮助）中，输入相应的搜索关键字即可。你还可以缩小搜索范围，只显示 Adobe 帮助与支持文档中的搜索结果。

有关 After Effects 的使用提示、技巧以及最新产品信息，请访问 After Effects 帮助与支持页面。

恭喜你！你已经学完了第 1 课的全部内容。至此，你已经熟悉了 After Effects 的工作区，接下来可以继续学习第 2 课的内容。在第 2 课中，你将学习如何使用效果、动画预设创建合成，以及让它动起来。当然，你也可以根据自身情况，选择学习本书的其他课程。

1.12 复习题

1. After Effects 工作流程包含哪些基本步骤？
2. 什么是合成？
3. 如何查找缺失素材？
4. 如何在 After Effects 中预览你的作品？
5. 怎样定制 After Effects 工作区？

1.13 答案

1. After Effects 工作流程包含如下基本步骤：导入与组织素材、创建合成与排列图层、添加效果、制作元素动画、预览作品、渲染与输出最终作品。
2. 合成是创建动画、图层、效果的场所。After Effects 合成同时具有空间大小和时间长短。合成包含一个或多个视频、音频、静态图像图层，它们显示在 Composition（合成）面板与 Timeline（时间轴）面板中。一个简单的 After Effects 项目可能只包含一个合成，而复杂的 After Effects 项目可能包含若干个合成，用来组织大量素材或复杂的视觉效果。
3. 你可以选择 File（文件）→ Dependencies（整理工程）→ Find Missing Footage（查找缺失的素材）命令，查找缺失的素材，还可以在 Project（项目）面板的搜索框中输入 Missing Footage（缺失素材）查找缺失的素材。
4. 在 After Effects 中预览作品时，你既可以手动拖曳 Timeline（时间轴）面板中的当前时间指示器进行预览，也可以按空格或者单击 Preview（预览）面板中的 Play/Stop（播放 / 停止）按钮从当前时间指示器当下指示的位置开始预览作品。After Effects 会分配足够的内存，并按照系统所允许的最快速度播放预览（包含声音），最快预览速度不高于合成的帧速率。
5. 你可以根据自己的工作习惯通过拖曳面板来定制工作区。你可以把面板拖放到新位置，更改面板堆叠顺序，把面板拖入或拖离一个组，将面板并排或堆叠在一起，还可以把面板拖出让其作为新窗口漂浮在应用程序窗口之上。当你重排某些面板时，其他面板会自动调整大小，以适应窗口尺寸。你可以通过选择 Window（窗口）→ Workspace（工作区）→ Save As New Workspace（另存为新工作区）保存自定义工作区。

第 2 课 使用效果和预设创建基本动画

课程概述

本课将讲解如下内容：

- 使用 Adobe Bridge 预览与导入素材
- 处理导入的 Adobe Illustrator 文件图层
- 使用参考线定位对象
- 应用投影和浮雕效果
- 应用文本动画预设
- 调整文本动画预设的时间范围
- 图层预合成
- 应用溶解过渡效果
- 调整图层透明度
- 渲染用于电视播出的动画

学完本课大约需要 1 小时。如果你尚未下载本课项目文件，请到“数艺设”网站下载。在学习本课的过程中，原始项目文件会被覆盖掉。如果你想用原始项目文件，请重新下载它们。

项目：ANIMATED LOGO

After Effects 提供了丰富的效果和动画预设，你可以轻松地使用它们快速创建出各种酷炫的动画。

2.1 准备工作

本课我们将进一步熟悉 Adobe After Effects 项目的工作流程。假设有一个名为 Destinations 的有线电视频道，这个频道下有一个名为 Travel Europe 的旅游类节目，在本课中，我们将使用几种新方法为这个节目制作一个简单的动态图标。当这个电视节目播出时，图标会在画面的左上角淡出。图标制作好之后，将其导出，以便在节目播放时使用。

首先，请预览一下最终效果，明确本课要创建的效果。

1. 检查你的硬盘的 Lessons/Lesson02 文件夹中是否包含如下文件。若没有，请立即前往“数艺设”网站下载。
   - Assets 文件夹：destinations_logo.ai、ParisRiver.jpg。
   - Sample_Movies 文件夹：Lesson02.avi、Lesson02.mov。
2. 在 Windows Movies & TV 中打开并播放 Lesson02.avi 示例影片，或者使用 QuickTime Player 播放 Lesson02.mov 示例影片，了解本课要创建什么效果。当观看完之后，关闭 Windows Movies & TV 或 QuickTime Player。如果存储空间有限，此时，你可以把这两段示例影片从硬盘中删除。

在学习本课之前，最好先把 After Effects 恢复成默认设置（参见前言中“恢复默认设置”部分的内容）。你可以使用如下快捷键完成这个操作。

3. 当启动 After Effects 时，立即按下 Ctrl+Alt+Shift（Windows 系统）或 Command+ Option+Shift（macOS 系统）组合键，此时会弹出一个消息框，询问“是否确实要删除你的首选项文件？”，请单击“OK”（确定）按钮，即可删除你的首选项文件，恢复默认设置。
4. 在 Home（主页）窗口中，单击 New Project（新建项目）。此时，After Effects 会打开一个未命名的空项目。
5. 在菜单栏中，依次选择 File（文件）→ Save As（另存为）→ Save As（另存为），打开 Save As（另存为）对话框。
6. 在 Save As（另存为）对话框中，转到 Lessons/Lesson02/Finished_Project 文件夹下。
7. 输入项目名称 Lesson02_Finished.aep，单击 Save（保存）按钮。

2.2 使用 Adobe Bridge 导入素材

在第 1 课中，我们使用 File（文件）→ Import（导入）→ File（文件）菜单导入素材。此外，你还可以使用 Adobe Bridge 来导入素材。Adobe Bridge 是一个使用灵活，且功能强大的工具，在为打印、网页、电视、DVD、电影、移动设备制作内容时，你可以使用 Adobe Bridge 来组织、浏览、搜索所需素材。借助 Adobe Bridge，你可以十分方便地访问各种 Adobe 软件生成的文件（比如 PSD、PDF 文件）以及非 Adobe 软件生成的文件。通过 Adobe Bridge 软件，你可以轻松地把所需素材拖曳到指定的设计、项目、合成中，更方便地浏览素材，甚至把元数据（文件信息）添加到素材中，使素材文件更容易查找。

请注意，Adobe Bridge 不会随 After Effects CC 一起自动安装到你的系统中，你需要单独安装它。在安装好之后，你就可以在 After Effects 中，依次选择 File（文件）→ Browse In Bridge（在 Bridge 中浏览）打开它。如果你尚未安装 Adobe Bridge，After Effects 将提示你安装它。

接下来，我们将使用 Adobe Bridge 导入一张图片，将其作为背景使用。

提示：你可以单独使用 Adobe Bridge 来管理文件。在“开始”菜单中，选择 Adobe Bridge（Windows），或者双击 Applications /Adobe Bridge 文件夹中的 Adobe Bridge 图标，即可打开 Adobe Bridge 软件（macOS）。

1. 在 After Effects 菜单栏中，依次选择 File（文件）→ Browse In Bridge（在 Bridge 中浏览）菜单，即可打开 Adobe Bridge 软件。若弹出一个对话框，显示“启用到 Adobe Bridge 的一个扩展”，单击 Yes 按钮。当 Adobe Bridge 软件打开后，你会看到一系列面板、菜单和按钮。
2. 在 Adobe Bridge 中，单击左上角的 Folders（文件夹）选项卡。
3. 如图 2-1 所示，在 Folders（文件夹）面板中，转到 Lessons/Lesson02/Assets 文件夹下。单击箭头可打开子文件夹，你还可以在 Content（内容）面板中双击文件夹缩略图，把文件夹展开。

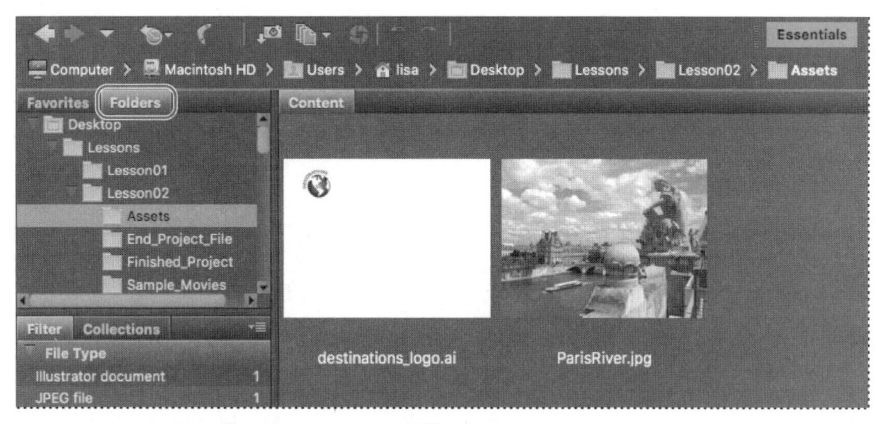

图2-1

注意：有关 Adobe Bridge 的所有操作都是在基本工作区中进行的，基本工作区也是 Adobe Bridge 的默认工作区。

Content（内容）面板的更新是实时的。例如，当你在 Folders（文件夹）面板中选择 Assets 文件夹时，该文件夹中的内容立即以缩略图的形式显示在 Content（内容）面板中。通过 Adobe Bridge 软件，可以预览的图像文件类型有 PSD、TIFF、JPEG、Illustrator 矢量文件、多页 Adobe PDF 文件、QuickTime 影片等。

4. 如图 2-2 所示，在 Adobe Bridge 窗口底部有一个小滑块，拖曳它可以改变缩略图的大小。

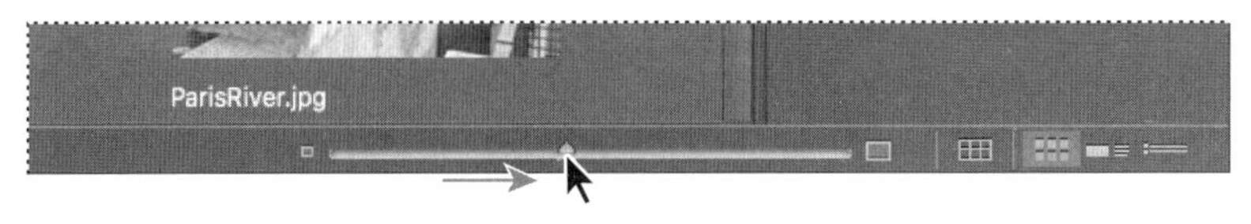

图2-2

> **提示：**如果要对 Adobe Bridge 中的不同信息按重要性排列，请在 Window（窗口）→ Workspace（工作区）菜单中选择一个工作区，切换到相应工作区。有关定制 Adobe Bridge 的内容，请阅读 Adobe Bridge 帮助。

5. 如图 2-3 所示，在 Content（内容）面板中，选择 ParisRiver.jpg 文件，该图像文件会同时显示在 Preview（预览）面板中。在 Metadata（元数据）面板中，同时显示有关该文件的创建日期、位深、文件大小等信息。

图2-3

6. 如图 2-4 所示，在 Content（内容）面板中，双击 ParisRiver.jpg 缩览图，将其导入 After Effects 项目中。或者，你还可以直接把 ParisRiver.jpg 缩览图拖曳到 After Effects 的 Project（项目）面板中。

7. 返回到 After Effects 软件中。

接下来，我们将不再使用 Adobe Bridge 软件，所以你可以直接将其关闭。

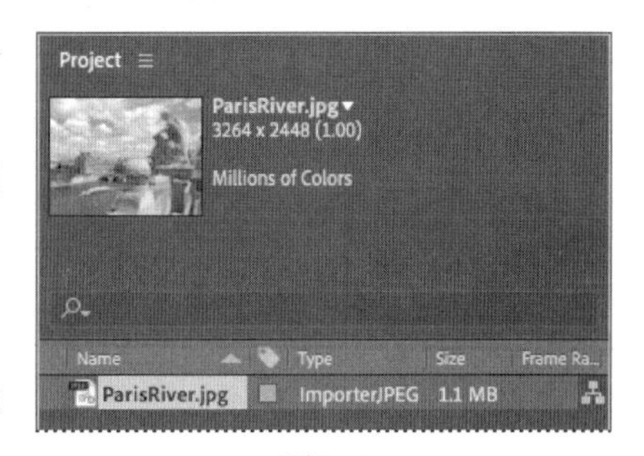

图2-4

2.3 新建合成

根据第1课学习的After Effects工作流程,接下来我们要做的是新建一个合成。在第1课中,我们是基于Project面板中选中的素材来创建合成的。除此之外,我们还可以先创建一个空合成,然后再向其添加素材。

1. 执行以下任意一个操作，即可新建一个合成。

- 单击 Project（项目）面板底部的“新建合成”图标（图标）。
- 在 Composition（合成）面板中单击“新建合成”按钮。
- 在菜单栏中,依次选择 Composition（合成）→ New Composition（新建合成）菜单。
- 按 Ctrl+N（Windows）或 Command+N（macOS）快捷键。

2. 在 Composition Settings（合成设置）对话框中，执行如下操作。

- 设置“合成名称”为 Destinations。
- 在 Preset（预设）中，选择 NTSC D1。在美国和其他一些国家，NTSC D1 是标清电视的分辨率。当选择该预设后，After Effects 会根据 NTSC 标准自动设置合成的 Width（宽度）、Height（高度）、Pixel Aspect Ratio（像素长宽比）、Frame Rate（帧速率）。
- 在 Duration（持续时间）中，输入 300，即 3 秒。
- 单击 OK（确定）按钮（见图 2-5）。

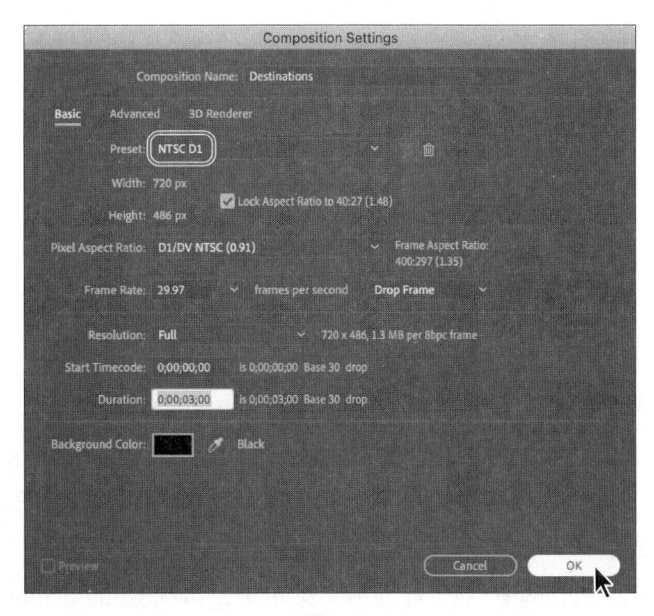

图2-5

After Effects 在 Composition（合成）与 Timeline（时间轴）面板中显示一个名为 Destinations

的空合成。接下来，我们向空合成添加背景。

3. 如图 2-6 所示，把 ParisRiver.jpg 图片从 Project（项目）面板拖曳到 Timeline（时间轴）面板，将其添加到 Destinations 合成中。

4. 如图 2-7 所示，在 Timeline（时间轴）面板中，在 ParisRiver 图层处于选中的状态下，在菜单栏中，依次选择 Layer（图层）→ Transform（变换）→ Fit To Comp（适合复合）菜单，把背景图片缩放到与合成相同的尺寸。

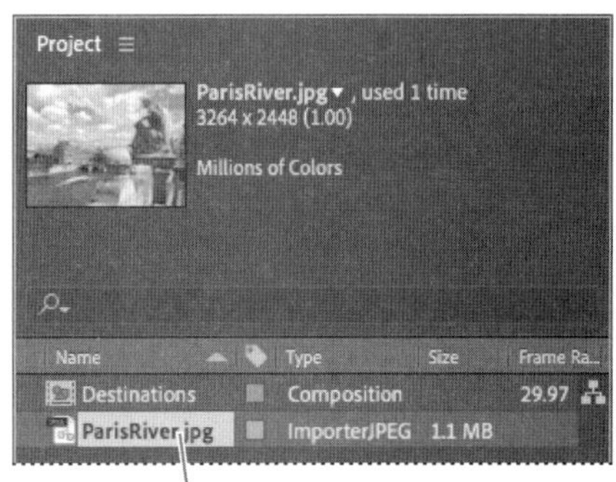

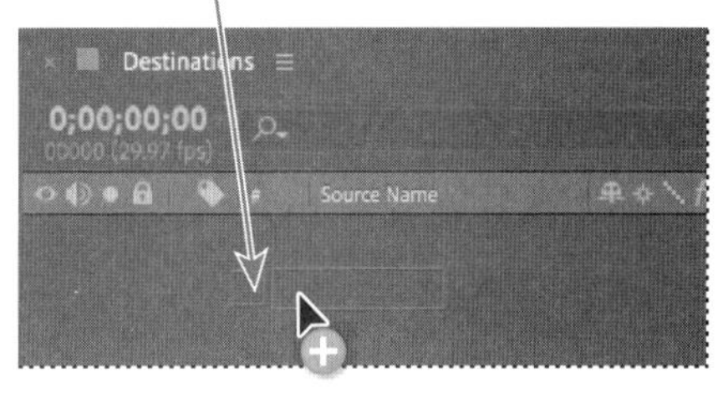

图2-6

图2-7

提示：Fit To Comp（适合复合）菜单命令的键盘快捷键是 Ctrl+Alt+F（Windows）或 Command+Option+F（macOS）。

导入前景元素

至此，背景已经设置好了。接下来，该添加前景元素了。这里，我们要使用的前景元素是使用 Illustrator 制作的一个包含多个图层的矢量图形。

1. 在 After Effects 菜单栏中，依次选择 File（文件）→ Import（导入）→ File（文件）菜单。

2. 在 Import File（导入文件）对话框中，转到 Lessons/Lesson02/Assets 文件夹下，选择 destinations_logo.ai 文件。（若你的系统下文件扩展名是被隐藏的，则看到的文件名是 destinations_logo。）

3. 如图 2-8 所示，在 Import As（导入为）菜单中，选择 Composition（合成），然后单击 Import（导入）或 Open（打开）按钮。在 macOS 系统下，你可能需要单击 Options（选项）才能显示出 Import As（导入为）菜单。

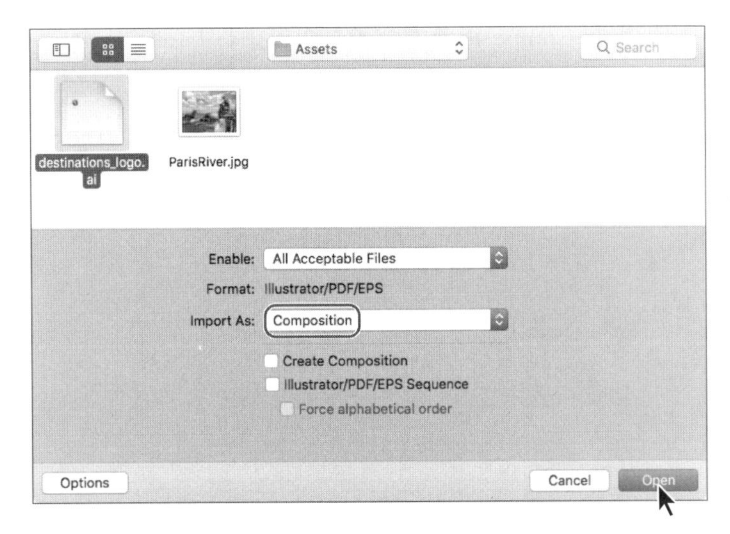

图2-8

此时，destinations_logo.ai 这个 Illustrator 文件被作为一个合成（名为 destinations_logo）添加到 Project（项目）面板，在 Project 面板中同时出现一个名为“destinations_logo 图层”的文件夹。该文件夹包含着 destinations_logo.ai 这个矢量文件的 3 个图层。单击文件夹左侧三角形，展开文件夹，查看其中包含的 3 个图层。

4. 如图 2-9 所示，把 destinations_logo 合成从 Project（项目）面板拖入 Timeline 面板中，将其置于 ParisRiver 图层之上。

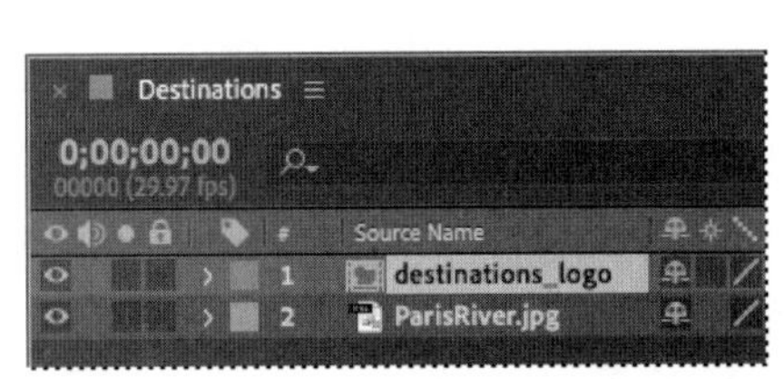

图2-9

现在，在 Composition（合成）面板与 Timeline（时间轴）面板中，你应该可以同时看到背景图片和台标了。

2.4 处理导入的 Illustrator 图层

destinations_logo 图标是在 Illustrator 中制作完成的。在 After Effects 中，我们要做的是向其添加文本，并制作动画。为了独立处理 Illustrator 文件图层，我们需要在其 Timeline（时间轴）与 Composition（合成）面板中打开 destinations_logo 合成。

1. 如图 2-10 所示，在 Project（项目）面板中，双击 destinations_logo 合成。

在 Timeline（时间轴）与 Composition（合成）面板中打开 destinations_logo 合成。

2. 在工具栏中，选择“横排文字工具”（T），并在 Composition（合成）面板中单击，此时在 Timeline（时间轴）面板中，创建了一个空文本图层。

3. 如图 2-11 所示，输入 TRAVEL EUROPE（所有字母大写）文本，然后选中所有文本。

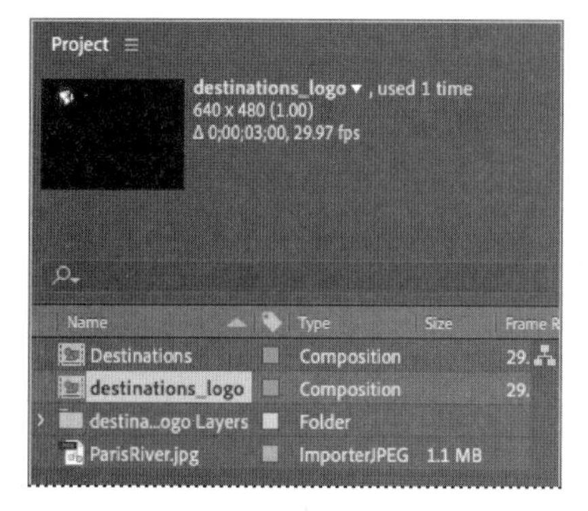

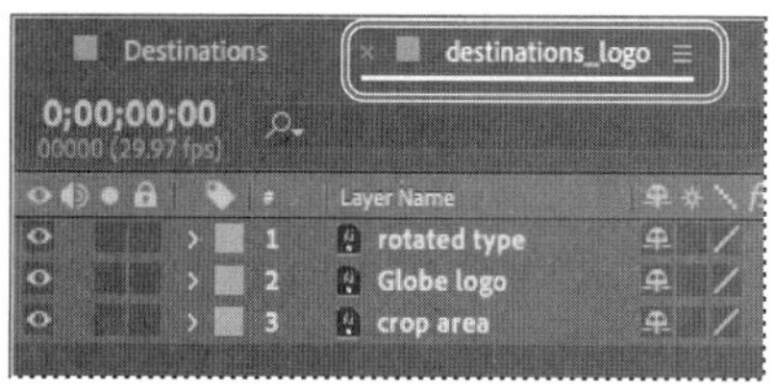

图2-10

图2-11

> **注意：** 此时在 Timeline（时间轴）面板中，文本图层名称变成了你刚刚输入的文本，即 TRAVEL EUROPE。

4. 在 Character（字符）面板中，选择一种无衬线字体，例如 Myriad Pro，更改字体大小为 24 像素。如图 2-12 所示，单击吸管工具（），单击台标上的弯曲文本“DESTINATIONS”，吸取其颜色（绿色）。这样，After Effects 就会把吸取的颜色自动应用到选中的文本上。Character（字符）面板中的其他所有选项都保持默认值不变。

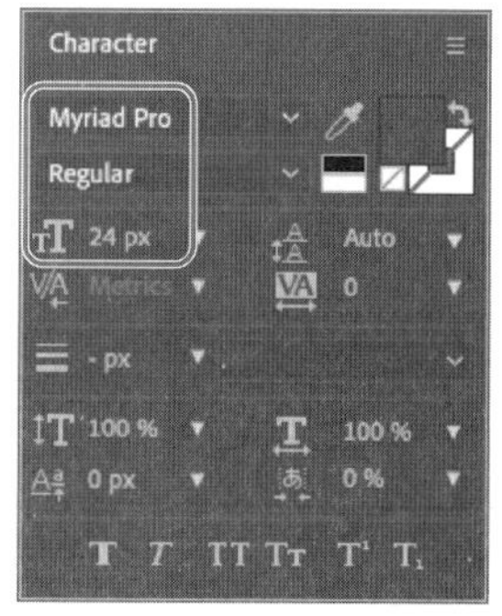

图2-12

> **注意：**如果 Character（字符）面板未显示在应用程序窗口右侧的堆叠面板区中，请在菜单栏中，依次选择 Window（窗口）→ Character（字符），将其显示并打开。

接下来，使用参考线为刚刚输入的文本设定位置。

5. 在工具栏中，选择 Selection（选取工具）（▶）。
6. 在菜单栏中，依次选择 View（视图）→ Show Rulers（显示标尺），打开标尺。从左侧标尺拖出一条参考线到 Composition 面板中。

> **提示：**你还可以选择 View（视图）→ Show Grid（显示网格）菜单，显示辅助网格，用来帮助定位对象。再次选择 View（视图）→ Show Grid（显示网格）菜单，隐藏辅助网格。

7. 使用鼠标右键单击参考线，单击 Edit Position（编辑位置），在 Edit Value（编辑值）对话框中，输入 170（参考线位置），单击 OK（确定）按钮。此时参考线移动到我们指定的位置上。
8. 移动鼠标到文本上，按下鼠标左键，拖曳文本到台标右侧（见图 2-13），使文本左侧靠近参考线，当文本吸附到参考线时，松开鼠标。

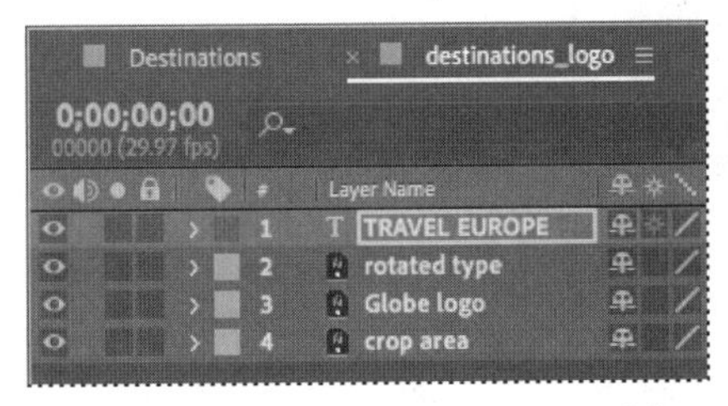

图2-13

9. 在菜单栏中，依次选择 View（视图）→ Show Rulers（显示标尺），关闭标尺。再选择 View（视图）→ Show Guides（显示参考线）菜单，隐藏参考线。

2.5 应用效果到图层

现在，返回到主合成——Destinations，并应用一个效果到 destinations_logo 图层。该效果对 destinations_logo 合成中的所有图层都起作用。

1. 在 Timeline（时间轴）面板中，单击 Destinations 选项卡，然后选择 destinations_logo 图层。接下来要应用的效果只作用于节目图标，而不会影响到背景图片。
2. 如图 2-14 所示，在菜单栏中，依次选择 Effect（效果）→ Perspective（透视）→ Drop Shadow（投影）菜单。

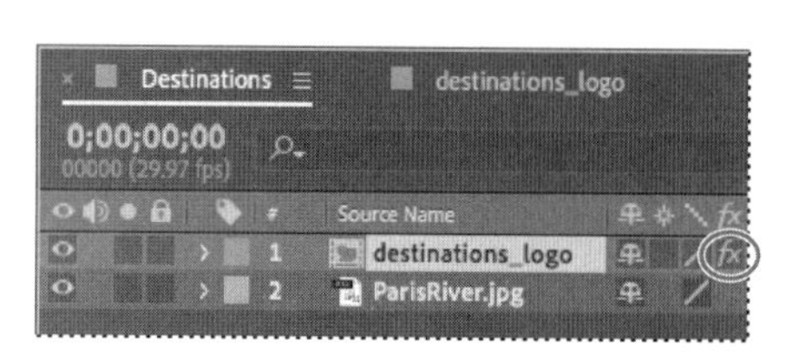

图2-14

此时，在 Composition（合成）面板中，destinations_logo 图层中的各个内嵌图层（地球图标、弯曲文本、TRAVEL EUROPE）都应用上了柔边投影效果。你可以在 Effect Controls（效果控件）面板中设置投影效果的各个参数。请注意，每当应用一个效果时，该效果的相关参数就出现在 Effect Controls（效果控件）面板中，你可以通过设置相关参数，对效果进行调整。

3. 如图 2-15 所示，在 Effect Controls（效果控件）面板中，把投影的 Distance（距离）设置为 3，Softness（柔和度）设置为 4。当设置各个属性值时，你既可以直接输入数值，也可以在属性值上拖曳鼠标改变数值。

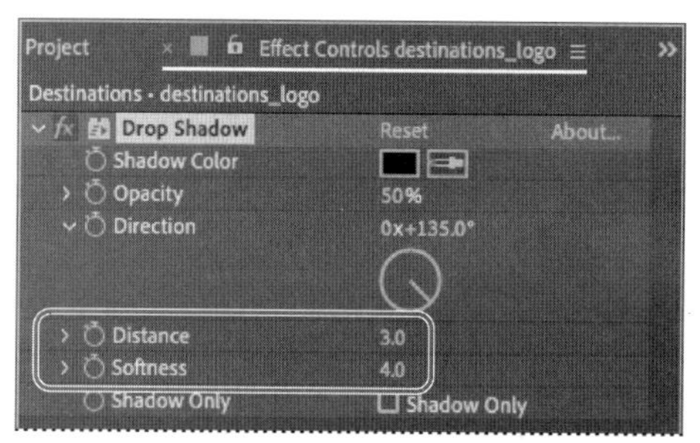

图2-15

现在投影效果看起来还不错，如果再应用一个浮雕效果，节目图标会更加突出。你可以使用 Effect（效果）菜单或 Effects & Presets（效果和预设）面板来查找和应用效果。

应用和控制效果

在 After Effects 中，你可以随时应用或删除一个效果。在向一个图层应用效果之后，你可以暂时关闭该图层上的一个或多个效果，以便把精力集中于其他方面。那些关闭的效果不会出现在 Composition（合成）面板中，并且在预览或渲染图层时，通常也不会包含它们。

默认情况下，当你向一个图层应用某个效果之后，该效果在图层的持续时间内都有效。不过，你可以自己指定效果的起始时间和结束时间，或者让效果随着时间增强或减弱。在第 5 课和第 6 课中，你将学到使用关键帧或表达式创建动画的更多内容。

我们可以对调整图层应用和编辑效果，这与处理其他图层是一样的。不过，当向调整图层应用一个效果时，该效果会应用到 Timeline 面板中该调整层以下的所有图层。

此外，效果还可以被作为动画预设进行保存、浏览和应用。

4. 单击 Effects & Presets（效果和预设）选项卡，打开 Effects & Presets（效果和预设）面板。然后，单击 Stylize（风格化）左侧的三角形，将其展开。

5. 如图 2-16 所示，在 Timeline（时间轴）面板中，选中 destinations_logo 图层，拖曳 Color Emboss（彩色浮雕）效果到 Composition（合成）面板中。

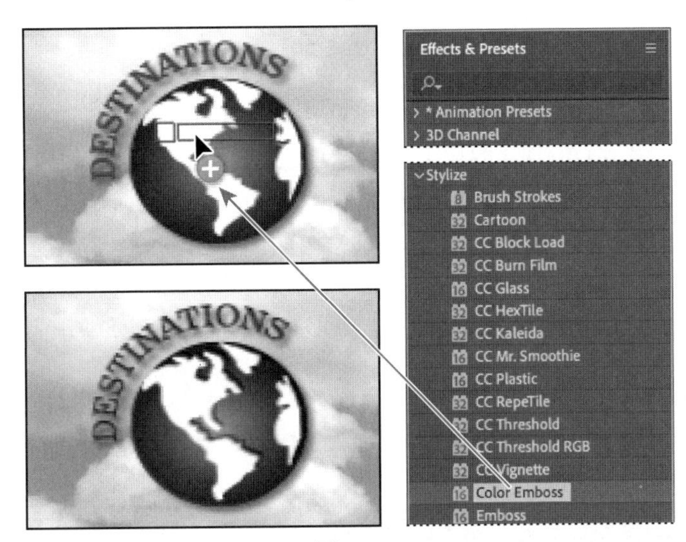

图2-16

Color Emboss（彩色浮雕）效果会锐化图层中各个对象的边缘，同时不会减弱对象本身的原始颜色。Color Emboss（彩色浮雕）效果显示在 Effect Controls（效果控件）面板中，就在 Drop Shadow（投影）效果之下。

6. 在菜单栏中，依次选择 File（文件）→ Save（保存）菜单，保存当前项目。

2.6 应用动画预设

到目前为止，我们已经设置好了文本位置，并向其应用了一些效果。接下来，我们该添加动画了。制作文本动画的方法有好几种，相关内容我们将在第 3 课中学习。而现在，我们只向 TRAVEL EUROPE 文本应用一个简单的动画预设，使其淡入到屏幕上。我们需要在 destinations_logo 合成中应用动画预设，这样动画预设就只会应用到 TRAVEL EUROPE 文本图层上。

1. 在 Timeline（时间轴）面板中，单击 destinations_logo 选项卡，选择 TRAVEL EUROPE 图层。

2. 如图 2-17 所示，移动当前时间指示器到 1:10，这是文本开始淡入的起始时间点。

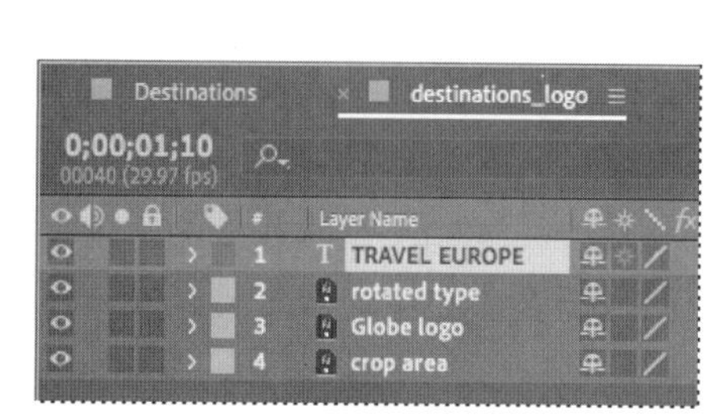

图2-17

3. 在 Effects & Presets（效果和预设）面板中，依次选择 Animation Presets（动画预设）→ Text（文本）→ Blurs（模糊）。

4. 如图 2-18 所示，拖曳 Bullet Train（子弹头列车）动画预设到 Timeline（时间轴）面板中的 TRAVEL EUROPE 图层上，或拖曳至 Composition（合成）面板中的 TRAVEL EUROPE 文本上。此时，文本会在 Composition（合成）面板中消失，这是因为当前正处于动画的第一帧，而第一帧恰好是空白的。

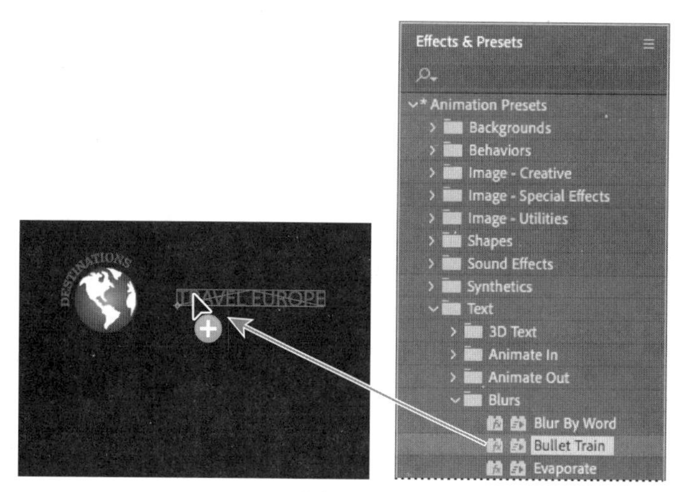

图2-18

5. 单击 Timeline（时间轴）面板中的空白区域，取消对 TRAVEL EUROPE 图层的选择，然后手工拖曳当前时间指示器到 2:00，预览文本动画。如图 2-19 所示，你会看到 TRAVEL EUROPE 文本会逐个字母地在画面中显现，直到 2:00 才全部显示出来。

图2-19

为新动画预合成图层

到现在为止，旅游节目的图标已经制作得很不错了，或许你迫切地想预览最终效果。但是，在此之前，我们还要向所有图标元素（不包括 TRAVEL EUROPE 文本）添加溶解效果。为此，我们需要对 destinations_logo 合成的 3 个图层（rotated type、Globe logo、crop area）做预合成。

预合成是一种在一个合成中嵌套其他图层的方法。通过预合成，我们可以把一些图层移动到一个新合成中，它会代替所选中的图层。当你想更改图层组件的渲染顺序时，通过预合成可以在现有层级中快速创建中间层级。

1. 在 destinations_logo 合成的 Timeline（时间轴）面板中，按住 Shift 键，单击 rotated type、Globe logo、crop area 3 个图层，将它们同时选中。
2. 在菜单栏中，依次选择 Layer（图层）→ Pre-compose（预合成）菜单，打开 Pre-compose（预合成）对话框。
3. 如图 2-20 所示，在 Pre-compose（预合成）对话框中，将新合成名称设置为 Dissolve_logo。确保 Move all attributes into the new composition（将所有属性移动到新合成）选项处于选中状态，然后单击 OK（确定）按钮。

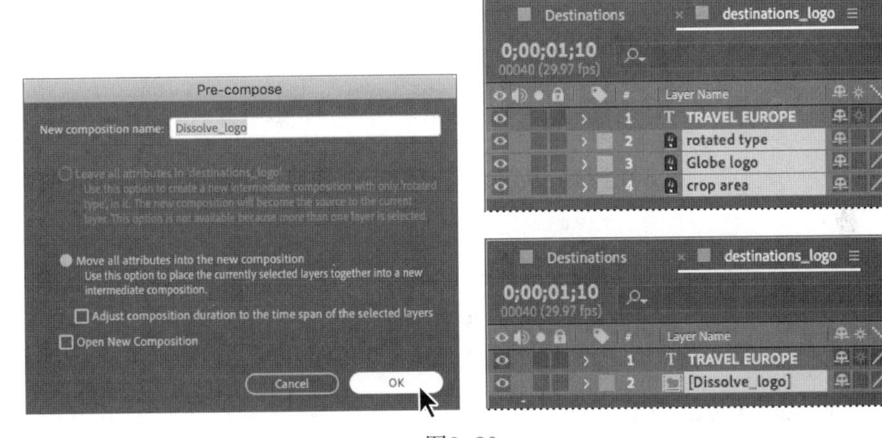

图2-20

在 destinations_logo 合成的 Timeline（时间轴）面板中，原来的 rotated type、Globe logo、crop area 3 个图层被一个单一图层 Dissolve_logo 所取代。也就是说，这个新建的预合成图层包含了你在步骤 1 中选中的 3 个图层。你可以向 Dissolve_logo 应用溶解效果，同时不会影响到 TRAVEL EUROPE 文本图层及其子弹头列车动画。

4. 在 Timeline（时间轴）面板中，确保 Dissolve_logo 图层处于选中状态，拖曳当前时间指示器到 0:00（或者直接按键盘上的 Home 键）。
5. 如图 2-21 所示，在 Effects & Presets（效果和预设）面板中，依次选择 Animation Presets（动画预设）→ Transitions –Dissolves（过渡 – 溶解），把 Dissolve – Vapor（溶解 –

蒸汽）动画预设拖曳到 Timeline（时间轴）面板的 Dissolve_logo 图层上，或者直接拖入 Composition（合成）面板。

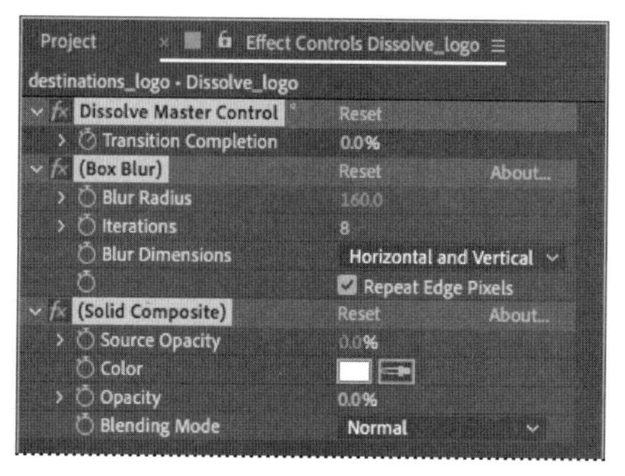

图2-21

提示：在 Effects & Presets（效果和预设）面板的搜索框中，输入 vap 关键字，可以快速找到 Dissolve – Vapor（溶解 – 蒸汽）预设。

Dissolve – Vapor（溶解 – 蒸汽）动画预设包含 Dissolve Master Control（溶解主控）、Box Blur（方框模糊）、Solid Composite（固态合成）3 个组件，它们都显示在 Effect Controls（效果控件）面板中。本项目采用默认设置即可。

6. 在菜单栏中，依次选择 File（文件）→ Save（保存）菜单，保存当前项目。

2.7 预览效果

接下来，让我们一起预览所有效果。

1. 在 Timeline（时间轴）面板中，单击 Destinations 选项卡，切换到主合成。按 Home 键，或者拖曳当前时间指示器，使之回到时间标尺的起点。
2. 在 Destinations 合成的 Timeline（时间轴）面板中，确保两个图层的视频开关都处于开启状态（ ）。
3. 如图 2-22 所示，在 Preview（预览）面板中，单击 Play（播放）按钮，或者按空格键，开始预览。预览过程中，你可以随时按空格键，停止播放。

图2-22

2.8 添加半透明效果

许多电视台会在节目画面的角落中显示半透明图标，用以强调品牌。下面我们将通过降低图标的不透明度来实现半透明效果。

1. 在 Destinations 合成的 Timeline（时间轴）面板中，移动当前时间指示器至 2:24。
2. 如图 2-23 所示，选中 destinations_logo 图层，按 T 键，打开 Opacity（不透明度）属性。默认情况下，Opacity（不透明度）为 100%（完全不透明）。单击左侧秒表图标（⏱），在该时间点上设置一个不透明度关键帧。

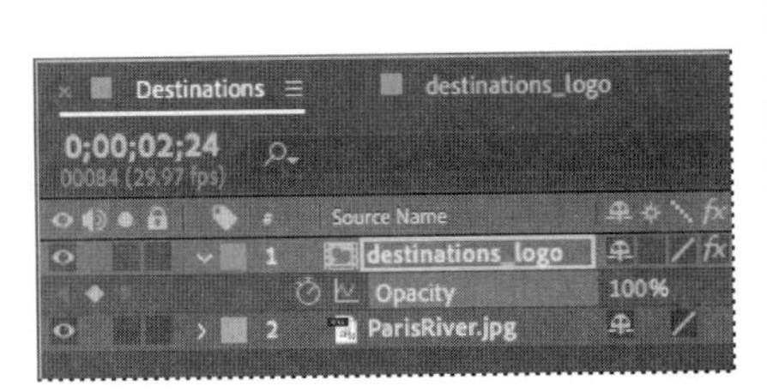

图2-23

3. 如图 2-24 所示，按 End 键，或者把当前时间指示器拖曳到时间标尺末尾（2:29），修改不透明度为 40%，After Effects 自动添加一个关键帧。

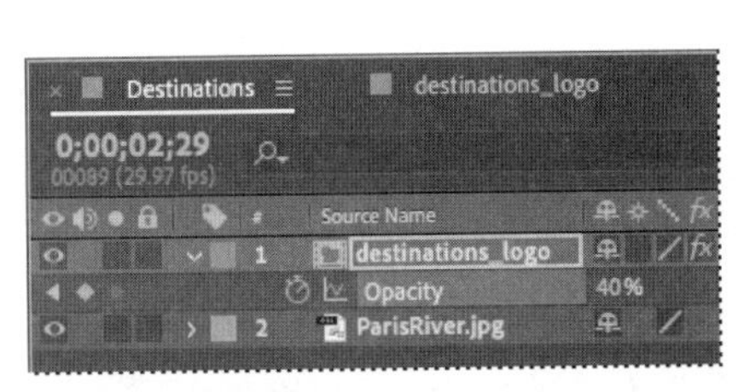

图2-24

4. 在 Preview（预览）面板中，单击 Play（播放，▶）按钮，按空格键或数字键盘上的 0 键，进行预览。

在预览时，台标会先出现，而后 TRAVEL EUROPE 飞入，最后不透明度逐渐减退到 40%。

5. 当预览完成后，按空格键，即可停止预览。
6. 在菜单栏中，依次选择 File（文件）→ Save（保存）菜单，保存当前项目。

2.9 渲染合成

接下来，我们该把旅游节目图标输出了。在创建输出时，合成的所有图层、每个图层的蒙版、效果、属性会被逐帧渲染到一个或多个输出文件中，如果是图像序列，则会渲染到一系列连续文件中。

注意：有关输出格式、渲染的更多内容，请阅读第 15 课的内容。

把最终合成输出为影片可能需要几分钟或几小时，最终耗时取决于合成的帧尺寸、品质、复杂度以及压缩方式。当你把一个合成放入渲染队列时，它就成为一个渲染项，After Effects 会根据指定的设置渲染它。

After Effects 为渲染输出提供了多种输出格式与压缩类型，采用何种输出格式取决于影片的播放媒介，或你的硬件需求，比如视频编辑系统。

下面我们将渲染并导出合成，以便在电视上播放。

注意：你可以使用 Adobe Media Encoder 把影片输出为最终交付格式。关于 Adobe Media Encoder 的更多内容，请阅读第 15 课的内容。

1. 单击 Project（项目）选项卡，打开 Project（项目）面板。若 Project（项目）选项卡未显示，请在菜单栏中，依次选择 Window（窗口）→ Project（项目）菜单，将其打开。
2. 执行如下操作之一，把合成添加到渲染队列。
   - 在 Project（项目）面板中，选择 Destinations 合成。在菜单栏中，依次选择 Composition（合成）→ Add To Render Queue（添加到渲染队列）菜单，打开 Render Queue（渲染队列）面板。
   - 如图 2-25 所示，在菜单栏中，依次选择 Window（窗口）→ Render Queue（渲染队列）菜单，打开 Render Queue（渲染队列）面板。然后把 Destinations 合成从 Project（项目）面板拖曳到 Render Queue（渲染队列）面板中。

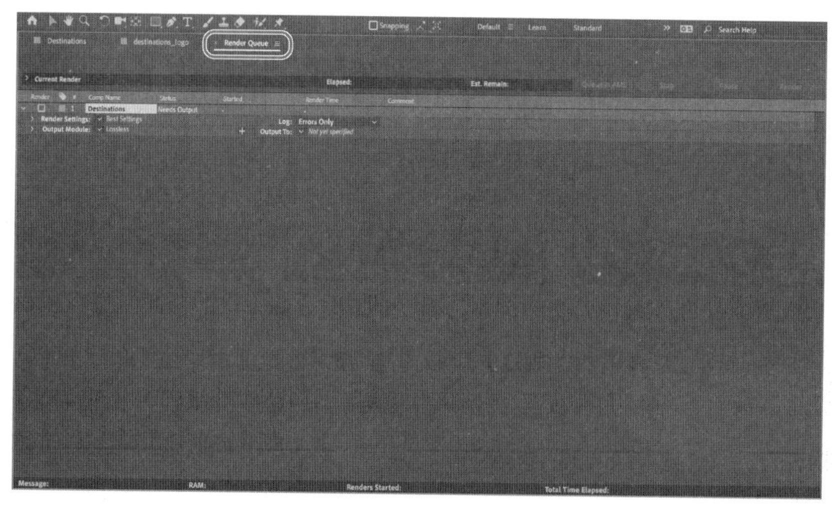

图2-25

3. 双击 Render Queue（渲染队列）选项卡，把渲染队列面板最大化，这样 Render Queue（渲染队列）面板就会充满整个应用程序窗口。

> Ae **提示：**最大化面板组的快捷键是重音符号（`），它与波浪线（~）在同一个按键上。

4. 单击 Render Settings（渲染设置）左侧的三角形，将其展开。默认情况下，After Effects 使用最佳品质和全分辨率进行渲染。本项目使用默认设置即可。

5. 单击 Output Module（输出模块）左侧的三角形，将其展开。默认情况下，After Effects 使用无损压缩把渲染后的合成编码到影片文件。本项目保持默认设置不变，但你需要指定文件的保存位置。

6. 如图 2-26 所示，单击 Output To（输出到）右侧的蓝色文字——Not yet specified（尚未指定），打开 Output Movie To（将影片输出到）对话框。

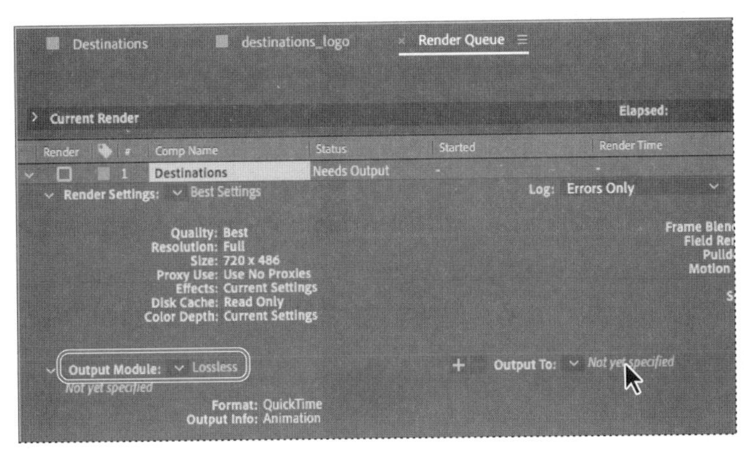

图2-26

7. 在 Output Movie To（将影片输出到）对话框中，保持默认影片名称（Destinations）不变，转到 Lessons/Lesson02/Finished_Project 文件夹下，单击 Save（保存）按钮。

8. 如图 2-27 所示，返回到 Render Queue（渲染队列）面板，单击 Render（渲染）按钮。

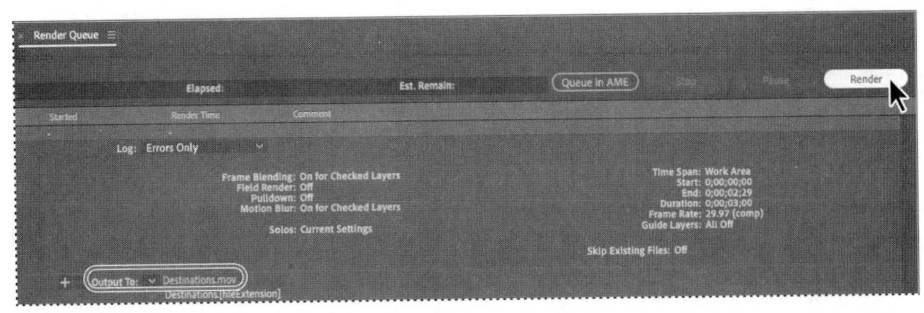

图2-27

在文件编码期间，After Effects 会在 Render Queue（渲染队列）面板中显示一个进度条，当渲染队列中的所有项目渲染、编码完毕后，After Effects 会发出提示音。

9. 渲染完成后，双击 Render Queue（渲染队列）选项卡，恢复工作区。

10. 如果你想观看最终影片，请先转到 Lessons/Lesson02/Finished_Project 文件夹下，双击 Destinations.avi 或 Destinations.mov 文件，在 Windows Media Player 或 QuickTime 播放影片即可（见图 2-28）。

图2-28

11. 保存并关闭项目文件，然后退出 After Effects。

恭喜你！至此，你已经制作好了一个用于在电视上播出的节目图标。

2.10 复习题

1. 如何使用 Adobe Bridge 预览和导入文件？
2. 什么是预合成？
3. 如何自定义效果？
4. 如何修改合成中一个图层的透明度？

2.11 答案

1. 在 After Effects 菜单栏中，依次选择 File（文件）→ Browse In Bridge（在 Bridge 中浏览）菜单，打开 Adobe Bridge 软件。如果你尚未安装 Adobe Bridge 软件，After Effects 将提示你下载并安装它。在 Adobe Bridge 中，你可以搜索并预览图片素材。当你找到要在 After Effects 项目中使用的素材后，双击它或将其拖曳到 Project（项目）面板中即可。
2. 预合成是一种在一个合成中嵌套其他图层的方法。通过预合成，我们可以把一些图层移动到一个新合成中，新合成会代替之前选中的所有图层。当你想更改图层组件的渲染顺序时，使用预合成可以在现有层级中快速创建中间层级。
3. 当向合成中的一个图层应用一个效果后，我们可以在 Effect Controls（效果控件）面板中修改效果的各种属性。在应用某个效果之后，该效果的各种属性会自动显示在 Effect Controls（效果控件）面板中。此外，你还可以先选中应用效果的图层，再选择 Window(窗口）→ Effect Controls(效果控件）菜单，打开 Effect Controls（效果控件）面板。
4. 增加某个图层的透明度可以通过降低该图层的不透明度来实现。具体操作方法是：先在 Timeline（时间轴）面板中选中图层，然后按 T 键，显示出图层的 Opacity（不透明度）属性，再输入一个小于 100% 的数值即可。

第 3 课 文本动画

课程概览

本课学习如下内容：

- 创建文本图层，并制作动画
- 使用字符和段落面板格式化文本
- 应用和定制文本动画预设
- 在 Adobe Bridge 中预览动画预设
- 使用 Adobe Fonts 安装字体
- 使用关键帧制作文本动画
- 使用父子关系制作图层动画
- 编辑导入的 Adobe Photoshop 文本，并制作动画
- 使用文本动画组为图层上选中的字符制作动画

学完本课大约需要 2 小时。如果你尚未下载本课项目文件，请先到“数艺设”网站下载。在学习本课的过程中，原始项目文件会被覆盖掉。如果你想使用原始项目文件，请重新下载它们。

项目：MOVIE TITLE SEQUENCE

当观众观看一段视频时，视频的文字不应该都是静止不动的，会动的文字才更吸引人。在本课中，我们将学习使用 After Effects 制作文本动画的几种方法，包括专门针对文本图层的快捷省时方法。

3.1 准备工作

Adobe After Effects 提供了多种文本动画制作方法。你可以使用如下方法为文本图层制作动画：在 Timeline（时间轴）面板中手动创建关键帧；使用动画预设；使用表达式。你甚至还可以为文本图层中的单个字符或单词创建动画。在本课中，我们将为一部名为 Road Trip 的动画纪录片制作片头字幕，制作过程中会用到几种动画制作方法，其中有些方法专门用来制作文本动画。在制作过程中，我们还会学习使用 Adobe Fonts 安装项目中用到的字体。

与前面的项目一样，在动手制作之前，首先预览一下最终效果，然后打开 After Effects 软件。

1. 检查你硬盘上的 Lessons/Lesson03 文件夹中是否包含如下文件。若没有，请立即前往“数艺设”网站把它们下载下来。
    - Assets 文件夹：background_movie.mov、car.ai、compass.swf、credits.psd。
    - Sample_Movies 文件夹：Lesson03.avi、Lesson03.mov。
2. 在 Windows Movies & TV 中打开并播放 Lesson03.avi 示例影片，或者使用 QuickTime Player 播放 Lesson03.mov 示例影片，了解本课要创建什么样的效果。在观看完之后，关闭 Windows Movies & TV 或 QuickTime Player。如果存储空间有限，此时，你可以把这两段示例影片从硬盘中删除了。

在学习本课之前，最好先把 After Effects 恢复成默认设置（参见前言“恢复默认设置”中的内容）。你可以使用如下快捷键完成这个操作。

3. 当启动 After Effects 时，立即按下 Ctrl+Alt+Shift（Windows 系统）或 Command+Option+Shift（macOS 系统）组合键，此时会弹出一个消息框，询问“是否确实要删除你的首选项文件？”，请单击 OK（确定）按钮，即可删除你的首选项文件，恢复 After Effects 默认设置。
4. 在 Home（主页）窗口中，单击 New Project（新建项目）。此时，After Effects 会打开一个未命名的空项目。
5. 在菜单栏中，依次选择 File（文件）→ Save As（另存为）→ Save As（另存为），在 Save As（另存为）对话框，转到 Lessons/Lesson03/Finished_Project 文件夹下。
6. 输入项目名称 Lesson03_Finished.aep，单击 Save（保存）按钮，保存项目。

3.1.1 导入素材

在学习本课之前，需要导入两个素材。

1. 在 Project（项目）面板中，双击空白区域，打开 Import File（导入文件）对话框。
2. 转到 Lessons/Lesson03/Assets 文件夹下，按住 Ctrl（Windows）或 Command（macOS），同时单击 background_movie.mov、compass.swf 两个文件，将它们同时选中，然后单

击 Import（导入）或 Open（打开）按钮。

After Effects 支持导入多种文件格式，包括 Adobe Photoshop、Adobe Illustrator 文件，以及 QuickTime 和 AVI 影片。这使得 After Effects 成为一款合成与制作动态图形的无比强大的工具。

3.1.2 创建合成

接下来，创建合成。

1. 如图 3-1 所示，在 Composition（合成）面板中，单击 New Composition（新建合成）按钮，打开 Composition Settings（合成设置）对话框。

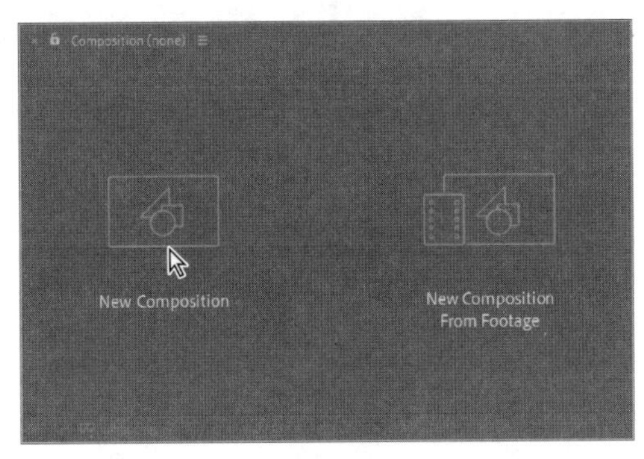

图3-1

2. 如图 3-2 所示，在 Composition Settings（合成设置）对话框中，设置合成名称为 Title_Sequence，从 Preset（预设）菜单中选择 NTSC DV，设置 Duration（持续时间）为 10:00，这是背景影片的时长，然后单击 OK（确定）按钮。

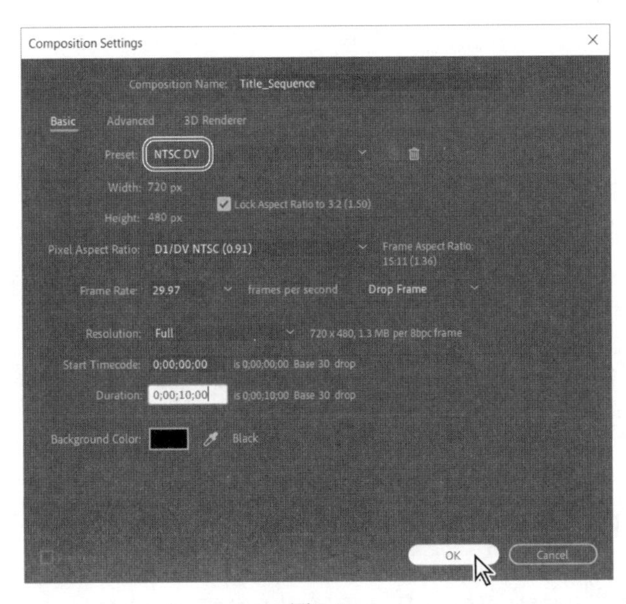

图3-2

3. 如图 3-3 所示，把 background_movie.mov 与 compass.swf 两个素材从 Project（项目）面板拖曳到 Timeline（时间轴）面板中，调整图层顺序，使 compass.swf 图层位于 background_movie.mov 图层之上。

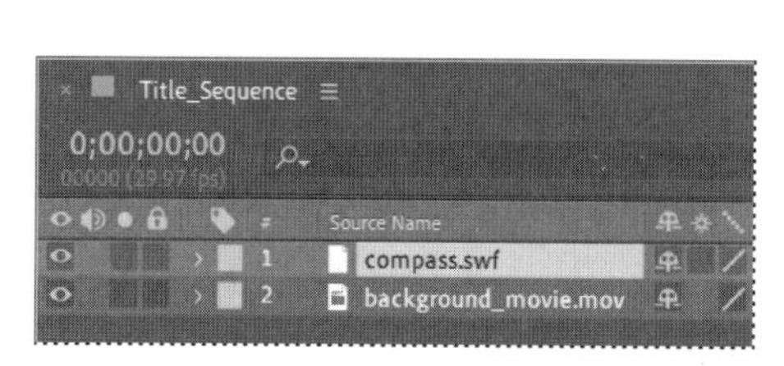

图3-3

4. 在菜单栏中，依次选择 File（文件）→ Save（保存）菜单，保存当前项目。

接下来，向合成中添加文件。

3.2 关于文本图层

在 After Effects 中，你可以灵活、精确地添加文本。Tools（工具栏）、Character（字符）面板、Paragraph（段落）面板中包含许多文本处理工具。你可以直接在 Composition（合成）面板显示的画面中创建和编辑横排或竖排文本，快速更改文本的字体、样式、大小、颜色。你既可以只修改单个字符，也可以为整个段落设置格式，包括文本对齐方式、边距、自动换行。除此之外，After Effects 还提供了可以方便地为指定字符与属性（比如文本不透明度、色相）制作动画的工具。

After Effects 支持两种类型的文本：点文本（point text）与段落文本（paragraph text）。点文本适用于输入单个单词或一行字符；段落文本适用于输入和格式化一段或多段文本。

在很多方面，文本图层和 After Effects 内的其他图层类似。你可以向文本图层应用各种效果和表达式，为其制作动画，指定为 3D 图层，编辑 3D 文字并从多个角度查看它。与从 Illustrator 导入的图层一样，文本图层会不断地进行栅格化，所以当你缩放图层或者调整文本的大小时，它仍会保持清晰的边缘，且与分辨率无关。

文本图层和其他图层的两个主要区别是：一方面你无法在文本图层本身的图层面板中打开它；另一方面，你可以使用特定的文本动画器属性和选择器为文本图层中的文本制作动画。

3.3 使用 Adobe Fonts 安装字体

Adobe Fonts 提供了数百种字体供用户使用，使用它需要你拥有 Adobe Creative Cloud 会员资格。下面我们将使用 Adobe Fonts 安装制作本课项目所需的字体。一旦你在系统中安装好 Adobe Fonts 字体，系统的所有程序都可以使用它。

1. 在 After Effects 菜单栏中，依次选择 File（文件）→ Add Fonts From Adobe（从 Adobe 添加字体）菜单，After Effects 会启动你的默认浏览器并打开 Adobe Fonts 页面。

2. 请确认你已经登录到 Creative Cloud 中。若尚未登录，请单击页面右上角的 Sign In，然后输入你的 Adobe ID。

3. 如图 3-4 所示，在 Sample Text（示例文本）文本框中，输入 Road Trip，向左拖曳 Text Size（文本大小）滑块，减小示例文本尺寸，以便能够看到完整的文本。

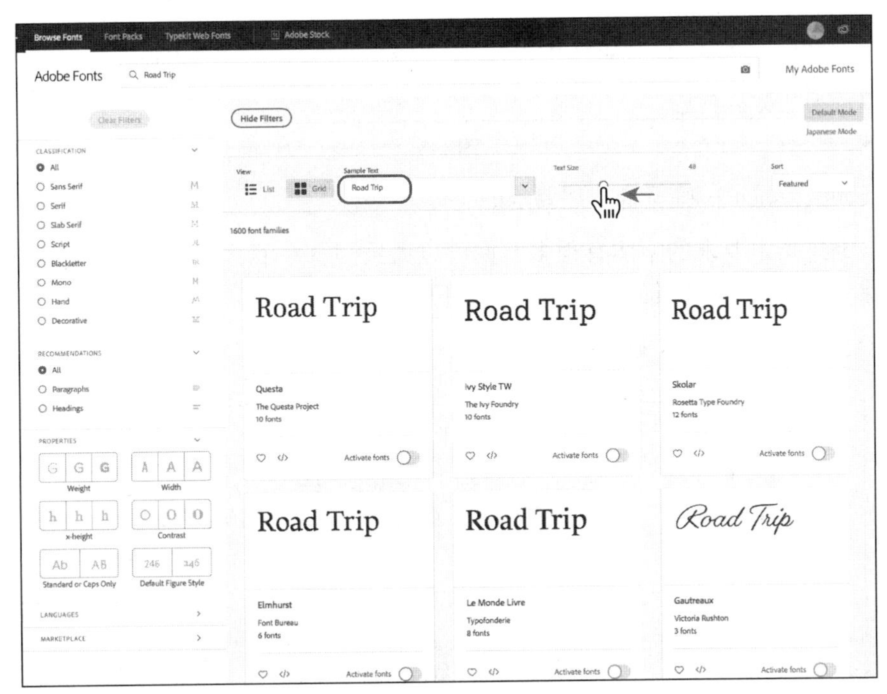

图3-4

你可以在 Sample Text（示例文本）文本框中输入要在自己项目中使用的文本，了解一下哪些字体适合于自己的项目。

你可以在 Adobe Fonts 网站上浏览各种字体，但是其中包含的字体实在太多了，逐个浏览并不高效，一种更高效的做法是对字体过滤或直接搜索指定的字体。你可以对字体进行过滤，只显示那些符合自己需要的字体。

4. 如图 3-5 所示，在右上角的 Sort 菜单中，选择 Name。然后，在页面左侧的 Classification（分类）中，选择 Sans Serif。在 Properties（属性）中，选择中等字重、中等字宽、中等高度、低对比度、标准大写。

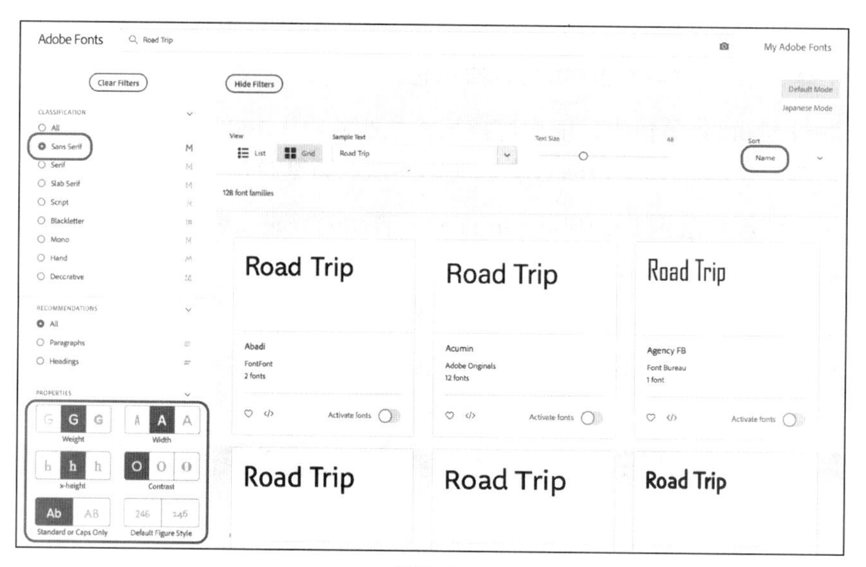

图3-5

Adobe Fonts 会显示一些符合上述要求的字体。

5. 符合上述指定要求的字体有很多，你可以大致浏览一下，从中选出满意的字体。对于本课项目来说，Calluna Sans 字体非常不错。

6. 如图 3-6 所示，单击 Calluna Sans。

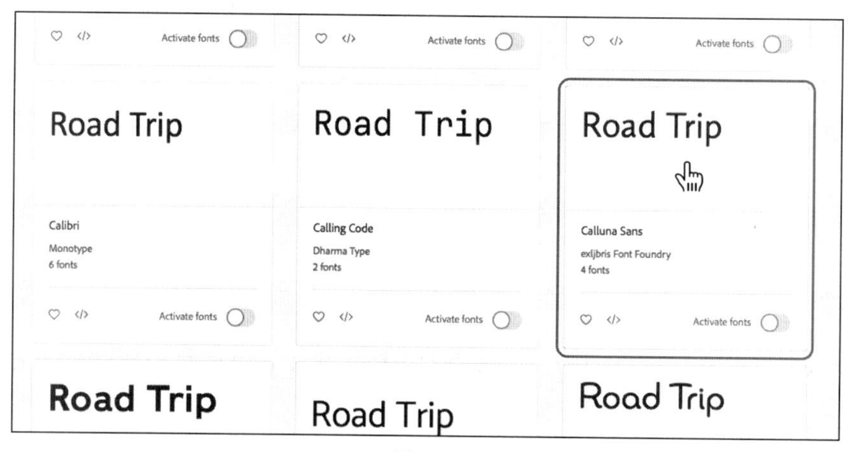

图3-6

Adobe Fonts 会显示已选字体族中所有字体的示例文本，以及该字体的附加信息。

7. 如图 3-7 所示，单击 Regular 版本与 Bold 版本右侧的 Active font（激活字体）滑动开关。

注意：Adobe Fonts 可能需要花几分钟才能激活你选中的字体，这取决于你所使用的系统和网络连接。

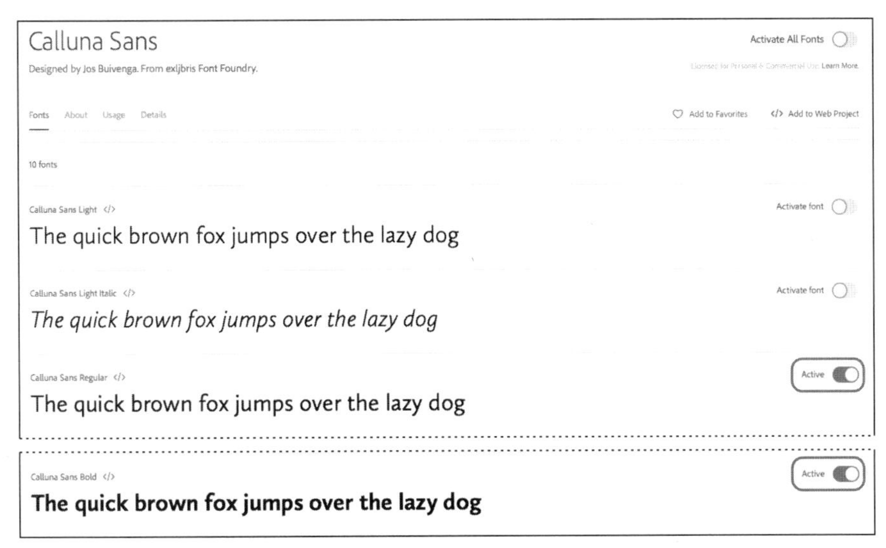

图3-7

你选中的字体会被自动添加到系统中，然后所有程序（包括 After Effects 软件）就都可以使用它们了。在激活所选字体之后，你就可以关闭 Adobe Fonts 和浏览器了。

3.4 创建并格式化点文本

在输入点文本时，每行文本都是独立的，在编辑文本时，文本行的长度会自动增加或减少，但不会换行。你输入的文本会显示在新的文本图层中。I 光标中间的短线代表文本的基线位置。

1. 在 Tools（工具栏）中，选择 Horizontal Type（横排文字工具，T）。
2. 在 Composition（合成）面板中，单击任意位置，输入 Road Trip。然后按数字键盘上的 Enter（回车）键，或在 Timeline（时间轴）面板中单击图层名称，退出文本编辑模式。此时，在 Composition（合成）面板中，文本图层处于选中状态。

注意：按常规键盘（非数字小键盘）上的 Enter 或 Return 键，可以开始一个新段落。

3.4.1 使用 Character（字符）面板

Character（字符）面板提供了多种用于格式化字符的选项。若有高亮显示的文本，则在 Character（字符）面板中所做的更改只影响高亮显示的文本。若无高亮显示的文本，则在 Character（字符）面板中所做的更改会影响选中的文本图层，以及该文本图层所选中的源文本关键帧（若存在）。若既无高亮显示的文本，又无选中的文本图层，则在 Character（字符）面板中所做的更改会成为下次文本输入的默认设置。

> **提示：**若要单独打开 Character（字符）和 Paragraph（段落）面板，可以在菜单栏中，依次选择 Window（窗口）→ Character（字符）或 Window（窗口）→ Paragraph（段落）菜单。若想同时打开两个面板，请先选择 Horizontal Type（横排文字工具），再单击工具栏中的 Toggle The Character And Paragraph Panels（切换字符和段落面板）按钮。

After Effects 为每种字体显示示例文本。你可以设置字体过滤，只显示那些来自于 Adobe Fonts 的字体或你喜欢的字体。

1. 在 Timeline（时间轴）面板中，选择 Road Trip 文本图层。
2. 如图 3-8 所示，在 Character（字符）面板中，从字体系列菜单选择 Calluna Sans Bold。

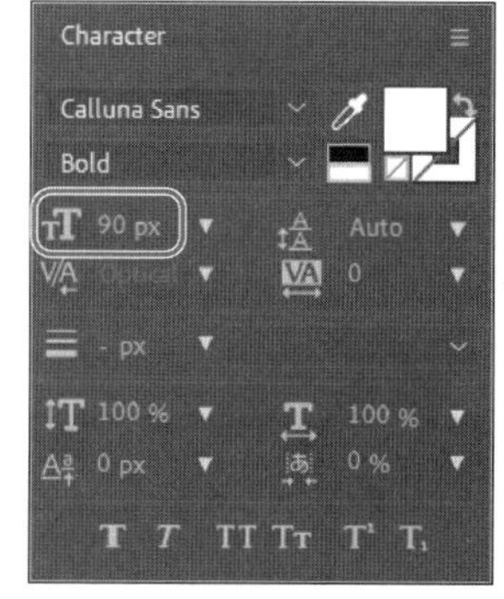

图3-8

3. 设置字体大小为 90 像素，取消字体描边。
4. 其他选项保持默认设置。

> **提示：**直接在 Font Family（设置字体系列）框中输入字体名称，可以快速选择指定的字体。Font Family 菜单会显示系统中与所输入的字符相匹配的第一种字体。此时如果有文本图层处于选中状态，则新选中的字体会立即应用到 Composition（合成）面板中所显示的文本上。

3.4.2 使用 Paragraph（段落）面板

通过 Paragraph（段落）面板，我们可以把一些属性设置（例如对齐方式、缩进、行距）应用到整个段落。对于点文本来说，每行文本都是一个独立的段落。你可以使用 Paragraph（段落）面板为单个段落、多个段落，或文本图层中的所有段落设置格式。在本课的示例中，我们只需在 Paragraph（段落）面板中为片头文本设置一个属性即可。

1. 如图 3-9 所示，在 Paragraph（段落）面板中，单击 Center Text（居中对齐文本）。这会把文本水平对齐到图层的中央，注意不是合成的中央。

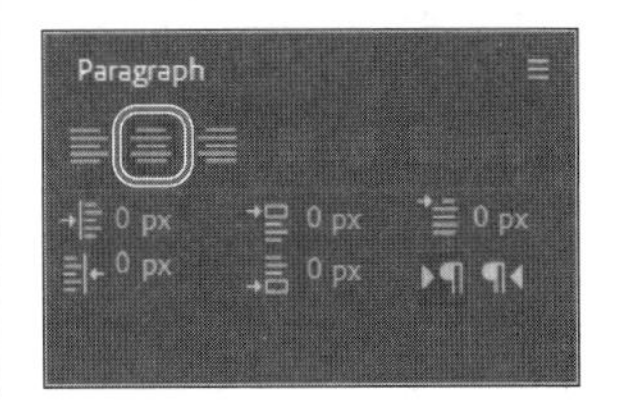

图3-9

> **注意：**你看到的样子可能和这里不一样，这取决于你从哪里开始输入文本。

2. 其他选项保持默认设置不变。

3.4.3　定位文本

为了准确定位图层（比如当前正在处理的文本图层），我们需要在 Composition（合成）面板中把标尺、参考线、网格这 3 种定位辅助工具显示出来。这些工具并不会在最终渲染的影片中出现。

1. 在 Timeline（时间轴）面板中，确保 Road Trip 文本图层处于选中状态。
2. 在菜单栏中，依次选择 Layer（图层）→ Transform（变换）→ Fit To Comp Width（适合复合宽度）菜单，把图层缩放到与合成宽度相同。

接下来，使用网格定位文本图层。

3. 在菜单栏中，依次选择 View（视图）→ Show Grid（显示网格），把网格显示出来。然后再选择 View（视图）→ Snap To Grid（对齐到网格）。
4. 如图 3-10 所示，在 Composition（合成）面板中，使用 Selection（选取工具，▶），向上拖曳文本，直到字母基线位于合成中央的水平网格线上。拖曳文本时同时按住 Shift 键，可以限制移动方向，这有助于定位文本。

图3-10

5. 确定好文本图层的位置之后，在菜单栏中，依次选择 View（视图）→ Show Grid（显示网格），隐藏网格。

因为本项目不是为电视播出制作的，所以允许文本在动画开始时超出合成的字幕安全区和动作安全区。

6. 在菜单栏中，依次选择 File（文件）→ Save（保存），保存当前项目。

3.5 使用文本动画预设

下面开始制作文本动画。最简单的方法是使用 After Effects 内置的动画预设。应用动画预设之后，你可以根据项目需要调整各个参数，然后保存，以便在其他项目中使用。

1. 按 Home 键，或输入 0:00，确保当前时间指示器处于时间标尺的起始位置。After Effects 从当前时间开始应用动画预设。
2. 选择 Road Trip 文本图层。

3.5.1 浏览动画预设

在第 2 课中，已经学习过如何使用 Effects & Presets（效果和预设）面板应用动画预设。但是，如果你连要使用哪个动画预设都不知道，又该怎么办呢？为了选出那些适合在自己项目中使用的动画预设，你可以先在 Adobe Bridge 中预览动画预设。

1. 在菜单栏中，依次选择 Animation（动画）→ Browse Presets（浏览预设）菜单，Adobe Bridge 启动，并显示 After Effects Presets 文件夹中的内容。

注意：当在 After Effects 中选择 Browse Presets（浏览预设）菜单时，如果你所用的系统尚未安装 Adobe Bridge，则 After Effects 会提示你安装它。更多信息，请阅读前言中的相关内容。

2. 在 Content（内容）面板中，双击 Text 文件夹，再双击 Blurs 文件夹，进入 Blurs 文件夹。
3. 单击选择第一个预设 Blur By Word（按单词模糊）。Adobe Bridge 会在 Preview（预览）面板中播放一段演示动画。
4. 选择其他几个预设，在 Preview（预览）面板中观看动画效果。
5. 如图 3-11 所示，预览 Evaporate（蒸发）预设，然后双击其缩览图，将其应用到文本。当然，你也可以使用鼠标右键单击缩览图（Windows），或者按住 Control 键单击缩览图（macOS），在弹出的菜单中，选择 Place In Adobe After Effects CC 2019。
6. 返回到 After Effects，但不要关闭 Adobe Bridge。

After Effects 会把你选定的动画预设应用到选中的 Road Trip 图层上，但是在合成中看不出有什么变化。这是因为在 0:00 时，动画处在第一帧，此时字母还没有开始“蒸发”。

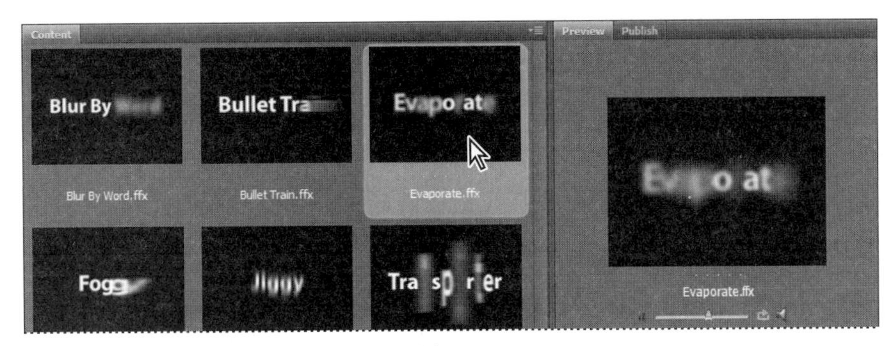

图3-11

3.5.2　预览指定范围内的帧

接下来，我们开始预览动画。虽然合成总时长为 10 秒，但是需要预览的只有带有文本动画的前几秒。

1. 如图 3-12 所示，在 Timeline（时间轴）面板中，把当前时间指示器移动到 3:00，按 N 键将其设为"工作区域结尾"。

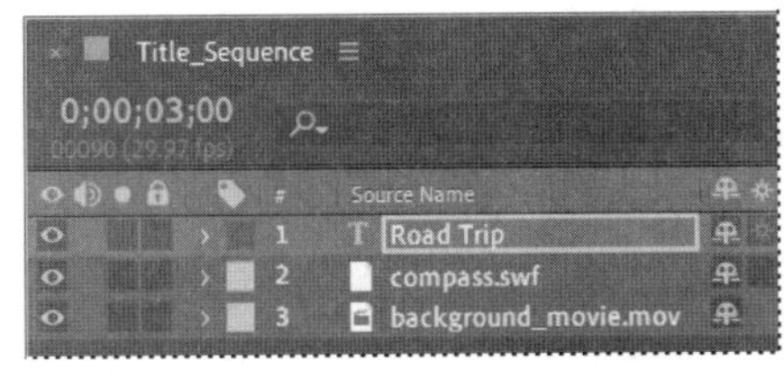

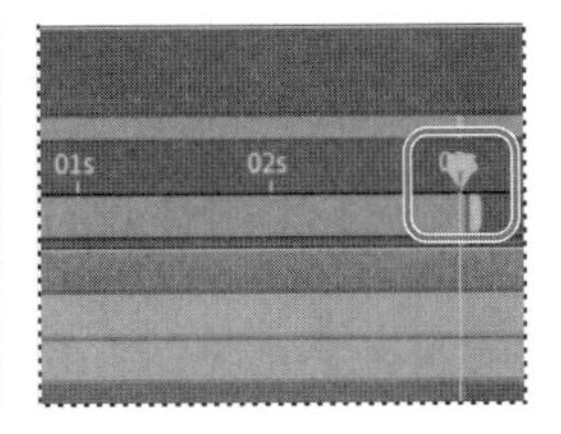

图3-12

2. 如图 3-13 所示，按空格键，预览动画。

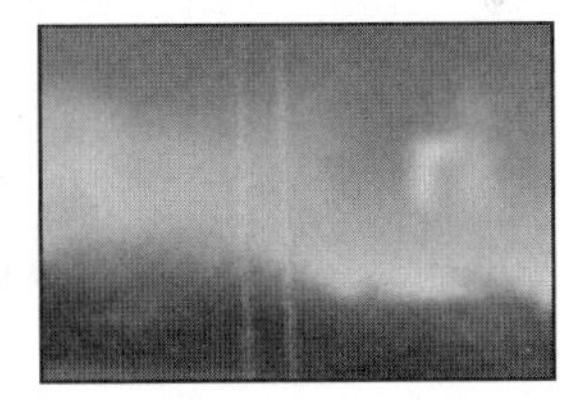

图3-13

在预览动画时，你可以看到字母好像蒸发到了背景之中。效果看起来很不错，但是我们想让字母淡入到画面中，并保留在屏幕上，而不是从屏幕上消失。为此，我们需要对预设进行定制，以满足我们的要求。

3. 按空格键，即可停止预览。然后按 Home 键，把当前时间指示器移动回 0:00。

3.5.3　自定义动画预设

在向图层应用了一个动画预设之后，其所有属性和关键帧都会显示在 Timeline（时间轴）

面板中。你可以通过这些属性对动画预设进行定制。

1. 在 Timeline（时间轴）面板中，选中 Road Trip 文本图层，按 U 键。

U 键有时也叫 Überkey，它是显示图层所有动画属性的快捷键。

提示：按两次 U 键（UU），After Effects 将显示图层所有更改过的属性，而非只显示动画属性。再次按 U 键，可以隐藏所有图层属性。

2. 如图 3-14 所示，单击 Offset（偏移），同时选中它的两个关键帧。

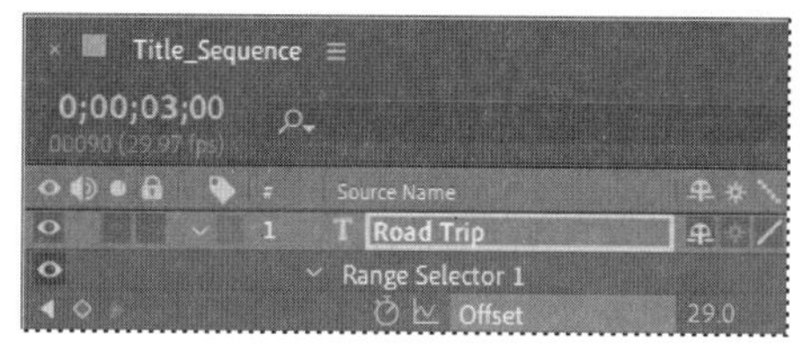

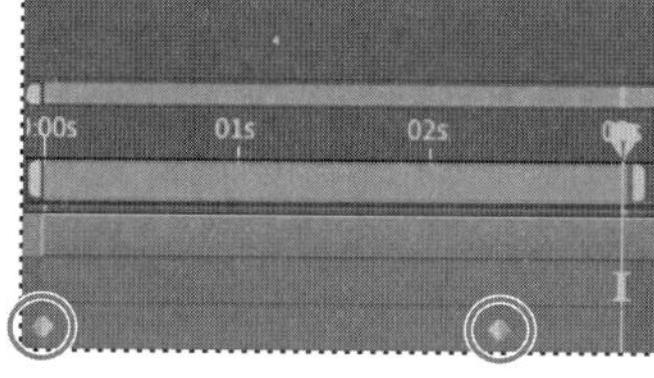

图3-14

Offset（偏移）属性用来为选区的起点和终点指定偏移量。

3. 在菜单栏中，依次选择 Animation（动画）→ Keyframe Assistant（关键帧辅助）→ Time-Reverse Keyframes（时间反向关键帧）菜单。

Time-Reverse Keyframes（时间反向关键帧）命令用来调换两个 Offset 关键帧的顺序，这样在动画刚开始时文本是不可见的，然后淡入到画面中。

4. 手动把当前时间指示器从 0:00 拖曳到 3:00，预览编辑后的动画效果（见图 3-15）。

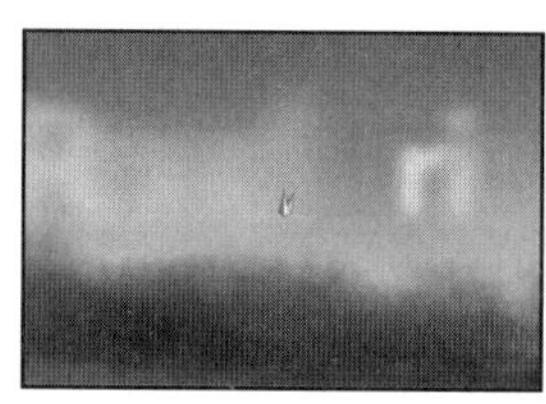

图3-15

现在播放动画时，文本会淡入到画面中，而不是淡出画面。

5. 按 U 键，隐藏图层属性。

6. 按 End 键，把当前时间指示器移动到时间标尺末尾，再按 N 键，将其设置为工作区域结尾。

7. 在菜单栏中，依次选择 File（文件）→ Save（保存），保存当前项目。

3.6 使用缩放关键帧制作动画

本课早些时候，我们向文本图层应用 Fit To Comp Width（适合复合宽度）命令，将其放大到接近 200%。接下来，我们将制作图层缩放动画，使文本逐渐缩小到其原来尺寸。

1. 如图 3-16 所示，在 Timeline（时间轴）面板中，把当前时间指示器移动到 3:00。

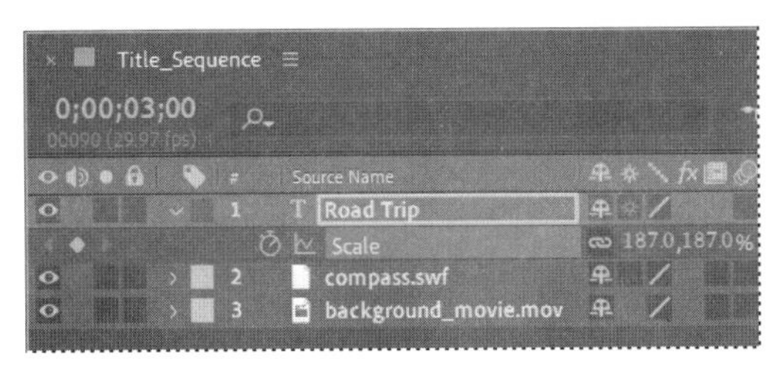

图3-16

2. 选择 Road Trip 文本图层，按 S 键，显示其 Scale（缩放）属性。

3. 单击左侧秒表图标（），在当前时间（3:00）添加一个缩放关键帧。

4. 如图 3-17 所示，移动当前时间指示器到 5:00。

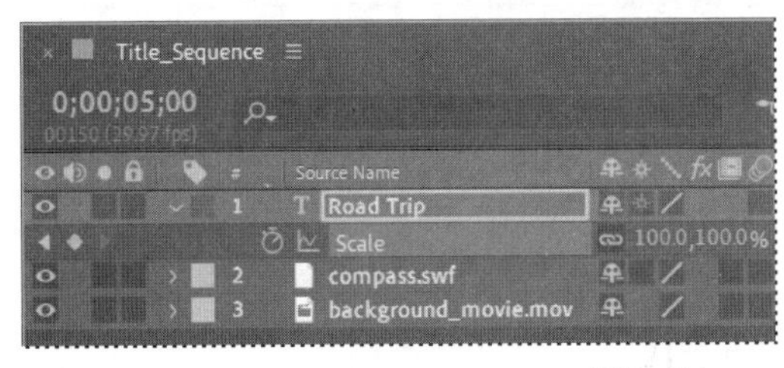

图3-17

5. 把图层的缩放值降低到 100,100%。After Effects 在当前时间处添加一个新的缩放关键帧。

3.6.1 预览缩放动画

现在，预览一下修改之后的动画。

1. 把当前时间指示器移动到 5:10，按 N 键，将其设置为工作区域结尾。缩放动画会在 5:10 之前不远处结束。

2. 按空格键，预览动画（从 0:00 到 5:10）。如图 3-18 所示，在预览时，你可以看到文本先是淡入画面，然后缩小到原来的尺寸。

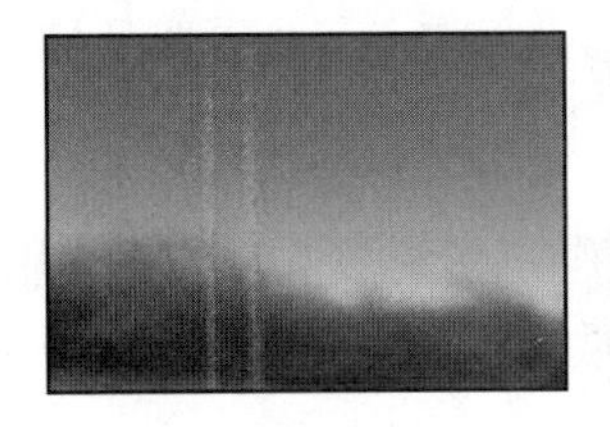

图3-18

3. 预览完成后，按空格键，停止播放。

3.6.2 添加缓入缓出效果

前面缩放动画的开始和结束部分看上去相当生硬。自然界中，没有什么是绝对静止的。就上面的动画来说，文本应该淡入到起点并在终点淡出。我们可以应用缓入缓出效果让文本动画表现得更平滑一些。

1. 如图 3-19 所示，使用鼠标右键单击（Windows）或按住 Control 键单击（macOS）3:00 处的缩放关键帧，在弹出的菜单中，依次选择 Keyframe Assistant（关键帧辅助）→ Easy Ease Out（淡出）。该关键帧上会显示一个左大括号图标。

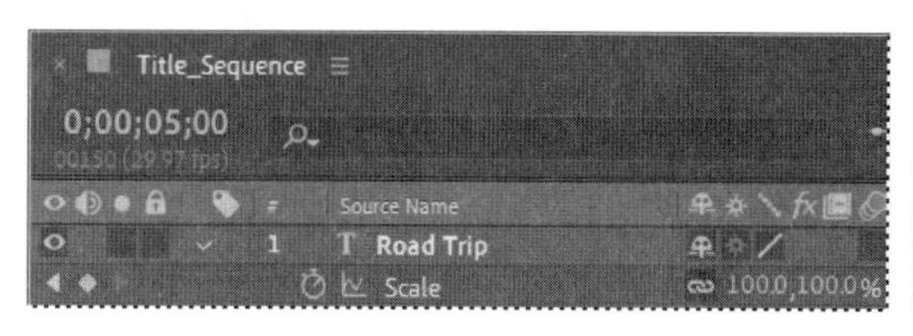

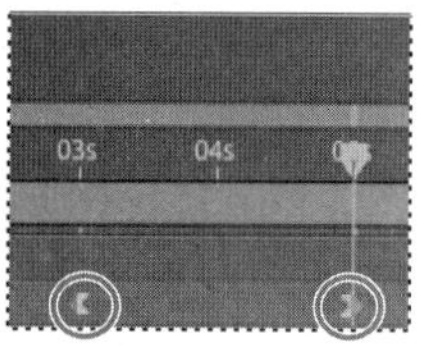

图3-19

2. 使用鼠标右键单击（Windows）或按住 Control 键单击（macOS）5:00 处的缩放关键帧，在弹出的菜单中，依次选择 Keyframe Assistant（关键帧辅助）→ Easy Ease In（缓入）。该关键帧上会显示一个右大括号图标。
3. 按空格键，预览一下效果。再次按空格键，即可停止播放。
4. 在菜单栏中，依次选择 File（文件）→ Save（保存）菜单，保存当前项目。

3.7 使用父子关系制作动画

接下来的任务是，制作虚拟摄像机变焦推出的效果。刚才制作的文本缩放动画只完成了任务的一半，我们还需要为指南针制作缩放动画。你可以手动为 compass 图层制作动画，但是更简单的制作方法是使用 After Effects 提供的父子关系。

1. 按 Home 键，或者直接把当前时间指示器拖曳到时间标尺的起始位置。
2. 在 Timeline（时间轴）面板中，单击 compass 图层右侧的 Parent & Link（父级和链接）下拉菜单，选择 1. Road Trip。

此时，Road Trip 文本图层成为 compass 图层的父图层，反过来，compass 图层成为 Road Trip 文本图层的子图层。

compass 图层（子图层）从父图层（Road Trip）那里继承了缩放关键帧。使用这种方法，不仅可以快速为指南针制作动画，还可以保证指南针的缩放速度和缩放量与文本图层一致。

3. 如图 3-20 所示，在 Timeline（时间轴）面板中，把 compass 图层移动到 Road Trip 文

本图层之上。

图3-20

> **注意：**当你把 compass 图层移动到最顶层时，它的父图层也相应地变成了 2. Road Trip，因为 Road Trip 现在变成了第二个图层。

4. 把当前时间指示器移动到 9:29，这样你就可以在 Composition（合成）面板中完全看清指南针了。

5. 如图 3-21 所示，在 Composition（合成）面板中，拖曳指南针，使其中心锚点位于单词 trip 中的字母 i 的点之上。或者，在 Timeline（时间轴）面板中，选择 compass 图层，按 P 键，显示出其 Position（位置）属性，然后输入 124,−62。

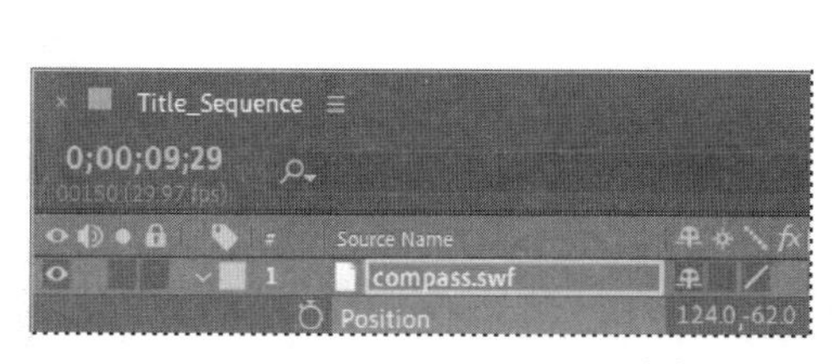

图3-21

6. 把当前时间指示器手动从 3:00 移动到 5:00，预览缩放效果。文本和指南针按相同尺寸缩小，看起来就像摄像机在拉离场景一样（见图 3-22）。

图3-22

7. 按 Home 键，返回到 0:00，把工作区域结尾拖曳到时间标尺末尾。

8. 在 Timeline（时间轴）面板中，选择 Road Trip 图层，按 S 键，隐藏其缩放属性。如果你为指南针设置了 Position（位置）属性，选择 compass 图层，按 P 键，隐藏 Position（位置）属性。在菜单栏中，依次选择 File（文件）→ Save（保存），保存当前项目。

父图层与子图层

应用父子关系会把对一个图层（父图层）所做的变换指派给另外一个图层（子图层）。在两个图层之间建立父子关系，对父图层所做的修改会自动应用到子图层对应的变换属性上，但不透明度除外。例如，把父图层向右移动 5 个像素，则子图层也会同时向右移动 5 个像素。一个图层只能有一个父图层，但在同一个合成中可以有任意多个 2D 或 3D 图层。在创建复杂动画时，图层间的父子关系会非常有用，比如牵线木偶的动作，或描绘太阳系中行星的运动轨道等。

关于父图层、子图层的更多内容，请阅读 After Effects 的帮助文档。

3.8 为导入的 Photoshop 文本制作动画

如果所有文本动画只包含两个简短的单词，例如 road trip，那事情就简单了。但是现实世界中，你可能经常需要处理大段文本，并且手工输入这些文本也是件让人头疼的事。不过，幸运的是，你可以从 Photoshp 或 Illustrator 把大段文本导入 After Effects 中，并且可以在 After Effects 中保留、编辑文本图层，并为文本图层制作动画。

3.8.1 导入文本

本项目用到的其他文本位于一个包含图层的 Photoshop 文件中，下面让我们先把这个 Photoshop 文件导入到 After Effects 之中。

1. 单击 Project（项目）选项卡，打开 Project（项目）面板，然后在面板的空白区域双击鼠标左键，打开 Import File（导入文件）对话框。
2. 转到 Lessons/Lesson03/Assets 文件夹下，选择 credits.psd 文件，在 Import As（导入为）菜单中，选择 Composition – Retain Layer Sizes（合成 – 保持图层大小）（在 macOS 中，可能需要单击 Options 才会显示出 Import As 菜单）。然后，单击 Import（导入）或 Open（打开）按钮。
3. 在 Credits.psd 对话框中，选择 Editable Layer Styles（可编辑的图层样式），然后单击 OK（确定）按钮。

After Effects 支持导入 Photoshop 图层样式，以及保留图层外观。导入的文件以合成的形式添加在 Project（项目）面板中，其图层包含在另外一个单独的文件夹中。

4. 如图 3-23 所示，把 credits 合成从 Project（项目）面板拖入 Timeline（时间轴）面板中，并且使其位于最顶层。

在把 credits.psd 文件作为合成导入时，其所有图层都被完整地保留下来，所以你可以在其 Timeline（时间轴）面板中，独立编辑图层，以及制作动画。

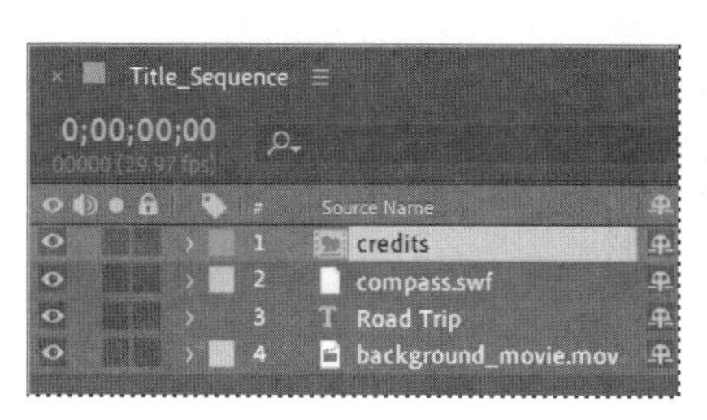

图3-23

3.8.2 编辑导入的文本

目前，导入到 After Effects 中的文本还无法编辑。我们需要让导入的文本可编辑，这样才能控制文本并应用动画。如果你非常仔细，还会在导入的文本中发现一些拼写错误。首先，我们要改正这些错误。

1. 如图 3-24 所示，在 Project（项目）面板中，双击 credits 合成，在其 Timeline（时间轴）面板中打开它。

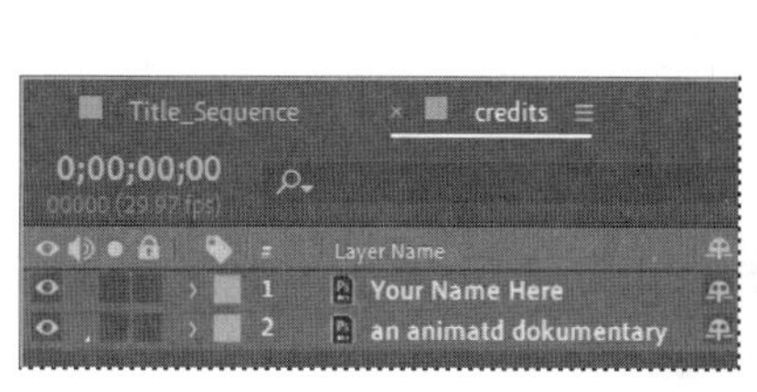

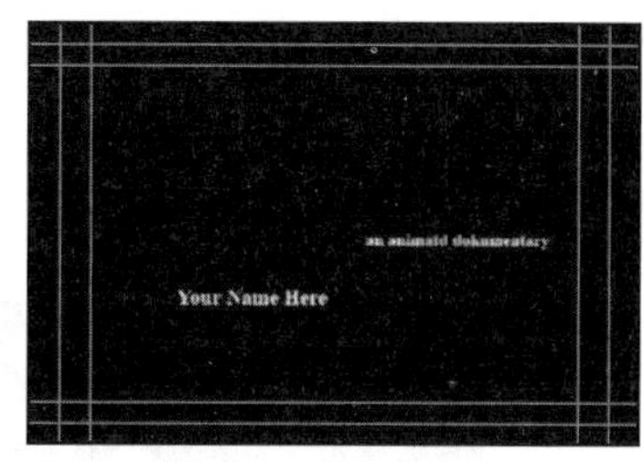

图3-24

2. 如图 3-25 所示，在 credits 的 Timeline（时间轴）面板中，按住 Shift 键，同时选中两个图层。然后，在菜单栏中，依次选择 Layer（图层）→ Create（创建）→ Convert To Editable Text（转换为可编辑文字）菜单。若弹出缺失字体警告，单击 OK（确定）按钮。

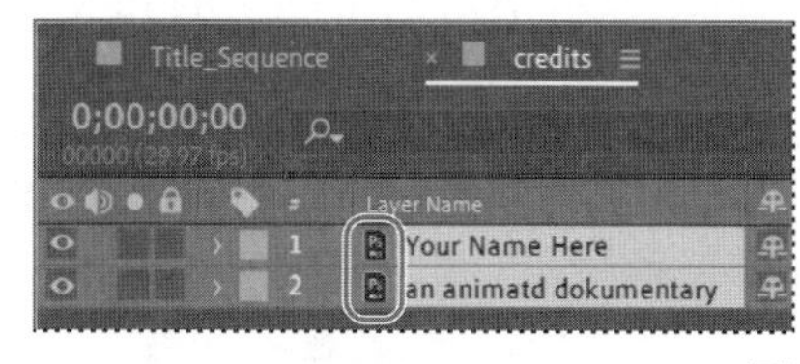

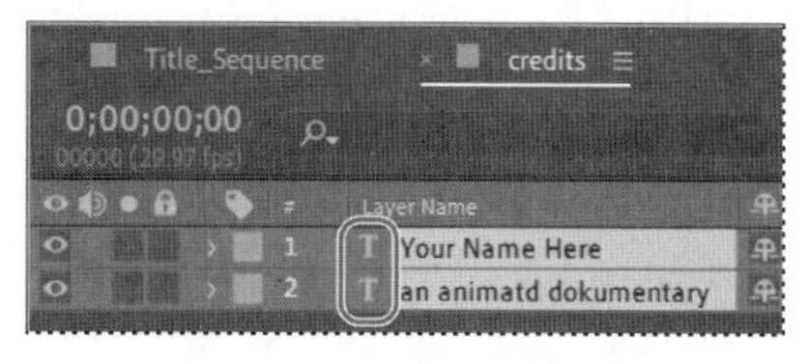

图3-25

此时，文本图层就可以编辑了，下面修正其中的拼写错误。

3. 在 Timeline（时间轴）面板中，取消对两个图层的选择，然后双击第 2 个图层，选中文本并自动切换到 Horizontal Type（横排文字工具，T）。

4. 如图 3-26 所示，在单词 animatd 的 t 和 d 之间输入字母 e。然后把 dokumentary 中的 k 改成 c。

图3-26

> **注意：**当你纠正文本中的拼写错误时，Timeline（时间轴）面板中的图层名称并不会随之发生变化。这是因为原来的图层名称是在 Photoshop 中创建的。若想修改图层名称，请先在 Timeline（时间轴）面板中选择它，然后按 Enter 或 Return 键，当输入新名称后，再次按 Enter 或 Return 键。

5. 切换到 Selection（选取工具▶），退出文本编辑模式。
6. 在 Timeline（时间轴）面板中，按住 Shift 键，同时选中两个图层。
7. 若 Character（字符）面板尚未打开，在菜单栏中，依次选择 Window（窗口）→ Character（字符），打开它。
8. 如图 3-27 所示，选择与 Road Trip 相同的字体——Calluna Sans Regular，其他设置保持不变。

图3-27

9. 在 Timeline（时间轴）面板中，单击空白区域，取消对两个图层的选择，然后选中第 2 个图层。
10. 如图 3-28 所示，在 Character（字符）面板中，单击 Fill Color（填充颜色）框，然后在 Text Color（文本颜色）对话框中，选择一种绿色，单击 OK（确定）按钮。这里选用的颜色为 R=66、G=82、B=42。

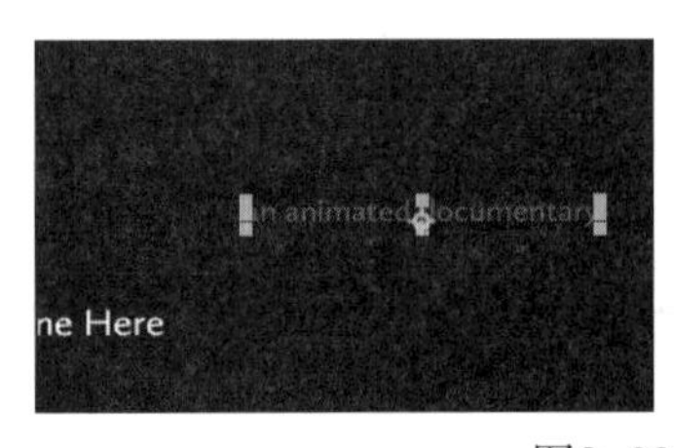

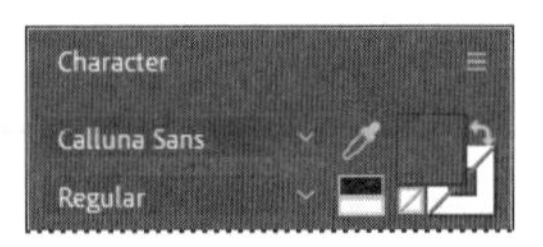

图3-28

3.8.3 为副标题制作动画

我们希望副标题“an animated documentary”位于影片正标题（Road Trip）之下并从左到右逐个淡入到屏幕上。最简单的实现方法是使用另一个文本动画预设。

1. 把当前时间指示器移动到 5:00 处，在该时间点，正标题和指南针已经缩放到了最终尺寸。
2. 在 Timeline（时间轴）面板中，选中副标题图层（第 2 个图层）。
3. 按 Ctrl+Alt+Shift+O（Windows）或 Command+Option+Shift+O（macOS）组合键，打开 Adobe Bridge。
4. 转到 Presets/Text/Animate In 文件夹中。
5. 选择 Fade Up Characters（淡化上升字符）动画预设，在 Preview（预览）面板中观看动画效果。该效果适合用来逐渐显示文本。
6. 双击 Fade Up Characters（淡化上升字符）动画预设，将其应用到副标题图层，然后返回到 After Effects。
7. 如图 3-29 所示，在 Timeline（时间轴）面板中，在副标题图层处于选中的状态下，连按两次 U 键，查看被动画预设修改的属性。在 Range Selector 1 Start（范围选择器 1 起始）中你应该能看到两个关键帧：一个位于 5:00，另一个位于 7:00。

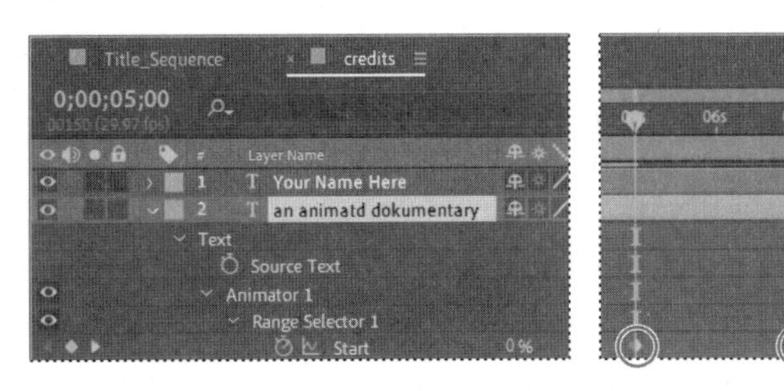

图3-29

由于后面我们还会向合成中添加多个动画，因此，这里我们把这个动画提前 1 秒结束。

8. 如图 3-30 所示，把当前时间指示器移动到 6:00，然后将第 2 个 Range Selector 1 Start（范围选择器 1 起始）关键帧拖曳到 6:00 处。

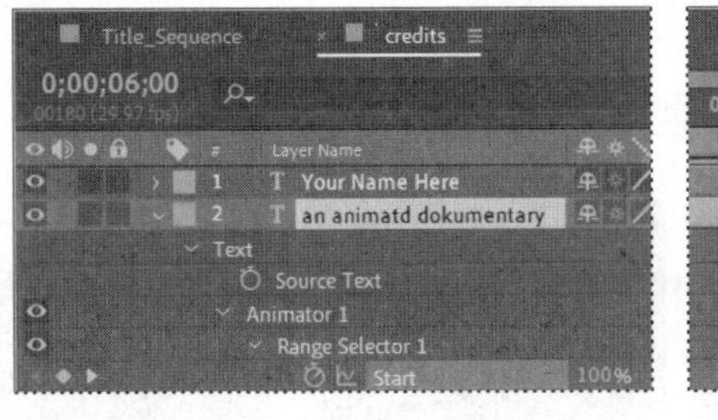

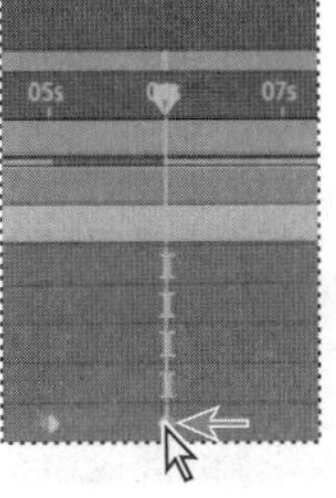

图3-30

9. 把当前时间指示器沿着时间标尺从 5:00 拖曳到 6:00，查看副标题文本淡入画面的效果。

10. 待预览完成后，选择副标题图层，按 U 键，隐藏所有修改过的属性。在菜单栏中，依次选择 File（文件）→ Save（保存），保存当前项目。

3.9 制作字符间距动画

接下来，我们使用一个字符间距动画预设把导演的名字动态显示出来。通过制作间距动画，你可以让文本从一个中央点开始向两侧扩张并显示在屏幕上。

3.9.1 替换占位文本

目前，导演名字所在的图层只有占位文本——Your Name Here。做动画之前，先要把它替换成你的名字。

1. 在 credits 的 Timeline（时间轴）面板中，选择 Your Name Here 图层。

注意：在编辑该图层上的文本时，当前时间指示器的位置并不重要。当前，在合成的持续时间内，文本始终显示在屏幕上。一旦你为文本制作了动画，这种情况就会发生变化。

2. 选择 Horizontal Type（横排文字工具，T），然后在 Composition（合成）面板中把占位文本（Your Name Here）替换成自己的名字。在本示例中，我们使用的英文名包含名字、中间名、姓氏 3 个部分，这么长的文本有助于制作动画。当替换完成后，单击图层名称。图层名称并未发生变化，因为它是在 Photoshop 中创建的。

3.9.2 应用字符间距动画预设

下面我们将使用一个字符间距动画预设，让导演的名字动起来。当副标题（an animated documentary）在画面中完全显示出来之后，导演名字立即开始在屏幕上显示。

1. 把当前时间指示器拖曳至 7:10 处。
2. 在 Timeline（时间轴）面板中，选择 Your Name Here 图层。
3. 在 Effects & Presets（效果和预设）面板的搜索框中，输入 Increase Tracking（增加字符间距）。然后双击它，将其应用到 Your Name Here 图层。
4. 把当前时间指示器沿着时间标尺从 7:10 拖曳到 9:10，预览动画效果（见图 3-31）。

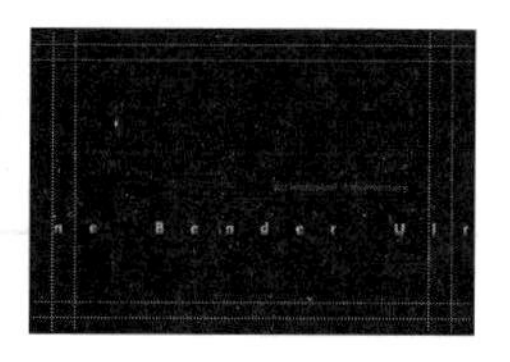

图3-31

3.9.3 自定义字符间距动画预设

现在得到的动画效果是文本向左右两侧扩展开，但我们想要的动画效果是，刚开始时文本中的字母相互挤压在一起，然后从中央向两侧扩展，直到达到一个便于阅读的合适距离。而且动画速度还要更快一些。我们可以通过调整 Tracking Amount（字符间距大小）来实现这两个目标。

1. 在 Timeline（时间轴）面板中，选择 Your Name Here 图层，按两次 U 键，显示出修改过的属性。
2. 把当前时间指示器拖曳至 7:10。
3. 如图 3-32 所示，在 Animator 1（动画 1）下，把 Tracking Amount（字符间距大小）修改为 −5，这样文本的各个字母就挤压在一起。

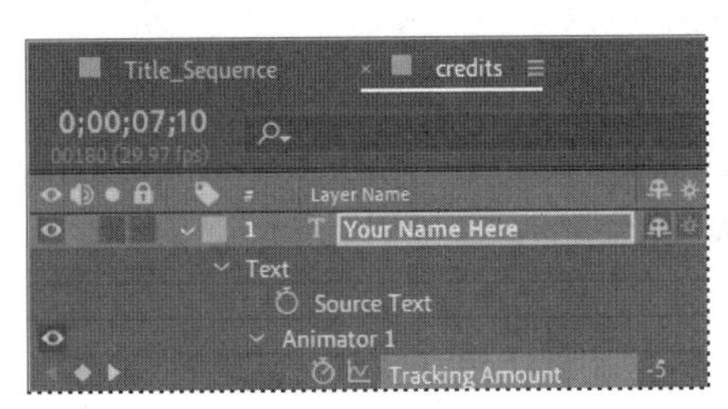

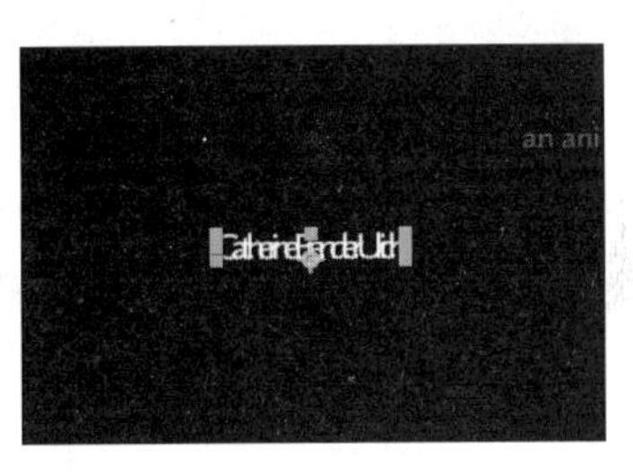

图3-32

4. 如图 3-33 所示，单击 Tracking Amount（字符间距大小）属性左侧的 Go To Next Keyframe（转到下一个关键帧）箭头（▶），然后把字符间距大小设置为 0。

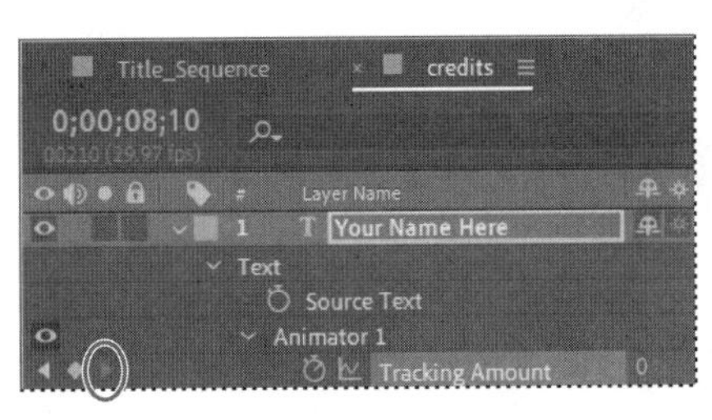

图3-33

5. 沿着时间标尺，把当前时间指示器从 7:10 拖曳到 8:10，预览动画效果。可以看到文本显示在屏幕上时字母开始向两侧扩展，并在最后一个关键帧处停止。

3.10 为文本不透明度制作动画

接下来，我们继续为导演名字制作动画，让其随着字母的扩展淡入到屏幕上。我们可以通过控制文本图层的不透明度属性来实现这种动画效果。

1. 在 credits 时间轴面板中，确保 Your Name Here 图层处于选中状态。
2. 按 T 键，显示图层的 Opacity（不透明度）属性。

3. 把当前时间指示器拖曳到 7:10，设置 Opacity（不透明度）为 0%。然后单击秒表图标（⏱），设置一个 Opacity（不透明度）关键帧。

4. 把当前时间指示器拖曳到 7:20，设置 Opacity（不透明度）为 100%，After Effects 自动添加第 2 个关键帧。

这样，当导演名字中的各个字母在屏幕上展开时会伴随着淡入效果。

5. 沿着时间标尺，把当前时间指示器从 7:10 拖曳到 8:10，预览动画效果。可以看到导演名字淡入屏幕的同时向两侧展开（见图 3-34）。

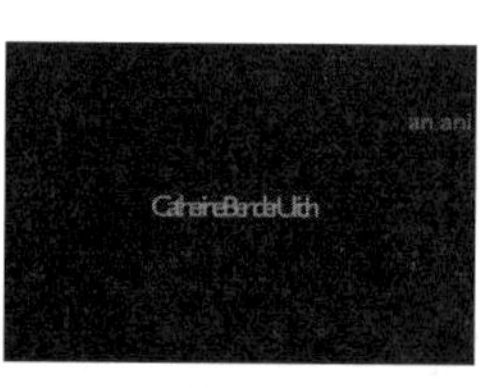

图3-34

6. 使用鼠标右键单击（Windows）或按住 Control 键单击（macOS）第 2 个不透明度关键帧，在弹出的菜单中，依次选择 Keyframe Assistant（关键帧辅助）→ Easy Ease In（缓入）。

7. 在菜单栏中，依次选择 File（文件）→ Save（保存），保存当前项目。

3.11 使用文本动画器组

文本动画器组允许对图层中一段文本内的各个字母分别制作动画。在本例中，我们将使用文本动画器组为中间名中的字母制作动画，同时不影响同图层中其他文本上的字符间距与不透明度动画。

1. 在 Timeline（时间轴）面板中，把当前时间指示器拖曳到 8:10。

2. 隐藏 Your Name Here 图层的 Opacity（不透明度）属性。然后展开图层，查看其 Text（文本）属性组名称。

3. 如图 3-35 所示，在 Text（文本）属性组名右侧有一个 Animate（动画）选项，单击右侧三角形图标，在弹出菜单中，选择 Skew（倾斜）。

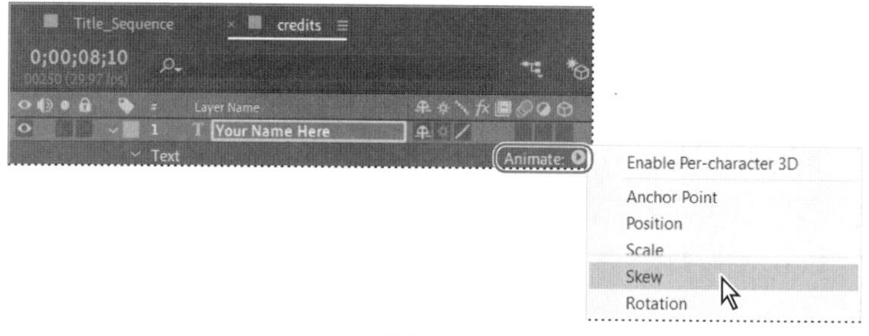

图3-35

在图层的 Text（文本）属性中出现了一个名为 Animator 2（动画制作工具 1）的属性组。

4. 如图 3-36 所示，选择“Animator 2”，按 Enter 或 Return 键，将其重命名为 Skew Animator，再按 Enter 或 Return 键，使新名称生效。

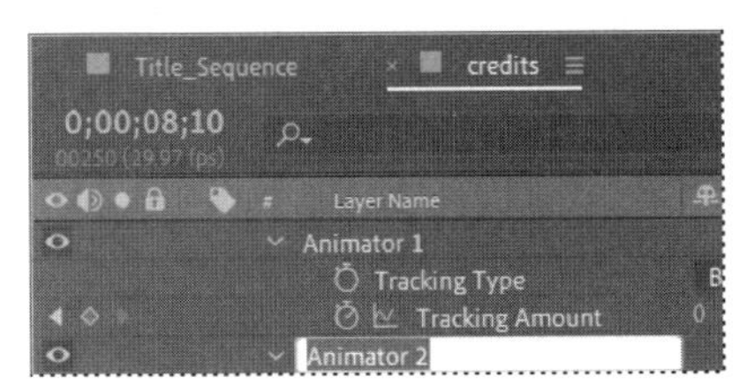

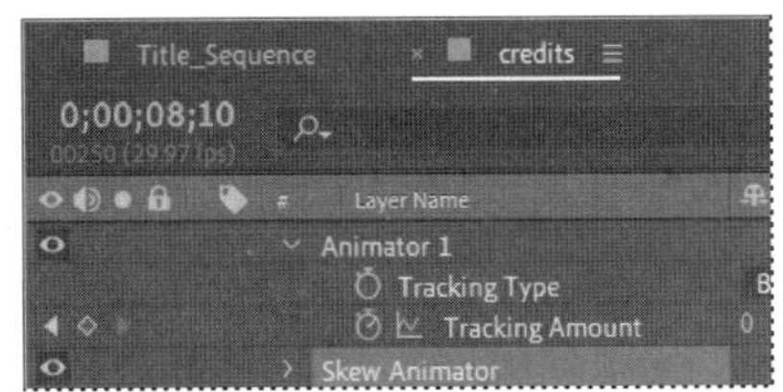

图3-36

接下来，指定要倾斜的字母范围。

5. 展开 Skew Animator 的 Range Selector 1（范围选择器 1）属性。

每个动画器组都包含一个默认的范围选择器。范围选择器用来把动画应用到文本图层中特定的字母上。你可以向一个动画器组添加多个选择器，或者把多个动画器属性应用到同一个范围选择器上。

6. 边看 Composition（合成）面板，边向右拖曳 Skew Animator 的 Range Selector 1 Start（范围选择器 1 起始）的值，使选择器左指示器（ ）刚好位于中间名的第一个字母之前（这里指的是 Bender 中的第一个字母 B）。

7. 如图 3-37 所示，边看 Composition（合成）面板，边向左拖曳 Skew Animator 的 Range Selector 1 End（范围选择器 1 结束）的值，使选择器右指示器（ ）刚好位于中间名的最后一个字母之后（这里指的是 Bender 中的最后一个字母 r）。

图3-37

现在，使用 Skew Animator 属性制作的所有动画都只影响你选中的中间名。

关于文本动画器组

一个文本动画器组包含一个或多个选择器以及一个或多个动画器属性。选择器类似于蒙版，用来指定动画器属性影响文本图层上的哪些字符或部分。在使用选择器指定属性动画影响的范围时，可以指定一定比例的文本、文本中的特定字符，或特定范围内的文本。

组合使用动画器属性和选择器可以轻松创建出原本需要很多关键帧才能实现的复杂文本动画。当制作大部分文本动画时，我们只需要对选择器的值（非属性值）做控制即可。因此，即便是复杂的文本动画，也只需使用少量的关键帧。

关于文本动画器组的更多信息，请阅读 After Effects 的帮助文档。

为指定文本制作倾斜动画

下面通过设置倾斜关键帧为中间名制作晃动动画效果。

1. 左右拖曳 Skew Animator 下的 Skew（倾斜）值，确保只有中间名发生倾斜，姓名中的其他文本保持不动。
2. 把 Skew Animator 下的 Skew（倾斜）值设为 0。
3. 如图 3-38 所示，把当前时间指示器拖曳到 8:05，单击 Skew（倾斜）左侧的秒表图标（⏱），添加一个倾斜关键帧。

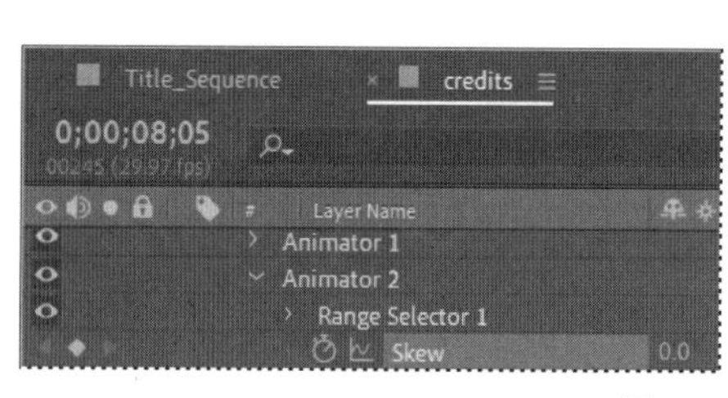

图3-38

4. 如图 3-39 所示，把当前时间指示器拖曳到 8:08，设置 Skew（倾斜）值为 50。After Effects 会自动添加一个关键帧。

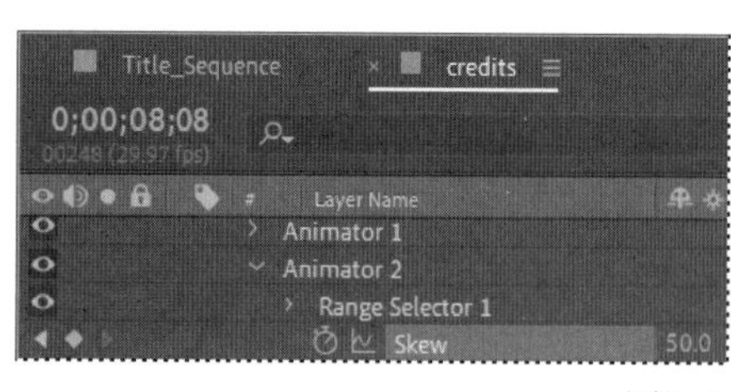

图3-39

5. 如图 3-40 所示，把当前时间指示器拖曳到 8:15，设置 Skew（倾斜）值为 −50。After Effects 会自动添加另一个关键帧。

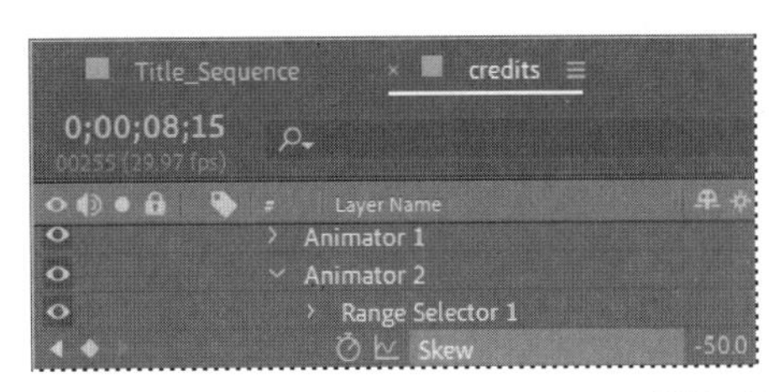

图3-40

6. 如图 3-41 所示，把当前时间指示器拖曳到 8:20，设置 Skew（倾斜）值为 0，添加最后一个关键帧。

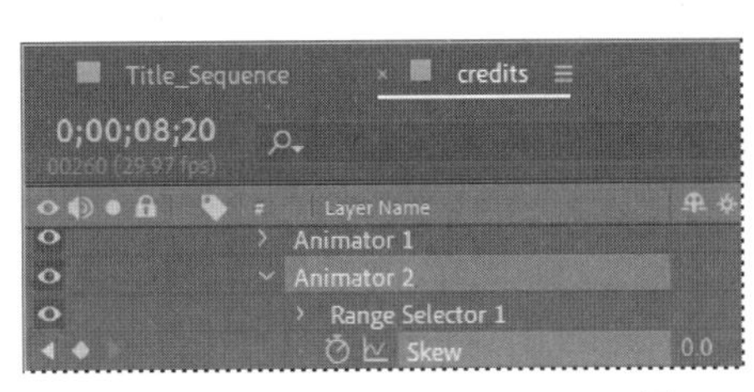

图3-41

7. 单击 Skew（倾斜）属性名，选择所有 Skew（倾斜）关键帧。然后，在菜单栏中，依次选择 Animation（动画）→ Keyframe Assistant（关键帧辅助）→ Easy Ease（缓动），向所有关键帧添加 Easy Ease（缓动）。

8. 沿着时间标尺，把当前时间指示器从 7:10 拖曳到 8:20，可以看到导演名字淡入屏幕并展开，接着中间名发生左右晃动，而其他文本未受影响。

9. 在 Timeline（时间轴）面板中，隐藏 Your Name Here 图层的属性。

10. 单击 Title_Sequence 选项卡，将其在时间轴面板中打开。

11. 按 Home 键，让当前时间指示器回到 0:00 位置，然后预览整个合成动画。

12. 按空格键，停止播放。在菜单栏中，依次选择 File（文件）→ Save（保存），保存当前项目。

> Ae **提示：**要从文本图层中快速删除所有文本动画器，先在 Timeline（时间轴）面板中，选择文本图层，然后从菜单栏中，依次选择 Animation（动画）→ Remove All Text Animators（移除所有文本动画器）。若只想删除某一个动画器，则在 Timeline（时间轴）面板中，选择它的名称，按 Delete 键即可删除。

3.12 为图层位置制作动画

到现在为止，你已经使用几个文本动画预设制作出了令人赞叹的效果。接下来，我们向文本图层添加一个简单的运动效果，这是通过控制文本图层的 Transform（变换）属性实现的。

在当前动画中，你输入的名字已经出现在画面中，但还缺少必要的说明文字。为此，我们要在其上方添加上“directed by”，指出它是导演的名字，并且为添加的文本制作位置动画，使其随着人名的出现从左向右移动到画面之中。

1. 在 Title_Sequence 的 Timeline（时间轴）面板中，拖曳当前时间指示器到项目末尾，即 9:29 处。

此时，其他所有文本都显示在屏幕上，你可以精确地设置“directed by”的位置。

2. 在工具栏中，选择 Horizontal Type（横排文字工具，T）。
3. 取消选择所有图层，然后在 Composition（合成）面板中单击，并确保单击的位置没有覆盖任何已有的文本图层。

> Ae | **提示：**在 Timeline 面板中，单击空白区域，可以取消对所有图层的选择。此外，你还可以按 F2 键或选择 Edit（编辑）→ Deselect All（全部取消选择）。

4. 输入文本“directed by”。
5. 选中 directed by 图层。然后，在 Character（字符）面板中，设置字体为 Minion Pro Regular。

> Ae | **注意：**如果找不到 Minion Pro Regular 字体，请选择 File（文件）→ Add Fonts From Adobe（从 Adobe 添加字体），进入 Adobe Fonts 站点，搜索 Minion Pro Regular，然后将其激活。

6. 设置字体大小为 20 像素。
7. 在 Character（字符）面板中，单击 Fill Color（填充颜色）。然后在 Text Color（文本颜色）对话框中，选择白色，单击 OK（确定）。其他选项保持默认设置不变。
8. 如图 3-42 所示，在工具栏中，选择 Selection（选取工具），然后拖曳 directed by 图层，使文本位于人名的正上方。

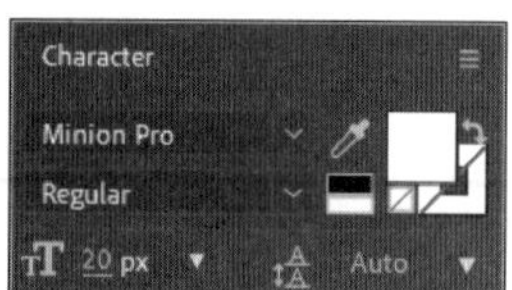

图3-42

9. 按 P 键，显示 directed by 图层的 Position（位置）属性。单击 Position（位置）属性左侧的秒表图标（⏱），创建一个初始关键帧。

10. 拖曳当前时间指示器至 7:00，此时“documentary”刚显示完毕，而人名还没开始显示。

11. 向左拖曳 directed by 图层，使其超出 Composition（合成）窗口的左边框。在拖曳时要按住 Shift 键，这样可以创建一条直线路径。

12. 预览动画，然后隐藏 Position（位置）属性（见图 3-43）。

图3-43

这个动画很简单，但是效果很好。文本 directed by 从左侧进入画面，并停在人名正上方。为了增加文本进场的趣味性，我们可以在文本前方添加一张汽车图片，使文本看起来好像是被汽车拖入画面的。

3.13 调整图层动画的时间

接下来，我们制作一个简单的汽车动画，让文本 directed by 看起来就像是被汽车拖入到画面中一样。也就是说，文本 directed by 要跟随汽车进入画面，然后在人名正上方停下来，此时汽车继续向右驶出屏幕。为了实现这个效果，我们需要对图层动画的时间做一些调整，让文本和汽车保持同步。

首先，导入汽车图片，并将其添加到合成中。

1. 在 Project（项目）面板中，双击空白区域，打开 Import File（导入文件）对话框。

2. 在 Import File（导入文件）对话框中，转到 Lessons/Lesson03/Assets 文件夹中，选择 car.ai 文件，从 Import As（导入为）菜单中，选择 Composition– Retain Layer Sizes（合成 – 保持图层大小），然后单击 Import（导入）或 Open（打开）按钮。

3. 把 car 合成从 Project（项目）面板拖曳到 Title_Sequence 的 Timeline（时间轴）面板中，并使其位于最顶层。

4. 拖曳当前时间指示器到 6:25，此时 directed by 文本刚要开始移动。

5. 选中 car 图层，按 P 键，显示其 Position（位置）属性。

6. 向左把汽车拖出 Composition（合成）窗口，使其与 directed by 重合在一起。

7. 单击 Position（位置）属性左侧的秒表图标，创建一个初始关键帧。

8. 拖曳当前时间指示器到 9:29，即合成的末尾。

9. 向右拖曳汽车，将其拖出 Composition（合成）窗口有边缘。此时，在屏幕上看不到汽车。拖曳时按住 Shift 键，这样可以创建一条直线路径。

10. 沿着时间标尺，把当前时间指示器从 6:25 拖曳到 9:29，并预览动画效果（见图 3-44）。

图3-44

虽然文本尾随着汽车进入画面，但是由于汽车速度太快，所以我们不觉得文本是被汽车拖入画面的。为此，我们需要调整汽车动画，把汽车的速度降下来，等到文本到达指定位置，汽车才飞驰而去。

11. 把当前时间指示器拖曳到 8:29。

12. 把汽车移动到文本右侧，并紧贴文本。

13. 再次预览动画效果。

这次效果要好很多，但是汽车在刚开始进入画面时盖住了文本。为解决这个问题，我们需要再做一点调整。

14. 把当前时间指示器拖曳到 7:19。

15. 向右拖曳汽车，使其位于文本右侧，并紧贴文本。

16. 再次预览动画效果，如图 3-45 所示。

图3-45

现在，我们可以清楚地看到，汽车拖曳着文本进入画面，然后在合成播放结束之前加速驶离画面。如果你想更精确地控制动画，你可以添加更多关键帧。

17. 隐藏所有图层的属性，然后在菜单栏中，依次选择 File（文件）→ Save（保存），保存当前项目。

3.14 添加运动模糊

运动模糊是指一个物体移动时所产生的模糊效果。接下来，我们将向合成中添加运动模糊，让动态元素的运动变得更自然、真实。

1. 在 Timeline（时间轴）面板中，单击打开除 background_movie 和 credits 两个图层之外的所有图层的 Motion Blur（运动模糊）开关（ ）。

接下来，向 credits 合成中的图层应用运动模糊。

2. 打开 credits 合成的 Timeline（时间轴）面板，打开其中两个图层的运动模糊开关。
3. 切换回 Title_Sequence 合成的 Timeline（时间轴）面板，打开 credits 图层的运动模糊开关。然后单击 Timeline（时间轴）面板顶部的 Enable Motion Blur（为设置了“运动模糊”开关的所有图层启用运动模糊）按钮，这样你就能在 Composition（合成）面板中看见运动模糊效果了。
4. 预览整个制作完成的动画。
5. 在菜单栏中，依次选择 File（文件）→ Save（保存），保存项目。

恭喜你！到这里，你已经制作好了一个复杂的文本动画。如果你想把它导出成影片文件，请参考第 15 课“渲染和输出”中的内容。

3.15 复习题

1. 在 After Effects 中，文本图层和其他类型的图层有何异同？
2. 如何预览文本动画预设？
3. 如何把一个图层的变换指定给另一个图层？
4. 什么是文本动画器组？

3.16 答案

1. 在很多方面，文本图层和 After Effects 内的其他图层类似。你可以向文本图层应用各种效果和表达式，为其制作动画，指定为 3D 图层，编辑 3D 文字并从多个视角查看它。但是，与大部分图层不同的是，你无法在文本图层自己的图层面板中打开它们。文本图层完全由矢量图形组成，所以当你缩放图层或者调整文本的大小时，它仍会保持清晰的边缘，且与分辨率无关。另外，你还可以使用特定的文本动画器属性和选择器为文本图层中的文本制作动画。
2. 在 After Effect 的菜单栏中，依次选择 Animation（动画）→ Browse Presets（浏览预设），在 Adobe Bridge 打开文本动画预设供你预览。Adobe Bridge 会打开和显示 After Effects Presets 文件夹中的内容，进入各个具体的文本动画预设文件夹（比如 Blurs 或 Paths），在 Preview（预览）面板中预览动画效果即可。
3. 在 After Effects 中，你可以通过父子关系把对一个图层所做的变换（不透明度变换除外）指定给另外一个图层，其中，前一个图层称为父图层，后一个图层称为子图层。在两个图层之间建立好父子关系之后，对父图层所做的修改会自动应用到子图层对应的变换属性上。
4. 文本动画器组允许你为文本图层中单个字符的属性制作随时间变化的动画。文本动画器组包含一个或多个选择器，选择器类似于蒙版，用来指定动画器属性影响文本图层上的哪些字符或部分。使用选择器指定属性动画影响的范围时，你可以指定一定比例的文本、文本中的特定字符或特定范围内的文本。

第 4 课 使用形状图层

本课概览

本课将学习如下内容：

- 创建自定义形状
- 设置形状的填充和描边
- 使用路径操作变换形状
- 制作形状动画
- 图层对齐
- 使用 Create Nulls From Paths（从路径创建空对象）面板

学完本课大约需要 1 小时。如果你尚未下载本课项目文件，请到“数艺设”网站下载。在学习本课的过程中，原始项目文件会被覆盖掉。如果你想使用原始项目文件，请重新下载它们。

项目：ANIMATED ILLUSTRATION

使用形状图层可以轻松地创建富有表现力的背景和引人入胜的效果。我们可以为形状制作动画，应用动画预设，并把它们与其他形状连接起来，以产生更强烈的视觉效果。

4.1 准备工作

在 After Effects 中，当你使用任何绘画工具绘制一个形状时，After Effects 会自动为我们创建形状图层。你可以调整、变换单个形状或整个图层以得到更有趣的结果。在本课中，我们将使用形状图层制作一个创意十足的动画。

在动手制作之前，先预览一下最终效果，然后创建 After Effects 项目。

1. 检查你硬盘上的 Lessons/Lesson04 文件夹中是否包含如下文件。若没有，请立即前往“数艺设”网站把它们下载下来。
   - Assets 文件夹：Background.mov。
   - Sample_Movies 文件夹：Lesson04.avi, Lesson04.mov。
2. 在 Windows Movies & TV 中打开并播放 Lesson04.avi 示例影片，或者使用 QuickTime Player 播放 Lesson04.mov 示例影片，以了解本课要创建什么效果。在观看完之后，请关闭 Windows Movies & TV 或 QuickTime Player。如果存储空间有限，此时，你可以把这两段示例影片从硬盘中删除了。

在学习本课之前，最好先把 After Effects 恢复成默认设置（参见前言中“恢复默认设置”的内容）。你可以使用如下快捷键完成这个操作。

3. 在启动 After Effects 时，立即按下 Ctrl+Alt+Shift（Windows 系统）或 Command+Option+Shift（macOS 系统）组合键，此时会弹出一个消息框，询问“是否确实要删除你的首选项文件？”，单击“OK”（确定）按钮，即可删除你的首选项文件，恢复 After Effects 默认设置。
4. 在 Home（主页）窗口中，单击 New Project（新建项目）。

此时，After Effects 会打开一个未命名的空项目。

5. 在菜单栏中，依次选择 File（文件）→ Save As（另存为）→ Save As（另存为），在 Save As（另存为）对话框，转到 Lessons/Lesson04/Finished_Project 文件夹下。
6. 输入项目名称 Lesson04_Finished.aep，单击 Save（保存）按钮，保存项目。

4.2 创建合成

接下来，导入背景影片并创建合成。

1. 在 Composition（合成）面板中，单击 New Composition From Footage（从素材新建合成），打开导入文件对话框。
2. 在导入文件对话框中，转到硬盘上的 Lessons/Lesson04/Assets 文件夹下，选择 Bbackground.mov，单击 Import（导入）或 Open（打开）按钮。

After Effects 把 Background.mov 文件添加到 Project（项目）面板中，并基于它创建一个合成，同时在 Timeline（时间轴）和 Composition（合成）面板中打开新建的合成。

3. 按空格键，预览背景影片。如图 4-1 所示，在影片中，随着黑夜变成白天，天空和颜色逐渐明亮起来。再次按空格键，停止播放。

图4-1

4.3 添加形状图层

After Effects 提供了 5 种形状工具：Rectangle（矩形）、Rounded Rectangle（圆角矩形）、Ellipse（椭圆）、Polygon（多边形）、Star（星形）。当在 Composition（合成）面板中绘制一个形状时，After Effects 会向合成中新添加一个形状图层。你可以向形状应用填充和描边，修改形状路径以及应用动画预设。在 Timeline（时间轴）面板中列出了形状的所有属性，你可以为形状的每一个属性制作随时间变化的动画。

一个绘制工具既可以用来创建形状，也可以用来创建蒙版。蒙版可以用来隐藏或显示图层的某些区域，也可以用作效果的输入。形状本身包含图层。当选择一个绘图工具时，你可以指定它要绘制的是形状还是蒙版。

4.3.1 绘制形状

让我们先绘制一颗星星。

1. 按 Home 键，或者直接把当前时间指示器拖曳到时间标尺的起始位置。

2. 按 F2 键，或单击 Timeline（时间轴）面板中的空白区域，确保没有图层处于选中状态。

若某个图层处于选中状态下，此时绘制形状，则绘制的形状将变成图层的蒙版。在绘制形状时，若无图层处于选中状态，则 After Effects 会自动创建一个形状图层。

3. 在菜单栏中，依次选择 Edit（编辑）→ Preferences（首选项）→ General（常规）(Windows) 或 After Effects CC → Preferences（首选项）→ General（常规）(macOS)，选择 Center Anchor Point in New Shape Layers（在新形状图层上居中放置锚点），单击 OK（确定）按钮。

After Effects 会以锚点为参考点来改变图层的位置、缩放或旋转。默认情况下，形状图层的锚点位于合成的中心。如图 4-2 所示，在选择 Center Anchor Point in New Shape Layers（在新形状图层上居中放置锚点）之后，锚点将出现在你在图层上绘制的第一个形状的中心。

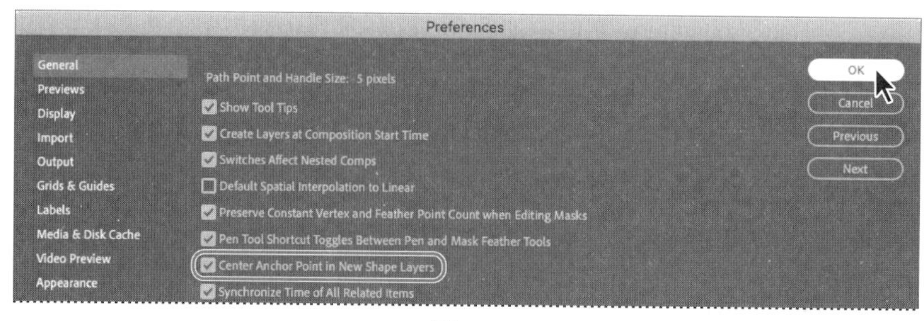

图4-2

4. 如图 4-3 所示，在 Tools（工具栏）中，选择 Star Tool（星形工具，★），该工具隐藏在 Rectangle Tool（矩形工具，■）之下。

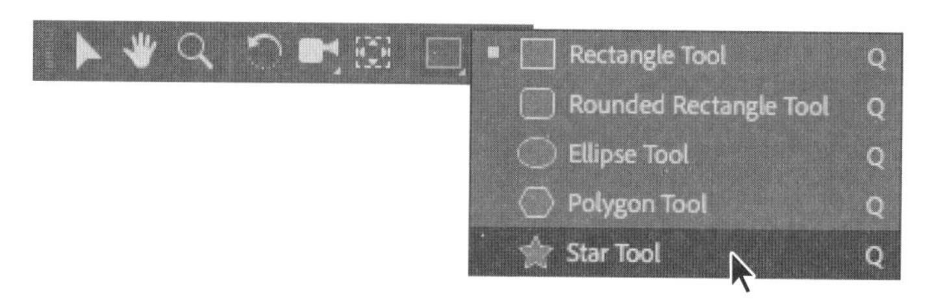

图4-3

5. 在天空中绘制一颗小星星。

在 Composition（合成）面板中绘制小星星之后，After Effects 会自动在 Timeline（时间轴）面板中添加一个名为 Shape Layer 1（形状图层 1）的形状图层。

6. 选择 Shape Layer 1（形状图层 1），按 Enter 键或 Return 键，更改图层名称为 Star 1（见图 4-4），再按 Enter 键或 Return 键，使更改生效。

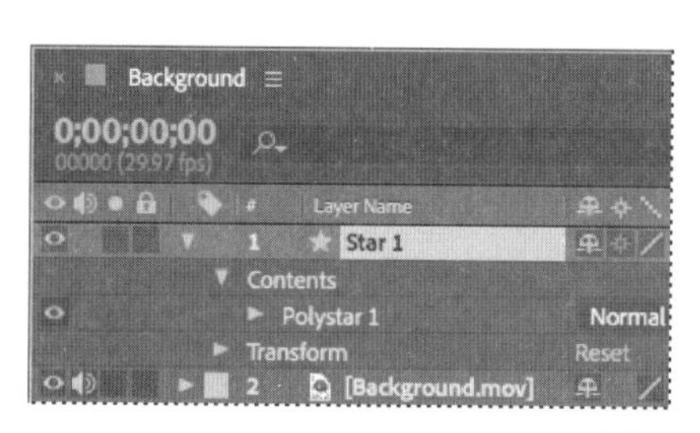

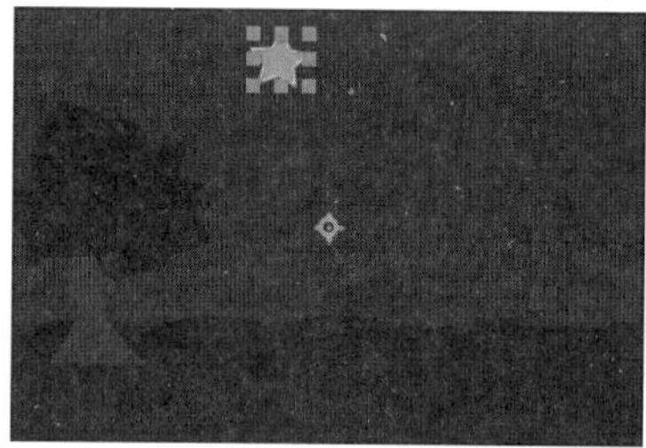

图4-4

4.3.2 应用填充和描边

在 Tools（工具栏）中，调整 Fill（填充）选项，可以改变形状的填充颜色。单击 Fill 将弹出 Fill Options（填充选项）对话框，在其中可以选择填充类型、混合模式，以及不透明度。单击 Fill Color（填充颜色）框，可以打开 Adobe Color Picker（Adobe 拾色器）（填充类型：纯色）或 Gradient Editor（渐变编辑器）（填充类型：线性渐变或径向渐变）。

同样，你可以通过调整 Tools（工具栏）中的 Stroke（描边）选项来改变形状的描边宽度和颜色。单击 Stroke（描边），可以打开 Stroke Options（描边选项）对话框，单击 Stroke Color（描边颜色）框，可以选取一种描边颜色。

1. 如图 4-5 所示，在 Timeline（时间轴）面板中，选择 Star 1 图层。

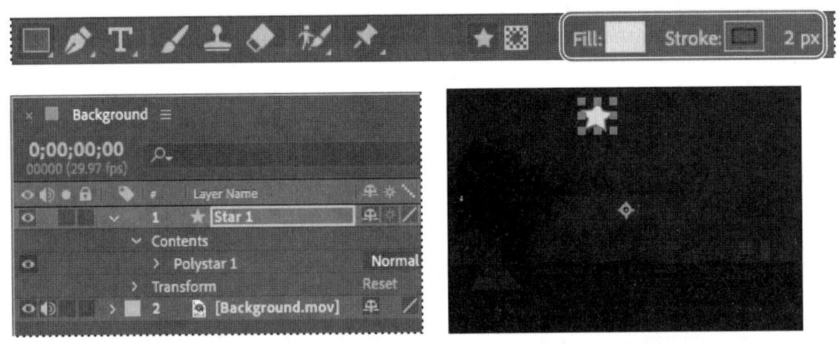

图4-5

2. 单击 Fill Color（填充颜色）框（位于 Fill 右侧），打开 Shape Fill Color（形状填充颜色）对话框。

3. 选择一种鲜黄色（R=215、G=234、B=23），单击 OK（确定）按钮。

4. 在 Tools（工具栏）中，单击 Stroke Color（描边颜色）框，在“形状描边颜色”对话框中，选择一种暗黄绿色（R=86、G=86、B=29），单击 OK（确定）按钮。

5. 在 Tools（工具栏）中，把 Stroke Width（描边宽度）设置为 2 像素。

6. 在菜单栏中，依次选择 File（文件）→ Save（保存），保存当前项目。

4.4 创建“自激发”（self-animating）形状

Wiggle Paths（摆动路径）是一种路径操作，它可以把一个平滑的形状转换成一系列锯齿状的波峰和波谷。这里我们使用它让星星闪闪发光。由于这种路径操作是“自激发”（self-animating）的，所以你只需要修改形状的几个属性，就可以让形状自己动起来。

1. 如图 4-6 所示，在 Timeline（时间轴）面板中，展开 Star 1 图层，从 Add（添加）弹出菜单中，选择 Wiggle Paths（摆动路径）。

2. 按空格键，播放影片，观看效果。再次按空格键，即可停止播放。

星星边缘的锯齿形态太强烈了，接下来，调整一下设置，使其变得更自然。

3. 如图 4-7 所示，展开 Wiggle Paths 1（摆动路径 1），把 Size（大小）修改为 2.0，Detail（详细信息）修改为 3.0。

4. 把 Wiggles/Second（摇摆 / 秒）修改为 5.0。

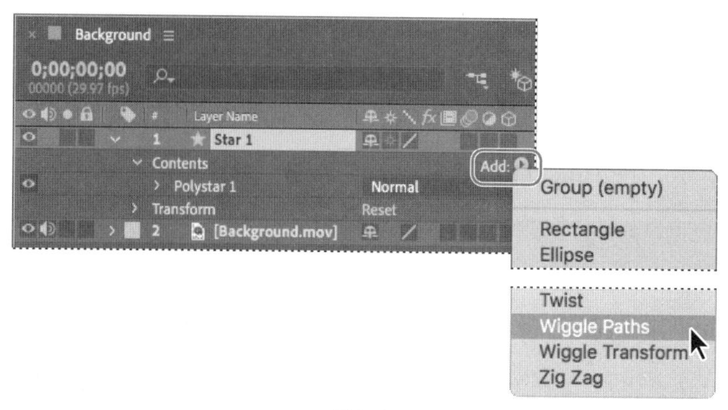

图4-6

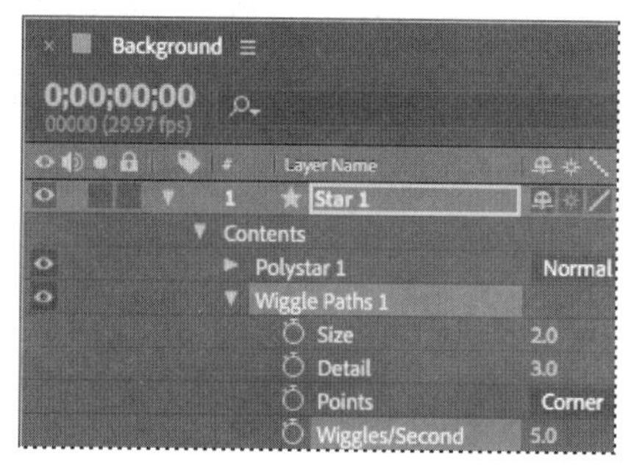

图4-7

5. 打开 Star 1 图层右侧的 Motion Blur（运动模糊，）开关，再单击 Timeline（时间轴）面板顶部的 Enable Motion Blur（启用运动模糊）按钮。然后隐藏图层属性。

6. 如图 4-8 所示，按空格键，预览星星闪烁效果。再次按空格键，停止播放。

图4-8

星星在白天应该是看不见的，所以我们需要为它的不透明度制作动画。

7. 按 Home 键，或者直接把当前时间指示器拖曳到时间标尺的起始位置。

8. 选择 Star 1 图层，按 T 键，显示其 Opacity（不透明度）属性。

9. 单击左侧秒表图标（），创建一个初始关键帧，不透明度为 100%。

10. 如图 4-9 所示，把当前时间指示器拖曳至 2:15，修改 Opacity（不透明度）为 0%。

11. 在 Star 1 图层处于选中的状态下，按 T 键，隐藏 Opacity（不透明度）属性。

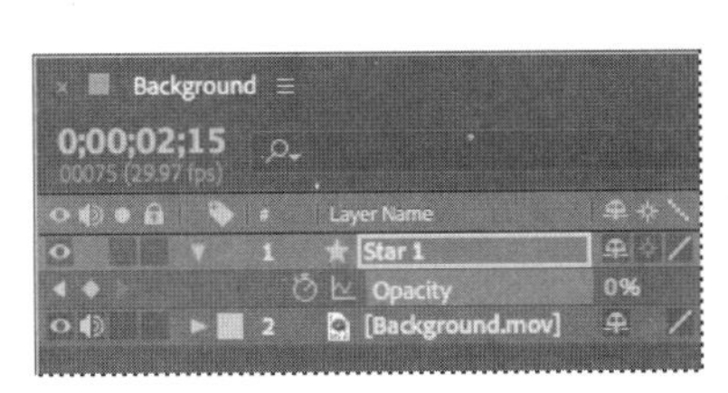

图4-9

4.5 复制形状

天空中应该有多颗星星，而且都应该闪闪发光。为了创建这些星星，我们把前面创建的那颗星星复制多次，这样每个新的星星图层都与原来的星星图层有着相同的属性。然后，我们再分别调整每颗星星的位置和旋转角度。

1. 按 Home 键，或者直接把当前时间指示器拖曳到时间标尺的起始位置。
2. 在 Timeline（时间轴）面板中，选择 Star 1 图层。
3. 在菜单栏中，依次选择 Edit（编辑）→ Duplicate（重复）菜单。

After Effects 在图层堆叠顶部添加了 Star 2 图层，它与 Star 1 图层完全一样，位置也一样。

4. 如图 4-10 所示，按 5 次 Ctrl+D（Windows）或 Command+D（macOS）组合键，创建另外 5 个星星图层。

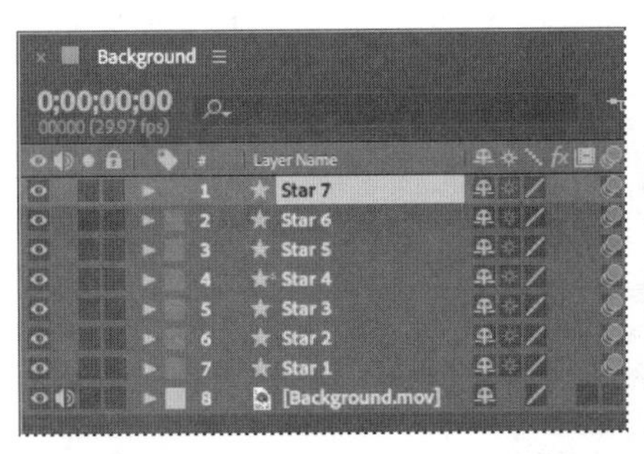

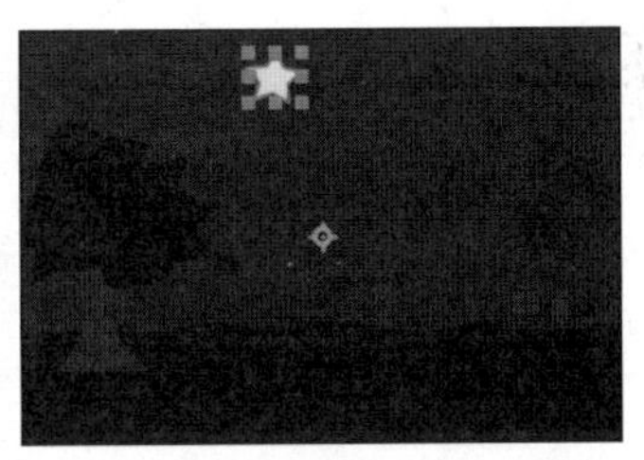

图4-10

5. 在 Tools（工具栏）中，选择 Selection（选取工具，▶）。按 F2 键，取消 Timeline（时间轴）面板中对所有图层的选择。
6. 如图 4-11 所示，使用 Selection Tool（选取工具），把各颗星星拖曳到天空中的不同位置。

图4-11

7. 如图 4-12 所示，选择 Star 1 图层，然后按住 Shift 键，选择 Star 7 图层，把 7 个星星图层全部选中。按 R 键，再按 Shift+S 组合键，显示每个图层的 Scale（缩放）和 Rotation（旋转）属性。

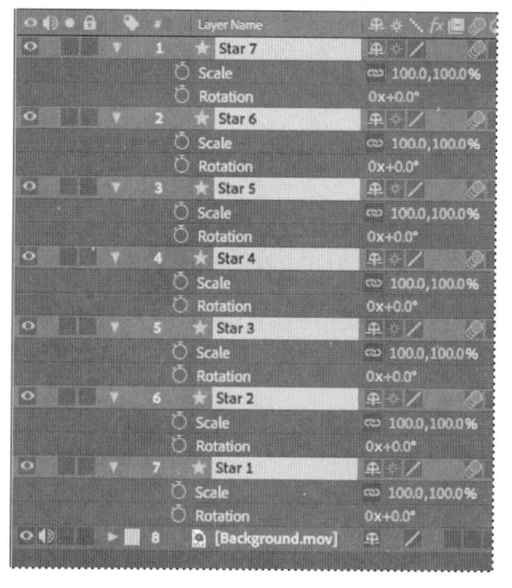

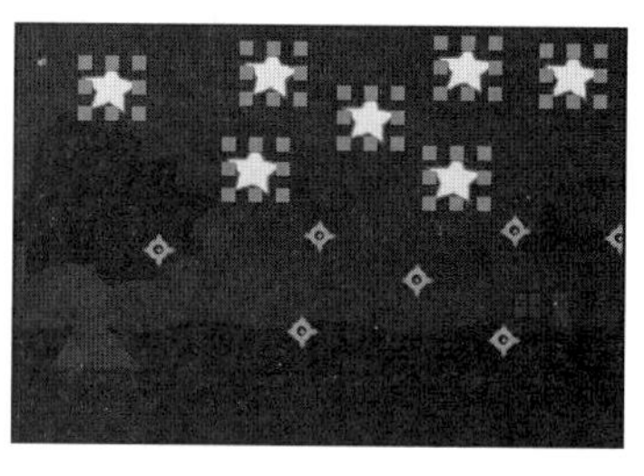

图4-12

8. 如图 4-13 所示，按 F2 键，取消对 Timeline（时间轴）面板中所有图层的选择。然后调整每个图层的 Scale（缩放）和 Rotation（旋转）属性，让各颗星星的大小和旋转角度各不相同。此外，你还可以使用 Selection Tool（选取工具）调整各颗星星的位置。

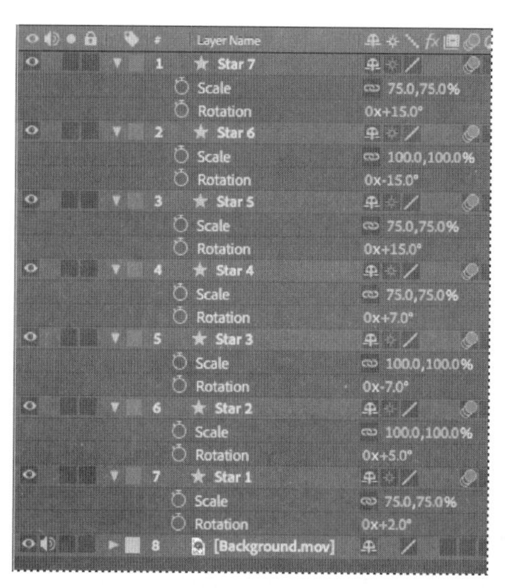

图4-13

9. 按空格键，预览动画。夜空中星星在闪烁，随着天空亮起来，星星逐渐退去了光芒。按空格键，停止播放。

10. 隐藏所有图层的属性。然后选择 Star 1 图层，按住 Shift 键，选择 Star 7 图层，再次选中所有星星图层。

11. 如图 4-14 所示，在菜单栏中，依次选择 Layer（图层）→ Pre-compose（预合成），在预合成对话框中，设置“新合成名称”为 Starscape，单击 OK（确定）按钮。

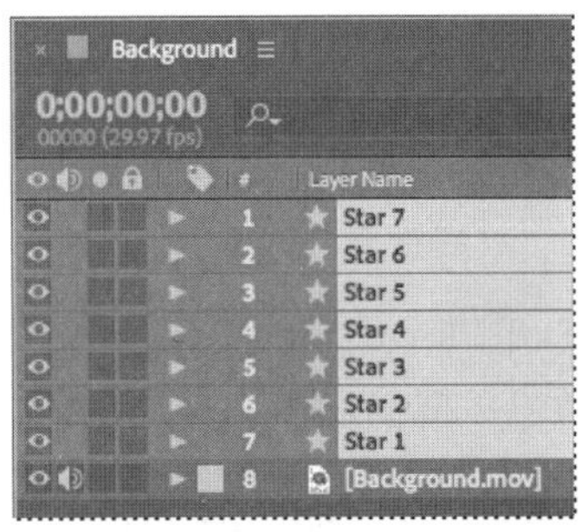

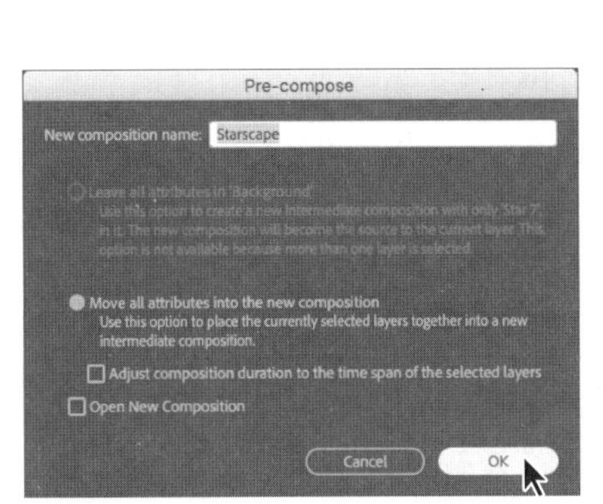

图4–14

After Effects 创建了一个名为 Starscape 的新合成，其中包含 7 个星星形状，在 Background 合成中新合成代替了原来的 7 个星星图层。打开 Starscape 合成，你可以继续编辑星星图层，对图层进行预合成可以把 Timeline（时间轴）面板中图层组织得更好。

12. 在菜单栏中，依次选择 File（文件）→ Save（保存），保存当前项目。

4.6 创建自定义形状

在 After Effects 中，你可以使用 5 个形状工具创建出各种各样的形状。不过，使用形状图层的最大好处在于，你可以绘制任意形状，并以各种方式操纵它们。

使用钢笔工具绘制花盆

下面我们将使用 Pen Tool（钢笔工具）绘制一个花盆。然后为花盆颜色制作动画，使其在影片开头时是暗的，而后随着天空变亮而变亮。

1. 在 Timeline（时间轴）面板中，确保没有图层处于选中状态，把当前时间指示器拖至 1:10。

2. 在 Tools（工具栏）中，选择 Pen Tool（钢笔工具，✒）。

3. 如图 4-15 所示，在 Composition（合成）面板中，单击添加一个顶点，然后再添加另外 3 个，绘制出一个花盆形状。最后，再次单击第一个顶点，把形状封闭起来。

当你单击创建出第一个顶点之后，After Effects 会自动向 Timeline（时间轴）面板添加一个形状图层——Shape Layer 1（形状图层 1）。

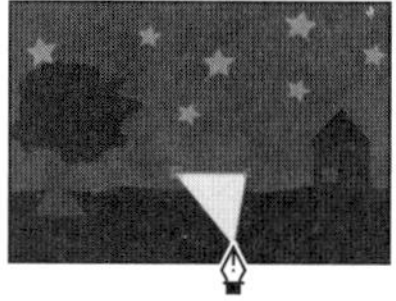

图4-15

4. 选择 Shape Layer 1（形状图层 1），按 Enter 或 Return 键，把图层名称更改为 Base of Flowerpot。再次按 Enter 或 Return 键，使更改生效。

5. 在 Base of Flowerpot 图层处于选中的状态下，在 Tools（工具栏）中，单击 Fill Color（填充颜色）框，选择一种深褐色（R=62、G=40、B=22）。

6. 在 Tools（工具栏）中，单击 Stroke（描边），在 Stroke Options（描边选项）对话框中，选择 None（无），再单击 OK（确定）按钮。

7. 展开 Base of Flowerpot 图层，再依次展开 Contents（内容）→ Shape 1（形状 1）→ Fill 1（填充 1）属性。

8. 如图 4-16 所示，单击 Color（颜色）属性左侧的秒表图标（⏱），创建一个初始关键帧。

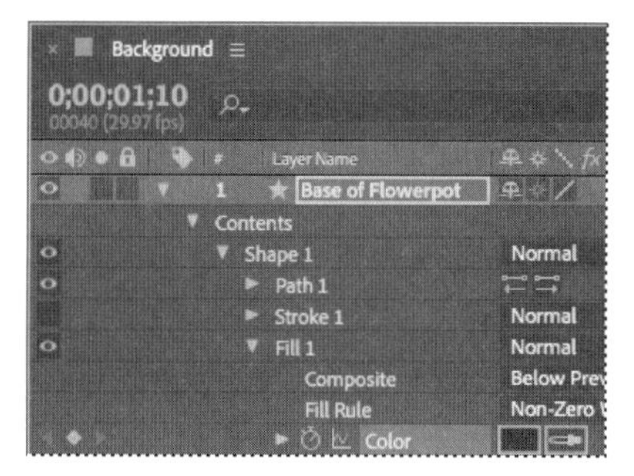

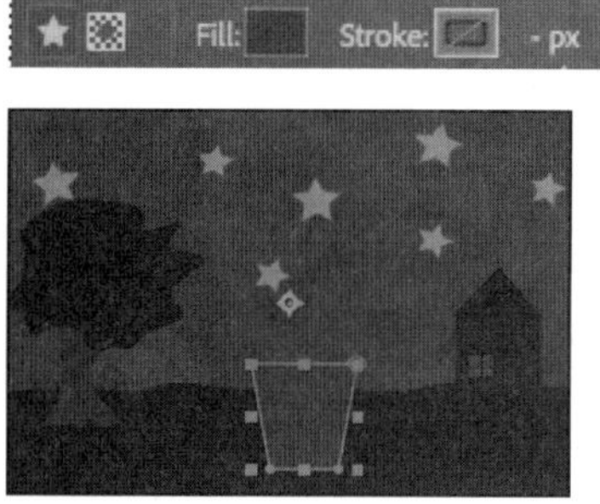

图4-16

9. 如图 4-17 所示，拖曳当前时间指示器至 4:01，单击 Fill Color（填充颜色）框，把填充颜色更改为浅褐色（R=153、G=102、B=59），然后单击 OK（确定）按钮。

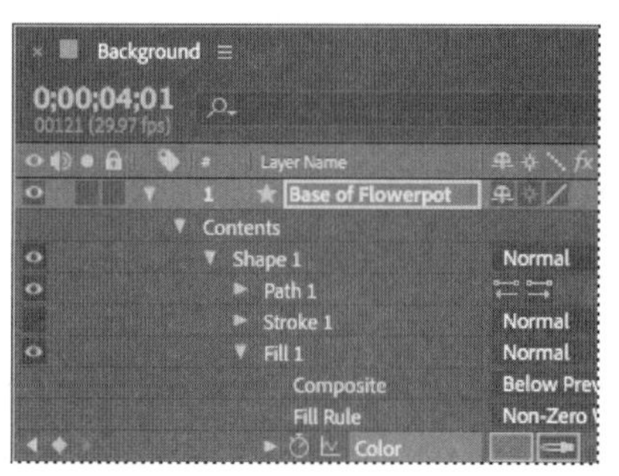

图4-17

10. 隐藏所有图层属性。按 F2 键，或单击 Timeline（时间轴）面板中的空白区域，取消对所有图层的选择。

4.7 使用对齐功能定位图层

接下来，我们创建花盆的上边缘，并使用 After Effects 的对齐功能将其放置在花盆的顶部。

4.7.1 创建圆角矩形

下面我们使用 Rounded Rectangle Tool（圆角矩形工具）创建花盆上边沿。

1. 把当前时间指示器拖曳至 1:10 处。
2. 在 Tools（工具栏）中，选择 Rounded Rectangle Tool（圆角矩形工具，▢），它隐藏于 Star Tool（星形工具，☆）之下。
3. 在 Composition（合成）面板中，拖曳鼠标绘制一个圆角矩形，使其比花盆上边缘略宽一些。然后，把这个圆角矩形放到花盆上方不远处。
4. 选择 Shape Layer 1（形状图层 1），按 Enter 或 Return 键，修改图层名称为 Rim of Flowerpot，再次按 Enter 或 Return 键，使更改生效。
5. 在 Rim of Flowerpot 图层处于选中的状态下，依次展开 Contents（内容）→ Rectangle 1（矩形 1）→ Fill 1（填充 1）属性。
6. 单击 Color（颜色）属性右侧的吸管图标，然后单击 Composition（合成）面板中的花盆，吸取其颜色。
7. 如图 4-18 所示，单击 Color(颜色）属性左侧的秒表图标（⏱），创建一个初始关键帧。

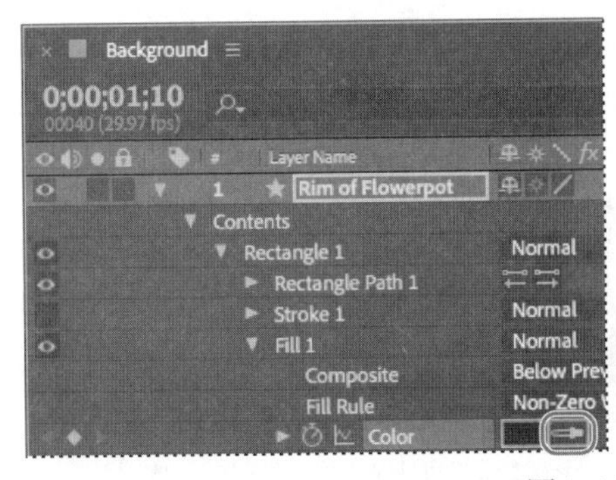

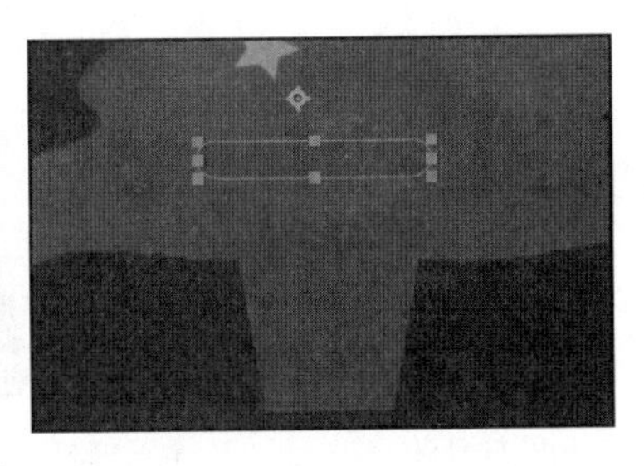

图4–18

8. 如图 4-19 所示，把当前时间指示器拖至 4:01，再次使用吸管工具，把填充颜色修改为花盆上的浅褐色。
9. 隐藏所有图层的属性。按 F2 键，或者单击 Timeline（时间轴）面板中的空白区域，取消对所有图层的选择。

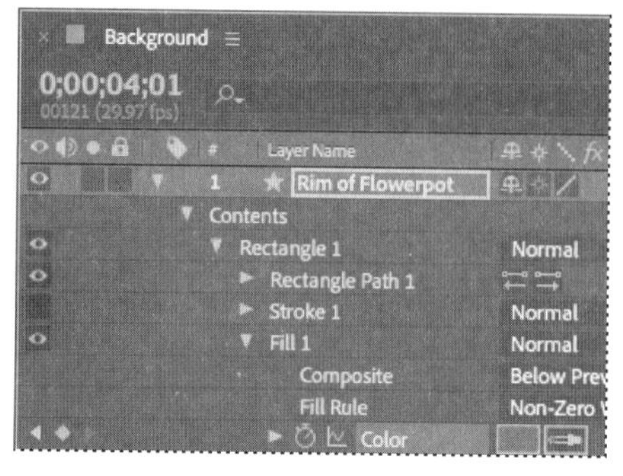

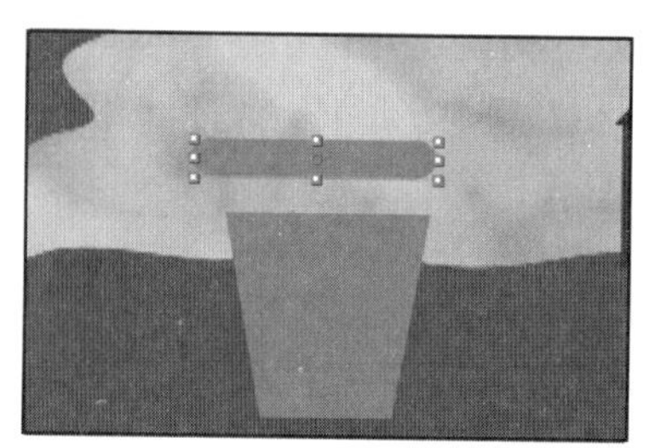

图4-19

4.7.2 对齐图层到指定位置

当前，合成中花盆的两个图层之间彼此没有任何关系。在After Effects中，你可以使用“对齐”选项来快速对齐图层。在启用“对齐”选项后，距离单击点最近的图层特征将成为对齐特征。当你拖曳图层靠近其他图层时，另一个图层的相关特征会被高亮显示，并告知你释放鼠标时，After Effects将根据这些特征对齐图层。

> Ae **注意：**你可以把两个形状图层对齐，但是不能对同一个图层中的两个形状进行对齐。另外，图层必须处于可见状态下才能执行对齐操作。2D图层可以与2D图层对齐，3D图层可以与3D图层对齐。

1. 在Tools（工具栏）中，选择Selection Tool（选取工具，▶）。
2. 如图4-20所示，在Tools（工具栏）中，启用“对齐”功能。

图4-20

> Ae **提示：**在不开启“对齐”功能的情况下，你可以执行如下操作临时启用它：单击图层，并开始拖曳图层，拖曳时同时按住Ctrl（Windows）或Command（macOS）键。

3. 在Composition（合成）面板中，选择Rim of Flowerpot图层。

当在Composition（合成）面板中，选中一个图层时，After Effects会显示该图层的手柄和锚点。你可以把其中任意一个点作为图层的对齐特征使用。

4. 如图4-21所示，在圆角矩形底边中点附近单击，并将其拖向Base of Flowerpot图层的上边缘，直到两个图层吸附在一起。注意不要直接拖曳控制点，否则会改变圆角矩形的大小。

在拖曳图层时，在你选择的手柄周围会出现一个方框，这表明它是对齐特征。

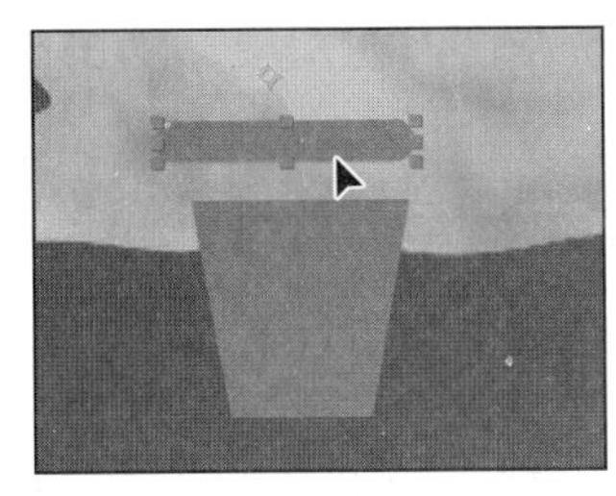

图4-21

5. 根据各自的需要，大家可以使用 Selection Tool（选取工具）适当地调整圆角矩形以及花盆的尺寸。

6. 按 F2，或在 Timeline（时间轴）面板中单击空白区域，取消对所有图层的选择。

7. 在菜单栏中，依次选择 File（文件）→ Save（保存）菜单，保存当前项目。

4.8 为形状制作动画

你可以为形状图层的 Position（位置）、Opacity（不透明度），以及其他 Transform（变换）属性制作动画，这与在其他图层中为这些属性制作动画是一样的。但相比之下，形状图层为制作动画提供了更多属性，包括填充、描边、路径操作等。

4.8.1 为路径操作制作动画

路径操作与效果类似，用来调整形状的路径，并同时保留原始路径。路径操作是实时的，因此你可以随时修改或删除它们。前面我们已经使用过 Wiggle Paths（摆动路径），在接下来的动画制作中，我们还会用到 Pucker & Bloat（收缩和膨胀）路径操作。

Pucker & Bloat（收缩和膨胀）在把路径线段向内弯曲的同时把路径顶点向外拉伸（收缩操作），或者在把路径线段向外弯曲的同时把路径顶点向内拉伸（膨胀操作）。我们可以为收缩或膨胀的程度制作随时间变化的动画。

1. 按 Home 键，或者直接把当前时间指示器拖曳到时间标尺的起始位置。

2. 在 Tools（工具栏）中，选择 Star Tool（星形工具，★），该工具隐藏在 Rounded Rectangle Tool（圆角矩形工具，▢）之下，在天空的右上区域中再绘制一颗星星。

此时，After Effects 会向 Timeline（时间轴）面板中添加一个 Shape Layer 1（形状图层 1）图层。

3. 单击 Fill Color（填充颜色）框，把填充颜色修改为和其他星星一样的浅黄色（R=215、G=234、B=23），然后单击 OK（确定）按钮。

4. 单击 Stroke Color（描边颜色）框，把描边颜色修改为红色（R=159、G=38、B=24），然后单击 OK（确定）按钮。

在修改描边颜色时，After Effects 自动把描边选项从 None（无）更改为 Solid Color（纯色）。

5. 如图 4-22 所示，选择 Shape Layer 1（形状图层 1）图层，按 Enter 或 Return 键，更改图层名称为 Falling Star，再次按 Enter 或 Return 键，使更改生效。

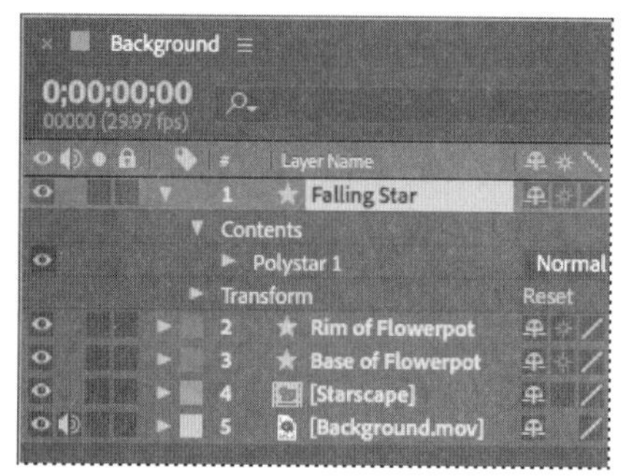

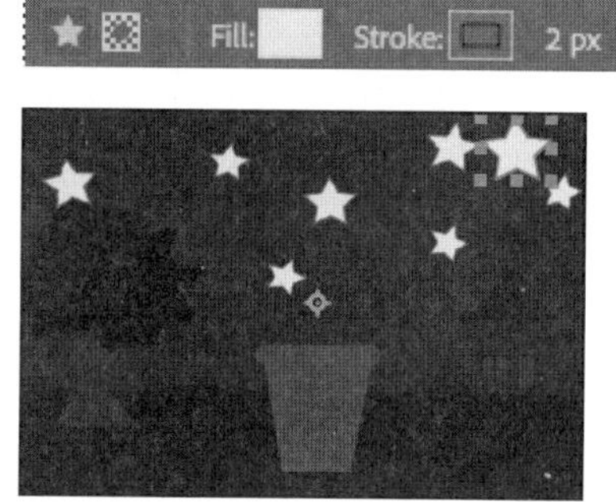

图4-22

6. 在 Timeline（时间轴）面板中，选择 Falling Star 图层，再在“内容”右侧 Add（添加）的弹出菜单中，选择 Pucker & Bloat（收缩和膨胀）。

7. 在 Timeline（时间轴）面板中，展开 Pucker & Bloat（收缩和膨胀）属性。

8. 修改 Amount（数量）为 0，单击左侧秒表图标（⏱），创建一个初始关键帧。

9. 如图 4-23 所示，把当前时间指示器拖至 4:01，修改 Amount（数量）为 139。

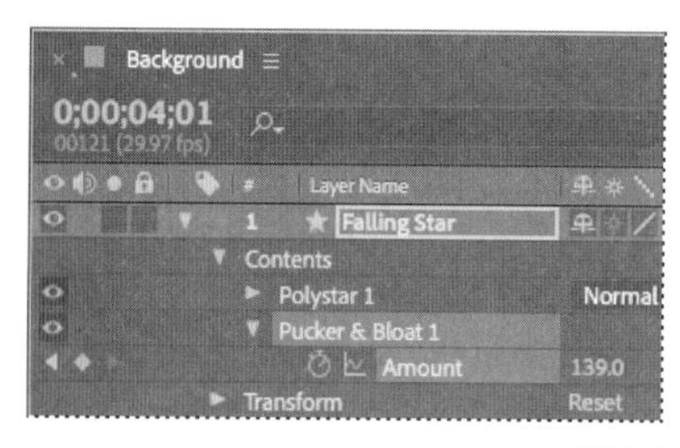

图4-23

此时，星形变成了一朵花。After Effects 自动创建了一个关键帧。

4.8.2 制作位置和缩放动画

星星变花朵的过程中应该边变边下落。接下来，我们就为星星的位置和缩放制作动画。

1. 按 Home 键，或者直接把当前时间指示器拖曳到时间标尺的起始位置。

2. 选择 Falling Star 图层，按 P 键，显示其 Position（位置）属性。再按 Shift+S，同时显示其 Scale（缩放）属性。

3. 保持两个属性的初始值不变，分别单击它们左侧的秒表图标（⏱），创建初始关键帧。

4. 选择 Selection Tool（选取工具），把“当前时间指示器”拖曳到 4:20，然后移动花朵到屏幕中心，将其放在花盆上方（介于树木和房屋之间），这是它的最终位置（放置花朵时，可能需要取消工具栏中的“对齐”选项）。在这个位置上，星星已经变成了花朵，但是尺寸未改变，如图 4-24 所示。

图4-24

After Effects 自动创建了位置关键帧。

5. 把当前时间指示器拖曳至 4:01。增加 Scale（缩放）值，使其与花盆宽度相当（见图 4-25）。Scale（缩放）的具体值取决于星星原来的尺寸和花盆的宽度。

图4-25

6. 按空格键，预览动画，可以看到星星一边坠落一边变成花朵，但是坠落轨迹是直线，我们希望坠落轨迹略微带点弧度。再次按空格键，停止播放。

7. 如图 4-26 所示，把当前时间指示器拖曳到 2:20，向上拖曳花朵位置，使坠落轨迹略微带点弧度。

图4-26

8. 如图 4-27 所示，再次按空格键，观察星星坠落的轨迹，然后按空格键，停止播放。如果你想进一步修改星星坠落轨迹，可以继续在时间标尺的其他位置上添加 Position（位置）关键帧。

图4-27

9. 隐藏 Falling Star 图层的所有属性。

4.8.3 为填充颜色制作动画

目前，星星在变成花朵时，仍然显示为黄色填充、红色描边。接下来，我们为星星的填充颜色制作动画，让它变成花朵后显示为红色。

1. 按 Home 键，或者直接把当前时间指示器拖曳到时间标尺的起始位置。

2. 先展开 Falling Star 图层，然后依次展开 Contents（内容）→ Polystar 1（多边星形 1）→ Fill 1（填充 1）属性。

3. 单击 Color（颜色）属性左侧的秒表图标（⏱），创建一个初始关键帧。

4. 如图 4-28 所示，把当前时间指示器拖至 4:01，把填充颜色修改为红色（R=192、G=49、B=33）。

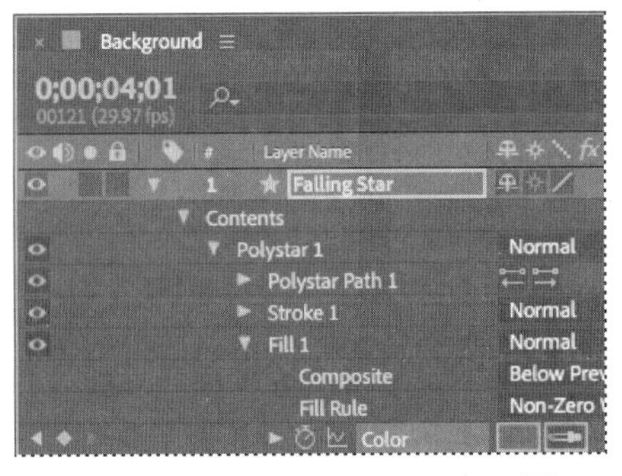

图4-28

5. 隐藏所有图层属性。按 F2 键，或单击 Timeline（时间轴）面板中的空白区域，取消对所有图层的选择。

6. 按空格键，预览动画。再次按空格键，停止播放。

7. 在菜单栏中，依次选择 File（文件）→ Save（保存）菜单，保存当前项目。

4.9 从路径创建空白对象

当你在两个图层之间建立父子关系后，子图层将继承父图层的属性。但是当你想在形状上的一个点和另一个图层之间建立关系时，就会有点棘手。此时，使用 Create Nulls From Paths（从路径创建空白）面板可以很容易地实现这个要求。空白对象是一个不可见图层，它拥有与其他图层一样的属性，因此可以用作另外一个图层的父图层。Create Nulls From Paths（从路径创建空白）面板基于特定的点创建空白对象，你可以把空白对象用作其他图层的父图层，并且无须编写复杂的表达式。

> **注意：**Create Nulls From Paths（从路径创建空白）面板只能与蒙版或贝塞尔曲线（使用钢笔工具绘制的形状）一起使用。若想把使用形状工具绘制的形状转换为贝塞尔路径，可以先展开形状图层的“内容”，在其中，使用鼠标右键单击路径（比如矩形），选择 Convert To Bezier Path（转换为贝塞尔曲线路径）。

接下来，我们将绘制花卉的根茎和叶片，它们从花盆中生出来，刚好接住坠落的星星。你可以简单地把这几个图层结成父子关系，使根茎与叶片的移动保持一致，但是要把根茎与花朵联系在一起，我们需要创建一个空白对象。

4.9.1 使用钢笔工具绘制曲线

首先绘制花卉的茎部。花卉茎部比花朵的描边稍微粗一点，并且无填充颜色，它会向上升起接住由星星变成的花朵。叶片有填充颜色，但是无描边。

1. 把当前时间指示器拖至 4:20，这是花朵的最终位置。
2. 在工具栏中，选择 Pen Tool（钢笔工具）。
3. 单击“填充”二字，打开 Fill Options（填充选项）对话框，然后选择 None（无），单击 OK（确定）按钮。
4. 在工具栏中，单击 Stroke Color（描边颜色）框，把描边颜色改为绿色（R=44、G=73、B=62），单击 OK（确定）按钮。把 Stroke Width（描边宽度）改为 3 像素。
5. 如图 4-29 所示，在花盆上边沿靠下一点的位置，单击创建一个初始顶点，然后单击花朵中心，并按住鼠标拖曳，创建出一条略带弯曲的线条。

图4-29

6. 选中 Shape Layer 1（形状图层 1）图层，按 Enter 或 Return 键，把图层名称修改为 Stem，再次按 Enter 或 Return 键，使修改生效。

7. 在 Stem 图层处于选中的状态下，按 P 键，打开其 Position（位置）属性。单击左侧秒表图标（⏱），在最终位置创建一个初始关键帧。

8. 如图 4-30 所示，把当前时间指示器拖曳到 3:00，按“Alt+[”（Windows）或“Option+[”（macOS），把图层 In（入点）设置为当前时间。

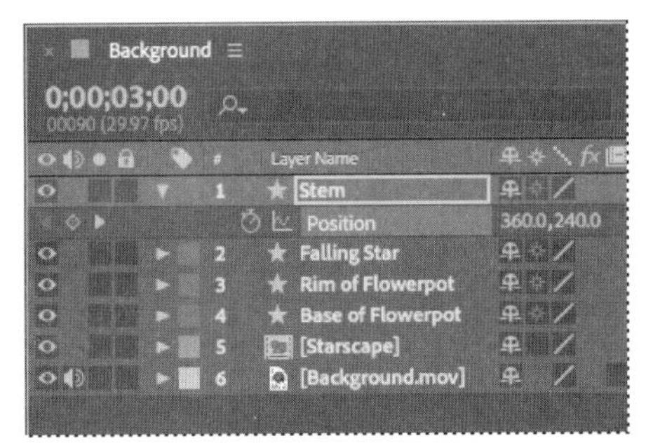

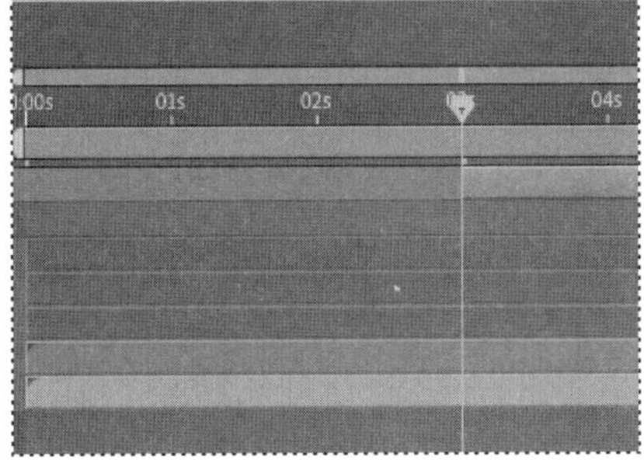

图4–30

9. 如图 4-31 所示，在工具栏中，选择 Selection Tool（选取工具，▶），向下拖曳花茎，使其完全没入花盆中。在拖曳的同时按住 Shift 键，保证垂直下移。

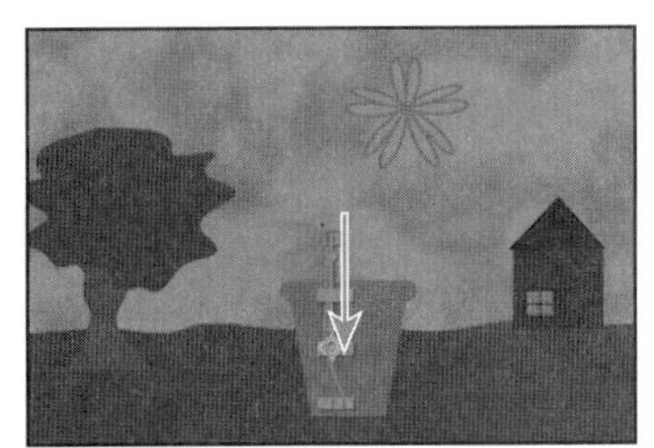

图4–31

提示：如果你还没有取消选择“对齐”选项，则需要先将其取消选择，这样才能把花茎放到你指定的位置。

花茎从 3:00 开始从花盆中冒出。接下来，绘制叶片。

10. 把当前时间指示器移动到 4:20，这是花朵的最终位置。

11. 按 F2 或在 Timeline（时间轴）面板中单击空白区域，取消对所有图层的选择。在工具栏中，选择钢笔工具，单击 Fill Color（填充颜色）框，在“形状填充颜色”对话框中，选择一种与描边颜色类似的绿色（R=45、G=74、B=63），单击 OK（确定）按钮。单击 Stroke（描边），在 Stroke Options（描边选项）对话框中，选择 None（无），单击 OK（确定）按钮。

12. 如图 4-32 所示，在花茎根部附近单击，创建叶片的第一个顶点，单击叶片的另一端，并按住鼠标拖曳，创建一片弧形叶片。

13. 按 F2 键，取消图层选择，然后重复步骤 12，再花茎另一侧再绘制一片叶片。

图4-32

14. 如图 4-33 所示，选中 Shape Layer 1（形状图层 1）图层，按 Enter 或 Return 键，把图层名称修改为 Leaf 1，再次按 Enter 或 Return 键，使修改生效。使用同样方法，把 Shape Layer 2（形状图层 1）图层名称修改为 Leaf 2。

图4-33

4.9.2 建立父子关系

下面在叶片与花茎之间建立父子关系，使叶片随花茎一起出现。

1. 在 Timeline（时间轴）面板中，把 Stem、Leaf 1、Leaf 2 图层移动到 Base of Flowerpot 图层之下，这样当花茎和叶片出现时就会在花盆后面。
2. 隐藏所有图层属性，取消对所有图层的选择。
3. 如图 4-34 所示，把 Leaf 1 图层的"父级关联器"（◎）拖曳到 Stem 图层，然后再把 Leaf 2 图层的"父级关联器"拖曳到 Stem 图层。

图4-34

这样 Leaf 1 与 Leaf 2 图层就成为 Stem 图层的子图层，它们将随 Stem 图层一起移动。

只有花茎开始出现（3:00）时才会用到 Leaf 1 与 Leaf 2 这两个图层，因此，我们需要为它们设置入点。

4. 把当前时间指示器拖曳到 3:00。同时选中 Leaf 1 与 Leaf 2 两个图层，然后按“Alt+ [”（Windows）或“Option+[”（macOS）组合键，把两个图层的 In（入点）设置为当前时间。

4.9.3 使用空白对象连接点

Create Nulls From Paths（从路径创建空白对象）面板中有 3 个选项：Points Follow Nulls（空白后接点）、Nulls Follow Points（点后接空白）、Trace Path（追踪路径）。其中，Points Follow Nulls（空白后接点）用来创建控制路径点位置的空白对象；Nulls Follow Points（点后接空白）用来创建受路径点位置控制的空白对象；Trace Path（追踪路径）用来创建一个位置与路径坐标相关联的空白对象。

接下来，我们先为花茎顶部的点创建一个空白对象，而后使其与花朵建立父子关系，这样当花朵移动时空白对象和花朵之间仍然保持着连接。

1. 如图 4-35 所示，把当前时间指示器移动到 4:20，这样你能同时看到花茎和叶片。

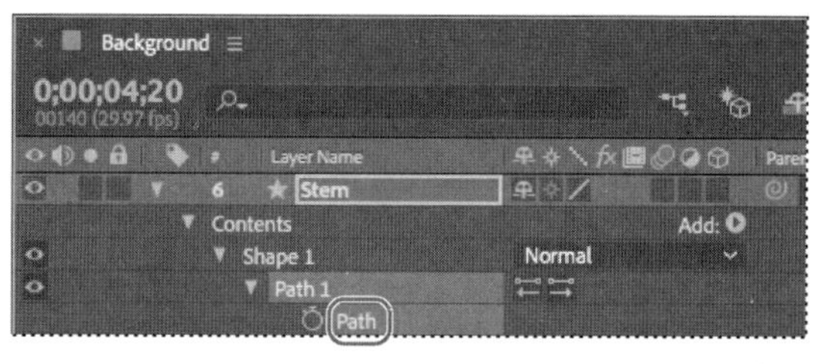

图4-35

2. 在菜单栏中，依次选择 Window（窗口）→ Create Nulls From Paths.jsx（从路径创建空白对象）菜单。

3. 在 Timeline（时间轴）面板中，展开 Stem 图层，然后依次展开 Contents（内容）→ Shape 1（形状 1）→ Path 1（路径 1）。

4. 选择 Path（路径）。

请注意，你必须在 Timeline（时间轴）面板中选择路径，才能使用 Create Nulls From Paths（从路径创建空白）面板中的选项创建空白对象。

5. 在 Create Nulls From Paths（从路径创建空白）面板中，单击 Points Follow Nulls（空白后接点）。

After Effects 创建了两个空白对象，它们分别对应于花茎路径上的两个点。在 Composition（合成）面板中，空白对象显示为金黄色，同时在 Timeline 面板中出现 Stem:Path 1 [1.1.0]（Stem: 路径 1 [1.1.0]）与 Stem: Path 1 [1.1.1]（Stem: 路径 1 [1.1.1]）两个图层。但我们只需要与花茎顶部点相对应的空白对象。

注意：当创建出空白对象后，你可以关闭 Create Nulls From Paths（从路径创建空白）面板，或者保持其打开状态。

6. 选中与花茎底部的点相对应的空白对象，将其删除。

7. 如图 4-36 所示，在 Timeline（时间轴）面板中，把 Stem: Path 1 [1.1.1] 图层的“父级关联器”（◎）拖曳到 Falling Star 图层。

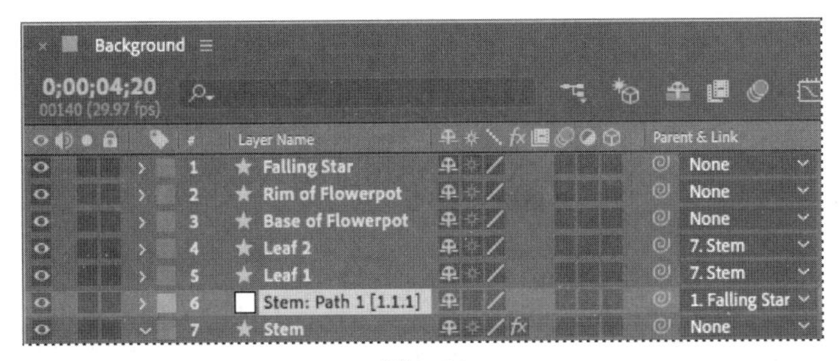

图4-36

8. 如图 4-37 所示，沿着时间标尺拖曳当前时间指示器，观察花茎是如何连接到花朵上的。

图4-37

接下来，为花朵制作动画，此时花茎会随着它动起来。

9. 如图 4-38 所示，把当前时间指示器拖曳到 4:28，使用 Selection Tool（选取工具），把花朵略微向右移动一点，使其看起来像是被风吹动似的。

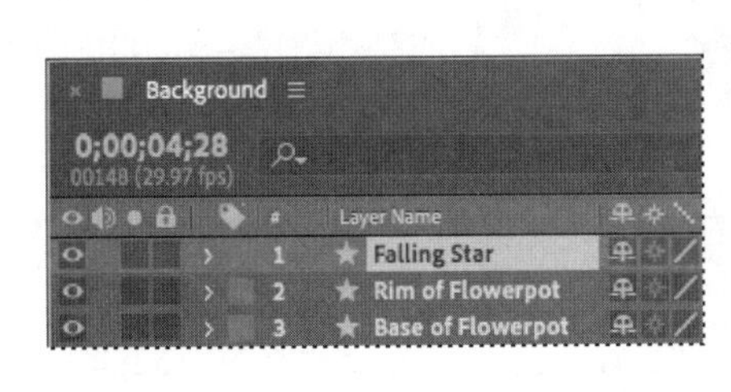

图4-38

10. 选择 Falling Star 图层，按 R 键，显示其 Rotation（旋转）属性。然后把当前时间指示器拖曳到 4:20，单击秒表图标，在初始位置，创建一个初始关键帧。如图 4-39 所示，把当前时间指示器拖曳至 4:28，把 Rotation（旋转）修改为 30°。

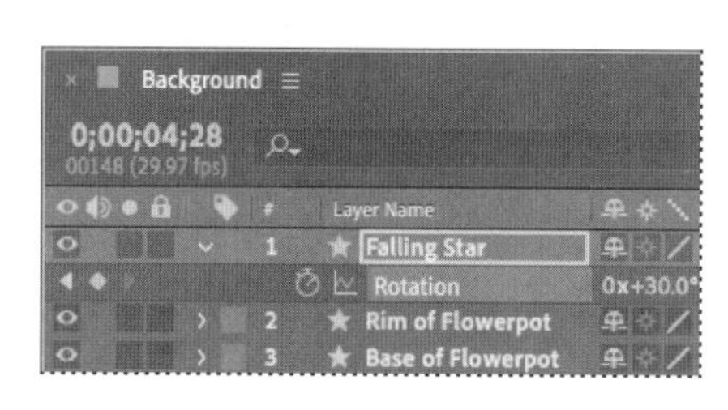

图4-39

11. 在菜单栏中，依次选择 File（文件）→ Save（保存），保存当前项目。

4.10 预览动画

到此为止，我们已经使用形状工具、钢笔工具创建好了几个形状图层，并为它们制作了动画，还使用空白对象创建了父子关系。接下来，让我们预览一下整个动画效果。

1. 隐藏所有图层属性，然后按 F2 键，取消对所有图层的选择。
2. 按 Home 键，或者直接把当前时间指示器拖曳到时间标尺的起始位置。
3. 如图 4-40 所示，按空格键，预览动画，再次按空格键，停止播放。

图4-40

> **提示：**使用 Pan Behind Tool（向后平移锚点工具），把叶片的锚点移动到顶部后，即可实现绕着叶片顶部旋转。

4. 根据需要调整动画。例如，当叶子随着花茎冒出时，如果感觉是从花盆上硬生生长出来的，可以使用 Selection Tool（选取工具）调整叶子的位置、旋转，或者为叶子的不透明度制作动画，使得叶子只有从花盆中伸出时才可见。

5. 在菜单栏中，依次选择 File（文件）→ Save（保存）菜单，保存项目。

根据音频制作图层动画

在制作动画时，我们可以根据音频节奏来调整动画时间。首先，需要根据音频的振幅（振幅决定音量大小）创建关键帧，然后把动画与这些关键帧进行同步。

- 要根据音频振幅创建关键帧，需要在 Timeline（时间轴）面板中使用鼠标右键单击（或者按住 Control 单击）音频图层，在弹出的菜单中，依次选择 Keyframe Assistant（关键帧辅助）→ Convert Audio to Keyframes（将音频转换为关键帧）菜单，After Effects 会创建一个 Audio Amplitude（音频振幅）图层。该图层是一个空白对象图层，它没有大小与形状，也不会出现在最终渲染中。After Effects 创建关键帧，指定音频文件在图层每个关键帧中的振幅。
- 要将动画属性与音频振幅同步，需要先选中 Audio Amplitude（音频振幅）图层，再按 E 键，显示图层的效果属性。然后展开想用的音频通道，按住 Alt 键（Windows）或 Option 键（macOS），单击想要同步的动画属性，添加一个表达式，在时间标尺中表达式处于选中的状态下，单击 Expression:property name（表达式：属性名）右侧的“表达式关联器”（），将其拖曳到 Audio Amplitude（音频振幅）图层的 Slider（滑块）属性名。当释放鼠标时，“表达式关联器”自动进行关联，此时形状图层时间标尺中的表达式表明，该图层的属性值将取决于 Audio Amplitude（音频振幅）图层的 Slider（滑块）值。

4.11 复习题

1. 什么是形状图层，如何创建形状图层？
2. 如何创建一个图层的多个副本，并且使这些副本包含该图层的所有属性？
3. 如何把一个图层对齐到另外一个图层？
4. Pucker & Bloat（收缩 & 膨胀）路径操作的功能是什么？

4.12 答案

1. 形状图层是一个包含矢量图形（称为形状）的图层。要创建形状图层，只要选用任意一个绘图工具或钢笔工具在 Composition（合成）面板中直接绘制形状即可。
2. 复制图层之前，先要选中它，然后在菜单栏中，依次选择 Edit（编辑）→ Duplicate（重复），也可以按 Ctrl+D（Windows）或者 Command+D（macOS）组合键进行复制。复制的新图层中包含原图层的所有属性、关键帧及其他属性。
3. 在 Composition（合成）面板中，如果你想把一个图层和另一个图层对齐，需要先在工具栏中打开 Snapping（对齐）功能，然后单击用作对齐特征的手柄或点，再把图层拖曳到目标点附近。释放鼠标后，After Effects 会高亮显示将要对齐的点。
4. Pucker & Bloat（收缩和膨胀）在把路径线段向内弯曲的同时把路径顶点向外拉伸（收缩操作），或者在把路径线段向外弯曲的同时把路径顶点向内拉伸（膨胀操作）。我们可以为收缩或膨胀的程度制作随时间变化的动画。

第 5 课 多媒体演示动画

课程概览

本课学习如下内容：

- 创建多图层复杂动画
- 调整图层的持续时间
- 创建位置、缩放、旋转关键帧动画
- 使用父子关系同步图层动画
- 使用贝塞尔曲线对运动路径做平滑处理
- 为预合成图层制作动画
- 应用效果到纯色图层
- 音频淡出

学完本课大约需要 1 小时。如果你尚未下载本课项目文件，请到“数艺设”网站下载。在学习本课的过程中，原始项目文件会被覆盖掉。如果你想使用原始项目文件，请重新下载它们。

项目：ANIMATED VIDEO

Adobe After Effects 项目通常会用到各种导入的素材，使用时要把这些素材放入合成中，并在 Timeline（时间轴）面板中进行编辑和制作动画。在本课中我们将一起制作一个多媒体演示动画，在这个过程中，我们会带领大家进一步熟悉动画相关的基础知识。

5.1 准备工作

在本项目中，我们将制作一只在天空中飘动的热气球。动画刚开始时，一切都很平静，过了一会儿，一阵风吹来，把气球的彩色外衣吹走，变成了一个个彩色的云朵。

1. 检查硬盘上的 Lessons/Lesson05 文件夹中是否包含如下文件。若没有，请立即前往"数艺设"网站下载。
   - Assets 文件夹：Balloon.ai、Fire.mov、Sky.ai、Soundtrack.wav。
   - Sample_Movies 文件夹：Lesson05.mov、Lesson05.avi。
2. 在 Windows Movies & TV 中打开并播放 Lesson05.avi 示例影片，或者使用 QuickTime Player 播放 Lesson05.mov 示例影片，了解本课要创建什么效果。在观看完之后，请关闭 Windows Movies & TV 或 QuickTime Player。如果存储空间有限，此时，你也可以把这两段示例影片从硬盘中删除。

在学习本课之前，最好先把 After Effects 恢复成默认设置（参见前言中"恢复默认设置"部分的内容）。你可以使用如下快捷键完成这个操作。

3. 当启动 After Effects 时，请立即按下 Ctrl+Alt+Shift（Windows 系统）或 Command+Option+Shift（macOS 系统），此时会弹出一个消息框，询问"是否确实要删除你的首选项文件？"，单击"OK"（确定），即可删除首选项文件，恢复 After Effects 默认设置。
4. 在 Home（主页）窗口中，单击 New Project（新建项目）。
5. 在菜单栏中，依次选择 File（文件）→ Save As（另存为）→ Save As（另存为），打开 Save As（另存为）对话框。
6. 在 Save As（另存为）对话框中，转到 Lessons/Lesson05/Finished_Project 文件夹下，输入项目名称 Lesson05_Finished.aep，单击 Save（保存）按钮，保存项目。

5.1.1 导入素材

首先导入制作本项目所需的素材，包括 balloon.ai 文件。

1. 在 Project（项目）面板中，双击空白区域，打开 Import File（导入文件）对话框。
2. 在 Import File（导入文件）对话框中，转到 Lessons/Lesson05/Assets 文件夹下，选择 Sky.ai 文件。
3. 在 Import As（导入为）菜单中选择 Footage（素材），然后单击 Import（导入）或 Open（打开）按钮。
4. 如图 5-1 所示，在 Sky.ai 对话框的"图层选项"中，确保 Merged Layers（合并图层）处于选中状态，单击 OK（确定）按钮。

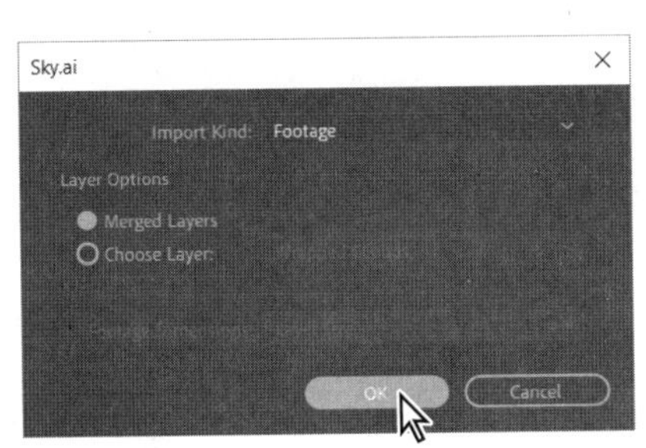

图5-1

5. 在 Project（项目）面板中，双击空白区域，在 Import File（导入文件）对话框中，转到 Lessons/Lesson05/Assets 文件夹下，选择 Balloon.ai 文件。
6. 在 Import As（导入为）菜单中选择 Composition – Retain Layer Sizes（合成 - 保持图层大小），然后单击 Import（导入）或 Open（打开）按钮。
7. 按 Ctrl+I（Windows）或 Command+I（macOS）组合键，再次打开 Import File（导入文件）对话框。

在After Effects中使用Creative Cloud Libraries（创意云库）

通过 Creative Cloud Libraries，你可以轻松地访问在 After Effects 与其他 Adobe 应用程序中创建的图像、视频、颜色，以及其他素材，还可以使用在 Adobe Capture CC 与其他移动 App 中创建的外观、形状和其他素材。借助 Creative Cloud Libraries，你还可以轻松访问 Adobe Premiere Pro 中的 After Effects 动态图形模板。

如图 5-2 所示，在 Libraries（库）面板中，你甚至还可以使用 Adobe Stock 中的图片与视频。在 Libraries（库）面板中，搜索和浏览素材，下载带有水印的素材，看看它们是否适合用在自己的项目中，然后付费购买你想使用的素材，而这一切都不需要离开 After Effects。

你将使用同一个搜索栏来搜索 Adobe Stock，这让你可以很容易地在 Creative Cloud Libraries 中查找特定素材。

有关使用 Creative Cloud Libraries 的更多方法，请阅读 After Effects 帮助文档。

图5-2

8. 如图 5-3 所示，在 Import File（导入文件）对话框中，转到 Lessons/Lesson05/Assets 文件夹下，选择 Fire.mov 文件。

9. 在 Import As（导入为）菜单中选择 Footage（素材），然后单击 Import（导入）或 Open（打开）按钮。

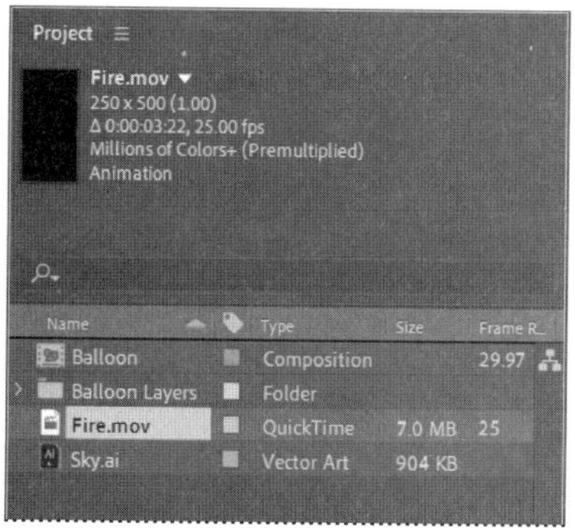

图5-3

5.1.2 创建合成

接下来，我们创建合成并添加天空。

1. 在 Composition（合成）面板中，单击 New Composition（新建合成）。
2. 如图 5-4 所示，在 Composition Settings（合成设置）对话框中，做如下设置。
   - 设置“合成名称”为 Balloon Scene。
   - 从 Preset（预设）菜单中，选择 HDTV 1080 25。
   - 从 Pixel Aspect Ratio（像素长宽比）菜单中，选择 Square Pixels（方形像素）。
   - 确保 Width（宽度）为 1920 像素、Height（高度）为 1080 像素。
   - 从 Resolution（分辨率）中选择 Quarter（四分之一）。
   - 设置 Duration（持续时间）为 20 秒（20:00）。

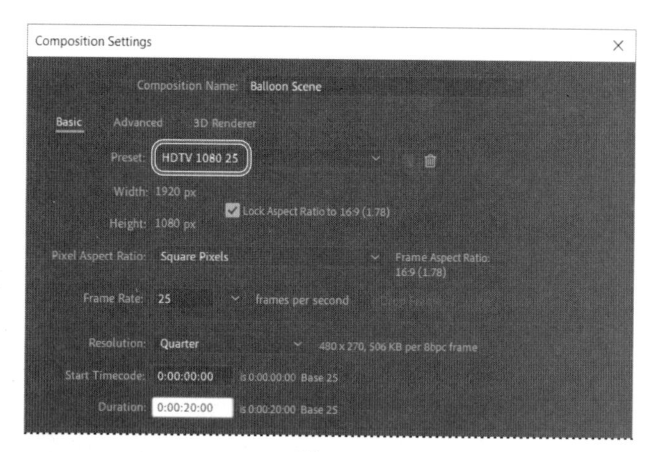

图5-4

单击 OK（确定）按钮，关闭 Composition Settings（合成设置）对话框。

注意：如果你在 Composition Settings（合成设置）对话框中更改了 Pixel Aspect Ratio（像素长宽比）或 Width（宽度）设置，预设名称会变成 Custom（自定义）。

3. 把 Sky.ai 素材从 Project（项目）面板中拖入 Timeline（时间轴）面板。

热气球会从 Sky.ai 中飘过，图像最右边有由热气球彩色外衣形成的云，这些云只在最后的场景中出现，在影片早些时候是不可见的。

4. 如图 5-5 所示，在 Composition（合成）窗口中，拖曳 Sky 图层，使其左下角与合成的左下角重合对齐。

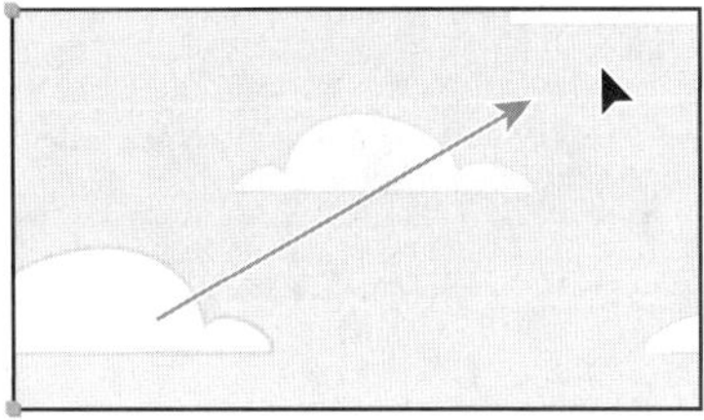

图5-5

5.2 调整锚点

缩放、旋转等变换都是以锚点为参考点进行的。在默认情况下，图层的锚点位于正中心。

下面我们将调整人物胳膊、头部的锚点，这样在人物拉绳点火与上下看时，你才能更好地控制他的运动。

1. 如图 5-6 所示，在 Project(项目）面板中，双击 Balloon 合成，将其在 Composition(合成）与 Timeline（时间轴）面板中打开。

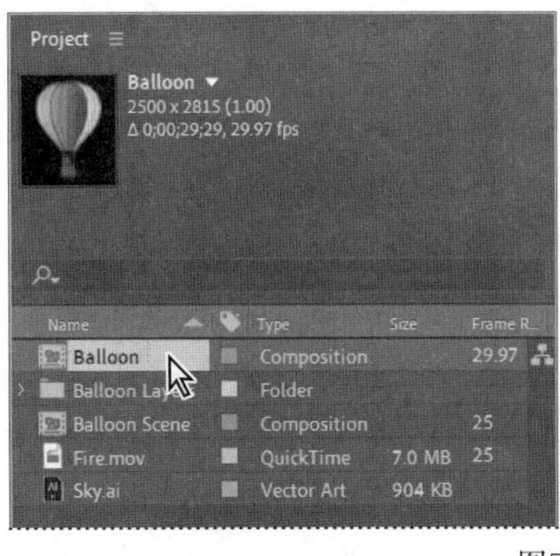

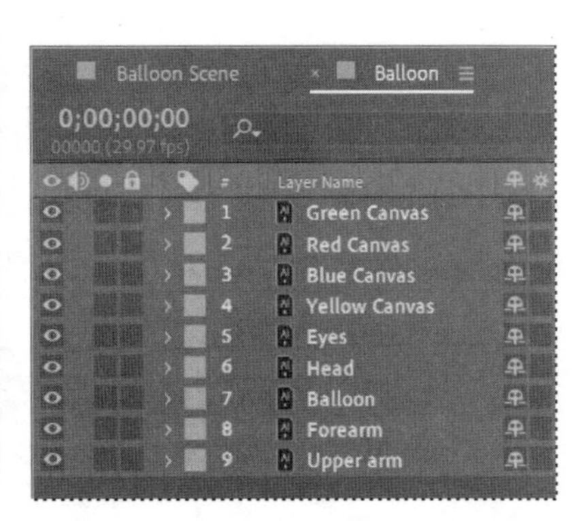

图5-6

Balloon 合成中包含的图层有画布颜色、热气球、人物的眼睛、头部、前臂和上臂。

2. 在 Composition（合成）面板底部的 Magnification Ratio（放大率弹出式菜单）中，选

择 50%，这样你能更清晰地看到热气球的细节。

3. 如图 5-7 所示，在工具栏中，选择 Hand Tool（手形工具，![]）, 然后在 Composition（合成）面板中按下鼠标左键并拖曳，使人物位于画面中心。

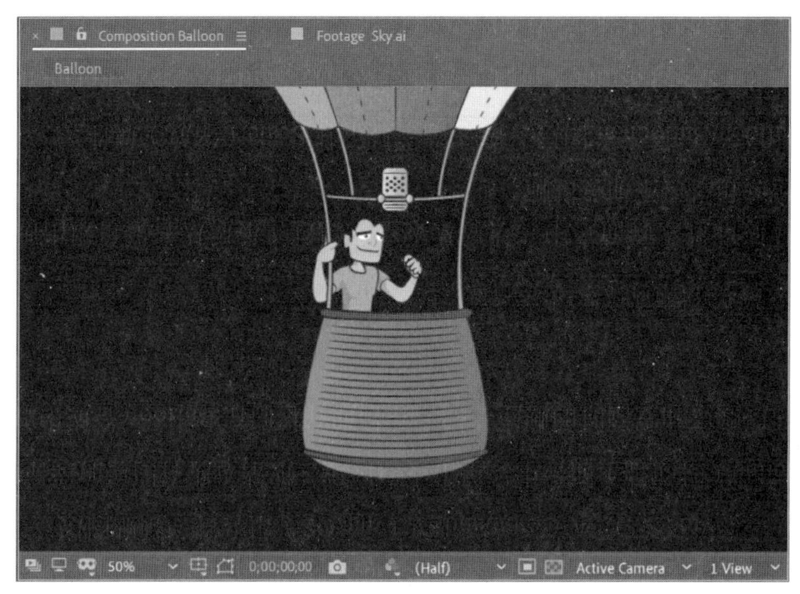

图5-7

4. 在工具栏中，选择 Selection Tool（选取工具，![]）。

5. 在 Timeline（时间轴）面板中，选择 Upper arm 图层。

6. 如图 5-8 所示，在工具栏中，选择 Pan Behind Tool（向后平移工具，![]）（或者按 Y 键激活它）。

图5-8

使用 Pan Behind Tool（向后平移工具），你可以在 Composition（合成）窗口中自由地移动锚点，同时又不移动整个图层。

7. 把锚点移动到人物的肩部。

8. 在 Timeline（时间轴）面板中，选择 Forearm 图层，然后把锚点移动到肘部。

9. 如图 5-9 所示，在 Timeline（时间轴）面板中，选择 Head 图层，然后把锚点移动到人物的颈部。

10. 在工具栏中，选择 Selection Tool（选取工具）。

11. 在菜单栏中，依次选择 File（文件）→ Save（保存），保存当前项目。

图5-9

5.3 建立父子关系

这个合成中包含几个需要一起移动的图层。例如，随着热气球的飘动，人物的胳膊、头部应该跟着它一起运动。前面课程中讲过，在两个图层之间建立父子关系，可以把父图层上的变化同步到子图层上。接下来，我们将在合成的各个图层之间建立父子关系，还要添加火焰视频。

1. 在 Timeline（时间轴）面板中，取消对所有图层的选择，然后按 Ctrl（Windows）或 Command（macOS）键，同时选中 Head 和 Upper arm 两个图层。
2. 如图 5-10 所示，从任一图层右侧“父级关联器”的弹出式菜单中，选择 7.Balloon。

Balloon Scene　Balloon

0;00;00;00

#	Layer Name	Parent & Link
1	Green Canvas	None
2	Red Canvas	None
3	Blue Canvas	None
4	Yellow Canvas	None
5	Eyes	None
6	Head	7. Balloon
7	Balloon	None
8	Forearm	None
9	Upper arm	7. Balloon

图5-10

这样，Head 和 Upper arm 两个图层就成了 Balloon 图层的子图层。当 Balloon 图层移动时，Head 和 Upper arm 两个子图层也随之一起移动。

人物的眼睛不仅需要跟着热气球一起移动，还要随着人物的头部一起移动，因此我们需要在 Eyes 和 Head 两个图层之间建立父子关系，让 Eyes 图层随着 Head 图层一起移动。

3. 从 Eyes 图层右侧“父级关联器”的弹出式菜单中，选择 6.Head。

此外，人物前臂也应该随着上臂一起移动。

4. 如图 5-11 所示，从 Forearm 图层右侧“父级关联器”的弹出式菜单中，选择 9.Upper arm。

接下来，我们需要让火焰视频随着热气球一起移动。

5. 把 Fire.mov 文件从 Project（项目）面板拖曳到 Timeline（时间轴）面板中，使其位于画布图层之下，这样火焰才会出现在热气球之中，而非热气球外面。（Fire 图层应该位于 Yellow Canvas 图层和 Eyes 图层之间）。

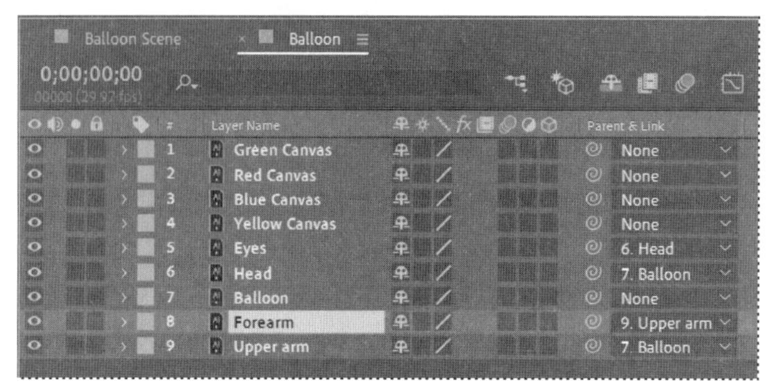

图5-11

火焰视频位于合成中心，所以需要将其略微缩小一点才能看到它。

6. 在 Composition（合成）窗口底部的 Magnification Ratio（放大率弹出式菜单）中，选择 25%，这样你能看到所选视频的轮廓。

7. 在 Composition（合成）窗口中，把火焰拖曳到燃烧器上方。为了正确设置火焰的位置，你可以先把当前时间指示器拖曳到 1:00 左右。

8. 如图 5-12 所示，Fire 图层的位置设置好之后，从图层右侧的“父级关联器”的弹出式菜单中，选择 8.Balloon。

图5-12

9. 在菜单栏中，依次选择 File（文件）→ Save（保存），保存当前项目。

5.4 图层预合成

前面提到过，有时把一系列图层预合成一下会更方便处理它们。在预合成之后，这一系列图层会被移入到一个新合成中，而新合成则嵌套于原有合成之中。接下来，我们将对画布图层进行预合成，这样在制作脱离热气球的动画时，你就可以独立处理它们了。

1. 在 Balloon 的 Timeline（时间轴）面板中，按住 Shift 键，单击 Green Canvas 和 Yellow Canvas，把 4 个画布图层全部选中。
2. 在菜单栏中，依次选择 Layer（图层）→ Pre-compose（预合成），打开 Pre-compose（预合成）对话框。
3. 如图 5-13 所示，在 Pre-compose（预合成）对话框中，设置“新合成名称”为 Canvas，选择 Move All Attributes Into The New Composition（将所有属性移动到新合成），单击 OK（确定）按钮。

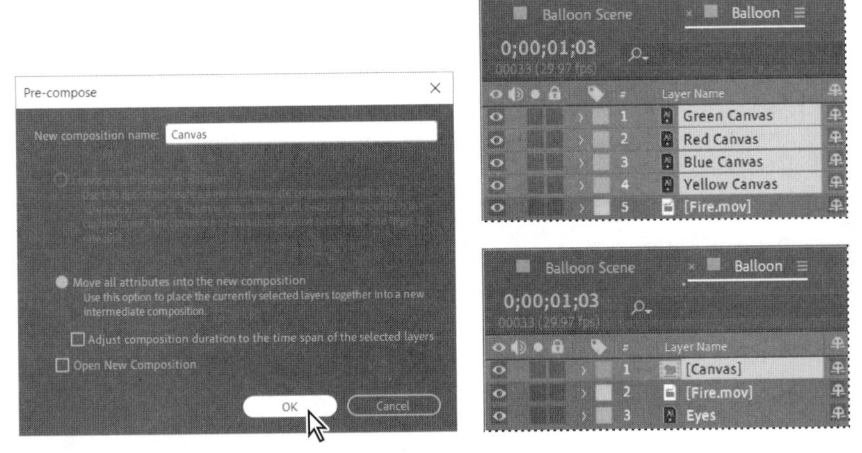

图5–13

这样，在 Timeline（时间轴）面板中，原来选中的 4 个画布图层就被一个单独的 Canvas 合成图层所代替。

4. 在 Timeline（时间轴）面板中，双击 Canvas 图层，进入编辑状态。
5. 在菜单栏中，依次选择 Composition（合成）→ Composition Settings（合成设置）菜单，打开 Composition Settings（合成设置）对话框。
6. 如图 5-14 所示，在 Composition Settings（合成设置）对话框中，取消选择 Lock Aspect Ratio（锁定长宽比），把 Width（宽度）修改为 5000px，单击 OK（确定）按钮。

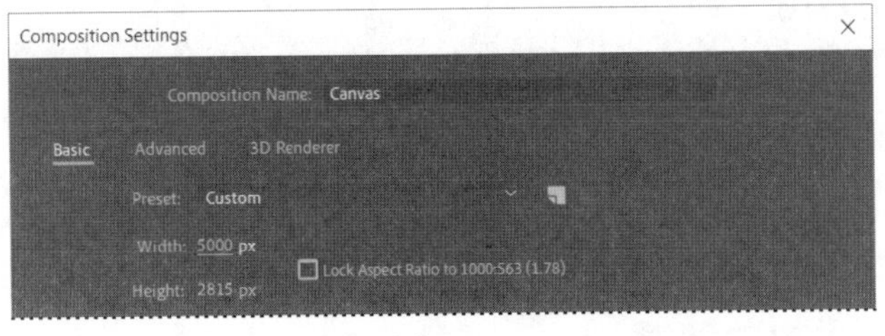

图5–14

7. 如图 5-15 所示，在 Timeline（时间轴）面板中，按住 Shift 键，同时选中 4 个图层，然后把它们拖曳到 Composition（合成）面板最左侧。你可能需要修改合成窗口的放大率。

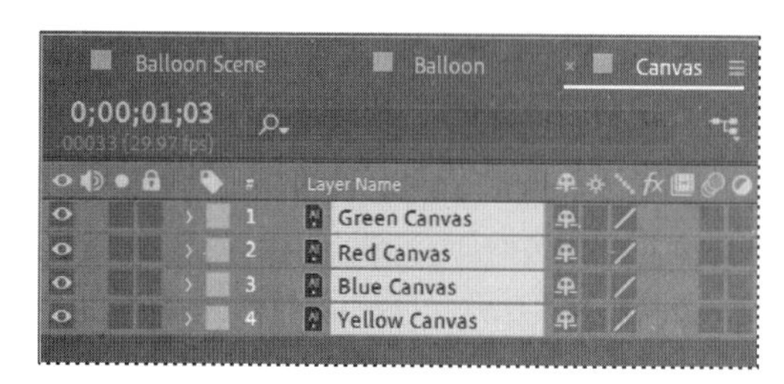

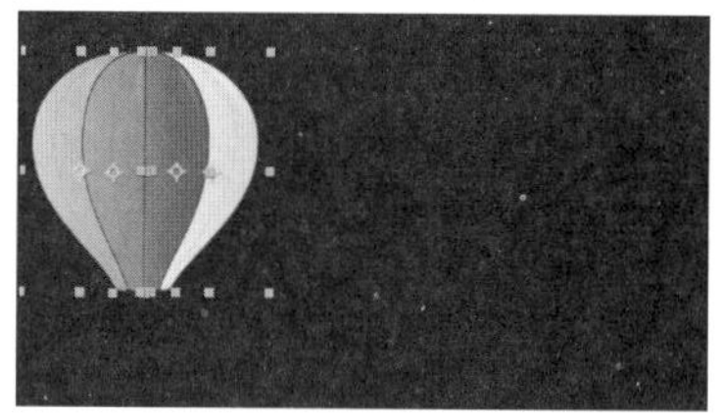

图5-15

增加合成宽度，然后把 4 个 Canvas 图层移动到最左侧，这样你就有足够的空间为它们制作动画了。

8. 切换到 Balloon 的 Timeline（时间轴）面板中。

当你把 4 个 Canvas 图层移动到 Canvas 合成的最左边之后，在 Balloon 合成中，你就会看到一个没有“穿”彩色外衣的热气球。不过，在动画刚开始时，热气球应该是“穿”着彩色外衣的。下面让我们重新调整一下 Canvas 图层的位置。

9. 在 Composition（合成）面板中，单击“放大率弹出式菜单”，选择 Fit（适合），这样你可以看见整只热气球。

10. 如图 5-16 所示，在 Timeline（时间轴）面板中，选择 Canvas 图层，然后在 Composition（合成）面板中，向右拖曳，使其盖住“裸露”的热气球。

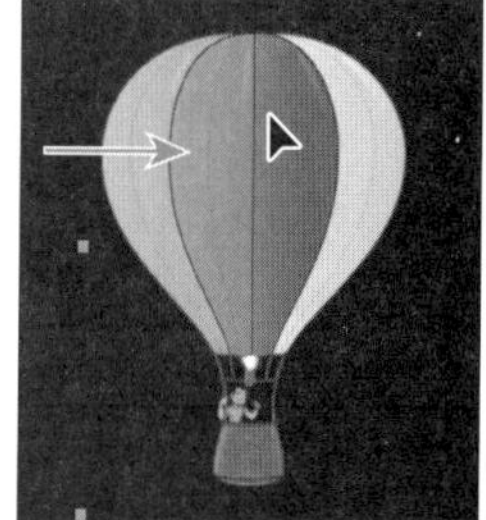

图5-16

11. 如图 5-17 所示，在 Canvas 图层的“父级关联器”弹出式菜单中，选择“5. Balloon”，这样 Canvas 图层将跟随热气球一起移动。

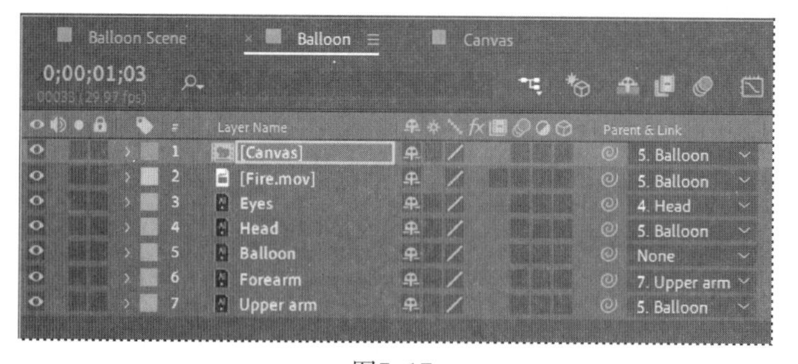

图5-17

5.5 在运动路径中添加关键帧

到这里，所有的片段都已经制作好。接下来，我们将使用位置和旋转关键帧为热气球和人物制作动画。

5.5.1 复制图层到合成

前面我们已经在 Balloon 合成中处理好了热气球、人物、火焰图层。接下来，我们要把这些图层复制到 Balloon Scene 合成中。

1. 在 Balloon 的 Timeline（时间轴）面板中，按住 Shift 键，单击 Canvas 和 Upper arm 图层，同时选中所有图层。

注意：选择图层时，要先单击 Canvas 图层，然后按住 Shift 键单击 Upper arm 图层，并且复制这些图层时要保持它们的原有顺序。

2. 按 Ctrl+C（Windows）或 Command+C（macOS）组合键，复制所有图层。
3. 切换到 Balloon Scene 的 Timeline（时间轴）面板中，如图 5-18 所示。

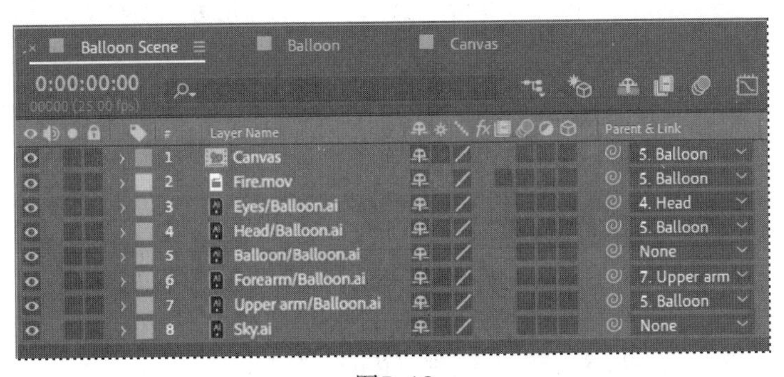

图5-18

4. 按 Ctrl+V（Windows）或 Command+V（macOS）组合键，粘贴图层。
5. 在 Timeline（时间轴）面板中，单击空白区域，取消对所有图层的选择。

粘贴后的图层顺序和复制时的顺序一样，并且拥有它们在 Balloon 合成中的所有属性，包括父子关系。

5.5.2 设置初始关键帧

热气球会从底部进入画面之中，然后从天空中飘过，最后从右上角飘出画面。首先，我们在热气球的起点和终点添加关键帧。

1. 选择 Balloon/Balloon.ai 图层，按 S 键，显示其 Scale（缩放）属性。
2. 按 Shift+P，显示 Position（位置）属性，然后按 Shift+R，显示 Rotation（旋转）属性。
3. 把 Scale（缩放）属性修改为 60%。

热气球与其所有子图层的缩放值都变为 60%。

4. 从 Composition（合成）面板底部的 Magnifcation Ratio Pop-up Menu（放大率弹出式菜单）中，选择 12.5%，这样可以看到所有粘贴对象。

5. 在 Composition（合成）面板中，把热气球及其子图层拖出画面，使其位于画面下方（Position：844.5, 2250.2）。

6. 拖曳 Rotation（旋转）值（19°），旋转热气球，使其向右倾斜。

7. 如图 5-19 所示，单击 Position（位置）、Scale（缩放）、Rotation（旋转）属性左侧的秒表图标（），创建初始关键帧。

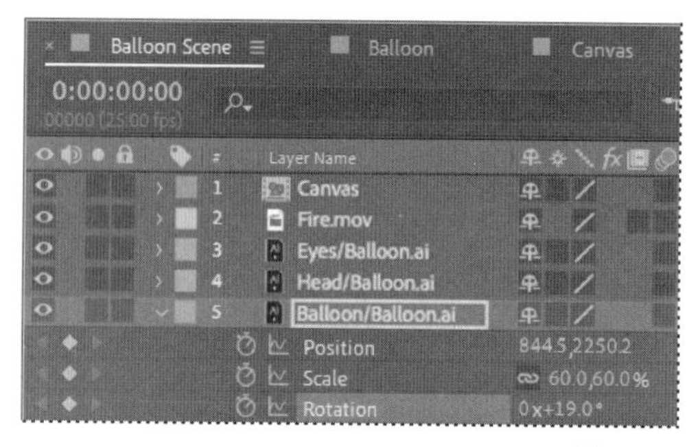

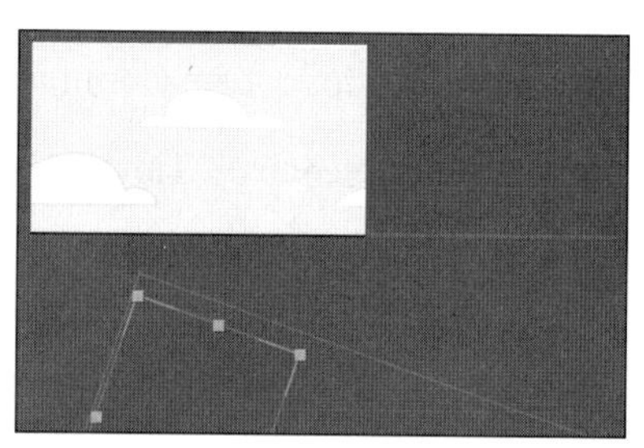

图5-19

8. 把当前时间指示器拖曳到 14:20。

9. 把热气球缩小到大约原来的三分之一（Scale：39.4%）。

10. 如图 5-20 所示，把热气球拖曳到画面右上角之外，使其略微向左倾斜。这里设置 Position（位置）：2976.5、−185.8；Rotation（旋转）：−8.1°。

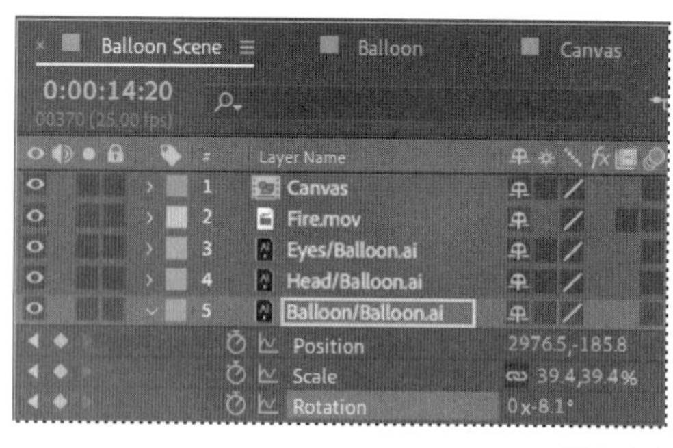

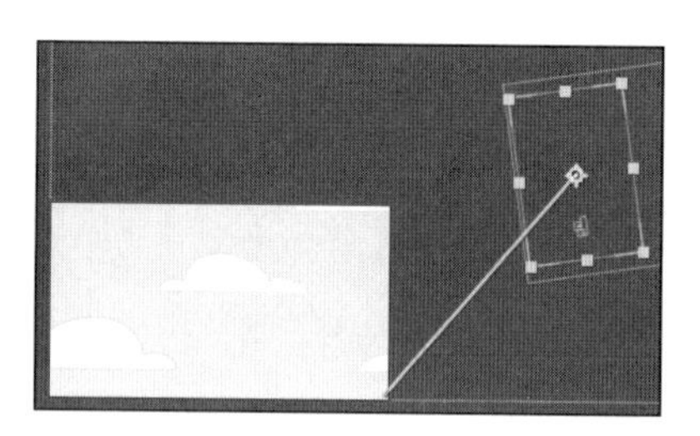

图5-20

11. 沿着时间轴，移动“当前时间指示器”，观看当前制作好的动画。

5.5.3 自定义运动路径

热气球在场景中运动时路径相对单调，并且在画面中停留的时间也不长。为此，我们可以对热气球起点和终点之间的路径进行调整。在调整路径时，你可以使用下面示例中的值，也可以自己指定值，但要保证热气球在画面中出现 11 秒左右，然后再让其慢慢飘出画面之外。

1. 把当前时间指示器拖曳到 3:00。
2. 如图 5-21 所示，沿竖直方向，向上拖曳热气球，使人物和篮子完全显示出来，然后略微向左旋转热气球，Position（位置）: 952.5, 402.2 ; Rotation（旋转）: –11.1°。

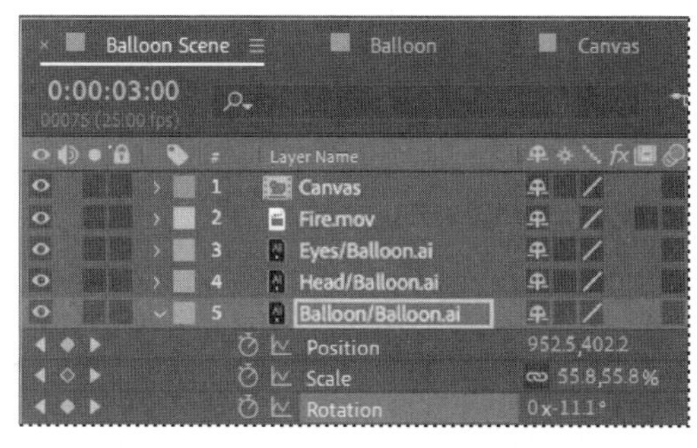

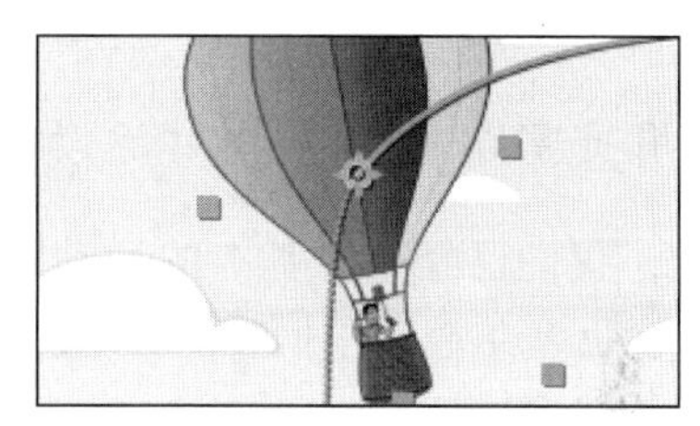

图5-21

3. 把当前时间指示器拖曳到 6:16。
4. 把热气球向右旋转（9.9°）。
5. 把热气球向左移动，Position（位置）: 531.7, 404。
6. 把当前时间指示器拖曳到 7:20。
7. 把 Scale（缩放）值更改为 39.4%。
8. 添加更多旋转关键帧，创建旋转运动。在这里我们添加如下关键帧。
    - 在 8:23，把 Rotation（旋转）值设置为 −6.1。
    - 在 9:16，把 Rotation（旋转）值设置为 22.1。
    - 在 10:16，把 Rotation（旋转）值设置为 −18.3。
    - 在 11:24，把 Rotation（旋转）值设置为 11.9。
    - 在 14:29，把 Rotation（旋转）值设置为 −8.1。
9. 添加更多位置关键帧，让热气球按指定的路线移动。在这里我们添加如下关键帧：
    - 在 9:04，把 Position（位置）值设置为（726.5, 356.2）。
    - 在 10:12，把 Position（位置）值设置为（1396.7, 537.1）。
10. 如图 5-22 所示，按空格键，预览热气球当前路径，然后再次按空格键，停止预览，并保存当前项目。

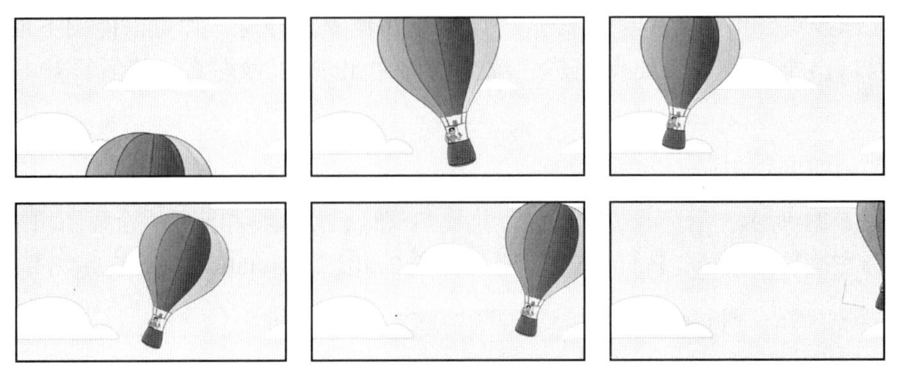

图5-22

5.5.4 使用贝塞尔控制手柄对运动路径做平滑处理

到这里，我们已经有了基本的运动路径，接下来我们要对运动路径进行平滑处理。每个关键帧都包含贝塞尔控制手柄,你可以使用它们更改曲线的角度。有关贝塞尔曲线的更多内容，我们将在第 7 课中讲解。

1. 从 Composition（合成）面板底部的 Magnification Ratio Pop-up Menu（放大率弹出式菜单）中，选择 50%。
2. 在 Timeline（时间轴）面板中，确保 Balloon/Balloon.ai 图层处于选中状态。然后移动当前时间指示器，直到你可以在 Composition（合成）面板中完全看见运动路径（在第 4~6 秒之间会比较好）。
3. 在 Composition（合成）面板中，单击某个关键帧点，显示出其贝塞尔控制手柄。
4. 拖曳贝塞尔控制手柄，调整路径形状。
5. 不断拖曳各个关键帧点上的贝塞尔控制手柄，调整路径形状，直到得到所希望的路径。这里我们想要的最终路径如图 5-23 所示。

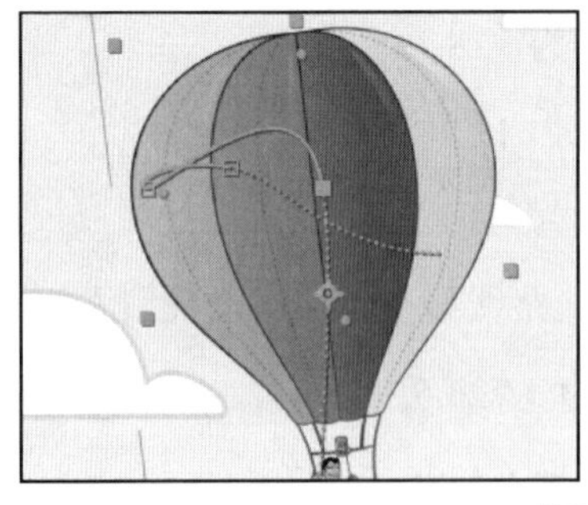
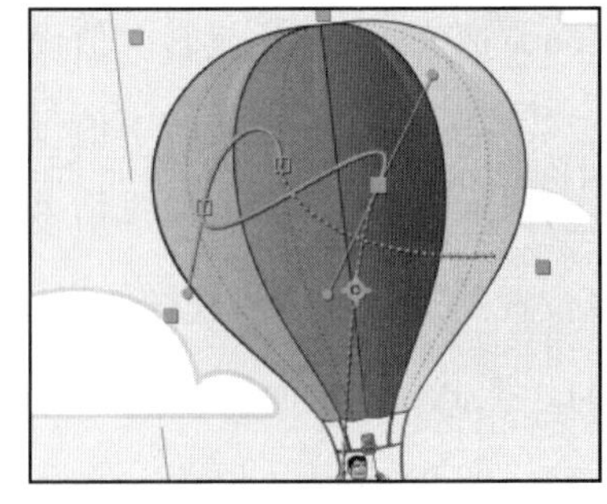

图5-23

6. 沿着时间标尺，移动当前时间指示器，预览热气球的运动路径。如果不满意，你可以根据需要再次调整路径。当然，你还可以在为 Canvas 和 Sky 制作好动画之后，再返回来调整它。

7. 隐藏 Balloon 图层的所有属性，并保存当前项目。

5.6 为其他元素制作动画

热气球在天空中飘摇晃动，其子图层也随之一起运动。但是，当前乘坐热气球的人仍然是静止不动的。接下来，我们要为人物的胳膊制作动画，让其拉动绳索点燃燃烧器。

1. 把当前时间指示器拖曳到 3:08。
2. 从 Composition（合成）窗口底部的 Magnification Ratio Pop-up Menu（放大率弹出式菜单）中，选择 100%，这样你能清晰地看到人物。若有必要，你可以使用 Hand Tool（手形工具），在 Composition 窗口中调整一下图像的位置。
3. 按住 Shift 键，单击 Forearm/Balloon.ai 和 Upper arm/Balloon.ai 图层，同时选中它们。
4. 按 R 键，显示两个图层的 Rotation（旋转）属性。
5. 如图 5-24 所示，单击其中一个 Rotation（旋转）属性左侧的秒表图标，为每个图层创建一个初始关键帧。

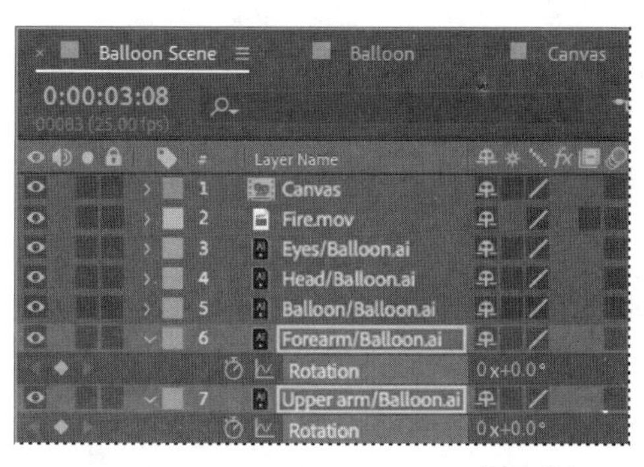

图5-24

6. 把当前时间指示器拖曳到 3:17，此时人物将开始拉绳点火。
7. 取消对图层的选择。
8. 把 Forearm 图层的 Rotation（旋转）属性修改为 −35，Upper arm 图层的 Rotation（旋转）属性修改为 46。

此时，人物会向下拉绳子（见图 5-25）。你可能需要取消对图层的选择，才能在 Composition（合成）窗口中清晰地看到人物的动作。

9. 把当前时间指示器拖曳到 4:23。

图5-25

10. 把 Forearm 图层的 Rotation（旋转）属性修改为 −32.8。

11. 在 Upper arm 图层的 Rotation（旋转）属性的左侧，单击 Add Or Remove Keyframe At Current Time（在当前时间添加或移除关键帧）按钮（◆）。

12. 把当前时间指示器拖曳到 5:06。

13. 如图 5-26 所示，把两个图层的 Rotation（旋转）属性值修改为 0。

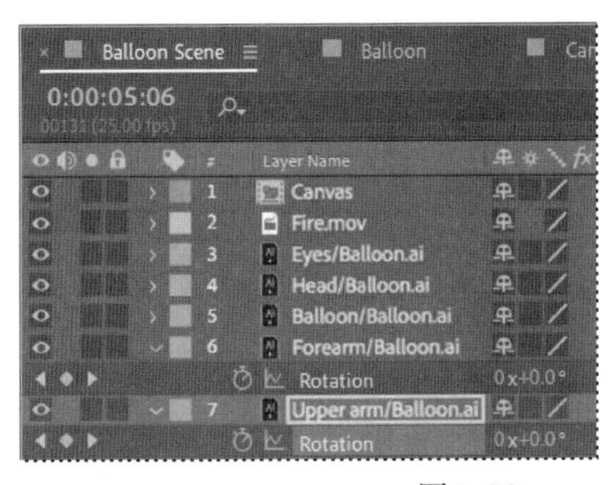

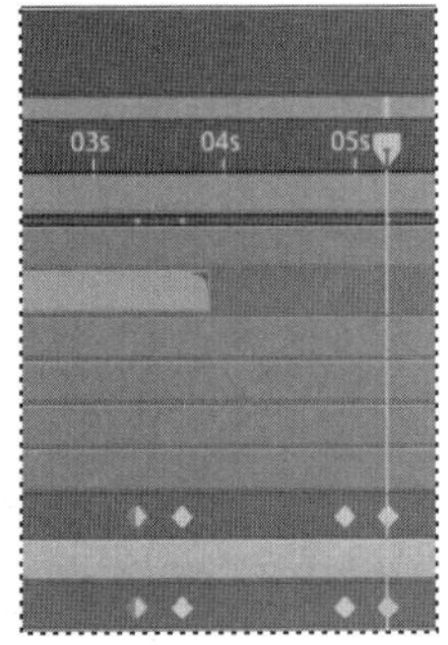

图5-26

14. 取消选择两个图层，然后把当前时间指示器从 3:00 拖曳到 5:07，预览人物拉绳子的动画。你可能需要先缩小画面，才能看到动画。

5.6.1 复制关键帧拷贝动画

到此，我们已经制作好了初始动作，你可以在时间轴的不同时间点上轻松地重复这些动作。下面我们将复制拉绳子时胳膊的动作，并为人物的头部与眼睛制作动作。

1. 单击 Forearm 图层的 Rotation（旋转）属性，选中其所有关键帧。
2. 按 Ctrl+C（Windows）或 Command+C（macOS）组合键，复制这些关键帧。
3. 把当前时间指示器移动到 7:10，此时人物开始再次拉动绳子。
4. 按 Ctrl+V（Windows）或 Command+V（macOS）组合键，粘贴关键帧。
5. 重复步骤 1~4，复制 Upper arm 图层的旋转属性关键帧并粘贴，如图 5-27 所示。

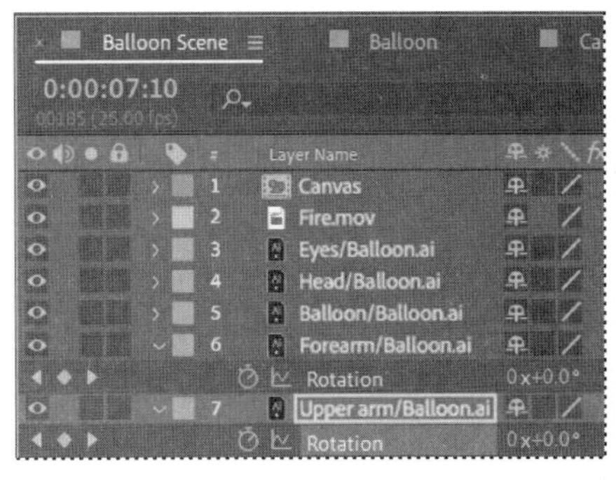

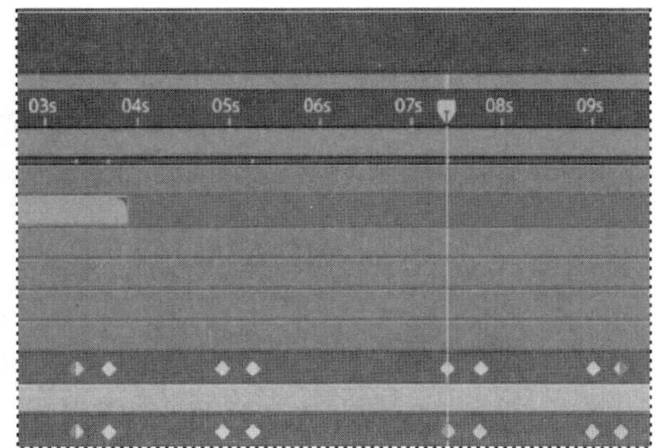

图5-27

6. 隐藏所有图层属性。

7. 选择 Head 图层，按 R 键，显示其 Rotation（旋转）属性。

8. 把当前时间指示器移动到 3:08，单击秒表图标，创建一个初始关键帧。

9. 把当前时间指示器移动到 3:17，修改 Rotation（旋转）属性值为 −10.3。

10. 把当前时间指示器移动到 4:23，单击 Add Or Remove Keyframe At Current Time（在当前时间添加或移除关键帧）图标，在当前时间添加一个关键帧。

11. 把当前时间指示器移动到 5:06，修改 Rotation（旋转）属性值为 0。

12. 单击 Rotation（旋转）属性，选择其所有关键帧，按 Ctrl+C（Windows）或 Command+C（macOS）组合键，复制这些关键帧。

13. 把当前时间指示器移动到 7:10，按 Ctrl+V（Windows）或 Command+V（macOS）组合键，粘贴关键帧。

14. 按 R 键，隐藏 Head 图层的 Rotation（旋转）属性。

此时，人物每当拉绳子时都会朝上歪头。你还可以为人物眼睛的位置制作动画，这样每当人物歪头时，他的眼睛也会发生相应的变化。

15. 选择 Eyes 图层，按 P 键，显示其 Position（位置）属性。

16. 把当前时间指示器移动到 3:08，单击秒表图标，在当前位置（62、55）创建一个初始关键帧。

17. 如图 5-28 所示，把当前时间指示器移动到 3:17，修改 Position（位置）属性值为 62.4、53。

18. 把当前时间指示器移动到 4:23，在当前位置创建一个关键帧。

19. 把当前时间指示器移动到 5:06，修改 Position（位置）属性值为 62、55。

20. 单击 Position（位置）属性，选中所有关键帧，复制它们。

21. 把当前时间指示器移动到 7:10，粘贴关键帧。

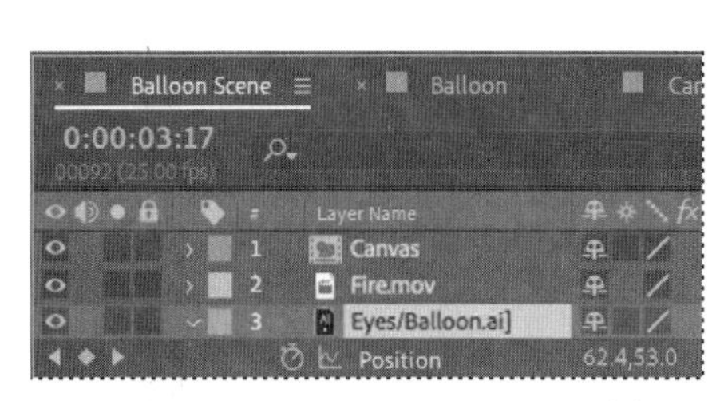

图5-28

22. 隐藏所有图层属性，然后取消选择所有图层。

23. 从 Composition（合成）窗口底部的 Magnifcation Ratio Pop-up Menu（放大率弹出式菜单）中，选择 Fit（适合），这样你能看到整个场景。然后预览动画，如图 5-29 所示。

图5-29

24. 保存当前项目。

5.6.2 放置与复制视频

当人物拉绳子时，火焰应该从燃烧器中冒出。下面我们使用一个 4 秒长的 Fire.mov 视频来表示人物每次拉绳子时从燃烧器中喷出的火焰。

1. 把当前时间指示器移动到 3:10。
2. 在 Timeline（时间轴）面板中，拖曳 Fire.mov 视频，使其从 3:10 开始播放。
3. 选择 Fire.mov 图层，在菜单栏中，依次选择 Edit（编辑）→ Duplicate（重复）。
4. 如图 5-30 所示，把当前时间指示器移动到 7:10
5. 按键盘上的左中括号（[），把 Fire.mov 副本的入点移动到 7:10。

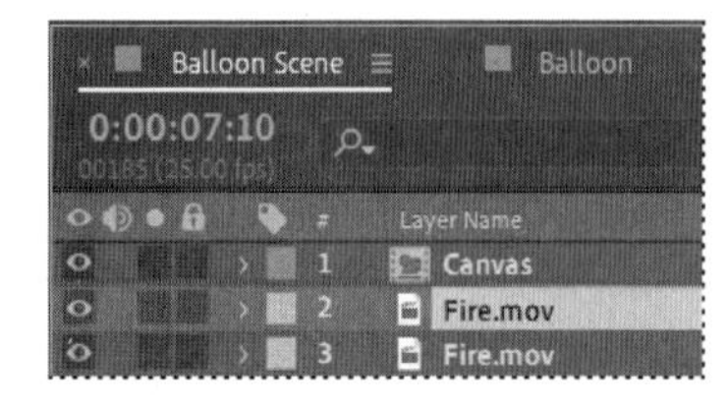

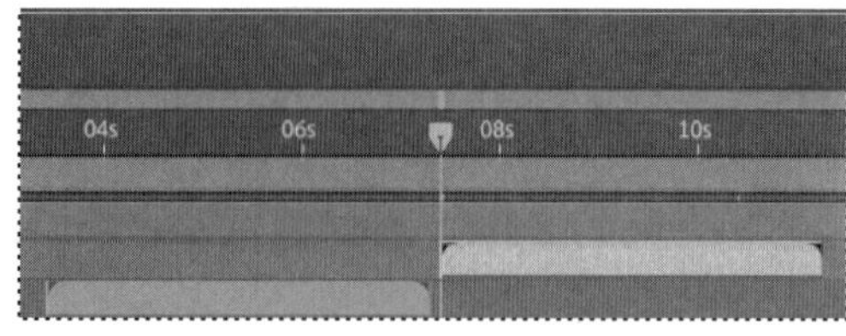

图5-30

5.7 应用效果

前面已经处理好了热气球和人物，接下来，我们要创建一阵风，用来把热气球上的彩色外衣吹走。在 After Effects 中，我们可以使用 Fractal Noise（分形杂色）和 Directional Blur（定向模糊）效果来实现。

5.7.1 添加纯色图层

我们需要在一个纯色图层上应用效果。为此，我们必须先创建一个包含纯色图层的合成。

1. 按 Ctrl+N（Windows）或 Command+N（macOS）组合键，打开 Composition Settings（合成设置）对话框。
2. 如图 5-31 所示，在 Composition Settings（合成设置）对话框中，做如下设置。
   - 设置“合成名称”为 Wind。
   - 修改 Width（宽度）为 1920px。
   - 修改 Height（高度）为 1080px。
   - 修改 Duration（持续时间）为 20 秒。
   - 修改 Frame Rate（帧速率）为 25fps，以匹配 Balloon Scene 合成。

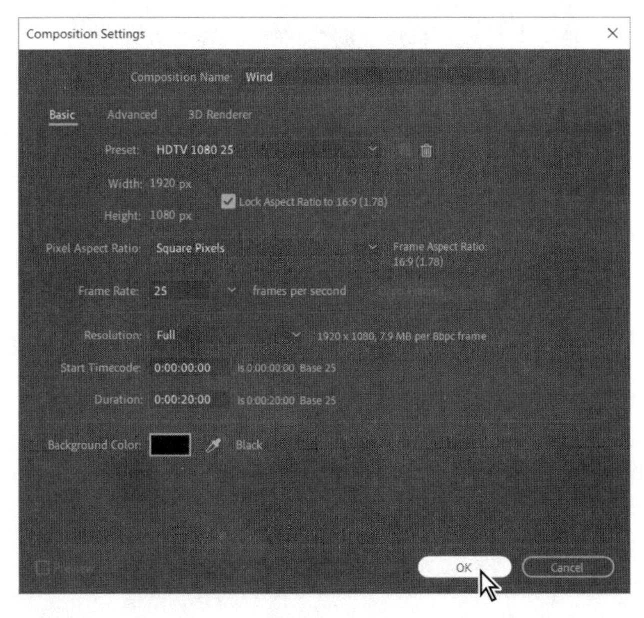

图5-31

单击 OK（确定）按钮，新建一个合成。

关于纯色图层

我们可以使用纯色图层为背景上色或创建简单的图形图像。在 After Effects 中，你可以创建任意颜色或尺寸（最大尺寸为 30000 像素 ×30000 像素）的纯色图像，并可以像使用其他素材一样使用纯色图层，例如调整蒙版、更改属性、应用特效等。如果你修改了一个纯色图层的设置，则这些修改会应用到所有使用了该纯色图层的图层上，或者只应用到纯色图层出现的地方。

3. 在 Timeline 面板中，单击鼠标右键（或按 Control 单击），在弹出菜单中，依次选择 New（新建）→ Solid（纯色），打开 Solid Settings（纯色设置）对话框。
4. 如图 5-32 所示，在 Solid Settings（纯色设置）对话框，做如下设置。
   - 设置“名称”为 Wind。
   - 选择“颜色”为黑色。
   - 单击 Make Comp Size（制作合成大小）按钮。

图5-32

单击 OK（确定）按钮，新建一个纯色图层。

5.7.2 向纯色图层应用效果

接下来，我们要向纯色图层应用效果。使用 Fractal Noise（分形杂色）效果可以创建一阵风，使用 Directional Blur（定向模糊）可以为风添加模糊效果。

1. 在 Effects & Presets（效果和预设）面板中，搜索 Fractal Noise（分形杂色）效果，它位于 Noise & Grain（杂色和颗粒）分类之下。双击应用 Fractal Noise（分形杂色）效果。
2. 如图 5-33 所示，在 Effect Controls（效果控件）面板中，做如下设置。
    - 从 Fractal Type（分形类型）中选择 Smeary（脏污）。
    - 从 Noise Type（杂色类型）中选择 Soft Linear（柔和线性）。
    - 设置 Contrast（对比度）为 700。
    - 设置 Brightness（亮度）为 59。
    - 展开 Transform（变换）属性，设置 Scale（缩放）为 800。

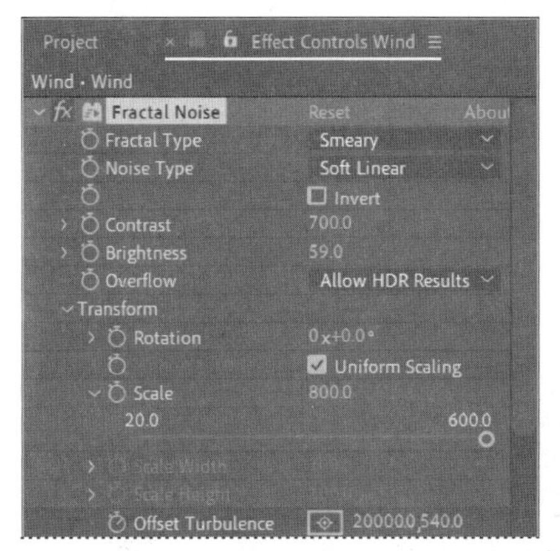

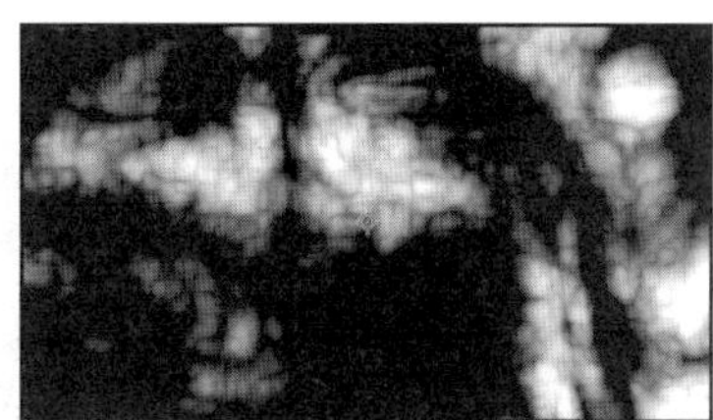

图5-33

3. 单击 Offset Turbulence（偏移湍流）左侧的秒表图标，在时间标尺的开始位置，创建一个初始关键帧。
4. 把当前时间指示器移动到 2:00，把 Offset Turbulence（偏移湍流）的 x 值修改为 20000。
5. 在 Effect Controls（效果控件）面板中，隐藏 Fractal Noise（分形杂色）效果。
6. 在 Effects & Presets（效果和预设）面板中，搜索 Directional Blur（定向模糊）效果，然后双击应用它。
7. 如图 5-34 所示，在 Effect Controls（效果控件）面板中，设置 Direction（方向）为 90°，Blur Length（模糊长度）为 236。

至此，我们就制作好了动感模糊效果。接下来，我们要把 Wind 合成添加到 Balloon Scene

合成之中。

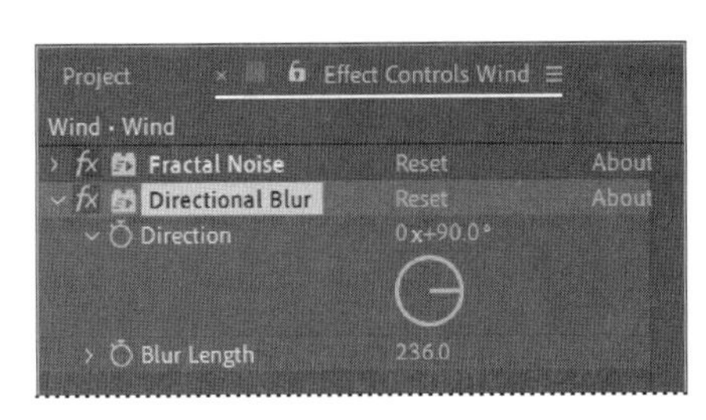

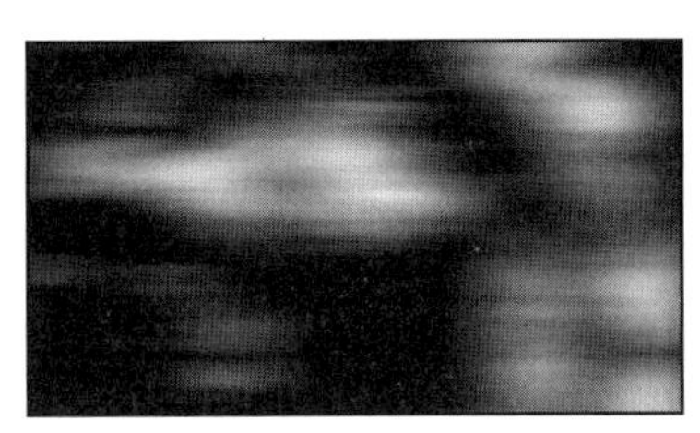

图5-34

8. 切换到 Balloon Scene 的 Timeline（时间轴）面板。

9. 单击 Project（项目）选项卡，然后把 Wind 合成从 Project（项目）窗口拖入 Balloon Scene 的 Timeline（时间轴）面板中，使其位于其他所有图层之上。

10. 把当前时间指示器拖曳到 8:10，然后按左中括号键（[），让 Wind 图层从 8:10 开始出现。

最后，向 Wind 图层应用混合模式，并调整图层的不透明度，加强风的真实感。

11. 在 Timeline（时间轴）面板中，单击底部的 Toggle Switches/Modes（切换开关 / 模式），显示出模式栏。

12. 选中 Wind 图层，从 Mode（模式）下拉菜单中，选择 Screen（屏幕）。

13. 如图 5-35 所示，按 T 键，显示 Wind 图层的 Opacity（不透明度）属性，然后单击属性左侧的秒表图标，在图层开始出现的位置（8:10），创建一个初始关键帧。

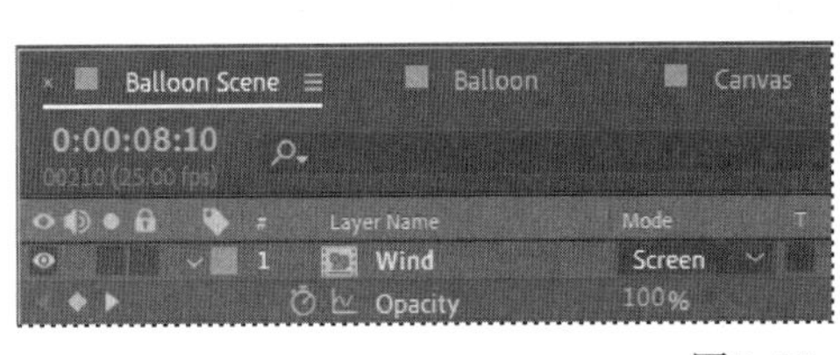

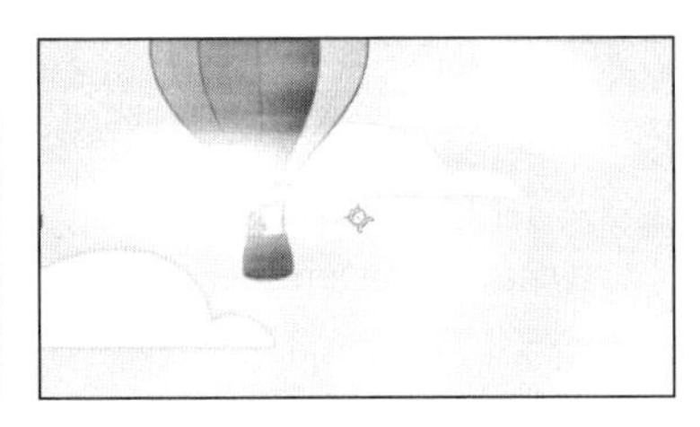

图5-35

14. 把当前时间指示器拖曳到 8:20，修改 Opacity（不透明度）为 35%。

15. 把当前时间指示器拖曳到 10:20，修改 Opacity（不透明度）为 0%。

16. 按 T 键，隐藏 Opacity（不透明度）属性，然后保存当前项目。

5.8 为预合成图层制作动画

前面我们把 4 个彩色外衣图层进行了预合成，创建了一个名为 Canvas 的合成。然后把

Canvas 合成放到热气球合适的位置上，并在两者之间建立了父子关系。接下来，我们要为 4 个彩色外衣图层制作动画，使它们在有风吹过时从热气球上剥离。

1. 双击 Canvas 图层，在 Composition（合成）与 Timeline（时间轴）面板中打开 Canvas 合成。
2. 如图 5-36 所示，把当前时间指示器拖曳到 9:10，这是起风之后大约 1 秒。
3. 按住 Shift 键，单击第 1 个、第 4 个图层，把 4 个图层同时选中，然后 R 键，显示 Rotation（旋转）属性，按 Shift+P 显示 Position（位置）属性。
4. 在所有图层处于选中的状态下，在任意一个图层下，单击 Position（位置）与 Rotation（旋转）属性左侧的秒表图标，为它们创建初始关键帧。
5. 把当前时间指示器拖曳到 9:24。
6. 当所有图层处于选中的状态下，拖曳 Rotation（旋转）属性值，直到 4 个图层接近水平为止（大约 81°）。此时，4 个图层几乎都是水平的。

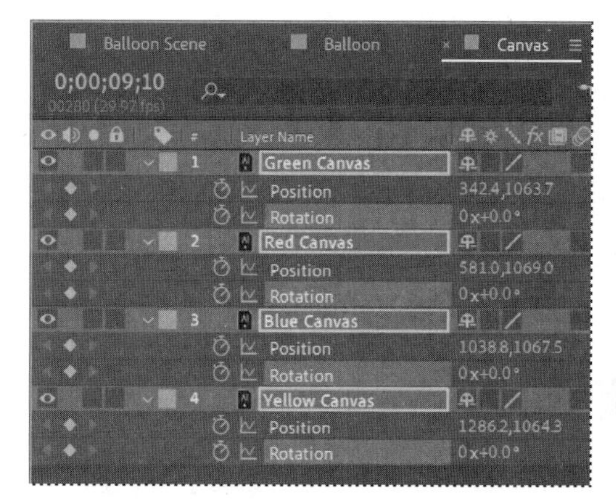

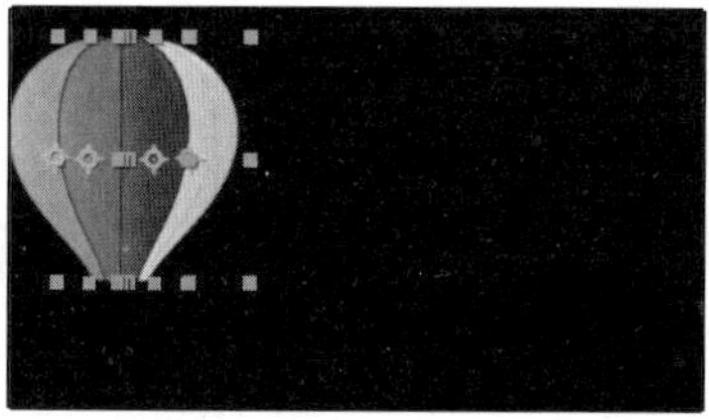

图5-36

7. 按 F2 或在 Timeline（时间轴）面板中单击空白区域，取消对所有图层的选择，这样你才能分别调整各个图层的 Rotation（旋转）属性值。
8. 分别调整各个图层的 Rotation（旋转）属性值，让它们看起来有一点不同（Green Canvas：+100、Red Canvas：−74、Blue Canvas：+113、Yellow Canvas：−103）。
9. 把当前时间指示器拖曳到 10:12。
10. 如图 5-37 所示，把所有 Canvas 图层从右侧移出画面，调整它们的运动路径，增加趣味性。你可以在中间添加旋转关键帧和位置关键帧（介于 10:06 与 10:12 之间），编辑贝塞尔曲线，或把图层拖出画面之外。如果你要编辑贝塞尔曲线，请只修改运动路径右侧的关键帧（10:12），这样才不会影响到热气球原来的形状。

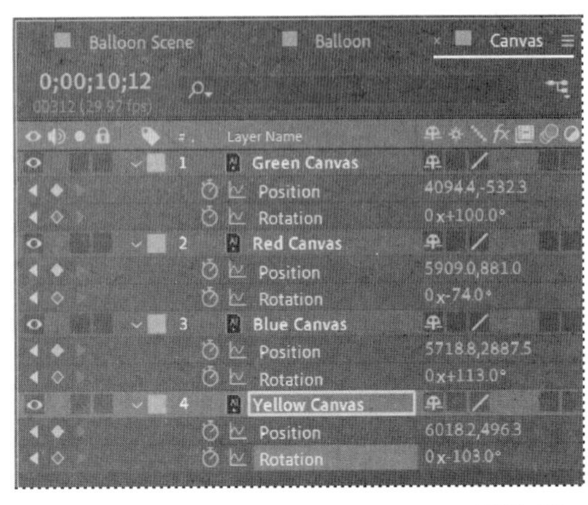

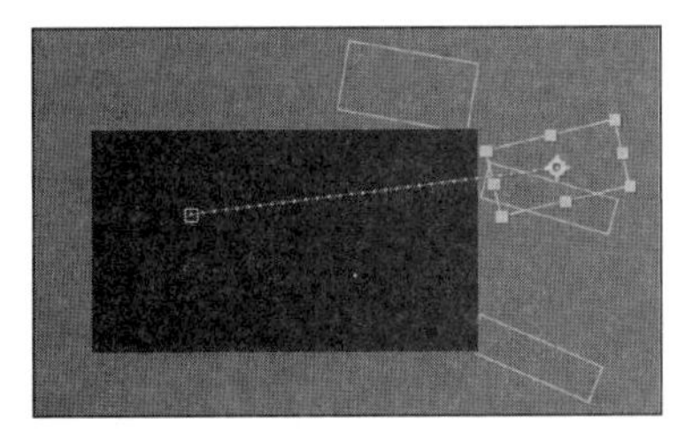

图5-37

11. 沿着时间标尺，移动当前时间指示器，预览动画，如图 5-38 所示。然后，根据你的需要做相应的调整。

12. 隐藏所有图层属性，保存当前项目。

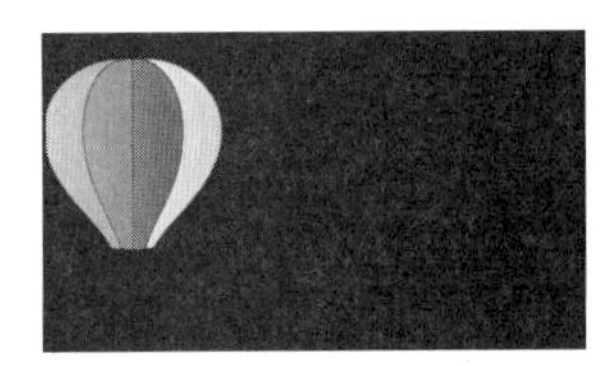

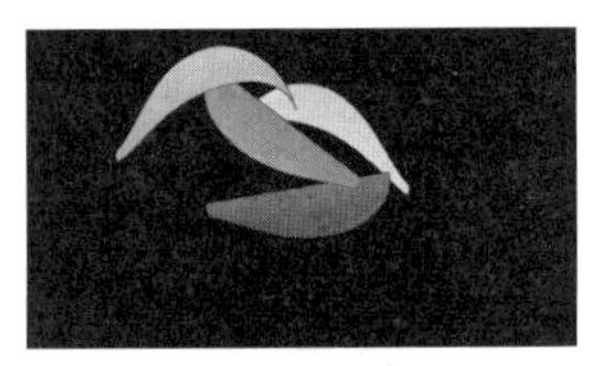

图5-38

5.8.1 添加调整图层

接下来，我们要添加变形效果。为此，我们需要先创建一个调整图层，然后再向调整图层应用变形效果，如此一来，调整图层之下的所有图层都会受到变形效果的影响。

1. 在 Timeline（时间轴）面板中，单击空白区域，取消对所有图层的选择。

2. 在菜单栏中，选择 Layer（图层）→ New（新建）→ Adjustment Layer（调整图层）菜单，新建一个调整图层。

你可以在 Timeline（时间轴）面板中看到新创建的调整图层出现在了所有图层的最上方。

3. 如图 5-39 所示，在 Effects & Presets（效果和预设）面板中，在 Distort（扭曲）分类下，找到 Wave Warp（波形变形），然后双击应用它。

4. 把当前时间指示器拖曳到 9:12。

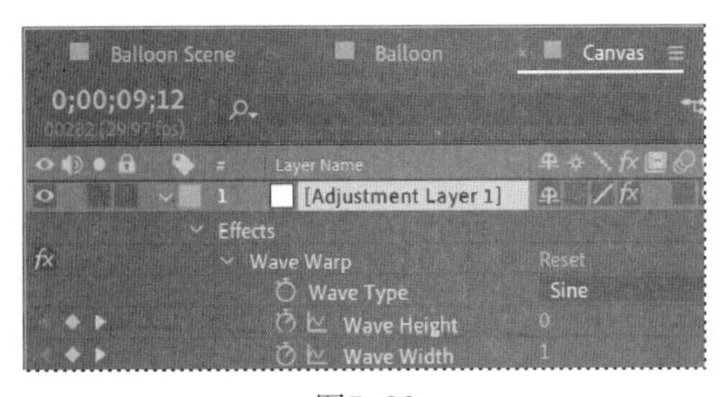

图5-39

5. 在 Effect Controls（效果控件）面板中，修改 Wave Height（波形高度）为 0，Wave Width（波形宽度）为 1，然后单击它们左侧的秒表图标，创建初始关键帧。

6. 把当前时间指示器拖曳到 9:16。

7. 把 Wave Height（波形高度）修改为 90，Wave Width（波形宽度）修改为 478。

5.8.2 修改调整图层入点

事实上，在彩色外衣剥离热气球之前，并不需要 Wave Warp（波形变形）效果，但是即使它的属性值为 0，After Effects 也会为整个图层计算 Wave Warp（波形变形）效果。为此，我们需要修改调整图层的入点，以加快文件渲染速度。

1. 把当前时间指示器拖曳到 9:12。

2. 按"Alt+["（Windows）或"Option+["（macOS），设置入点为 9:12。

3. 返回到 Balloon Scene 的 Timeline（时间轴）面板中。

4. 如图 5-40 所示，按空格键，预览影片。再次按空格键，停止预览。

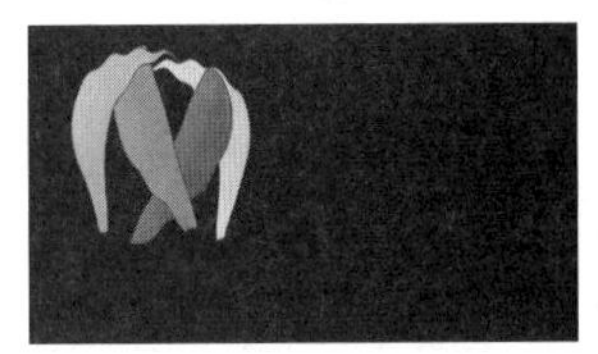  

图5-40

注意：按"["键可以调整视频剪辑的入点位置，同时又不改变视频剪辑的时长。按"Alt+["或"Option+["组合键，可以为视频剪辑设置入点，同时缩短剪辑时长。

5. 保存当前项目。

5.9 为背景制作动画

在影片的最后，彩色外衣应该从热气球上脱离下来，然后变成彩色云朵，慢慢移动到画面中央。但是，目前的动画是彩色外衣从热气球上飞走了，然后热气球也飘走了。因此，我们还需要为背景天空制作动画，以便让彩色云朵移动到画面中央。

1. 在 Balloon Scene 的时间轴面板中，返回到时间标尺的起始位置（0:00）。

2. 选择 Sky 图层，按 P 键，显示其 Position（位置）属性。

3. 单击 Position（位置）属性左侧的秒表图标，创建一个初始关键帧。

4. 把当前时间指示器拖曳到 16:00，向左拖曳 Sky 图层，直到彩色云朵位于画面中央 Position（位置）(–236.4, 566.7)。

5. 把当前时间指示器拖曳到 8:00，向右移动彩色云朵，使其位于画面之外。

6. 使用鼠标右键单击（或 Control- 单击）第一个关键帧，从弹出菜单中，选择 Keyframe Assistant（关键帧辅助）→ Easy Ease Out（缓出）。

7. 使用鼠标右键单击中间的关键帧，从弹出菜单中，选择 Keyframe Assistant（关键帧辅助）→ Easy Ease（缓动）。然后，再使用鼠标右键单击最后一个关键帧，从弹出菜单中，选择 Keyframe Assistant（关键帧辅助）→ Easy Ease In（缓入）。

8. 沿着时间标尺，拖曳当前时间指示器，观察热气球的彩色外衣变成彩色云彩的过程是否自然、流畅。请注意，在彩色云朵出现之前，从热气球上脱离的彩色外衣应该完全飘出画面之外。

9. 在时间标尺上前后移动中间的关键帧，调整天空动画，使其与彩色外衣和热气球的动画相协调。在光秃秃的热气球从画面右侧消失之前，彩色云朵应该先位于热气球右侧，然后慢慢向左移动，最后到达画面中央。

10. 如图 5-41 所示，按空格键，预览整个动画。再次按空格键，停止预览。

图5-41

11. 若有必要，请根据自己的情况，再次调整热气球、彩色外衣、天空的运动路径和旋转。

12. 隐藏所有图层的属性，保存当前项目。

5.10 添加音轨

到这里，这个项目的绝大部分已经制作完成了。但最后还有一点要做，那就是添加音轨，用以烘托画面轻松、活泼的氛围。另外，由于画面最后几秒是静止的，所以我们还必须把这几秒剪掉。

1. 单击 Project（项目）选项卡，打开 Project（项目）面板。然后，双击空白区域，打开 Import File（导入文件）对话框。

2. 在 Import File（导入文件）对话框中，转到 Lessons/Lesson05/Assets 文件夹下，双击 Soundtrack.wav 文件。

3. 把 Soundtrack.wav 从 Project（项目）面板拖入 Balloon Scene 的 Timeline（时间轴）面板中，并把它放在所有图层之下。

4. 预览影片，可以发现音乐在彩色外衣飞离热气球时发生了变化。

5. 把当前时间指示器拖曳到 18:00，按 N 键，把“工作区域结尾”移动到当前时间点。

6. 在菜单栏中，依次选择 Composition（合成）→ Trim Comp to Work Area（将合成裁剪到工作区）。

7. 把当前时间指示器拖曳到 16:00，展开 Soundtrack.wav 图层和 Audio（音频）属性。

8. 单击 Audio Levels（音频电平）左侧的秒表图标，创建一个初始关键帧。

9. 把当前时间指示器拖曳到 18:00，修改 Audio Levels（音频电平）为 −40dB。

10. 预览动画，然后保存它。

恭喜你！到这里，你已经制作好了一个复杂的动画，在这个过程中，运用到了 After Effects 中的所有技术和功能。

After Effects支持的音频文件格式

在 After Effects 中，你可以导入如下格式的音频文件：

- 高级音频编码（AAC、M4A）；
- 音频交互文件格式（AIF、AIFF）；
- MP3（MP3、MPEG、MPG、MPA、MPE）；
- Waveform (WAV)。

在Adobe Audition编辑音频文件

你可以在 After Effects 中对音频做一些非常简单的修改。如果你想更好地编辑音频，请使用 Adobe Audition 这款软件。只要你是 Adobe Creative Cloud 正式会员，你就可以使用 Audition。

如图 5-42 所示，在 Adobe Audition 中，你可以修改音频文件的长度、改变音高和节奏、应用各种效果、录制新音频、混合多声道片段等。

要在 After Effects 中编辑你已经使用的音频剪辑，请先在 Project（项目）面板中选择该音频，再在菜单栏中，依次选择 Edit（编辑）→ Edit In Adobe Audition（在 Adobe Audition 中编辑）。然后在 Audition 中修改并保存音频。这些修改将自动应用到 After Effects 项目之中。

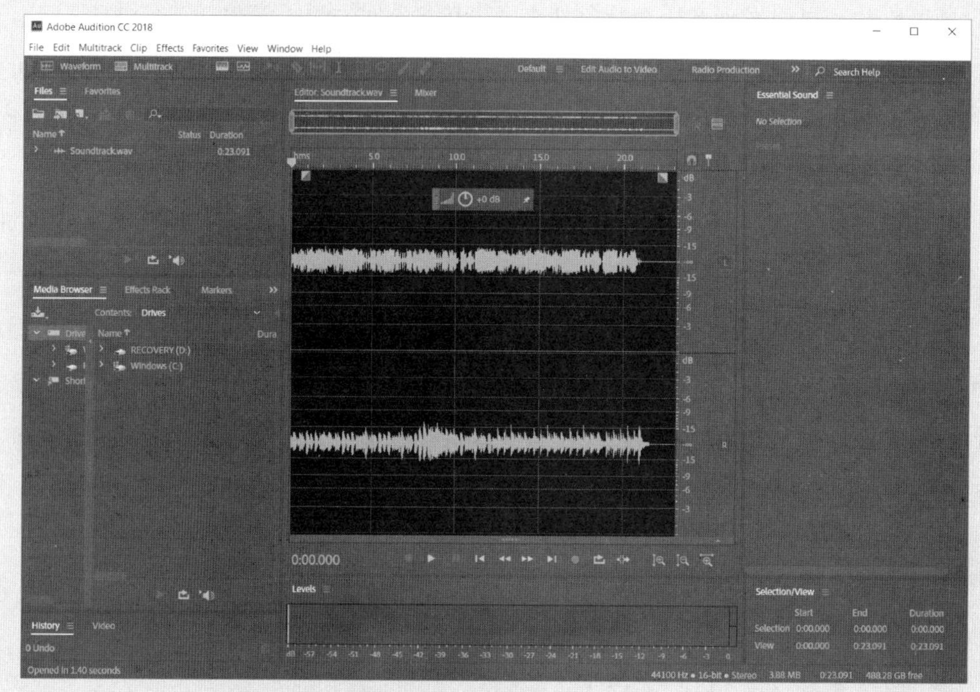

Adobe Audition CC 2018
File Edit Multitrack Clip Effects Favorites View Window Help
Waveform
Multitrack
Default
Edit Audio to Video
Radio Production
Search Help
Files
Favorites
Name
Status
Duration
Soundtrack.wav
0:23.091
Editor: Soundtrack.wav
Mixer
Essential Sound
No Selection
+0 dB
Media Browser
Effects Rack
Markers
Contents:
Drives
RECOVERY (D:)
Windows (C:)
0:00.000
Levels
History
Video
0 Undo
Opened in 1.40 seconds
Selection/View
Start
End
Duration
Selection
View
44100 Hz • 16-bit • Stereo
3.88 MB
488.28 GB free

图5-42

5.11 复习题

1. After Effects 如何显示 Position（位置）属性的动画？
2. 什么是纯色图层，它可以用来做什么？
3. After Effects 项目可以导入哪些类型的音频文件？

5.12 答案

1. 在制作 Position（位置）属性动画时，After Effects 使用运动路径来描述物体的运动轨迹。你可以为图层的位置或图层上的锚点创建运动路径。位置运动路径显示在 Composition（合成）面板中，锚点运动路径显示在 Layer（图层）面板中。运动路径显示为一系列点，其中每个点表示每一帧中图层的位置。路径中的方框表示关键帧的位置。
2. 在 After Effects 中，你可以创建任意颜色或尺寸（最大尺寸为 30000 像素 × 30000 像素）的纯色图层，并可以像使用其他素材一样使用纯色图层，例如调整蒙版、更改属性、应用效果等。如果你修改了一个纯色图层的设置，则这些修改会应用到所有使用了该纯色图层的图层上，或者只应用到纯色图层出现的地方。你可以使用纯色图层为背景着色或创建简单的图形图像。
3. 在 After Effects 中，你可以导入如下类型的音频文件：高级音频编码（AAC、M4A）、音频交互文件格式（AIF、AIFF）、MP3（MP3、MPEG、MPG、MPA、MPE）、Waveform（WAV）。

第 6 课 制作图层动画

课程概览

本课学习如下内容：

- 为包含图层的 Adobe Photoshop 文件制作动画
- 使用关联器创建表达式
- 处理导入的 Photoshop 图层样式
- 应用轨道蒙版控制图层的可见性
- 使用“边角定位”制作图层动画
- 向纯色图层应用“镜头光晕”
- 使用时间重置和图层面板动态重设素材时间
- 在“图表编辑器”中编辑时间重置关键帧

学完本课大约需要 1 小时。如果你尚未下载本课项目文件，请到“数艺设”网站下载。在学习本课的过程中，原始的项目文件会被覆盖掉。如果你想使用原始项目文件，请重新下载它们。

项目：SUNRISE EFFECT IN A FILM SHORT

动画就是指随着时间的变化改变一个对象或图像的各种属性，比如位置、不透明度、缩放等。在本课中，我们学习为Photoshop文件中的图层制作动画的方法，包括动态重置时间。

6.1 准备工作

Adobe After Effects 提供了几个工具和效果，允许你使用包含图层的 Photoshop 文件来模拟运动视频。在本课开始时，我们会先导入一个包含图层的 Photoshop 文件，它描绘的是阳光透过窗户进入室内的场景，然后制作动画模拟太阳升起的效果。这是一个非写实动画，运动刚开始加速，然后慢下来，最后发生反转。

1. 检查硬盘上的 Lessons/Lesson06 文件夹中是否包含如下文件。若没有，请立即前往“数艺设”网站下载。
   - Assets 文件夹：clock.mov, sunrise.psd。
   - Sample_Movies 文件夹：Lesson06_regular.avi、Lesson06_regular.mov、Lesson06_retimed.avi、Lesson06_retimed.mov。
2. 在 Windows Movies & TV 中打开并播放 Lesson06_regular.avi 示例影片，或者使用 QuickTime Player 播放 Lesson06_regular.mov 示例影片，了解本课要创建的延时动画效果。
3. 打开并播放 Lesson06_retimed.avi 或 Lesson06_retimed.mov，观看时间重置后的动画效果。
4. 观看完成之后，关闭 Windows Movies & TV 或 QuickTime Player。如果存储空间有限，此时，你可以把这两段示例影片从硬盘中删除了。

在学习本课之前，最好先把 After Effects 恢复成默认设置（参见前言中“恢复默认设置”部分的内容）。你可以使用如下快捷键完成这个操作。

5. 当启动 After Effects 时，请立即按下 Ctrl+Alt+Shift（Windows 系统）或 Command+Option+Shift（macOS 系统），此时会弹出一个消息框，询问“是否确实要删除你的首选项文件？”，单击“OK”（确定），即可删除首选项文件，恢复 After Effects 默认设置。
6. 在 Home（主页）窗口中，单击 New Project（新建项目）。

此时，After Effects 新建并打开一个未命名的项目。

7. 在菜单栏中，依次选择 File（文件）→ Save As（另存为）→ Save As（另存为），打开 Save As（另存为）对话框。
8. 在 Save As（另存为）对话框中，转到 Lessons/Lesson06/Finished_Project 文件夹下。
9. 输入项目名称 Lesson06_Finished.aep，单击 Save（保存）按钮，保存项目。

6.1.1 导入素材

首先，需要导入本课要用到的素材。

1. 在 Project（项目）面板中，双击空白区域，打开 Import File（导入文件）对话框。
2. 在 Import File（导入文件）对话框中，转到 Lessons/Lesson06/Assets 文件夹下，选择

sunrise.psd 文件。

3. 如图 6-1 所示，从 Import As（导入为）菜单中，选择 Composition – Retain Layer Sizes（合成 - 保持图层大小），这样每个图层的尺寸将与图层中的内容相匹配在 macOS 中，你可能需要单击 Options（选项）才能看到 Import As（导入为）菜单。

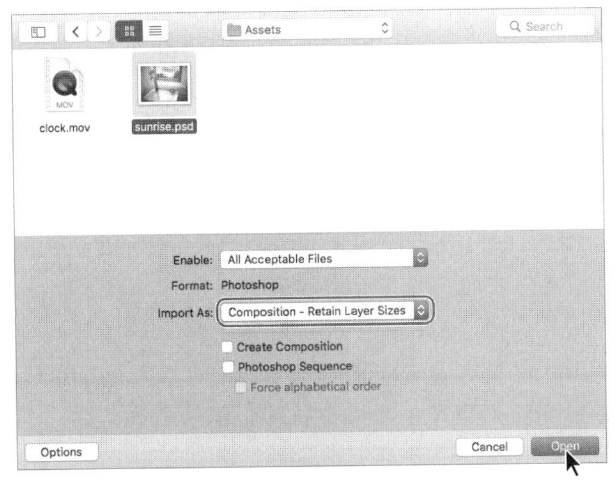

图6–1

4. 单击 Import（导入）或 Open（打开）按钮。

5. 在 sunrise.psd 对话框的 Import Kind（导入种类）中，确保 Composition – Retain Layer Sizes（合成 - 保持图层大小）处于选中状态，单击 OK（确定）按钮。

继续往下操作之前，先花点时间了解一下刚导入的 Photoshop 文件中的图层。

6. 如图 6-2 所示，在 Project（项目）面板中，展开 sunrise Layers 文件夹，查看 Photoshop 图层。若有必要，把 Name（名称）栏拉宽一些，以便看到完整的图层名称。

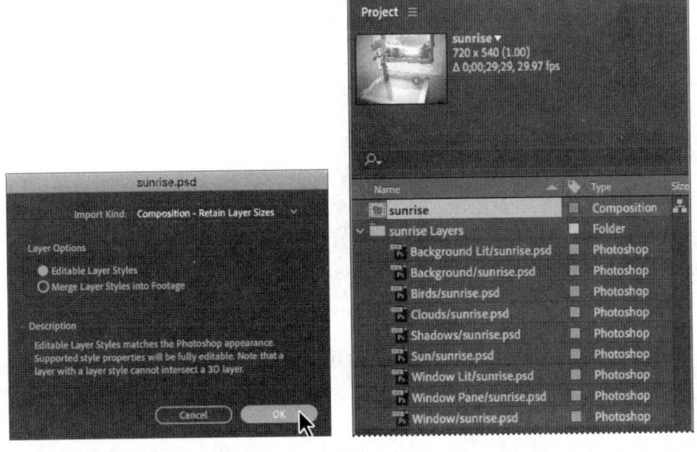

图6–2

要在 After Effects 中制作动画的每个元素（阴影、小鸟、云朵、太阳）都位于单独的图层上。另外，Background（背景）图层表示房间中最初的光线条件（黎明前），Background Lit 图层表示房间中最后的光线条件（明亮的日光）。同样，还有两个图层用来描述窗外两种光线条件 Window 和 Window Lit 图层。Window Pane 图层包含一个 Photoshop 图层样式，用来模拟玻璃窗。

在导入 Photoshop 文件时，After Effects 将保留原有的图层顺序、透明度数据、图层样式。当然还保留其他一些信息，例如调整图层及样式等，本项目将不会用到这些信息。

准备Photoshop文件

导入包含图层的 Photoshop 文件之前，先要精心地为图层命名，这可以大大缩短预览和渲染的时间，同时还可以避免在导入和更新图层时出现问题。

- 组织和命名图层。在把一个 Photoshop 文件导入 After Effects 之后，如果你修改其中的图层名称，After Effects 会保留到原始图层的链接。不过，如果你在 Photoshop 中删除了文件中的一个图层，After Effects 将无法找到原始图层，并在 Project（项目）面板中将其标识为缺失文件。
- 为了避免混淆，确保每个图层有唯一的名称。

6.1.2 修改合成设置

在把 Photoshop 文件导入为合成之后，接下来，我们要修改合成的设置。

1. 如图 6-3 所示，在 Project（项目）面板中，双击 sunrise 合成，在 Composition（合成）和 Timeline（时间轴）面板中打开它。

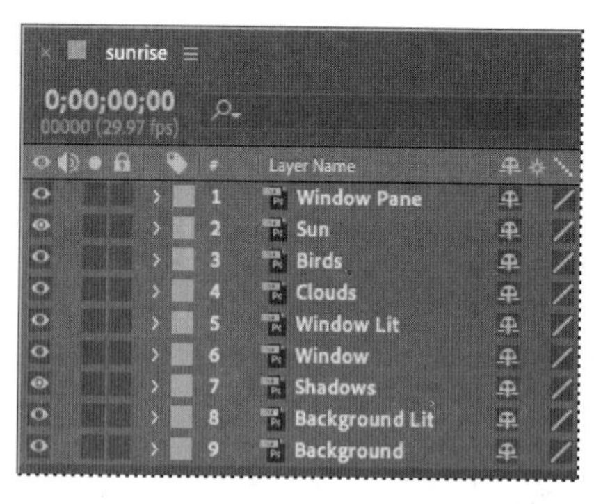

图6-3

2. 在菜单栏中，依次选择 Composition（合成）→ Composition Settings（合成设置）菜单，打开 Composition Settings（合成设置）对话框。

3. 如图 6-4 所示，在 Composition Settings（合成设置）对话框中，修改 Duration（持续

时间）为 10:00，设置合成时长为 10 秒，然后单击 OK（确定）按钮。

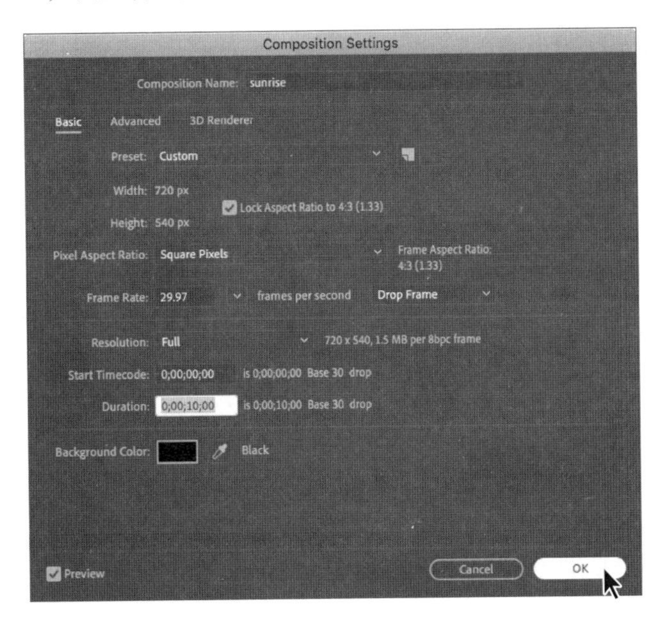

图6-4

关于Photoshop图层样式

Adobe Photoshop 提供了多种图层样式，例如投影、发光、斜面等，这些样式会改变图层的外观。在导入 Photoshop 图层时，After Effects 可以保留这些图层样式。当然，你还可以在 After Effects 中添加应用图层样式。

在 Photoshop 中，图层样式被称为“效果”，但在 After Effects 中，它们的表现更像是混合模式。图层样式渲染的顺序在变换之后，而效果渲染早于变换。另一个不同点是，在合成中，每个图层样式直接与其下的图层进行混合，而效果渲染仅限于应用它的图层，其下的图层会被作为一个整体看待。

在 Timeline 面板中可以使用图层的样式属性。

有关 After Effects 中图层样式的更多内容，请阅读 After Effects 帮助文档。

6.2 模拟光照变化

制作动画，首先要做的是用光照亮黑暗的房间。下面我们将使用 Opacity（不透明度）关键帧制作光照动画。

1. 如图 6-5 所示，在 Timeline（时间轴）面板中，打开 Background Lit 和 Background 图

层的 Solo（独奏）开关（●）。

图6-5

打开图层的 Solo（独奏）开关，可以把图层隔离出来，加快动画、预览、渲染的速度。

当前，亮背景位于正常背景（较暗）之上，即亮背景盖住了暗背景，所以动画的初始画面很亮。但是，我们想让房间先暗后亮。为此，我们先让 Background Lit 图层开始时是透明的，然后为其不透明度制作动画，使其随着时间慢慢照亮背景。

2. 把当前时间指示器拖曳到 5:00。

3. 在 Timeline（时间轴）面板中，选择 Background Lit 图层，按 T 键，显示其 Opacity（不透明度）属性。

4. 如图 6-6 所示，单击左侧秒表图标（⏱），设置一个不透明度关键帧。此时，Opacity（不透明度）属性值为 100%。

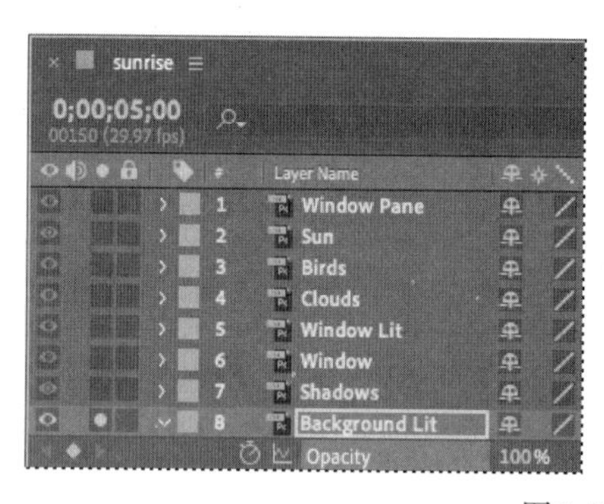

图6-6

5. 如图 6-7 所示，按 Home 键，或者直接把当前时间指示器拖曳到 0:00。然后，把 Background Lit 图层的 Opacity（不透明度）设置为 0%，After Effects 自动添加一个关键帧。

当动画开始时，Background Lit 图层是透明的，其下的暗背景（Background 图层）会显示出来。

6. 单击关闭 Background Lit 和 Background（背景）图层左侧的 Solo（独奏）开关（●），恢复其他图层的显示，包括 Window 和 Window Lit。确保 Background Lit 图层的 Opacity

（不透明度）属性处于可见状态。

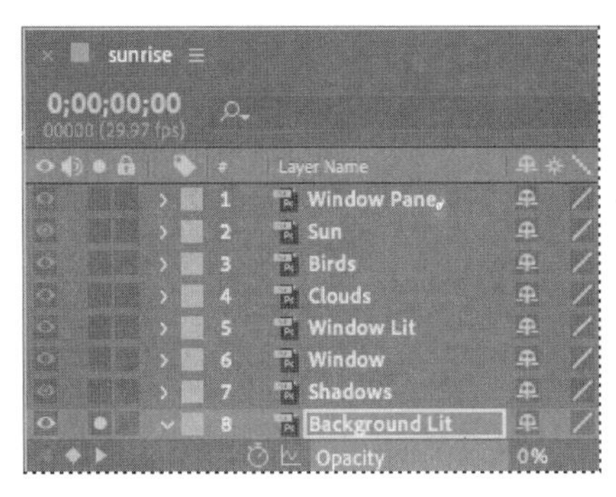

图6-7

7. 展开 Window Pane 图层的 Transform（变换）属性。Window Pane 图层中包含一个 Photoshop 图层样式，用来塑造窗户上的斜面。

8. 如图 6-8 所示，把当前时间指示器拖曳到 2:00，单击 Window Pane 图层的 Opacity（不透明度）属性（当前值为 30%）左侧的秒表图标，创建一个关键帧。

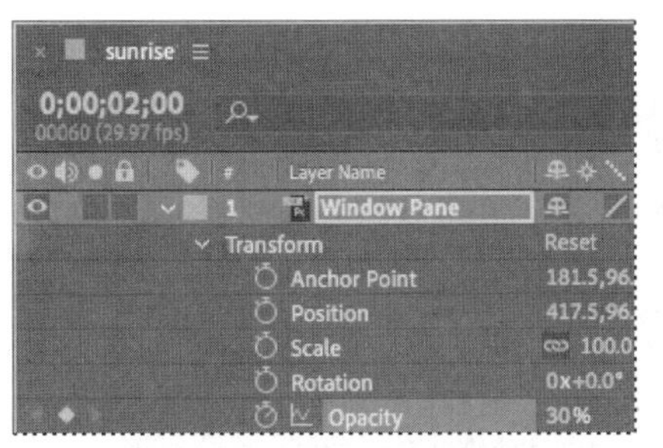

图6-8

9. 如图 6-9 所示，按 Home 键，或者直接把当前时间指示器拖曳到时间标尺的起始位置，修改 Opacity（不透明度）属性值为 0%。

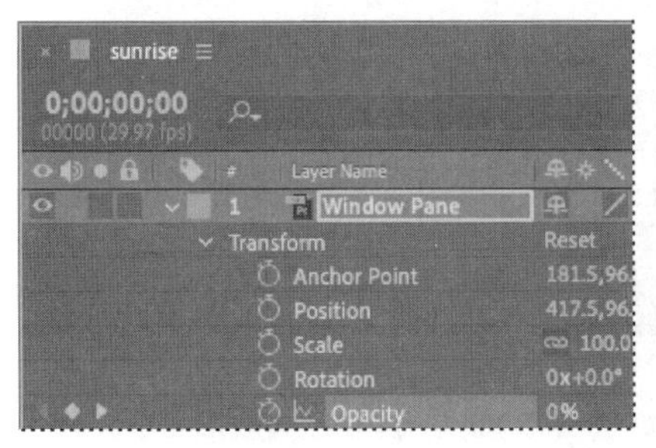

图6-9

10. 隐藏 Window Pane 图层的所有属性。

11. 在 Preview（预览）面板中，单击 Play/Pause（播放 / 暂停）按钮（▶），或者按空格键，预览动画。

预览时，可以看到房间内部由暗逐渐变亮。

12. 播放到 5:00 之后，按空格键，停止播放。

13. 在菜单栏中，依次选择 File（文件）→ Save（保存），保存当前项目。

6.3 使用关联器复制动画

接下来，我们需要让窗户由暗变亮起来。为此，我们可以使用关联器复制前面刚刚创建动画。我们可以使用关联器创建表达式，将一个属性或效果的值链接到另一个属性上。

1. 按 Home 键，或者直接把当前时间指示器拖曳到时间标尺的起始位置。

2. 选择 Window Lit 图层，按 T 键，显示其 Opacity（不透明度）属性。

3. 如图 6-10 所示，单击 Opacity（不透明度）属性右侧的“属性关联器”图标（◎），将其拖曳到 Background Lit 图层的 Opacity（不透明度）属性名上。释放鼠标后，关联成功，第一个 Opacity（不透明度）属性值变为红色。

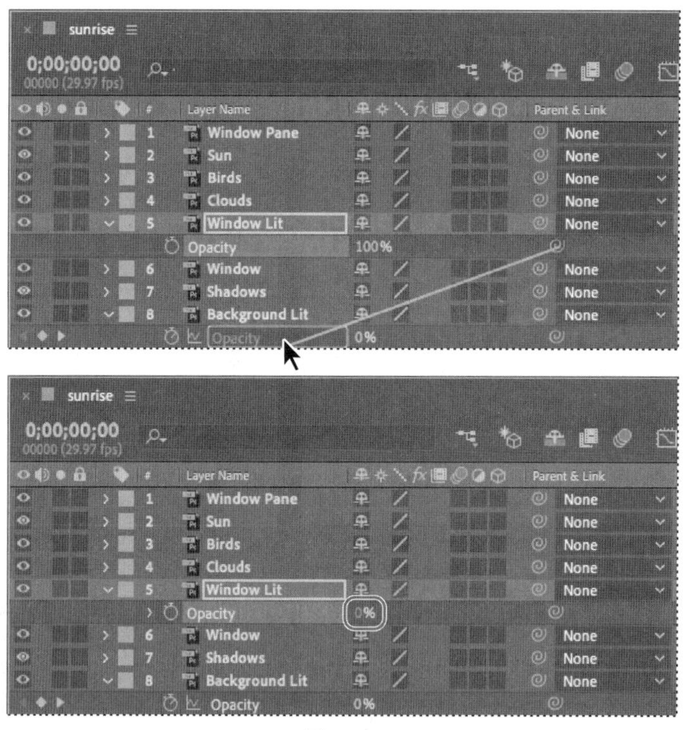

图6-10

4. 如图 6-11 所示，展开 Window Lit 图层的 Opacity（不透明度）属性，在时间标尺上出现表达式：thisComp.layer(“Background Lit”).transform.opacity。这表示 Background Lit 图层

的 Opacity（不透明度）属性值（0%）取代了前面 Window Lit 图层的 Opacity（不透明度）属性值（100%）。

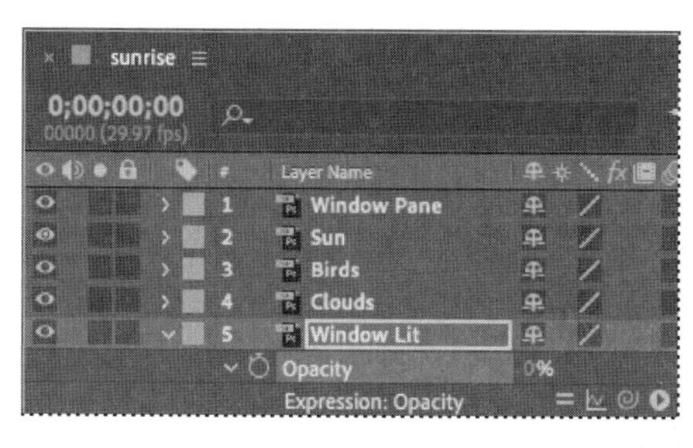

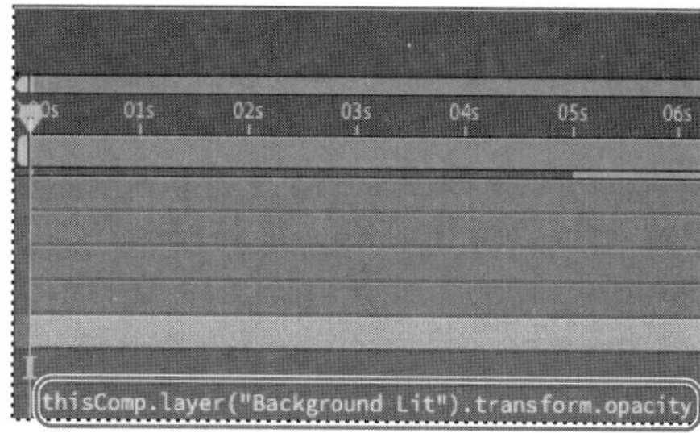

图6-11

5. 把当前时间指示器从 0:00 拖曳到 5:00，注意两个图层 Opacity（不透明度）属性值的变化完全同步。
6. 返回到时间标尺开头，按空格键预览动画，可以发现当窗外天空逐渐变亮时，房间内部也随之一起变亮。
7. 按空格键，停止播放。
8. 隐藏 Window Lit 和 Background Lit 图层的属性，保持 Timeline（时间轴）面板整洁，方便后续操作。
9. 在菜单栏中，依次选择 File（文件）→ Save（保存）菜单，保存当前项目。

关于表达式

如果你想创建和链接复杂动画，例如多个车轮的旋转，但又不想手动创建大量关键帧，此时你就可以使用表达式了。借助表达式，你可以在图层的各个属性之间建立联系，并使用一个属性的关键帧去动态控制另一个图层。例如，当你为一个图层创建了旋转关键帧，然后应用了 Drop Shadow（投影）效果之后，你就可以使用表达式把旋转属性值和 Drop Shadow（投影）效果的 Direction（方向）值链接起来，这样一来，投影就会随着图层的旋转而发生变化。

你可以在 Timeline（时间轴）或 Effect Controls（效果控件）面板中使用表达式。你还可以使用关联器创建表达式，或者在表达式区域（位于属性之下时间曲线图中的文本区域。）中手工输入和编辑表达式。

表达式是基于 JavaScript 语言的，但是，即使你不懂 JavaScript 语言也可以正常使用它。你可以使用关联器来创建表达式，从简单示例开始通过修改创建出符合自己需要的表达式，还可以把对象和方法链接在一起来创建表达式。

关于表达式的更多内容，请阅读 After Effects 帮助文档。

6.4 为窗外景物制作动画

窗外景物静止不动显然不合情理。首先，太阳应该从东方一点点升起；其次，云朵要飘动起来，小鸟也要飞翔，这样整个画面才有生气、活力。

6.4.1 为太阳制作动画

接下来，我们将为太阳的 Position（位置）、Scale（缩放）、Opacity（不透明度）属性设置关键帧，让太阳从东方升起来。

1. 如图 6-12 所示，在 Timeline（时间轴）面板中，选择 Sun 图层，展开其 Transform（变换）属性。

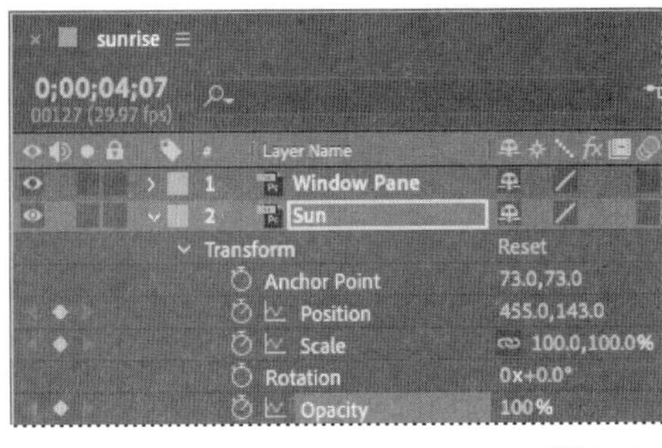

图6-12

2. 把当前时间指示器拖曳到 4:07，保持 Position（位置）、Scale（缩放）、Opacity（不透明度）属性的默认值不变，单击各属性左侧的秒表图标（⏱），设置关键帧。
3. 把当前时间指示器拖曳到 3:13。
4. 如图 6-13 所示，在 Sun 图层处于选中的状态下，设置 Scale（缩放）属性值为 33%、33%，Opacity（不透明度）属性值为 10%。After Effects 自动为每个属性添加一个关键帧。

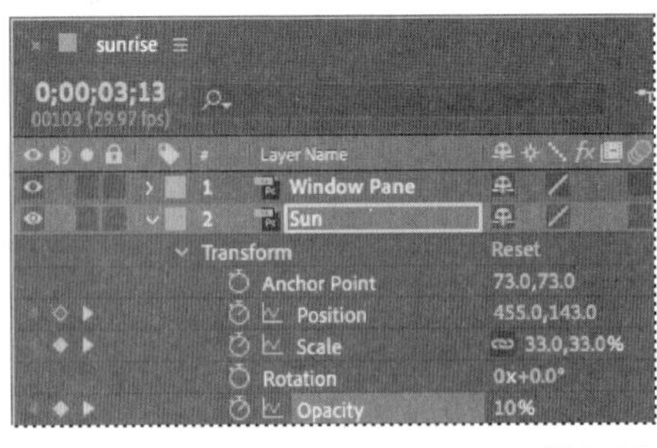

图6-13

5. 按 End 键，或者直接把当前时间指示器拖曳到合成的最后位置。
6. 如图 6-14 所示，在 Sun 图层处于选中的状态下，设置 Position（位置）属性的 y 值为 18，Scale（缩放）属性值为 150%、150%。After Effects 自动添加两个关键帧。

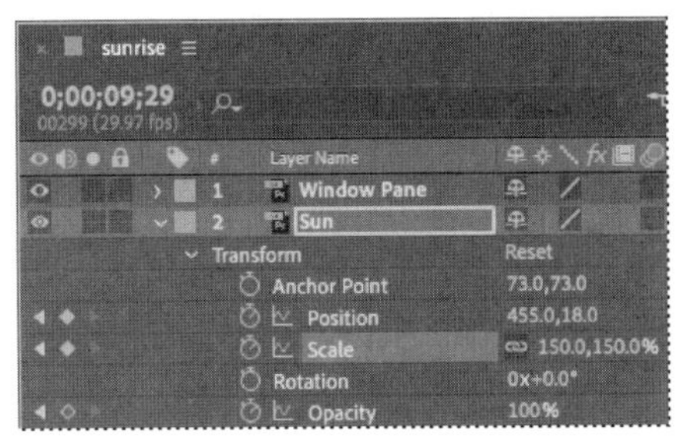

图6-14

通过上面设置的关键帧，太阳正常从东方升起，并在上升过程中变得更大、更亮。

7. 隐藏 Sun 图层的属性。

6.4.2 为小鸟制作动画

接下来，我们为小鸟制作动画，让其在天空中自由地飞翔。为了加快动画制作过程，我们将使用 Auto-keyframe（自动关键帧）功能。当开启 Auto-keyframe（自动关键帧）功能后，每当修改属性值时，After Effects 都会自动为我们创建关键帧。

注意：虽然 Auto-keyframe（自动关键帧）功能可以让动画制作变得更简单，但它也会创建出大量超出你需要的关键帧。所以，最好确定你的确需要使用 Auto-keyframe（自动关键帧）功能时，才开启它，并且在使用完毕后，要记得关闭它。

1. 在 Timeline（时间轴）面板中，选择 Birds 图层，按 P 键，显示其 Position（位置）属性。

2. 如图 6-15 所示，从 Timeline（时间轴）面板菜单中，选择 Enable Auto-keyframe（启用自动关键帧）。

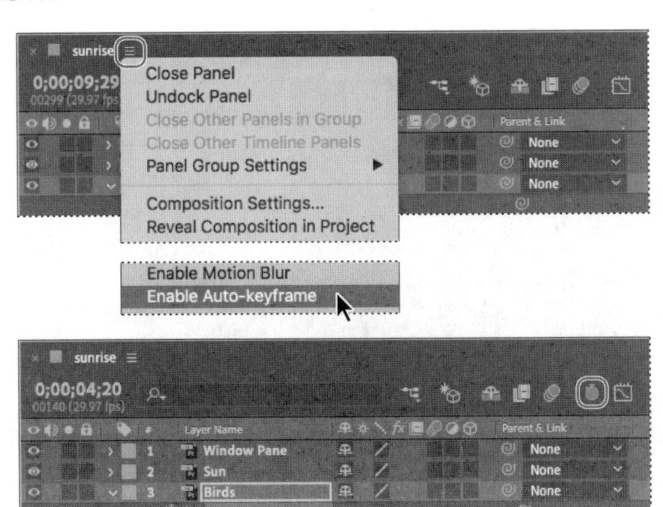

图6-15

此时，在 Timeline（时间轴）面板顶部出现一个红色秒表图标，提醒你当前自动关键帧功能处于开启状态。

3. 把当前时间指示器拖曳到 4:20，在 Birds 图层处于选中的状态下，修改 Position(位置) 属性值为 200、49。After Effects 自动为我们添加一个关键帧。

4. 如图 6-16 所示，把当前时间指示器拖曳到 4:25，把 Birds 图层的 Position（位置）属性值设置为 670、49。After Effects 自动为我们添加一个关键帧。

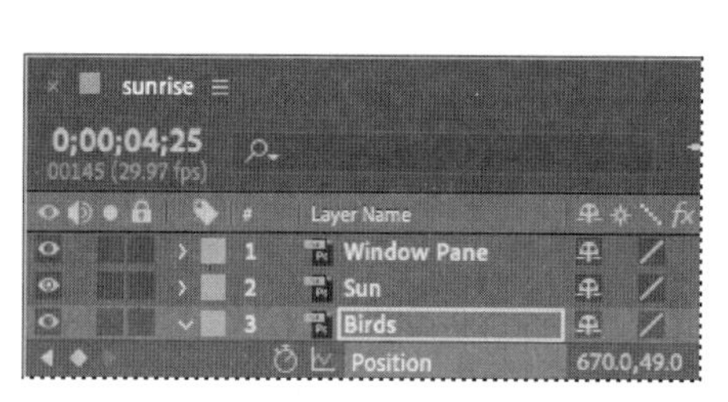

图6-16

5. 选择 Birds 图层，按 P 键，隐藏其 Position（位置）属性。

6.4.3 为云朵制作动画

接下来，我们为云朵制作动画，使其在天空中漂移运动。

1. 在 Timeline（时间轴）面板中，选择 Clouds 图层，展开其 Transform（变换）属性。

2. 把当前时间指示器拖曳到 5:22，保持 Position（位置）属性的当前值（406.5、58.5）不变，单击左侧的秒表图标（⏱），设置一个 Position（位置）关键帧。

3. 如图 6-17 所示，修改 Clouds 图层的 Opacity（不透明度）属性值为 33%。

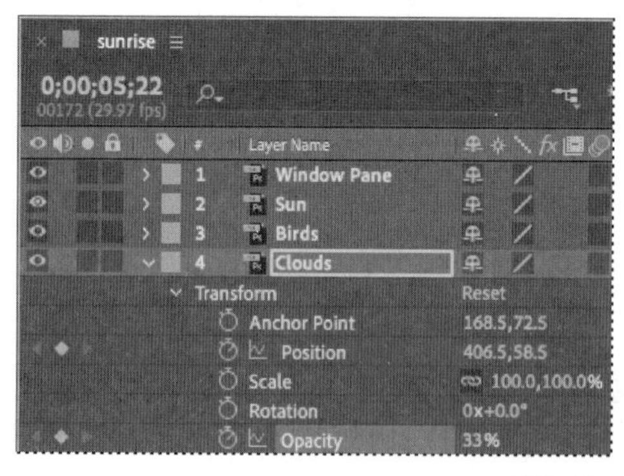

图6-17

此时，After Effects 会自动添加一个关键帧，因为当前 Auto-keyframe（自动关键帧）功能处于开启状态。

4. 从 Timeline（时间轴）面板的菜单中，取消选择 Enable Auto-keyframe（启用自动关键帧），关闭自动关键帧功能。

5. 把当前时间指示器拖曳到 5:02，修改 Clouds 图层的 Opacity（不透明度）属性值为 0%。

尽管你已经关闭了自动关键帧功能，After Effects 还是会自动添加一个关键帧。只要某个属性在时间轴上已经有了一个关键帧，当你再次修改该属性的值时，After Effects 就会自动添加一个关键帧。

6. 把当前时间指示器拖曳到 9:07，修改 Clouds 图层的 Opacity（不透明度）属性值为 50%，After Effects 自动添加一个关键帧。

7. 按 End 键，或直接把当前时间指示器拖曳到合成的最后一帧。

8. 如图 6-18 所示，修改 Clouds 图层的 Position（位置）属性值为 456.5、48.5，After Effects 自动添加一个关键帧。

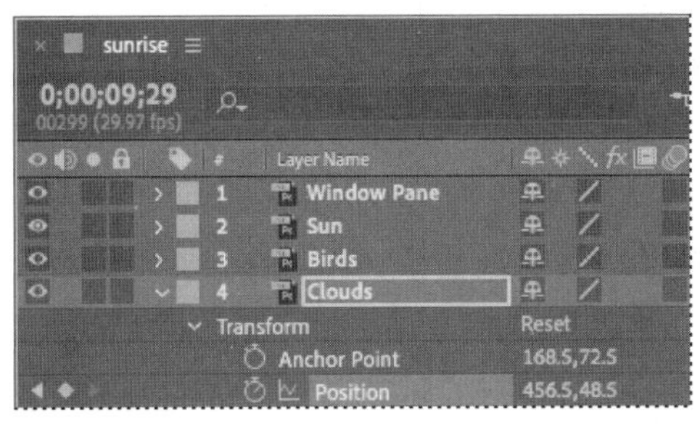

图6-18

6.4.4 预览动画

下面让我们一起预览一下已经制作好的动画效果。

1. 按 Home 键，或直接把当前时间指示器拖至 0:00。

2. 按 F2 键，或者单击 Timeline（时间轴）面板中的空白区域，取消对所有图层的选择，然后按空格键，预览动画。

如图 6-19 所示，太阳在天空中升起，小鸟快速飞过，云朵在天上漂动。现在，整个动画看起来还不错！但仔细观察，你就会发现有些元素叠在了窗框之上，比如小鸟感觉是在屋内飞，而不是在天空中。接下来，我们要解决这个问题。

图6-19

3. 按空格键，停止播放。

4. 隐藏 Clouds 图层的属性，在菜单栏中，依次选择 File（文件）→ Save（保存），保存当前项目。

6.5 调整图层并创建轨道蒙版

为了解决太阳、小鸟、云朵叠在窗框上的问题，必须先调整合成中图层的层次关系，然后使用 alpha 轨道蒙版将窗外的风景透过窗户显示出来，但不能出现在房间之内。

6.5.1 预合成图层

首先，我们先把 Sun、Birds、Clouds 图层预合成为一个合成。

1. 在 Timeline（时间轴）面板中，按住 Shift 键，同时选中 Sun、Birds、Clouds 3 个图层。

2. 在菜单栏中，依次选择 Layer（图层）→ Pre-compose（预合成）菜单。

3. 如图 6-20 所示，在 Pre-compose（预合成）对话框中，设置“新合成名称”为 Window Contents，并确保 Move All Attributes Into The New Composition（将所有属性移动到新合成）处于选中状态，选择 Open New Composition（打开新合成），单击 OK（确定）按钮。

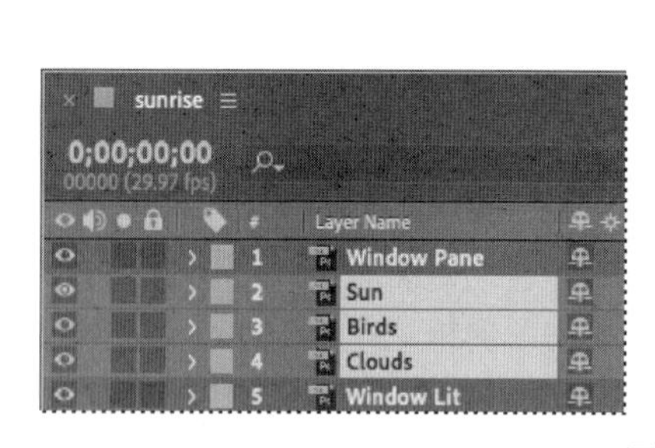

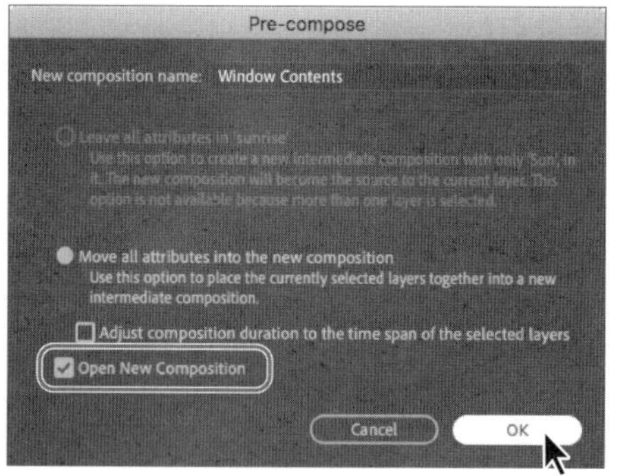

图6-20

此时，在 Timeline（时间轴）面板中打开了一个名为 Window Contents 的合成，它包含你在第 1 步中选择的 Sun、Birds、Clouds 3 个图层。同时，Window Contents 合成也在 Composition（合成）窗口中显示出来。

4. 单击 sunrise 合成的时间轴面板，查看主合成中包含的内容。请注意，Sun、Birds、

Clouds 3 个图层已经被名为 Window Contents 的图层所取代，这里的 Window Contents 图层指的就是 Window Contents 合成（见图 6-21）。

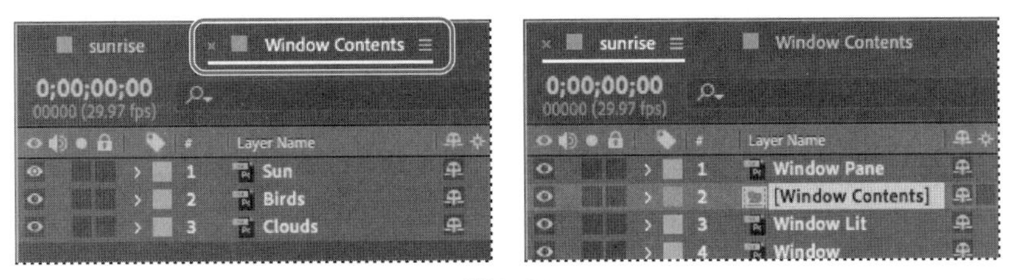

图6-21

6.5.2 创建轨道蒙版

接下来，我们创建轨道蒙版，把窗外风景中位于窗框之外的所有部分全部隐藏起来。为此，我们需要复制 Window Lit 图层，并使用其 alpha 通道。

1. 在 sunrise 图层的 Timeline（时间轴）面板中，选择 Window Lit 图层。
2. 在菜单栏中，依次选择 Edit（编辑）→ Duplicate（重复）菜单，再按 Ctrl+V 粘贴，得到副本图层 Window Lit 2。
3. 向上拖曳 Window Lit 2 图层，使其位于 Window Contents 图层之上。
4. 单击 Timeline（时间轴）面板底部的 Toggle Switches/Modes（切换开关/模式），显示出 TrkMat（轨道遮罩）栏，以便应用轨道蒙版。
5. 如图 6-22 所示，选择 Window Contents 图层，从其 TrkMat（轨道遮罩）弹出菜单中，选择 Alpha Matte “Window Lit 2”（ Alpha 遮罩 “Window Lit 2”）。

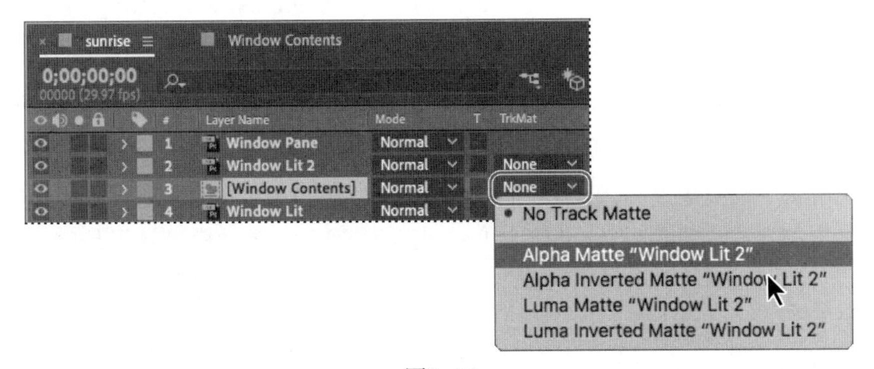

图6-22

此时，Window Lit 2 图层的 alpha 通道用来为 Window Contents 图层设置透明度，这样窗外的风景就能透过窗户的透明区域显示出来了。

6. 按 Home 键，或者直接把当前时间指示器拖曳到时间标尺的起始位置，然后按空格键，预览动画。再次按空格键，停止预览。

7. 在菜单栏中，依次选择 File（文件）→ Save（保存）菜单，保存当前项目。

6.5.3 添加运动模糊

接下来，我们为小鸟添加运动模糊，增加小鸟的真实性。当添加运动模糊之后，我们还要设置快门角度和相位，以便更好地控制模糊强度。

1. 切换到 Window Contents 的 Timeline（时间轴）面板中。

2. 把当前时间指示器拖曳到 4:22（小鸟动画的中间部分），然后选择 Birds 图层，在菜单栏中，依次选择 Layer（图层）→ Switches（开关）→ Motion Blur（运动模糊），为图层打开运动模糊。

3. 如图 6-23 所示，单击 Timeline（时间轴）面板顶部的 Enable Motion Blur（为设置了"运动模糊"开关的所有图层启用运动模糊）按钮（），在 Composition（合成）面板中把 Birds 图层的运动模糊显示出来。

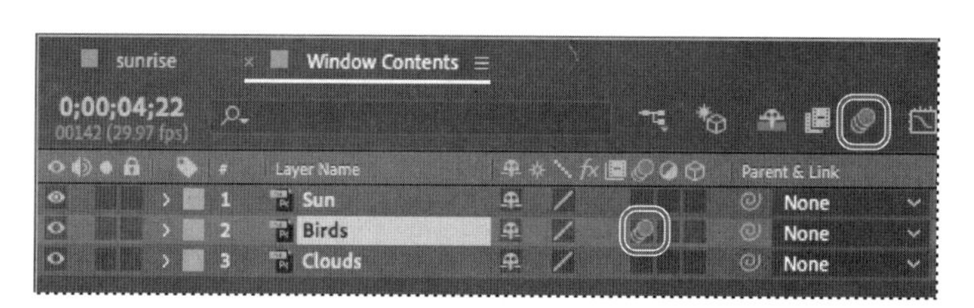

图6–23

4. 在菜单栏中，依次选择 Composition（合成）→ Composition Settings（合成设置），打开 Composition Settings（合成设置）对话框。

5. 在 Composition Settings（合成设置）对话框中，单击 Advanced（高级）选项卡，在"运动模糊"中，把 Shutter Angle（快门角度）设置为 30°。

Shutter Angle（快门角度）模拟在真实相机上调整快门角度的效果，控制着相机开启光圈的时长及进光量的多少。Shutter Angle（快门角度）值越大，运动模糊效果越明显。

轨道蒙版和移动蒙版

当你想在某个图层上抠个"洞"，将其下方图层的对应区域显示出来时，这时你就应该使用轨道蒙版（track matte）了。在创建轨道蒙版时，你需要用到两个图层，一个图层用作蒙版（上面有“洞”），另一个图层用来填充蒙版上的“洞”。你可以为轨道蒙版图层或填充图层制作动画。在为轨道蒙版图层制作动画时，你得创建移动蒙版（traveling matte）。若你想使用相同设置为轨道蒙版和填充图层制作动画，则可以先对它们进行预合成。

你可以使用轨道蒙版的 alpha 通道或像素的亮度值来定义其透明度。当你基于一个不带 alpha 通道的图层（图层本身没有带 alpha 通道或者创建该图层的程序无法创建 alpha 通道）创建轨道蒙版时，使用像素的亮度来定义轨道蒙版的透明度是很方便的。不论是 alpha 通道蒙版还是亮度蒙版，像素的亮度值越高就越透明。大多数情况下，在高对比度蒙版中，一个区域要么完全透明，要么完全不透明度。只有当我们需要部分透明或渐变透明时（比如柔和的边缘），才应该使用中间色调。

在你复制了一个图层或拆分了一个图层后，After Effects 仍会保留这个图层的顺序及其轨道蒙版。在复制的或拆分的图层之中，轨道蒙版图层将位于填充图层之上。例如，你的项目中包含 X 和 Y 两个图层，其中 X 是轨道蒙版，Y 是填充图层，复制或拆分这两个图层之后，所得到的图层顺序为 XYXY。

如图 6-24 所示，关于移动蒙版的剖析如下所示。

A 轨道蒙版图层：这是一个带有矩形蒙版的纯色图层，充当亮度蒙版。做动画之后，这个蒙版会把底下的内容透出来。

B 填充图层：带有图案效果的纯色图层。

C 结果：从轨道蒙版的形状中可以看到图案，图案被添加到了轨道蒙版图层下方的图像图层上。

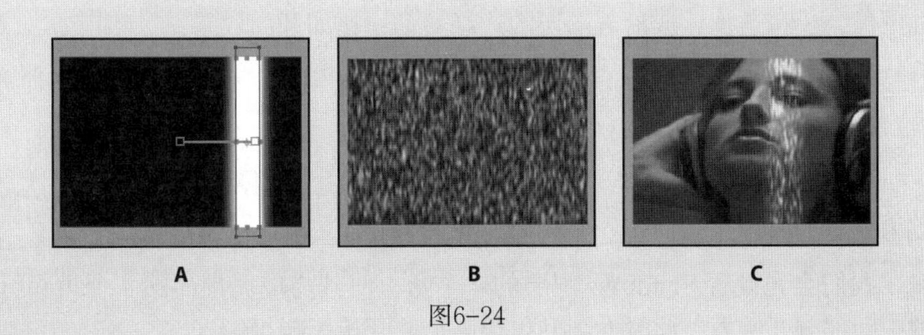

图6-24

6. 如图 6-25 所示，把 Shutter Phase（快门相位）设置为 0°，单击 OK（确定）按钮。

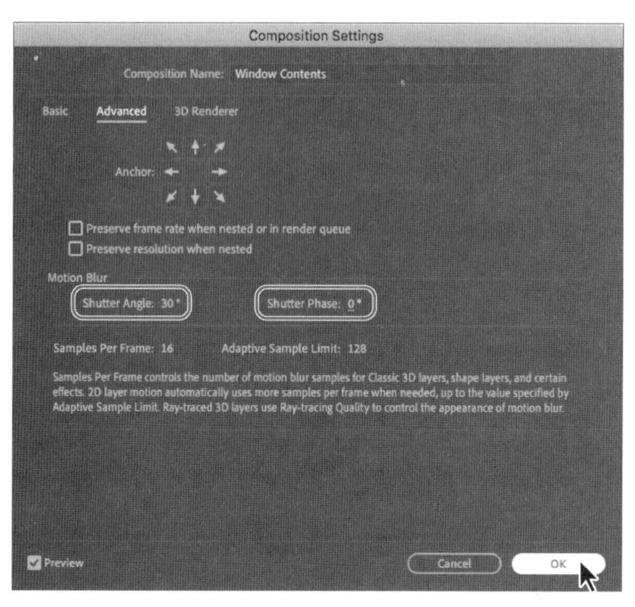

图6-25

6.6 为投影制作动画

接下来，我们为桌上的闹钟和花瓶的投影制作动画。在真实的延时画面中，这些投影应该随着太阳升起而变短。

After Effects 为我们提供了几种用来创建投影以及为投影制作动画的方法，例如 3D 图层和灯光。在本项目中，我们将使用 Corner Pin（边角定位）效果对导入的 Photoshop 文件中的 Shadows 图层进行扭曲。Corner Pin（边角定位）类似于 Photoshop 中的自由变换工具，它通过调整图像 4 个角的位置使图像产生变形。你可以使用 Corner Pin（边角定位）来拉伸、收缩、斜切、扭曲图像，模拟透视，或沿着图层的边缘转动，比如开门效果。

1. 切换到 sunrise 的 Timeline（时间轴）面板中，把当前时间指示器拖曳到时间标尺的起始位置。

2. 在 Timeline（时间轴）面板中，选择 Shadows 图层，再从菜单栏中，依次选择 Effect（效果）→ Distort（扭曲）→ Corner Pin（边角定位）。

接下来，我们会先设置 Shadows 图层的 4 个角，使其与玻璃桌面的 4 个角相符。并且应该从动画的中间部分开始做，此时太阳升得很高，并开始影响投影。

注意：如果看不到手柄和效果控件，请从 Composition（合成）面板的菜单中选择 View Options（视图选项）菜单，然后在 View Options（视图选项）对话框中，选择 Handles（手柄）、Effect Controls（效果控件），单击 OK（确定）按钮。

3. 把当前时间指示器拖曳到 6:00，然后分别拖曳 4 个角上的手柄，使其与玻璃桌面 4 个角重合。请注意 Effect Controls 面板中的 *x* 和 *y* 坐标值发生相应变化。

如果你觉得投影位置放得不对，还可以手工输入相应的坐标值，具体数值请参考第 4 课中的软件界面图。

> Ae **提示：**Shadows 图层右下角超出屏幕之外。要调整右下角，请先使用 Hand Tool（手形工具，✋），向上拖曳合成，这样在图像之下就有了大片区域。然后使用 Selection Tool（选取工具，▶）向右下拖曳手柄，大致将其移动到玻璃桌面右下角的位置上。

4. 如图 6-26 所示，在 Effect Controls（效果控件）面板中，单击每个位置左侧的秒表图标（⏱），在 6:00 处为每个角设置一个关键帧。

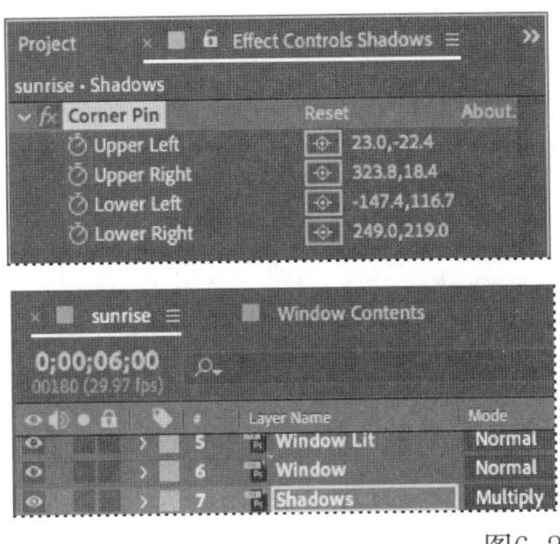

图6-26

5. 按 End 键，或直接把当前时间指示器拖曳到合成的最后一帧。

6. 使用 Selection Tool（选取工具），缩短投影：拖曳左下和右下两个手柄，将它们向着桌面后边缘拖近大约 25%。你可能还需要稍微拖曳一下左上、右上两个手柄，使投影根部与闹钟、花瓶底沿对齐。最终 4 个角的位置如图 6-27 所示。After Effects 会自动添加关键帧。

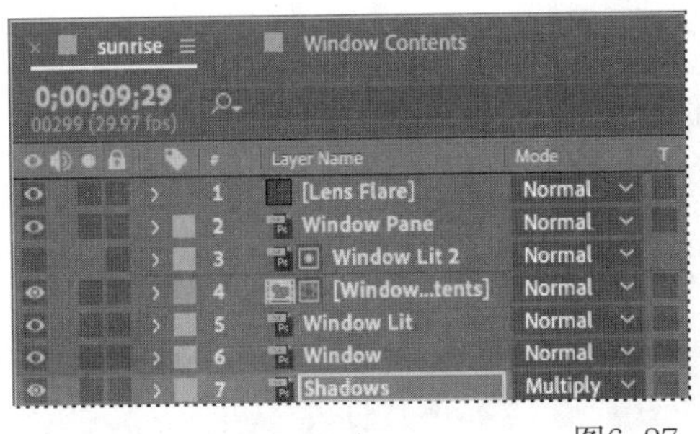

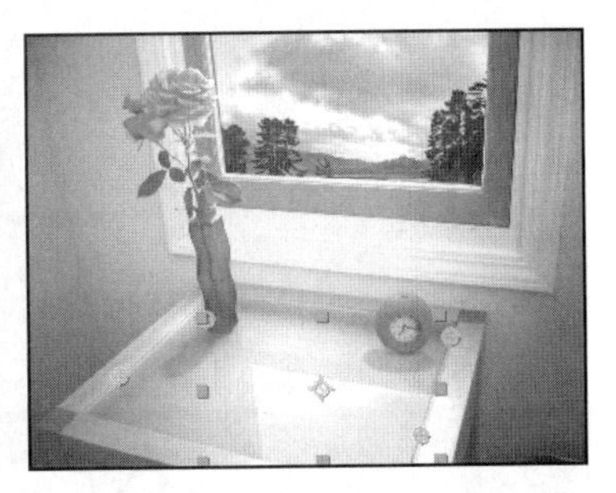

图6-27

7. 若有必要，你可以使用 Hand Tool（手形工具，✋）向下拖曳合成，使其在 Composition

（合成）面板中垂直居中。然后切换回 Selection Tool（选取工具），取消选择图层。

8. 如图 6-28 所示，把当前时间指示器拖曳到 0:00，然后按空格键，预览整个动画，包括边角定位效果。再次按空格键，停止预览。

图6-28

9. 在菜单栏中，依次选择 File（文件）→ Save（保存）菜单，保存当前项目。

6.7 添加镜头眩光效果

摄影中，相机镜头反射明亮的光线（比如太阳光）时会产生眩光。镜头眩光可能是明亮的彩色光环和光晕，这取决于相机所用镜头的类型。After Effects 提供了好几种镜头眩光效果。接下来，我们向动画中添加一种镜头眩光效果，进一步增强延时动画的真实感。

1. 把当前时间指示器拖曳到 5:10，此时，太阳熠熠生辉，阳光进入相机镜头，产生眩光效果。

2. 在 Timeline（时间轴）面板中，取消对所有图层的选择，在菜单栏中，依次选择 Layer（图层）→ New（新建）→ Solid（纯色）菜单，打开 Solid Settings（纯色设置）对话框。

3. 在 Solid Settings（纯色设置）对话框中，设置“名称”为 Lens Flare，单击 Make Comp Size（制作合成大小）按钮。然后单击颜色框，在 Solid Color（纯色）对话框中，把 R、G、B 值全部设为 0（黑色），单击 OK（确定）按钮，返回到 Solid Settings（纯色设置）对话框中。

4. 如图 6-29 所示，单击 OK（确定）按钮，即可创建 Lens Flare 图层。

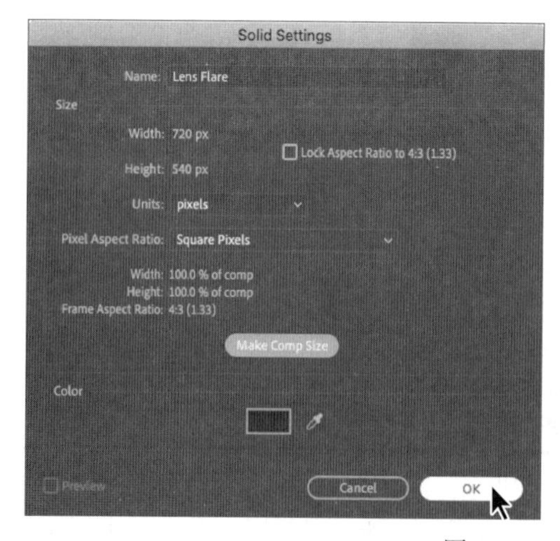

图6-29

5. 在 sunrise 的 Timeline（时间轴）面板中，选中 Lens Flare 图层。在菜单栏中，依次选择 Effect（效果）→ Generate（生成）→ Lens Flare（镜头光晕）菜单。

此时，在 Composition（合成）面板中显示出镜头光晕效果，同时在 Effect Controls（效果控件）面板中显示镜头光晕的各种设置参数，你可以调整相应参数自定义镜头光晕效果。

6. 在 Composition（合成）面板中，把光晕中心的十字线图标（⊕）拖曳到太阳的中心点上。由于在 Composition（合成）面板中看不见太阳，所以你可以一边拖曳光晕中心一边查看 Effect Controls（效果控件）面板或 Info（信息）面板中光晕中心的 *x*、*y* 坐标，使它们大约是 455、135。

提示：你还可以直接在 Effect Controls（效果控件）面板中输入光晕中心的 *x*、*y* 坐标值（455、135）。

7. 如图 6-30 所示，在 Effect Controls（效果控件）面板中，修改 Lens Type（镜头类型）为 35mm Prime（35 毫米定焦），这会产生更强烈的眩光效果。

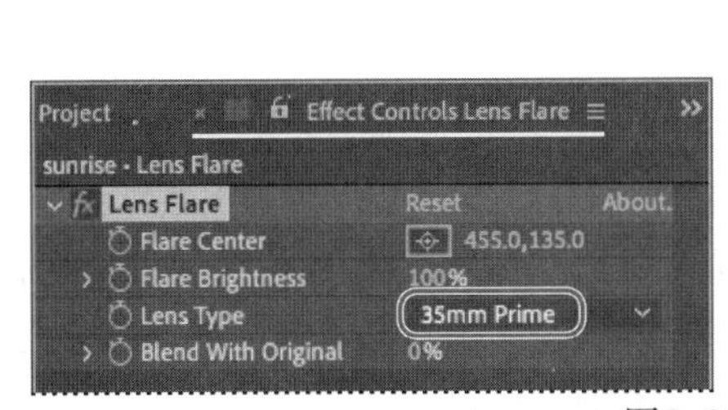

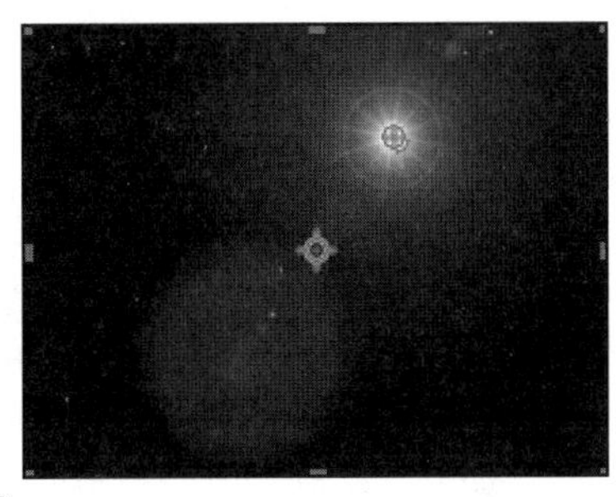

图6-30

8. 确保当前时间指示器在 5:10 位置上。在 Effect Controls（效果控件）面板中，单击保持 Flare Brightness（光晕亮度）属性的默认值（100%）不变，单击其左侧的秒表图标（⏱），设置一个关键帧。

9. 当太阳升到最高点时，镜头光晕的亮度达到最大，做如下设置。

- 把当前时间指示器拖至 3:27，设置 Flare Brightness（光晕亮度）值为 0%。
- 把当前时间指示器拖至 6:27，设置 Flare Brightness（光晕亮度）值为 0%。
- 把当前时间指示器拖至 6:00，设置 Flare Brightness（光晕亮度）值为 100%。

10. 如图 6-31 所示，在 Timeline（时间轴）面板中，选中 Lens Flare 图层，在菜单栏中，依次选择 Layer（图层）→ Blending Mode（混合模式）→ Screen（屏幕）菜单，更改混合模式。

提示：你还可以从 Timeline（时间轴）面板的 Mode（模式）菜单中选择 Screen（屏幕）。

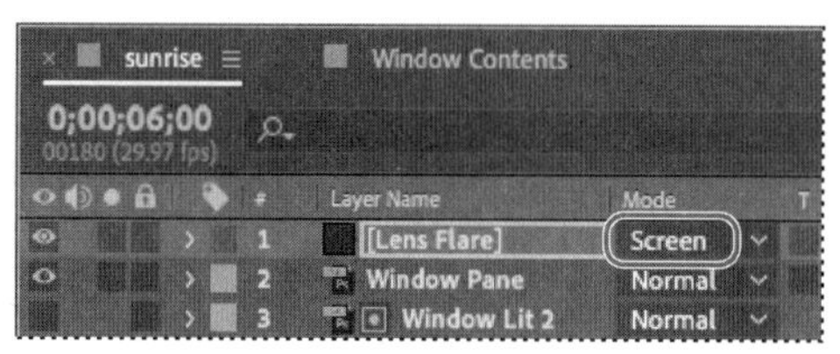

图6-31

11. 按 Home 键，或者直接把当前时间指示器拖曳到时间标尺的起始位置，然后按空格键，预览镜头光晕效果。再次按空格键，停止预览。

12. 单击 Timeline（时间轴）面板底部的 Toggle Switches/Modes（切换开关 / 模式），然后在菜单栏中，依次选择 File（文件）→ Save（保存），保存当前项目。

6.8 添加视频动画

到这里，动画看起来非常像一段延时摄影作品了，但是画面中的闹钟还是静止不动的，这不符合常规。闹钟的指针应该快速旋转来指示时间的变化。为此，我们需要添加一个专门针对本场景设计的闹钟动画，这段闹钟动画也是在 After Effects 中创建的，它是一组 3D 图层，其中加入了光照、纹理、蒙版，以求更好地融入本项目的场景之中。

> Ae **注意：**有关 3D 图层的更多内容，请阅读第 12 课和第 13 课中的内容。

1. 返回到 Project（项目）面板，收起 sunrise Layers 文件夹，然后双击空白区域，打开 Import File（导入文件）对话框。

2. 在 Import File（导入文件）对话框中，转到 Lessons/Lesson06/Assets 文件夹下，选择 clock.mov 文件，单击 Import（导入）或 Open（打开）按钮。

此时，clock.mov 出现在了 Project（项目）面板的顶部。

3. 如图 6-32 所示，进入 sunrise 合成的 Timeline（时间轴）面板中，把当前时间指示器拖曳到时间标尺的起始位置。把 clock.mov 素材从 Project（项目）面板拖曳到 Timeline（时间轴）面板中，将其放在最顶层。

4. 按空格键，预览动画。再次按空格键，停止预览。

5. 在菜单栏中，依次选择 File（文件）→ Save（保存），保存当前项目。

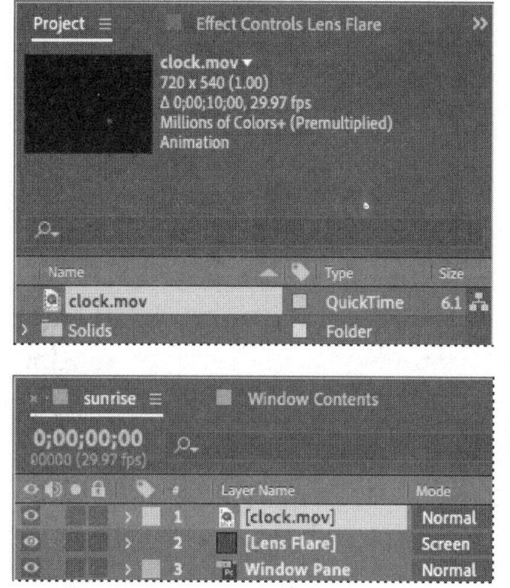

图6-32

6.9 渲染动画

接下来我们该重置合成的时间了。但在此之前，我们需要先渲染日出合成，并将其导出为影片。

1. 在 Project（项目）面板中，选择 sunrise 合成。然后在菜单栏中，依次选择 Composition（合成）→ Add To Render Queue（添加到渲染队列），打开 Render Queue（渲染队列）面板。

根据屏幕尺寸的不同，你可能需要把 Render Queue（渲染队列）面板最大化，才能看到其中所有设置参数。

2. 双击 Render Queue（渲染队列）面板选项卡，将其最大化。
3. 在 Render Queue（渲染队列）面板中，单击 Output To（输出到）右侧的蓝色文字，打开“将影片输出到”对话框。
4. 在“将影片输出到”对话框中，转到 Lessons/Lesson06/Assets 文件夹下，设置“文件名”为 Lesson06_retime.avi（Windows）或 Lesson06_retime.mov（macOS），然后单击 Save（保存）按钮。
5. 如图 6-33 所示，展开 Output Module（输出模块），从 Post-Render Action（渲染后动作）中选择 Import（导入）。这样当影片渲染完成后，After Effects 会自动将其导入。
6. 收起 Output Module（输出模块）。
7. 如图 6-34 所示，单击 Render Queue（渲染队列）面板右上角的 Render（渲染）按钮。

After Effects 会显示一个进度条，指示渲染与导出合成的进度，当任务完成时，After Effects 会发出提示音。渲染导出完成后，After Effects 还会把影片文件再次导入到项目中。

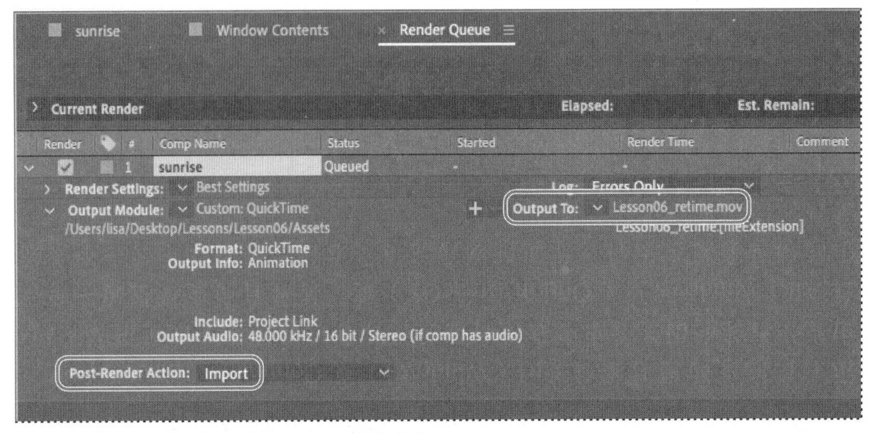

图6-33

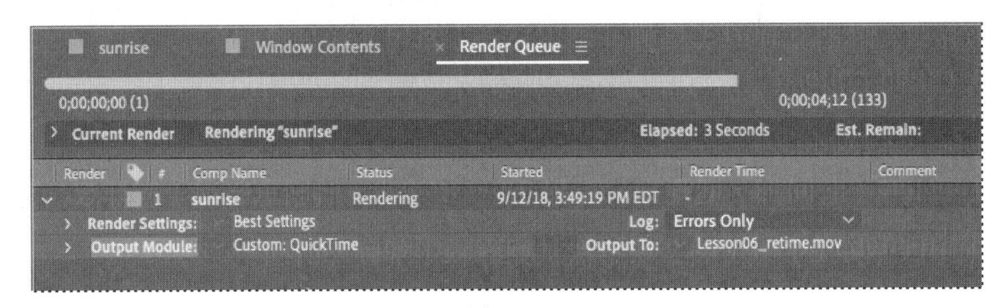

图6-34

8. 当After Effects渲染并导出合成之后，双击Render Queue（渲染队列）面板选项卡，将其缩小，然后单击选项卡左侧的“×”号，关闭Render Queue（渲染队列）面板。

6.10 重置合成时间

到此为止，我们已经制作了一个简单的延时动画。动画看起来还不错，但使用After Effects提供的时间重置功能，可以更好地控制动画时间。通过时间重置，你可以方便地加快、放慢、停止或反向播放素材。你还可以使用时间重置功能制作定帧效果等。在重置时间时，Graph Editor（图表编辑器）和Layer（图层）面板会非常有用，在接下来的学习中我们会用到它们。当对项目时间进行重置后，影片中时间流逝的速度会发生变化。

> Ae **提示：** 应用Timewarp（时间扭曲）效果可以获得更好的控制效果，相关内容我们将在第14课中讲解。

下面我们使用前面刚导入的影片新建合成，然后再为新合成重置时间，这比为原始合成重置时间要简单一些。

1. 在Project（项目）面板中，取消所有选择，然后把Lesson06_retime.avi拖曳到Project（项目）面板底部的Create A New Composition（新建合成）按钮（）上。

After Effects 为我们新建一个名为 Lesson06_retime 的合成，并将其显示在 Timeline（时间轴）和 Composition（合成）面板中。接下来，我们就可以为项目中的所有元素重置时间了。

2. 在 Timeline（时间轴）面板中，选中 Lesson06_retime 图层，在菜单栏中，依次选择 Layer（图层）→ Time（时间）→ Enable Time Remapping（启用时间重映射）。

如图 6-35 所示，After Effects 分别在该图层的第一帧和最后一帧添加了一个关键帧，你可以在时间标尺上看到这两个关键帧。同时，在 Timeline（时间轴）面板中，在 Lesson06_retime 图层之下显示出 Time Remap（时间重映射）属性，该属性用来控制在指定的时间点显示哪一帧。

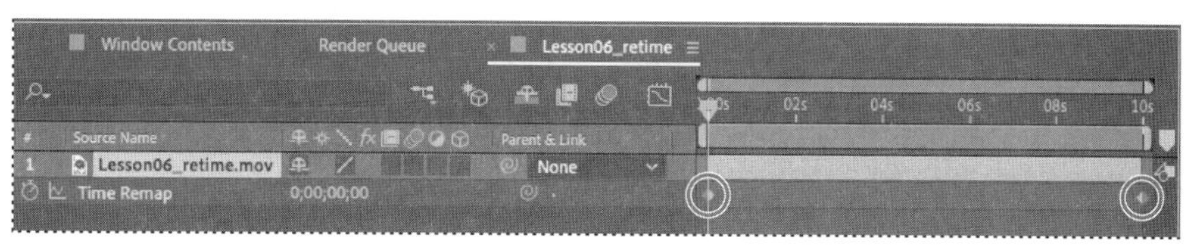

图6-35

3. 在 Timeline（时间轴）面板中，双击 Lesson06_retime 图层名称，将其在 Layer（图层）面板中打开。

在重置时间时，Layer（图层）面板会把你修改的帧直观地显示出来。如图 6-36 所示，Layer（图层）面板显示着两个时间标尺：面板底部的时间标尺显示当前时间；上方的 Source Time（源时间）标尺带有一个重置时间滑块，指示当前正在播放哪一帧。

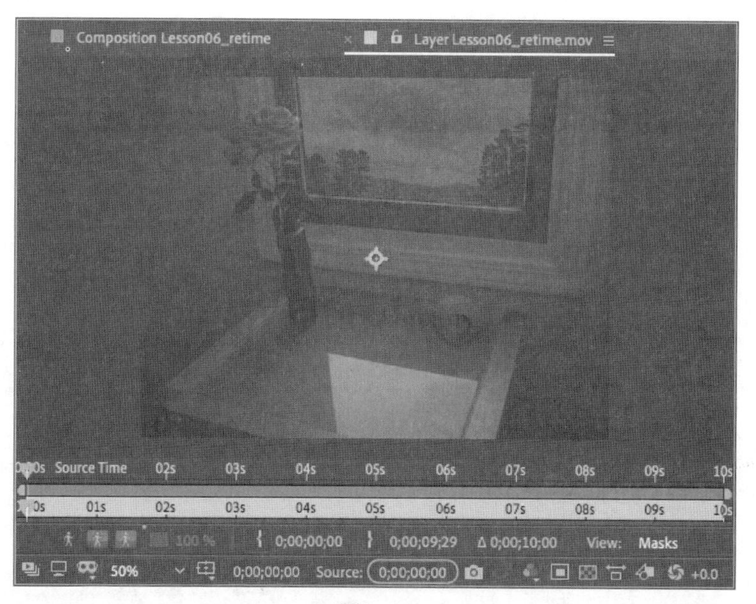

图6-36

4. 按空格键，预览图层。请注意，此时，在两个时间标尺中，源时间和当前时间滑块是保持同步的。当你重置时间时，它们会发生相应的变化。

5. 如图 6-37 所示，把当前时间指示器拖曳到 4:00，修改 Time Remap（时间重映射）值为 2:00。

重置时间后，2:00 处的帧将在 4:00 播放。换言之，合成的前 4 秒将以原来一半的速度播放。

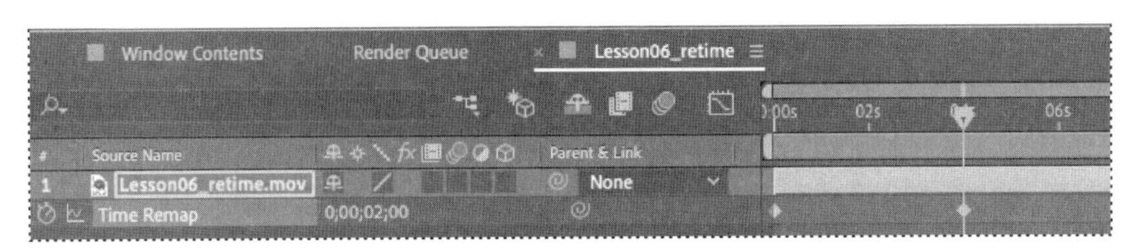

图6-37

6. 按空格键，预览动画。合成在前 4 秒以半速播放，直到 4:00 以后再以正常速度进行播放。预览完成后，再次按空格键，停止预览。

6.10.1 在 Graph Editor（图表编辑器）中查看时间重映射效果

通过 Graph Editor（图表编辑器），你可以查看并操控效果和动画的方方面面，包括效果属性值、关键帧、插值。Graph Editor（图表编辑器）用一个二维曲线表示效果和动画中的变化，其中水平轴代表播放时间（从左到右）。相反，在图层条模式下，时间标尺仅代表水平时间元素，它并没有把值的变化用图表示出来。

1. 在 Timeline（时间轴）面板中，确保 Lesson06_retime 图层的 Time Remap（时间重映射）属性处于选中状态。

2. 单击 Graph Editor（图表编辑器）图标（），打开 Graph Editor（图表编辑器）。

Graph Editor（图表编辑器）中显示有一个时间重映射图形，它用一条白色的线把 0:00、4:00、10:00 处的关键帧连接起来。从图 6-38 中可以看到曲线在 0:00~4:00 之间比较平缓，从 4:00 以后变得比较陡峭。曲线越陡峭，动画的播放速度越快。

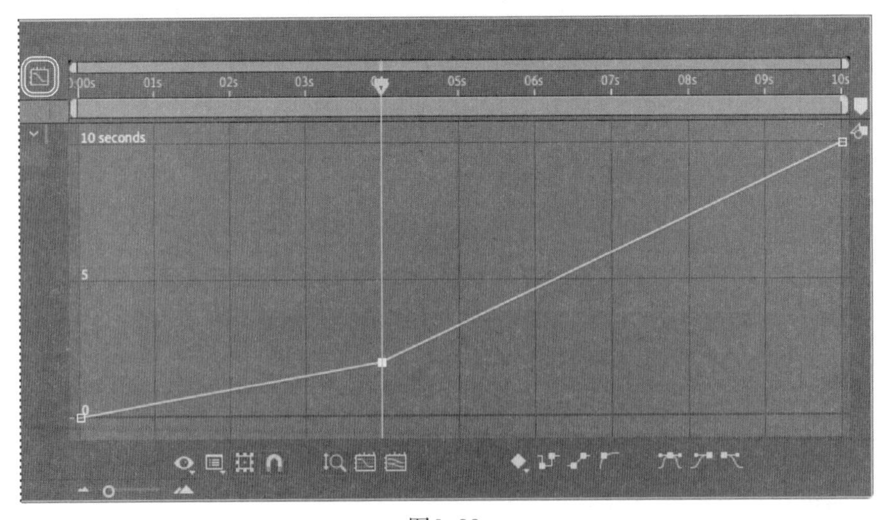

图6-38

6.10.2 使用 Graph Editor（图表编辑器）重置时间

在重置时间时，你可以使用时间重映射图中的值来确定和控制影片中的哪一帧在哪个时间点播放。每个时间重映射关键帧都有一个与之相关的时间值，它对应于图层中特定的帧。这个时间值位于时间重映射图的纵轴上。当打开某个图层的时间重映射时，After Effects 会在图层的起点和终点分别添加一个 Time Remap（时间重映射）关键帧。在时间重映射图中，这些初始 Time Remap（时间重映射）关键帧的横轴值和纵轴值相等。

通过设置多个 Time Remap（时间重映射）关键帧，你可以创建复杂的运动效果。每次添加一个 Time Remap（时间重映射）关键帧，你就会得到一个时间点，在该时间点上你可以改变影片的播放速度或方向。在时间重映射图中上下移动关键帧，可以指定当前时间播放视频的哪一帧。

接下来，我们将使用 Graph Editor（图表编辑器）重置时间。

1. 如图 6-39 所示，在时间重映射图中，把中间的关键帧从 2 秒垂直向上拖曳到 10 秒。

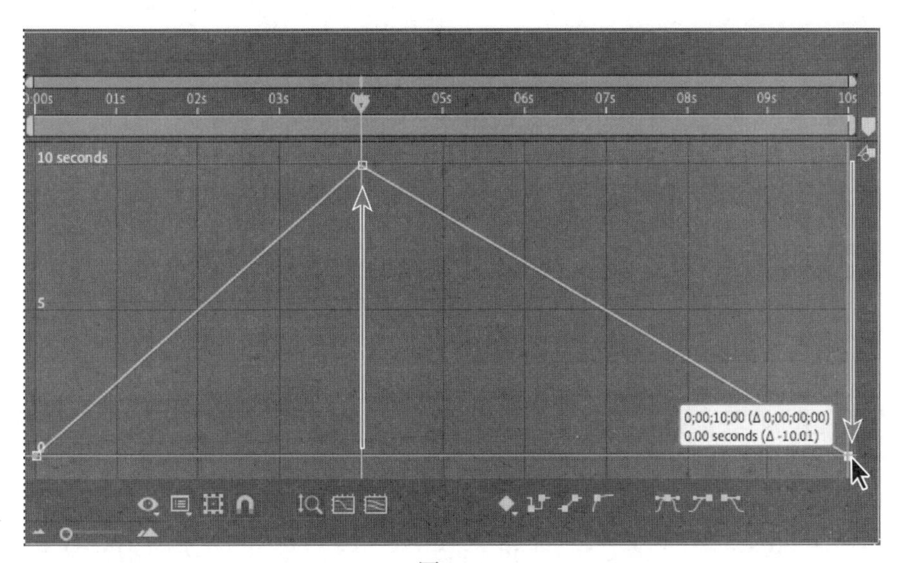

图6-39

2. 把最后一个关键帧向下拖曳到 0 秒。

提示：在调整关键帧时，可以边拖曳边观看 Info（信息）面板，你可以从面板中获得更多相关信息。

3. 把当前时间指示器拖曳到 0:00，然后按空格键，预览动画。观看 Layer（图层）面板中的时间标尺和源时间标尺，可以知道在给定时间点上播放的是哪一帧。

动画的前 4 秒播放速度很快，但从 4 秒之后开始反向播放动画。

4. 按空格键，停止预览。

有趣吧！让我们继续往下操作。

5. 按住 Ctrl（Windows）或 Command（macOS）键，单击最后一帧，将其删除。前 4 秒合成处在快进状态，但随后画面保持在最后一帧不变。

6. 按 Home 键，或者把当前时间指示器拖曳到时间标尺的起始位置，然后按空格键，预览动画。预览完成后，再次按空格键，停止预览。

7. 如图 6-40 所示，按住 Ctrl(Windows）或 Command(macOS）键，在 6:00 处单击虚线，添加一个关键帧，其纵轴值与 4:00 处的关键帧相同。

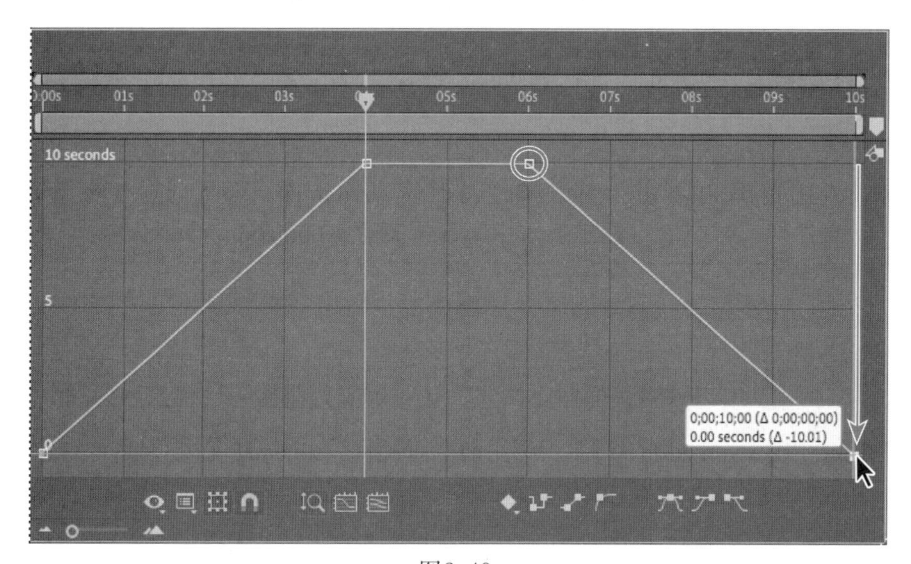

图6-40

> **注意**：按住 Ctrl（Windows）或 Command（macOS）键，可以暂时激活 Add Vertex（添加顶点）或 Delete Vertex（删除顶点）工具。

8. 按住 Ctrl（Windows）或 Command（macOS）键，在 10:00 处单击虚线，添加另外一个关键帧，然后将其向下拖至 0 秒。

动画在前 4 秒快速播放，而后在最后一帧停留 2 秒，然后反向播放动画。

9. 按 Home 键，或者把当前时间指示器拖曳到时间标尺的起始位置，然后按空格键，预览动画。预览完成后，再次按空格键，停止预览。

6.10.3 添加缓出效果

接下来，我们将在 6:00 处添加 Easy Ease Out（缓出）效果，让时间变化显得更为真实、自然。

1. 如图 6-41 所示，单击选择 6:00 处的关键帧，然后单击 Graph Editor（图表编辑器）底部的 Easy Ease Out（缓出）按钮（ ）。这会缓慢启动反向播放，也就是说，在反向播放时，先缓慢开始，然后逐渐加快速度。

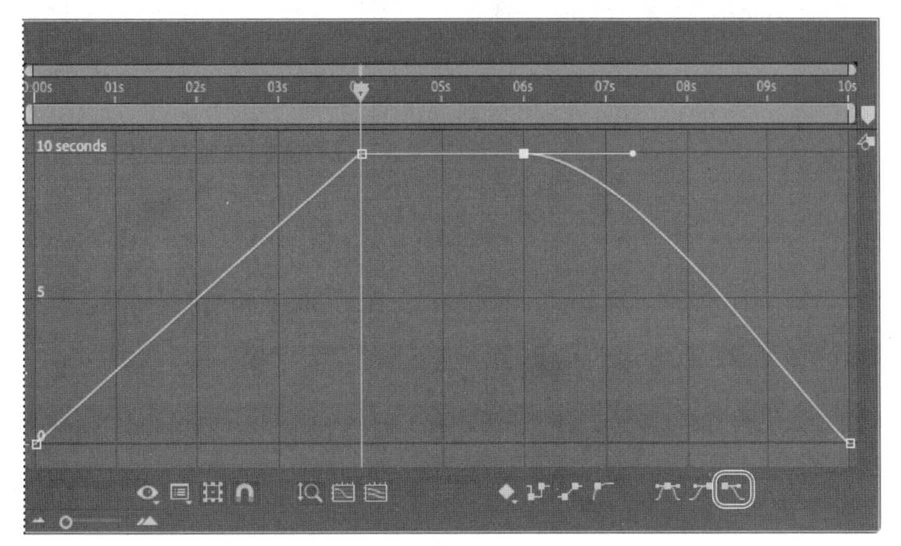

图6-41

> **提示：**拖曳 6:00 处关键帧右侧的贝塞尔控制手柄，可以进一步调整过渡时的缓急程度。向右拖曳控制手柄，过渡变得会更缓和；向下或向左拖曳控制手柄，过渡会变得更急切。

2. 在菜单栏中，依次选择 File（文件）→ Save（保存），保存当前项目。

6.10.4 调整动画时间

最后，使用 Graph Editor（图表编辑器）调整整个动画的时间。

1. 在 Timeline（时间轴）面板中，单击 Time Remap（时间重映射）属性名，选择所有时间重映射关键帧。
2. 确保 Graph Editor（图表编辑器）底部的 Show Transform Box（显示变换框，）处于选中状态。此时在所有关键帧外围出现一个自由变换选择框。
3. 如图 6-42 所示，向下拖曳变换框顶部的一个手柄，将其从 10 秒变为 5 秒。

> **提示：**在拖曳的同时按住 Ctrl（Windows）或 Command（macOS）键，整个自由变换框就会围绕着中心点进行缩放，你可以通过拖曳改变中心点的位置。按住 Alt（Windows）或 Option（macOS）键，拖曳自由变换框的一角，那个角上的动画会发生偏斜。你还可以向左拖曳右侧变换手柄中的一个来缩放整个动画，使动画变化得更快。

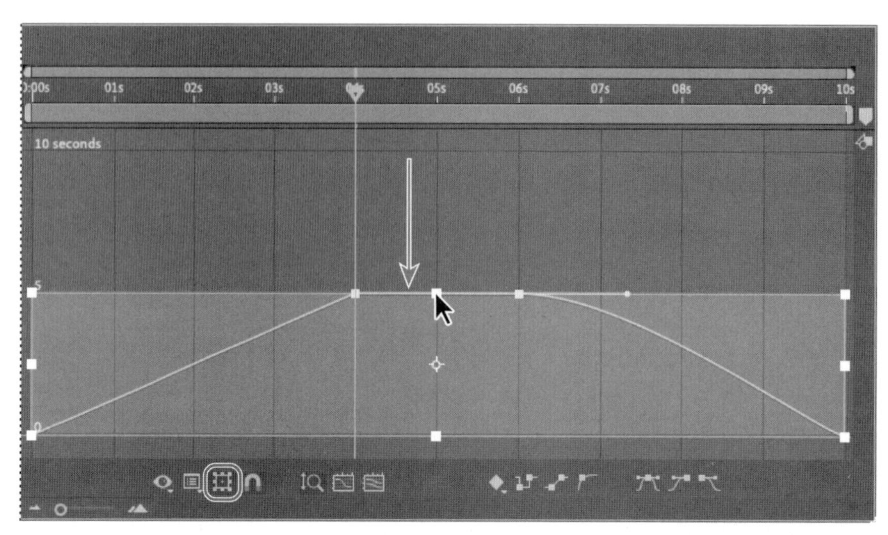

图6-42

整个图形向下偏移，顶部两个关键帧的值减小，动画的播放速度慢了下来。

4. 按 Home 键，或者把当前时间指示器拖曳到时间标尺的起始位置，然后按空格键，预览动画。预览完成后，再次按空格键，停止预览。

5. 在菜单栏中，依次选择 File（文件）→ Save（保存），保存当前项目。

恭喜你！至此，你已经制作完成了一个复杂的时间重置动画。如果你愿意，你可以把整个时间重置动画渲染并输出。关于动画的渲染和输出，请参考本课前面讲的"渲染动画"一节。有关渲染和导出动画的更多内容，我们将在第 15 课中详细讲解。

6.11 复习题

1. 为什么要以合成形式导入包含图层的 Photoshop 文件?
2. 什么是关联器，如何使用?
3. 什么是轨道蒙版，如何使用?
4. 在 After Effects 中如何重置时间?

6.12 答案

1. 在以合成形式导入包含图层的 Photoshop 文件时，After Effects 会保留原有的图层顺序、透明度数据、图层样式。当然还保留其他一些信息，比如调整图层及样式等。
2. 我们可以使用关联器创建表达式，把一个属性的值或效果链接到另一个图层上。还可以使用关联器来建立父子关系。在使用关联器时，只要把关联器图标从一个属性拖曳到另一个属性上即可。
3. 当你想在某个图层上抠个“洞”，将其下方图层的对应区域显示出来时，这时你就应该使用轨道蒙版（track matte）了。在创建轨道蒙版时，你需要用到两个图层，一个图层用作蒙版（上面有“洞”），另一个图层用来填充蒙版上的“洞”。你可以为轨道蒙版图层或填充图层制作动画。在为轨道蒙版图层制作动画时，需要创建移动蒙版（traveling matte）。
4. After Effects 提供好几种重映射时间的方法。通过时间重映射，你可以方便地加快、放慢、停止或反向播放素材。在重置时间时，你可以使用 Graph Editor（图表编辑器）的时间重映射图中的值来确定和控制影片中的哪一帧在哪个时间点播放。当打开某个图层的时间重映射时，After Effects 会在图层的起点和终点分别添加一个 Time Remap（时间重映射）关键帧。通过设置多个 Time Remap（时间重映射）关键帧，你可以创建复杂的运动效果。每次添加一个 Time Remap（时间重映射）关键帧，你就会得到一个时间点，在该时间点上你可以改变影片的播放速度或方向。

第7课 使用蒙版

课程概览

本课学习如下内容：

- 使用钢笔工具创建蒙版
- 更改蒙版模式
- 通过控制顶点和方向手柄调整蒙版的形状
- 羽化蒙版边缘
- 替换蒙版形状的内容
- 在 3D 空间中调整图层位置，使其与周围场景混合
- 创建反射效果
- 使用蒙版羽化工具修改蒙版
- 创建暗角效果

学完本课大约需要 1 小时。如果你尚未下载本课项目文件，请到“数艺设”网站下载。在学习本课的过程中，原始项目文件会被覆盖掉。如果你想使用原始项目文件，请重新下载它们。

项目：SEQUENCE FROM A COMMERCIAL

有时候，你不需要（或不想）把影片的所有内容都放入最终合成中。此时，你可以使用蒙版来轻松地控制要显示哪一部分。

7.1　关于蒙版

在 Adobe After Effects 中，蒙版是一个路径或轮廓，用来调整图层效果与属性。蒙版最常见的用法是用来修改图层的 alpha 通道。蒙版由线段和顶点组成，其中线段指用来连接顶点的直线或曲线，顶点用来定义每段路径的起点和终点。

蒙版可以是开放路径，也可以是封闭路径。开放路径的起点和终点不是一个，比如直线就是一条开放路径。封闭路径是一条连续且无始无终的路径，比如圆形。封闭路径蒙版可以用来为图层创建透明区域，而开放路径则不能用来为图层创建透明区域，但它可以用作效果参数，比如你可以使用效果沿着蒙版来创建灯光。

一个蒙版必定属于特定图层，而一个图层可以包含多个蒙版。

你可以使用各种形状工具绘制各种形状（比如多边形、椭圆、星形）的蒙版，也可以使用钢笔工具绘制任意路径。

7.2　准备工作

在本课中，我们将为电视机屏幕创建蒙版，并用一段影片代替屏幕上的原始内容。然后，调整新素材，使其符合透视原理。最后，添加反射、暗角，并调整颜色，进一步增强画面效果。

在开始之前，先预览一下最终影片，并创建好要使用的项目。

1. 检查硬盘上的 Lessons/Lesson07 文件夹中是否包含如下文件。若没有，请立即前往“数艺设”网站下载。
    - Assets 文件夹：Turtle.mov、Watching_TV.mov。
    - Sample_Movies 文件夹：Lesson07.avi、Lesson07.mov。
2. 在 Windows Movies & TV 中打开并播放 Lesson07.avi 示例影片，或者使用 QuickTime Player 播放 Lesson07.mov 示例影片，了解本课要创建的效果。在观看完之后，关闭 Windows Movies & TV 或 QuickTime Player。如果存储空间有限，此时，你可以把这两段示例影片从硬盘中删除。

在学习本课之前，最好先把 After Effects 恢复成默认设置（参见前言中“恢复默认设置”部分的内容）。你可以使用如下快捷键完成这个操作。

3. 当启动 After Effects 时，请立即按下 Ctrl+Alt+Shift（Windows 系统）或 Command+Option+Shift（macOS 系统）组合键，此时会弹出一个消息框，询问“是否确实要删除你的首选项文件？”，请单击 OK（确定），即可删除首选项文件，恢复 After Effects 的默认设置。在 Home（主页）窗口中，单击 New Project（新建项目）。此时，After Effects 新建并打开一个未命名的项目。

4. 在菜单栏中，依次选择 File（文件）→ Save As（另存为）→ Save As（另存为），在 Save As（另存为）对话框中，转到 Lessons/Lesson07/Finished_Project 文件夹下。
5. 输入项目名称 Lesson07_Finished.aep，单击 Save（保存）按钮，保存项目。

创建合成

首先导入两段素材，然后根据其中一段素材的长宽比和持续时间创建合成。

1. 在 Project（项目）面板中，双击空白区域，打开 Import File（导入）对话框。
2. 在 Import File（导入）对话框中，转到 Lessons/Lesson07/Assets 文件夹下，按住 Shift 键，同时选择 Turtle.mov 和 Watching_TV.mov 两个文件，然后单击 Import（导入）或 Open（打开）按钮。
3. 如图 7-1 所示，在 Project（项目）面板中，选择 Watching_TV.mov，将其拖曳到面板底部的 Create A New Composition（新建合成）图标（）上。

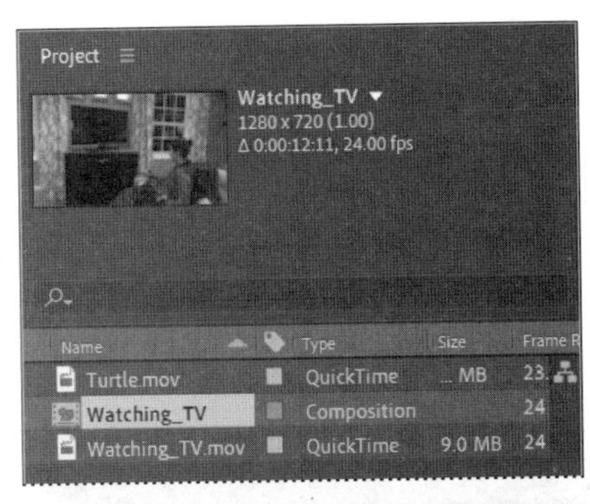

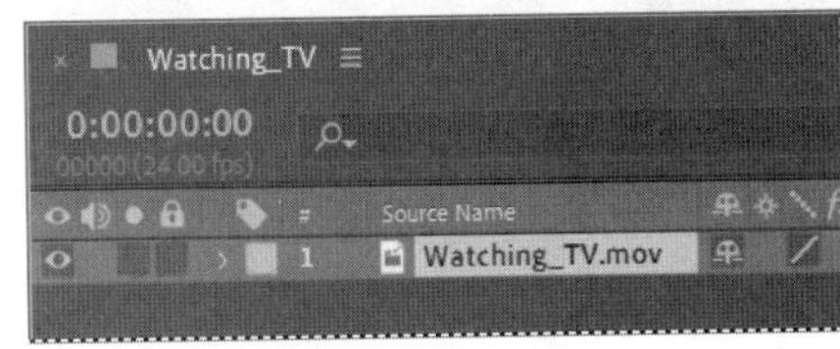

图7-1

After Effects 自动为我们创建一个名为 Watching_TV 的合成，并在 Composition（合成）和 Timeline（时间轴）面板中打开它。

4. 在菜单栏中，依次选择 File（文件）→ Save（保存）菜单，保存当前项目。

7.3 使用钢笔工具创建蒙版

当前电视屏幕上黑漆漆的一片，什么都没有。为了把一段海龟游动的视频加上去，我们需要先为屏幕创建蒙版。

> **提示**：你还可以使用 After Effects 自带的 Mocha（摩卡）插件创建蒙版。关于更多使用 Mocha 插件的内容，请阅读 After Effects 的帮助文档。

1. 按 Home 键，或者把当前时间指示器拖曳到时间标尺的起始位置。
2. 放大合成面板，直到电视屏幕几乎占满整个视图。在这个过程中，你可能需要使用 Hand Tool（手形工具）调整视图在面板中的位置。
3. 如图 7-2 所示，在 Timeline（时间轴）面板中，确保 Watching_TV.mov 图层处于选中状态，然后在工具栏中，选择 Pen Tool（钢笔工具，）。

图7-2

Pen Tool（钢笔工具）可以用来绘制直线或曲线。由于电视机的显示区域呈现为矩形，所以接下来，我们将使用钢笔工具来绘制直线。

4. 单击电视屏幕的左上角，设置第一个点。
5. 单击电视屏幕的右上角，设置第二个点。After Effects 自动用直线把两个点连起来。
6. 单击电视屏幕的右下角，设置第三个点。然后单击电视屏幕的左下角，设置第四个点。
7. 如图 7-3 所示，把钢笔工具放到第一个点（屏幕左上角）上，在钢笔旁边出现小圆圈时［参见图 7-3（中）］，单击关闭蒙版路径。

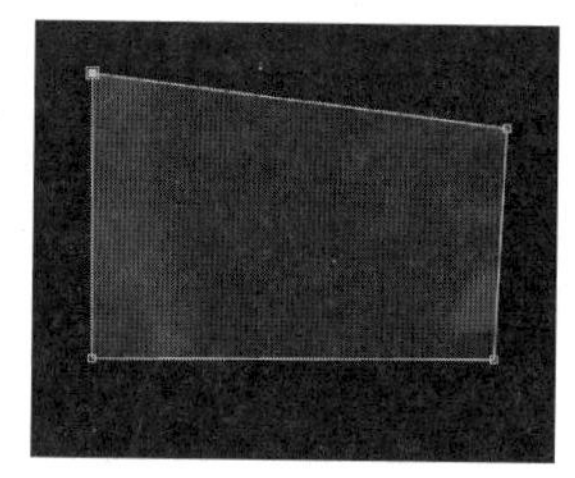

图7-3

7.4 编辑蒙版

屏幕蒙版绘制得不错，但是它并没有把屏幕内部遮起来，而是把屏幕外部遮起来了。为了解决这个问题，我们需要反转蒙版。此外，你还可以使用贝塞尔曲线创建更精确的蒙版。

7.4.1 反转蒙版

本项目中，我们需要蒙版的内部透明，蒙版的外部不透明。因此，需要反转蒙版。

1. 在 Timeline（时间轴）面板中，选择 Watching_TV.mov 图层，按 M 键，显示蒙版的 Mask Path（蒙版路径）属性。

反转蒙版的方法有两种：一种是从 Mask Mode（蒙版模式）弹出菜单中，选择 Subtract（相减），另一种是开启蒙版模式右侧的 Inverted（反转）选项。

> Ae **提示**：快速连按两次 M 键，显示所选图层的所有蒙版属性。

2. 如图 7-4 所示，单击开启 Mask 1 右侧的 Inverted（反转）选项。此时，蒙版发生了反转。

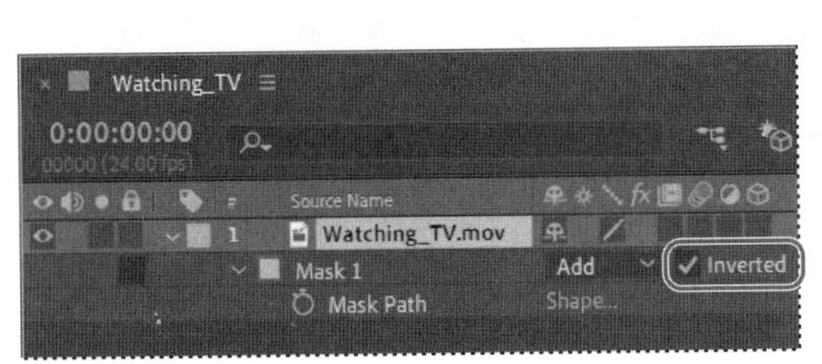

图7-4

3. 按 F2 键，或单击 Timeline（时间轴）面板的空白区域，取消选择 Watching_TV.mov 图层。

仔细观察，你会发现部分屏幕仍然从蒙版边缘显露出来。在某些场景下，这些瑕疵（蒙版上缝隙）会吸引观众的视线，导致观看效果大打折扣，所以我们必须予以修正。为了修正这些瑕疵，我们需要先把直线变换为曲线。

7.4.2 创建曲线蒙版

曲线与任意多边形蒙版使用贝塞尔曲线定义蒙版形状。贝塞尔曲线让你能够灵活地控制蒙版形状。通过贝塞尔曲线，你能创建（带锐角的）直线、平滑曲线，或二者的结合体。

1. 在 Timeline（时间轴）面板中，选择 Watching_TV.mov 图层的蒙版——Mask 1。选择 Mask 1（蒙版 1）将激活该蒙版，并选中所有顶点。
2. 在工具栏中，选择 Convert Vertex Tool（转换顶点工具，），该工具隐藏于钢笔工具之下。
3. 如图 7-5 所示，在 Composition（合成）面板中，单击任意一个顶点，Convert Vertex Tool（转换顶点工具）会把尖角顶点转换为平滑顶点。

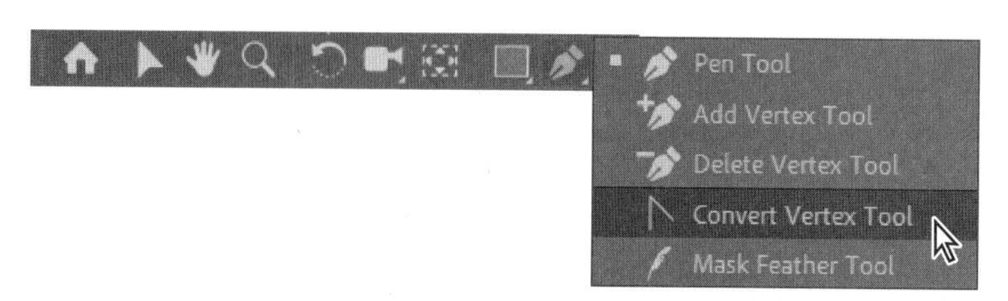

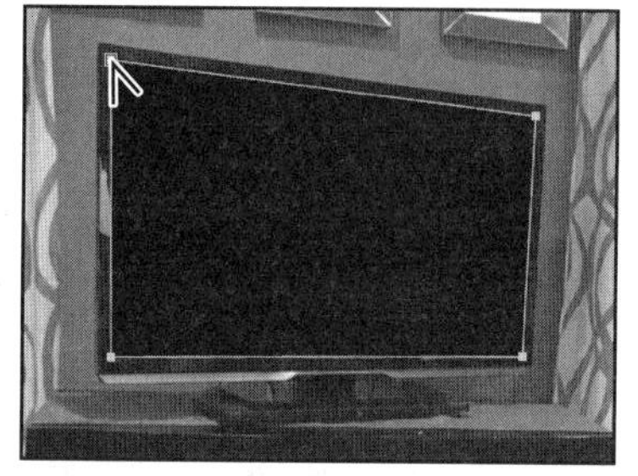

图7-5

4. 切换回 Selection Tool（选取工具，▶），在 Composition（合成）面板中，单击任意位置，取消选择蒙版，然后单击第一个顶点。此时，从平滑顶点处向两侧伸出两个方向手柄，这些手柄的角度和长度控制着蒙版的形状。

5. 如图 7-6 所示，把第一个顶点的右侧手柄向屏幕内部拖曳，注意拖曳时蒙版形状的变化。同时还要注意，当你把手柄拖向另一个顶点且越来越近时，路径形状受第一个顶点的方向手柄的影响越小，而受第二个顶点的方向手柄的影响越大。

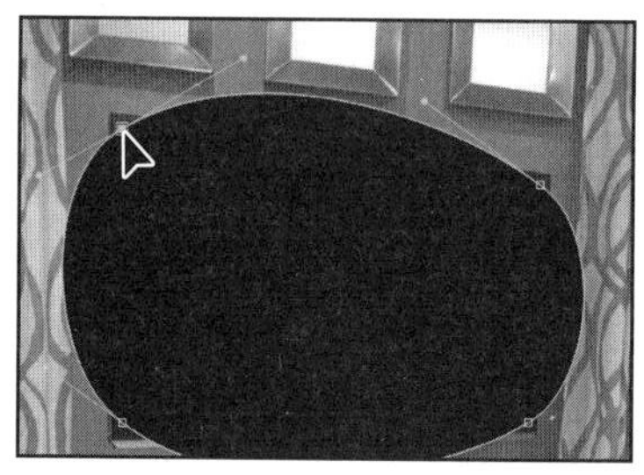

单击顶点

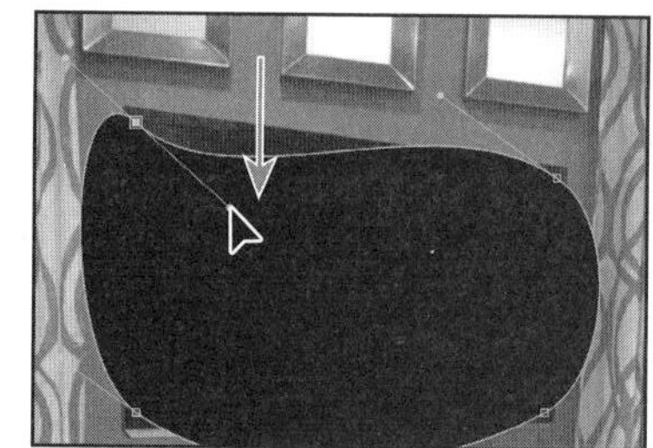

拖曳手柄

图7-6

> **提示：**当出现操作失误时，你可以按 Ctrl+Z（Windows）或 Command+Z（macOS）组合键来撤销上一步操作。在操作过程中，你还可以随时使用缩放工具改变视图缩放级别，使用 Hand Tool（手形工具）调整画面在 Composition（合成）面板中的位置。

6. 一旦你熟悉了如何移动手柄，请把左上顶点的手柄放到图 7-6 所示的位置上。如你所见，现在我们可以创建出非常流畅的形状了。

关于蒙版模式

蒙版混合模式(蒙版模式)控制着一个图层中的蒙版如何与另一个发生作用。默认情况下，所有蒙版都处在 Add（相加）模式之下，该模式会把同一图层上所有蒙版的透明度的值相加。你可以为每个蒙版指定不同的模式，但是不能制作蒙版模式随时间变化的动画。

我们为图层创建的第一个蒙版会与该图层的 alpha 通道发生作用。但如果 alpha 通道没有把整幅图像定义为不透明，那么蒙版将与该图层帧发生作用。你在 Timeline（时间轴）面板中创建的每个蒙版都会与其上方的蒙版发生作用。在 Timeline（时间轴）面板中，运用蒙版模式所得到的结果取决于高层蒙版的模式设置。我们只能在同一个图层的各个蒙版之间应用蒙版模式。如图 7-7 所示，借助蒙版模式，我们可以创建出拥有多个透明区域的复杂蒙版形状。例如，我们可以设置蒙版模式把两个蒙版组合在一起，将它们的交叉区域设为不透明度区域。

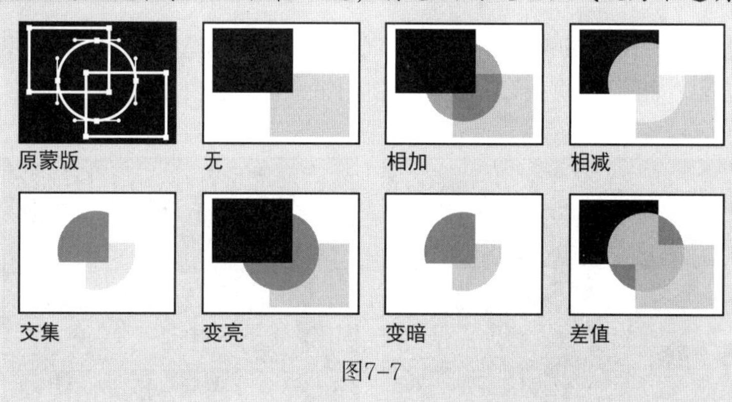

图7–7

7.4.3 分离方向手柄

默认情况下，平滑点两侧的两个方向手柄是对接在一起的。当你移动其中一个手柄时，另一个手柄也会跟着一起移动。但其实，我们是可以把两个方向手柄分离开的，这样当你移动其中一个手柄时就不会影响到另一个手柄了，这有利于更好地控制蒙版形状，轻松创建出尖角或者长而平滑的曲线。

1. 在工具栏中，选择 Convert Vertex Tool（转换顶点工具，）。
2. 拖曳左上顶点的右侧方向手柄，左侧方向手柄保持不动。
3. 调整右侧方向手柄，使蒙版形状上边缘与屏幕的上边线大致吻合。
4. 如图 7-8 所示，拖曳左上顶点的左侧方向手柄，使蒙版形状左边缘与屏幕的左边线大致吻合。

先拖曳左上顶点的右侧方向手柄，然后拖曳左侧方向手柄，使蒙版形状与电视屏幕的边线吻合。

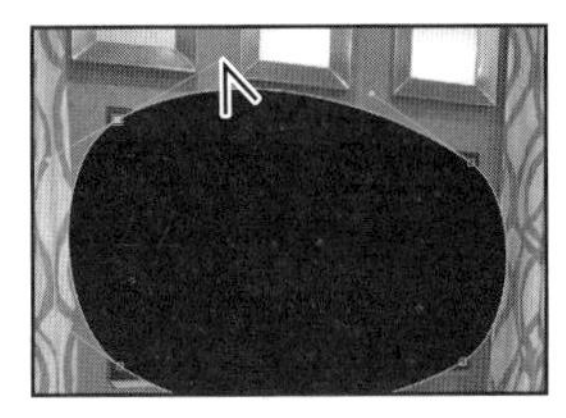
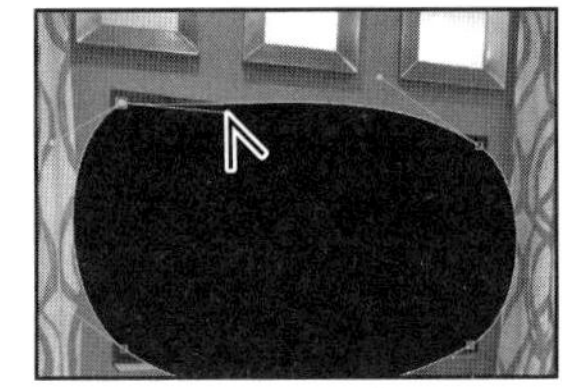

图7-8

5. 对于其他 3 个顶点，同样使用 Convert Vertex Tool（转换顶点工具），重复第 2~4 步，使蒙版形状与电视屏幕相吻合。在操作过程中，你可以根据需要随时使用 Selection Tool（选取工具）移动角点。

提示： 在操作过程中，你可能需要调整画面在 Composition 面板中的位置。此时，你可以使用 Hand Tool（手形工具）把画面拖曳到指定位置。按住空格键，可以把当前工具临时切换为 Hand Tool（手形工具）。

6. 在调整完毕后，在 Timeline（时间轴）面板中，取消选择 Watching_TV.mov 图层，检查蒙版边缘。如图 7-9 所示，此时，你应该看不见电视屏幕了。

图7-9

7. 在菜单栏中，依次选择 File（文件）→ Save（保存）菜单，保存当前项目。

创建贝塞尔曲线蒙版

前面我们使用 Convert Vertex Tool（转换顶点工具）把角顶点转换为带有贝塞尔控制手柄的平滑顶点，但其实，你可以一开始就创建贝塞尔曲线蒙版的。为此，你可以在 Composition（合成）面板中使用钢笔工具单击创建第一个顶点，然后在放置第二个顶点的位置单击，并沿着曲线方向拖曳，当得到需要的曲线时，就释放鼠标。继续添加顶点，直到得到你想要的形状。最后单击第一个顶点，或者双击最后一个顶点，封闭蒙版。再切换回选取工具，进一步调整蒙版形状。

7.5　羽化蒙版边缘

蒙版创建好之后，还需要对边缘进行羽化。

1. 在菜单栏中，依次选择 Composition（合成）→ Composition Settings（合成设置）菜单，打开 Composition Settings（合成设置）对话框。

2. 如图 7-10 所示，在 Composition Settings（合成设置）对话框中，单击背景颜色框，将背景颜色设置为白色（R=255、G=255、B=255）。然后，单击 OK（确定）按钮，关闭“背景颜色”对话框，再单击 OK（确定）按钮，关闭 Composition Settings（合成设置）对话框。

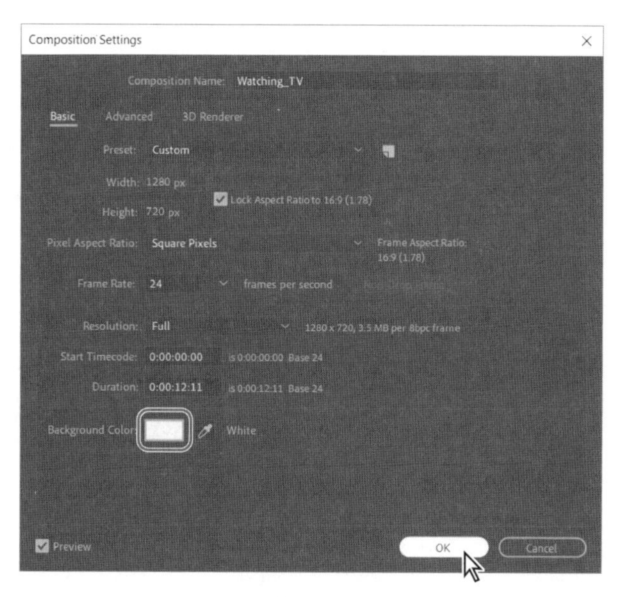

图7-10

把背景改成白色之后，你会发现电视屏幕边缘太锋利，感觉不太真实。为了解决这个问题，我们需要对蒙版边缘进行羽化。

3. 在 Timeline（时间轴）面板中，选择 Watching_TV.mov 图层，按 F 键，显示蒙版的 Mask Feather（蒙版羽化）属性。

4. 如图 7-11 所示，把 Mask Feather（蒙版羽化）值修改为（1.5，1.5）像素。

图7-11

5. 隐藏 Watching_TV.mov 图层的所有属性。在菜单栏中，依次选择 File（文件）→ Save（保存）菜单，保存当前项目。

7.6 替换蒙版内容

接下来，我们要用一段海龟游动的视频替换蒙版内容，将其自然地融合到整个场景之中。

提示：在应用了效果的图层中，你可以使用蒙版更好地控制效果对图层的影响范围，还可以使用表达式为蒙版上的点制作动画。

1. 如图 7-12 所示，在 Project（项目）面板中，选择 Turtle.mov 文件，将其拖曳到 Timeline（时间轴）面板中，并置于 Watching_TV.mov 图层之下。

图7-12

2. 从 Composition（合成）面板底部的 Magnification Ratio Pop-up Menu（放大率弹出式菜单）中，选择 Fit Up To 100% [合适大小（最大 100%）]，这样你可以看见整个合成画面。

注意：如果你当前使用的是配备有 Retina 显示屏的 Mac 计算机，那你看到的菜单将是 Fit Up To 200% [合适大小（最大 200%）]。

3. 如图 7-13 所示，选择 Selection Tool（选取工具，▶），然后在 Composition（合成）面板中，拖曳 Turtle.mov 图层，直到中心锚点位于电视屏幕的中心位置。

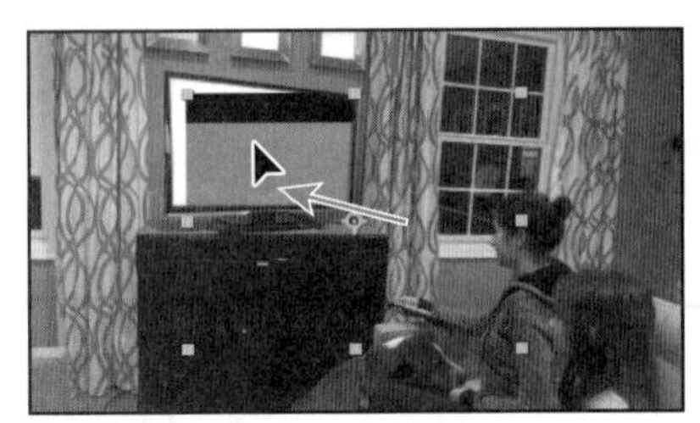

图7-13

通过触摸方式缩放和移动图像

如果你当前使用的设备支持触控，比如Microsoft Surface、Wacom Cintiq Touch、多点触控板，你可以使用手指缩放和移动图像。After Effects 支持我们在 Composition（合成）、Layer（图层）、Footage（素材）、Timeline（时间轴）面板中使用触控手势缩放和移动图像。

缩放：两根手指向里捏，缩小图像；两根手指向外张开，放大图像。

移动：在面板的当前视图中，同时移动两根手指，可以上下左右地移动图像。

7.6.1 调整视频剪辑的位置和尺寸

相对于电视屏幕，海龟游动视频的尺寸太大了，我们需要在 3D 图层中调整它的大小，这样可以更好地控制它的形状和大小。

1. 如图 7-14 所示，在 Timeline（时间轴）面板中，选中 Turtle.mov 图层，打开其 3D 开关（）。

图7-14

2. 按 P 键，显示 Turtle.mov 图层的 Position（位置）属性。

3D 图层的 Position（位置）属性有 3 个值，从左到右依次表示图像的 *x*、*y*、*z* 轴，其中 *z* 轴控制图层深度。在 Composition（合成）面板中，你可以看到这些坐标轴所代表的含义。

> Ae **注意**：有关 3D 图层的更多内容，我们将在第 12 课和第 13 课中讲解。

3. 选择 Selection Tool（选取工具），在 Composition（合成）面板中，把鼠标指针移动到蓝色立方体（红色箭头与绿色箭头在此处相交）之上，这时鼠标指针变成黑色，并且旁边出现字母 z。

4. 向右下拖曳，增加景深，这样 Turtle.mov 图层会显得更小些。

5. 在 Composition（合成）面板中，把鼠标指针移动到红色箭头之上，这时鼠标指针变成黑色，并且旁边出现字母 x。红色箭头控制图层的 *x* 轴（水平轴），根据需要向左或向右拖曳，使视频片段水平居于屏幕中间。

6. 在 Composition（合成）面板中，把鼠标指针移动到绿色箭头之上，这时鼠标指针变成黑色，并且旁边出现字母 y。根据需要向上或向下拖曳，使视频片段沿竖直方向居于屏幕中间。

7. 不断拖曳 *x*、*y*、*z* 轴，使整个视频片段刚好适合电视屏幕，如图 7-15 所示。

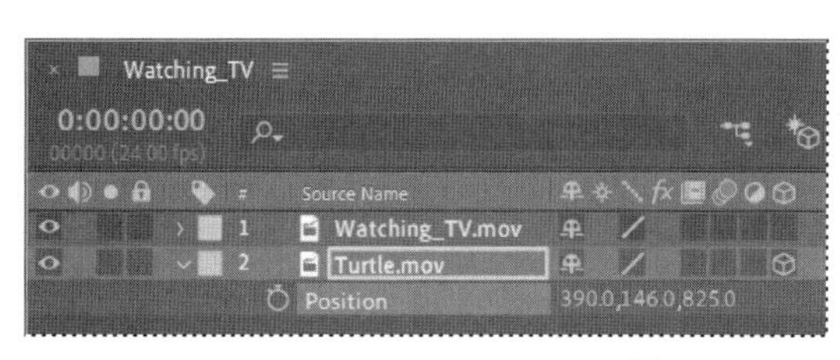

图7-15

提示：你还可以直接在 Timeline（时间轴）面板中输入 Position（位置）属性值，这样就不用在 Composition（合成）面板中进行拖曳了。

7.6.2 旋转视频素材

当视频片段放好之后，还要稍微旋转一下，进一步增强透视效果。

1. 如图 7-16 所示，在 Timeline（时间轴）面板中，选择 Turtle.mov 图层，按 R 键，显示其 Rotation（旋转）属性。

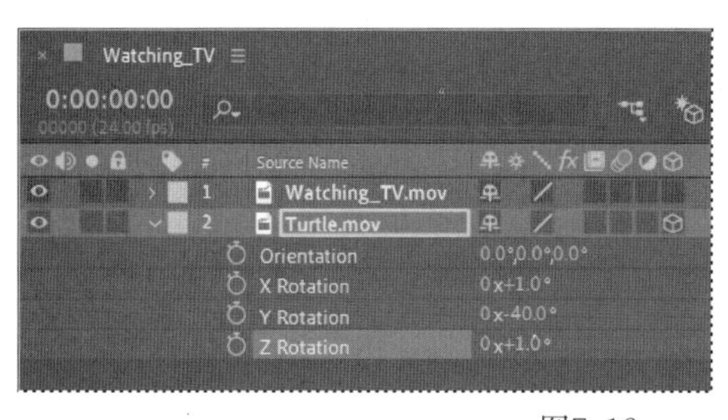

图7-16

由于这时 Turtle.mov 图层是 3D 图层，所以你可以控制它在 *x*、*y*、*z* 轴上的旋转。

2. 修改 X Rotation（*X* 轴旋转）为 1°，Y Rotation（*Y* 轴旋转）为 −40°。如此旋转 Turtle.mov 图层，使其更好地符合电视屏幕的透视。

3. 修改 Z Rotation（*Z* 轴旋转）为 1°，把图层与电视屏幕对齐。

现在你得到的合成应该和图 7-16 差不多。

4. 隐藏 Turtle.mov 图层的所有属性。在菜单栏中，依次选择 File（文件）→ Save（保存），保存当前项目。

7.7 添加反射

添加蒙版之后，电视屏幕看起来已经非常真实了。接下来，我们继续向电视屏幕添加反射效果，进一步增强屏幕画面的真实感。

1. 在 Timeline（时间轴）面板中，单击空白区域，取消选择所有图层，然后在菜单栏中，依次选择 Layer（图层）→ New（新建）→ Solid（纯色），打开 Solid Settings（纯色设置）对话框。

2. 如图 7-17 所示，在 Solid Settings（纯色设置）对话框中，设置图层名称为 Reflection，单击 Make Comp Size（制作合成大小）按钮，设置 Color（颜色）为白色，单击 OK（确定）按钮。

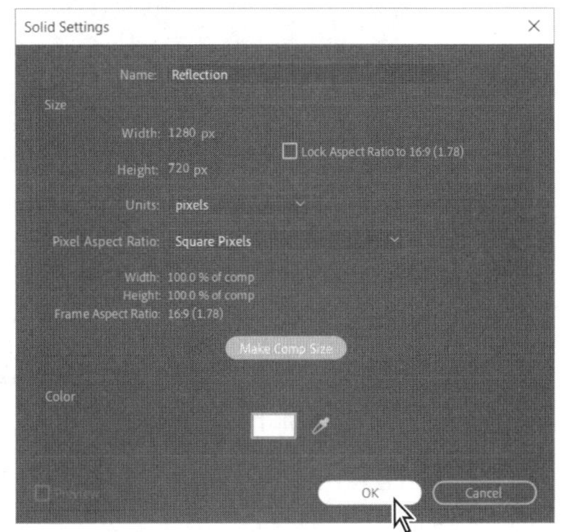

图7-17

这里不必再创建与 Watching_TV.mov 图层蒙版相同的形状，只要将 Watching_TV.mov 图层蒙版复制到 Reflection 图层即可。

3. 在 Timeline（时间轴）面板中，选择 Watching_TV.mov 图层，按 M 键，显示蒙版的 Mask Path（蒙版路径）属性。

4. 选择 Mask 1（蒙版 1），然后在菜单栏中，依次选择 Edit（编辑）→ Copy（复制），或者按 Ctrl+C（Windows）或 Command+C（macOS）组合键。

5. 如图 7-18 所示，在 Timeline（时间轴）面板中，选择 Reflection 图层，然后在菜单栏中，依次选择 Edit（编辑）→ Paste（粘贴），或者按 Ctrl+V（Windows）或 Command+V（macOS）组合键。

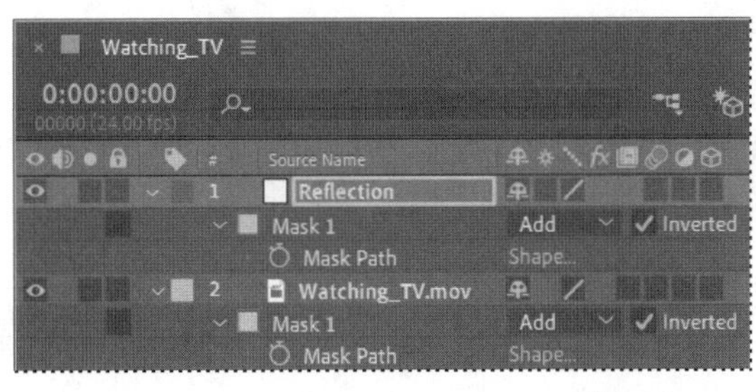

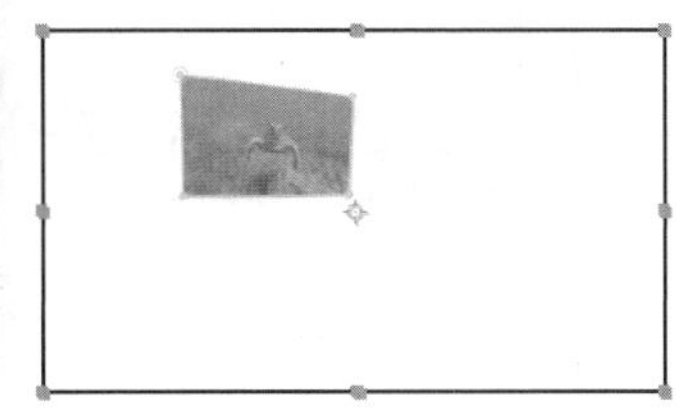
图7-18

接下来，我们要让蒙版内部区域不透明，蒙版外部区域透明。

6. 选择 Watching_TV.mov 图层，然后按 U 键，隐藏蒙版属性。

7. 在 Timeline（时间轴）面板中，选择 Reflection 图层，按 F 键，显示 Mask 1（蒙版 1）的 Mask Feather（蒙版羽化）属性。

8. 把 Mask Feather（蒙版羽化）值修改为 0。

9. 如图 7-19 所示，取消选择 Inverted（反转）选项。此时，Reflection 图层把 Turtle.mov 图层遮住了。

图7-19

10. 放大视图，然后在工具栏中，选择 Mask Feather Tool（蒙版羽化工具，），该工具隐藏于 Convert Vertex Tool（转换顶点工具，）之下。

Mask Feather（蒙版羽化）属性用来调整蒙版边缘的羽化宽度，并且在各个地方的羽化宽度都一样。而使用 Mask Feather Tool（蒙版羽化工具）则可以让你灵活地控制不同地方的羽化宽度。

11. 在 Timeline（时间轴）面板中，单击 Reflection 图层，选中它。然后单击左下顶点，创建一个羽化点。

12. 再次单击羽化点，并按住鼠标左键不放，向右上拖曳羽化点，使得只有屏幕中心有反射，此时羽化点位于图 7-20 所示的位置上。

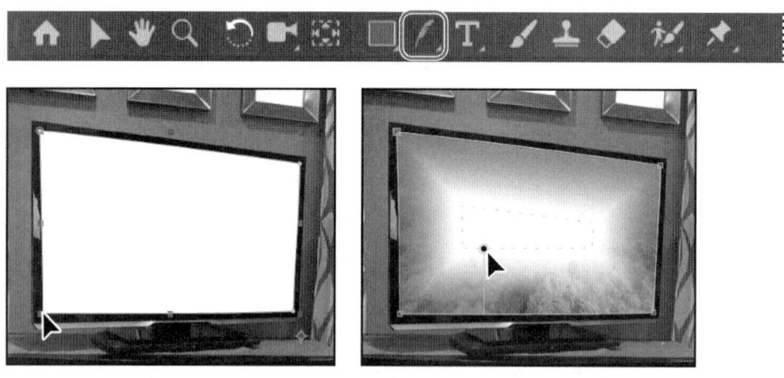

图7-20

当前，羽化均匀地延伸到整个蒙版。接下来，添加更多羽化点，以获得更大的灵活性。

13. 单击蒙版顶部中心位置，创建另一个羽化点。然后略微向下拖曳羽化点，使其位于蒙版之中。

14. 如图 7-21 所示，使用鼠标右键单击或者按住 Control 单击刚刚创建的羽化点，在弹出菜单中，选择 Edit Radius（编辑半径），把 Feather Radius（羽化半径）修改为 0，单击 OK（确定）按钮。

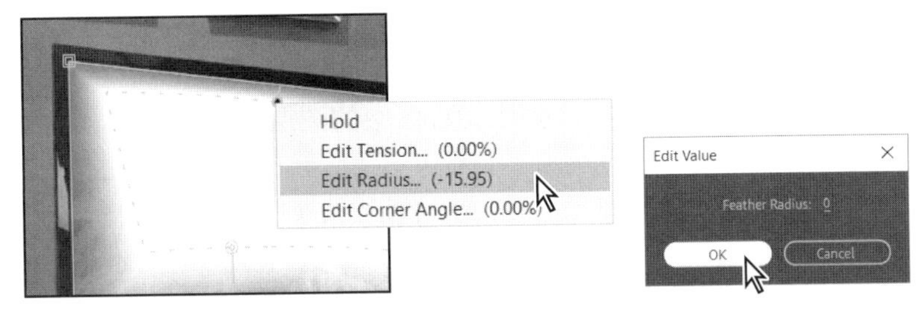

图7–21

仔细观察，可以发现边缘倾斜得太厉害了。下面我们继续添加羽化点来更改倾斜角度。

15. 在蒙版左边缘离顶部大约 1/3 的位置上，单击添加另一个羽化点。

16. 如图 7-22 所示，在蒙版右边缘相同的位置上添加另外一个羽化点。

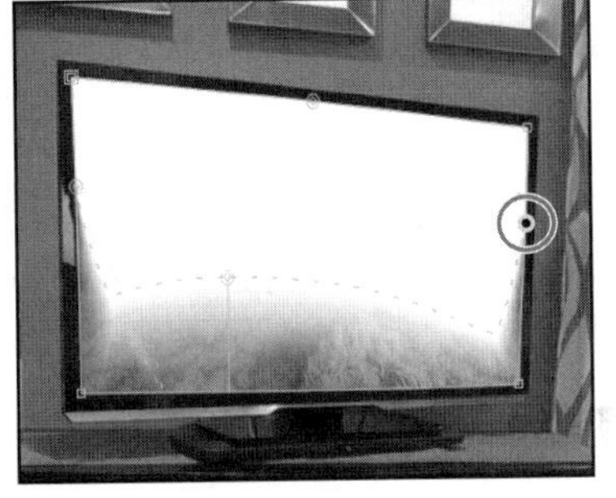

图7–22

到这里，反射形状就制作好了，但是它完全遮住了底下的图像。所以，接下来，我们还要修改它的不透明度，让底部的图像清晰地显露出来。

17. 如图 7-23 所示，在 Timeline（时间轴）面板中，选择 Reflection 图层，然后按 T 键，显示其 Opacity（不透明度）属性，将其修改为 10%。

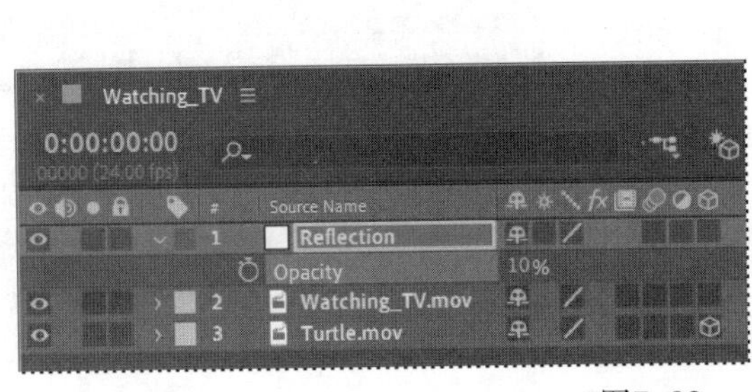

图7–23

18. 再次按 T 键，隐藏 Opacity（不透明度）属性。然后按 F2 键，或单击 Timeline（时间轴）面板中的空白区域，取消对所有图层的选择。

应用混合模式

在图层之间应用不同的混合模式，可以产生不同的混合效果。混合模式用来控制一个图层与其下图层的混合方式或作用方式。After Effects 中的图层混合模式和 Adobe Photoshop 中的混合模式是一样的。

1. 从 Timeline（时间轴）面板菜单中，依次选择 Columns（列数）→ Modes（模式），显示出 Mode（模式）栏。
2. 如图 7-24 所示，从 Reflection 图层的 Mode（模式）菜单中，选择 Add（相加）。

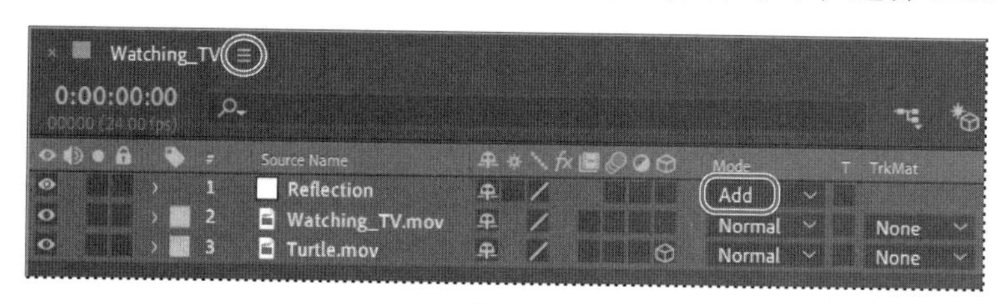

图7-24

这会在电视屏幕的图像上创建强烈的眩光，并增强下方图层的颜色。

3. 在菜单栏中，依次选择 File（文件）→ Save（保存），保存当前项目。

7.8 创建暗角

在设计动态图形时，最常用的一个效果是在合成画面中添加暗角。在模拟光线通过镜头的变化时，人们常常会使用这种效果。在画面中添加暗角，可以有效地把观众视线集中到中心主题上，从而凸显要表现的主题。

1. 缩小画面，再观看整个图像。
2. 在 Timeline（时间轴）面板中，单击空白区域，取消对所有图层的选择，然后在菜单栏中，依次选择 Layer（图层）→ New（新建）→ Solid（纯色），打开 Solid Settings（纯色设置）对话框。
3. 如图 7-25 所示，在 Solid Settings（纯色设置）对话框中，设置图层名称为 Vignette，单击 Make Comp Size（制作合成大小）按

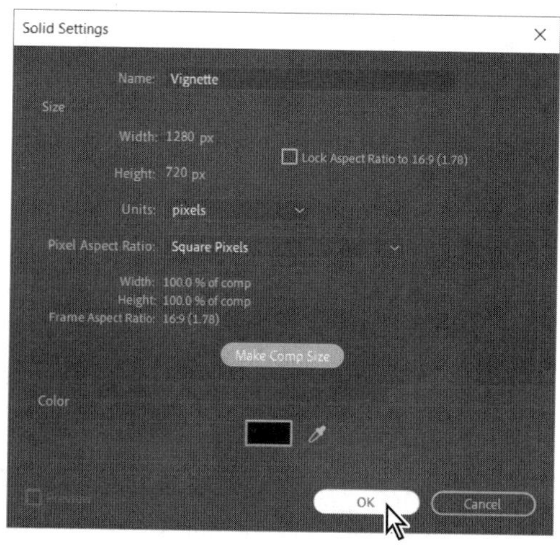

图7-25

钮，修改 Color（颜色）为黑色（R=0、G=0、B=0），然后单击 OK（确定）按钮。

除了钢笔工具之外，After Effects 还提供了其他一些工具，方便你创建方形或椭圆形蒙版。

4. 在工具栏中，选择 Ellipse Tool（椭圆工具，⬭），该工具隐藏于 Rectangle Tool（矩形工具，▢）之下。
5. 在 Composition（合成）面板中，把十字光标放到图像的左上角。按下鼠标左键，并向右下方拖曳，创建一个椭圆形状，填充整个图像。若需要，你可以使用 Selection Tool（选取工具）调整形状和位置。
6. 选择 Vignette 图层，展开其 Mask 1（蒙版 1）属性，显示所有蒙版属性。
7. 从 Mask 1（蒙版 1）的 Mode（模式）菜单中，选择 Subtract（相减）。
8. 修改 Mask Feather（蒙版羽化）值为 200、200 像素。此时，你的合成看起来应该像图 7-26 这样。

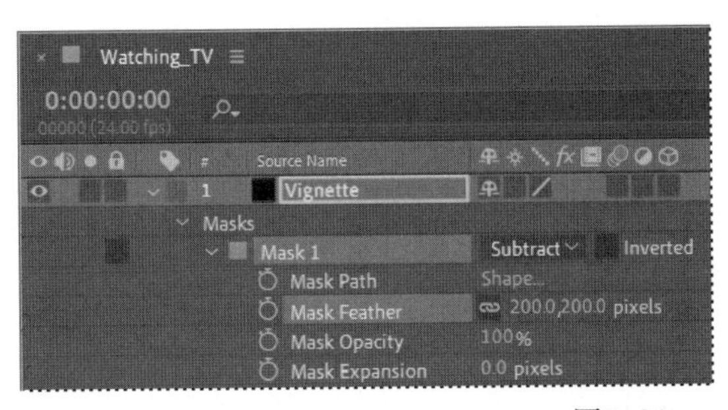

图7-26

即便用了这么大的羽化值，暗角看起来还是有点过强，显得有点压抑。为此，我们可以通过调整 Mask Expansion（蒙版扩展）属性，为合成留出更大的呼吸空间。Mask Expansion（蒙版扩展）属性值（单位：像素）表示调整边缘与原蒙版边缘距离多远。

9. 如图 7-27 所示，修改 Mask Expansion（蒙版扩展）为 90 像素。

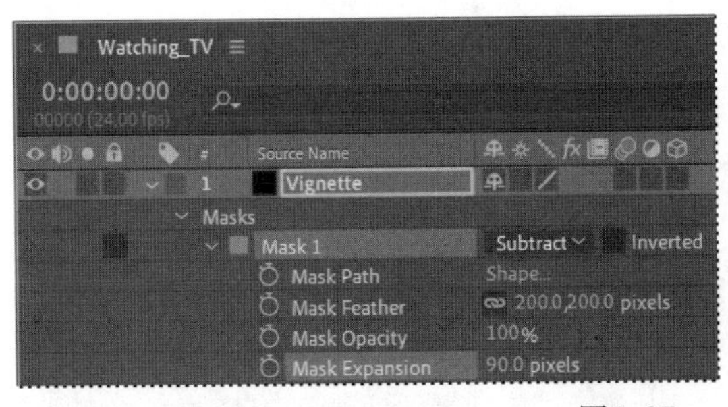

图7-27

10. 隐藏 Vignette 图层所有属性。在菜单栏中，依次选择 File（文件）→ Save（保存），保存当前项目。

使用矩形和椭圆工具

顾名思义，Rectangle Tool（矩形工具）用来创建矩形或正方形；Ellipse Tool（椭圆工具）用来创建椭圆或圆形。在 Composition（合成）或 Layer（图层）面板中，你可以使用这些工具，通过拖放方式创建不同形状的蒙版。

如果你想绘制标准的正方形或圆形，那么在使用 Rectangle Tool（矩形工具）或 Ellipse Tool（椭圆工具）拖曳绘制时必须同时按住 Shift 键。如果想从中心向外创建蒙版，则需要在拖曳时按住 Ctrl（Windows）或 Command（macOS）键。当开始拖曳时，同时按住 Ctrl+Shift 或 Command+Shift 将从中心锚点创建一个标准的正方形或圆形蒙版。

请注意，在没有选中任何图层的情形下，使用这些工具绘制出的是形状，而非蒙版。

7.9 调整时间

海龟游动的视频应该在小姑娘打开电视之后才开始出现并播放。为此，我们需要调整 Turtle.mov 图层的起点，并为蒙版制作相应的动画。

1. 把当前时间指示器拖曳到 2:00，然后在时间轴面板的右侧区域中，向右拖曳整个 Turtle.mov 图层，使其从 2:00 开始出现。
2. 选择 Watching_TV.mov 图层，按两次 M 键，显示其所有蒙版属性。
3. 单击 Mask Expansion（蒙版扩展）左侧的秒表图标，在 2:00 处创建一个关键帧。
4. 如图 7-28 所示，把当前时间指示器拖曳到 1:23，修改 Mask Expansion（蒙版扩展）值为 −150 像素，此时电视屏幕一片空白。

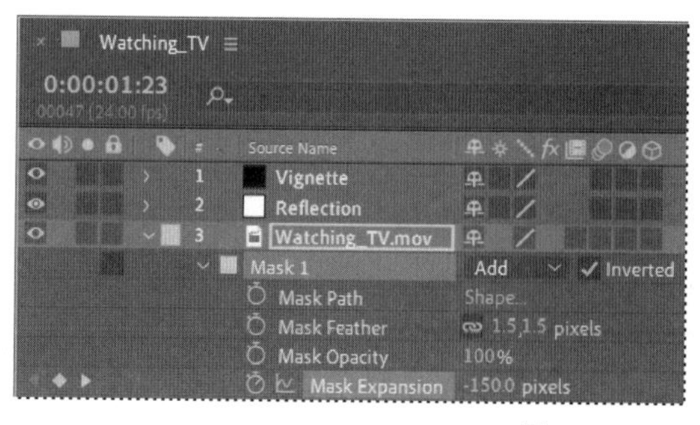

图7-28

5. 如图 7-29 所示，把当前时间指示器拖曳到时间标尺的起始位置，单击 Add Or Remove Keyframe At Current Time（在当前时间添加或移除关键帧）图标，为蒙版扩展属性添加一个关键帧。

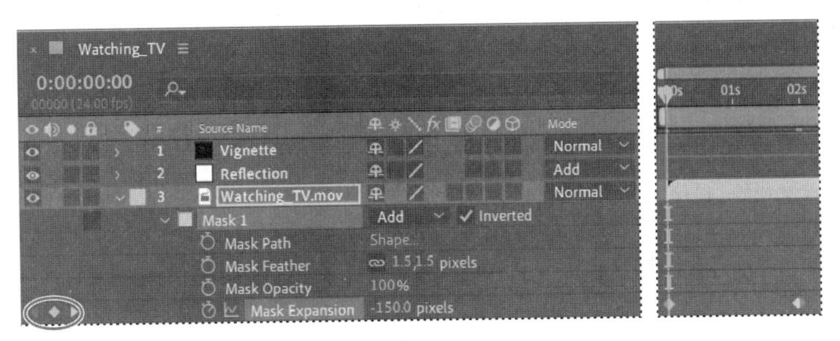

图7–29

6. 如图 7-30 所示，隐藏所有图层的属性，按空格键，预览影片。

图7–30

创建蒙版的技巧

如果你之前用过 Illustrator、Photoshop 等 Adobe 系列软件，那你应该会对蒙版、贝塞尔曲线非常熟悉了。如果不熟悉的话，下面这些技巧可以帮你高效地创建它们。

- 尽可能少地创建顶点。
- 通过单击起点来闭合蒙版。要打开闭合的蒙版，请先单击蒙版线段，然后在 Layer（图层）→ Mask And Shape Path（蒙版和形状路径）中，取消选择 Closed（已关闭）。
- 向开放路径添加顶点时，先按住 Ctrl（Windows）或 Command（macOS）组合键，再使用钢笔工具单击路径上的最后一个顶点，将其选中，然后你就可以继续添加顶点了。

7.10 调整工作区域

海龟游动视频时长比 Watching_TV 短。所以，在影片的最后阶段，女孩们看到的是空白屏幕。为此，我们需要把工作区域结尾移动到 Turtle.mov 图层的终点，这样一来，只有这之前的影片才会被渲染。

提示：除了上述方法之外，你还可以把影片的持续时间修改为 11:17。具体操作步骤如下：在菜单栏中，依次选择 Composition（合成）→ Composition Settings（合成设置），在 Composition Settings（合成设置）对话框中，把 Duration（持续时间）修改为 11:17。

1. 把当前时间指示器拖曳到 11:17，这是 Turtle.mov 图层的最后一帧。
2. 按 N 键，把"工作区域结尾"移动到当前时间处。
3. 在菜单栏中，依次选择 File（文件）→ Save（保存），保存当前项目。

在本课中，我们学习了如何使用蒙版工具隐藏、显示、调整合成的一部分来创建具有个性化风格的视频。在 After Effects 中，蒙版是仅次于关键帧的第二大常用功能。

7.11 复习题

1. 什么是蒙版?
2. 请说出调整蒙版形状的两种方法。
3. 方向手柄有什么用?
4. 开放蒙版和闭合蒙版有何区别?
5. 蒙版羽化工具为何好用?

7.12 答案

1. 在 Adobe After Effects 中，蒙版是一个路径或轮廓，用来调整图层效果与属性。蒙版最常见的用法是用来修改图层的 alpha 通道。蒙版由线段和顶点组成。
2. 你可以拖曳各个顶点或线段来调整蒙版形状。
3. 方向手柄用来控制贝塞尔曲线的形状和角度。
4. 开放蒙版用来控制效果或文本位置，它不能定义透明区域。闭合蒙版定义的区域会影响到图层的 alpha 通道。
5. Mask Feather Tool（蒙版羽化工具）可以让你灵活地控制不同地方的羽化宽度。使用 Mask Feather Tool（蒙版羽化工具）时，单击添加一个羽化点，然后拖曳它即可。

第 8 课 使用人偶工具使对象变形

课程概览

本课学习内容如下：

- 使用人偶位置控点工具设置位置控点
- 使用人偶高级控点工具对图像变形
- 使用人偶重叠控点工具定义重叠区域
- 使用人偶弯曲控点工具旋转和缩放
- 使用人偶固化控点工具固化图像
- 为人偶控点制作动画
- 使用人偶草绘工具记录动画
- 使用 Character Animator 制作面部表情动画

学完本课大约需要 1 小时。如果你尚未下载本课项目文件，请到“数艺设”网站下载。在学习本课的过程中，原始项目文件会被覆盖掉。如果你想使用原始项目文件，请重新下载。

项目：ANIMATED ILLUSTRATION

人偶工具可以用来对屏幕上的对象进行拉伸、挤压、伸展，以及其他变形处理。无论你创建的是仿真动画，还是虚幻情节，抑或是现代艺术作品，人偶工具都能大大拓展你的自由创作空间。

8.1 准备工作

在 After Effects 中，借助人偶工具，你可以向栅格图像与矢量图形添加自然的动态效果。After Effects 的人偶工具包含五大工具，这些工具用做扭曲变形、定义重叠区域、旋转和缩放、固化图像等。另外，人偶草绘工具（Puppet Sketch Tool）用来实时记录动画。本课我们将使用人偶工具制作一个广告动画，其中有一只螃蟹在挥舞着蟹钳。

开始之前，先预览一下最终影片，并创建好要使用的项目。

1. 检查你硬盘上的 Lessons/Lesson08 文件夹中是否包含如下文件。若没有，请立即前往“数艺设”网站下载。
    - Assets 文件夹：crab.psd, text.psd, Water_background.mov。
    - Sample_Movies 文件夹：Lesson08.avi, Lesson08.mov。
2. 在 Windows Movies & TV 中打开并播放 Lesson08.avi 示例影片，或者使用 QuickTime Player 播放 Lesson08.mov 示例影片，了解本课要创建的效果。当观看完成之后，关闭 Windows Movies & TV 或 QuickTime Player。如果存储空间有限，此时，你可以把这两段示例影片从硬盘中删除了。

在学习本课之前，最好先把 After Effects 恢复成默认设置（参见前言中“恢复默认设置”部分的内容）。你可以使用如下快捷键完成这个操作。

3. 当启动 After Effects 时，立即按下 Ctrl+Alt+Shift（Windows 系统）或 Command+Option+Shift（macOS 系统），此时会弹出一个消息框，询问“是否确实要删除你的首选项文件？”，请单击“OK”（确定），即可删除首选项文件，恢复 After Effects 默认设置。在 Home（主页）窗口中，单击 New Project（新建项目）。

此时，After Effects 新建并打开一个未命名的项目。

4. 在菜单栏中，依次选择 File（文件）→ Save As（另存为）→ Save As（另存为），打开 Save As（另存为）对话框。
5. 在 Save As（另存为）对话框中，转到 Lessons/Lesson07/Finished_Project 文件夹下。
6. 输入项目名称 Lesson08_Finished.aep，单击 Save（保存）按钮，保存项目。

8.1.1 导入素材

下面导入两个 Adobe Photoshop 文件和一个背景影片。

1. 在菜单栏中，依次选择 File（文件）→ Import（导入）→ File（文件），打开 Import File（导入文件）对话框。
2. 在 Import File（导入文件）对话框中，转到 Lessons/Lesson08/Assets 文件夹下，按住 Ctrl 或 Command 键，选择 crab.psd 和 Water_background.mov 文件，然后单击 Import

（导入）或 Open（打开）按钮。在 Project（项目）面板中，可以看到导入的素材。

3. 在 Project（项目）面板中，双击空白区域，再次打开 Import File（导入文件）对话框。在 Lessons/Lesson08/Assets 文件夹中，选择 text.psd 文件。

4. 在 Import As（导入为）菜单中，选择 Composition – Retain Layer Sizes（合成 - 保持图层大小）（在 macOS 中，可能需要单击 Options 才会显示出 Import As 菜单）。然后，单击 Import（导入）或 Open（打开）按钮。

5. 如图 8-1 所示，在 Text.psd 对话框中，选择 Editable Layer Styles（可编辑的图层样式），单击 OK（确定）按钮。在 Project（项目）面板中，可以看到以合成形式导入的文件，它的图层位于一个单独的文件夹中。

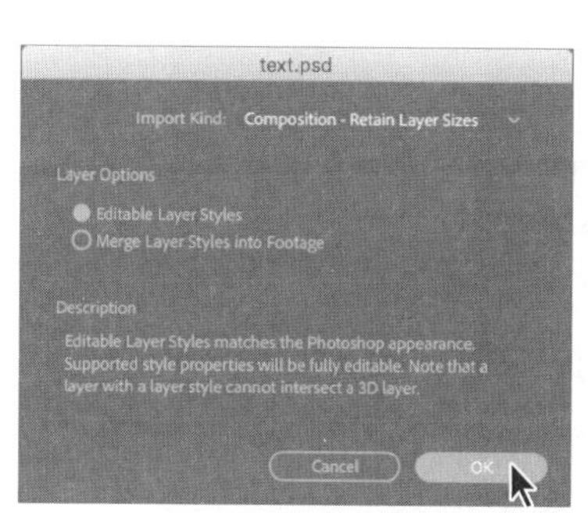

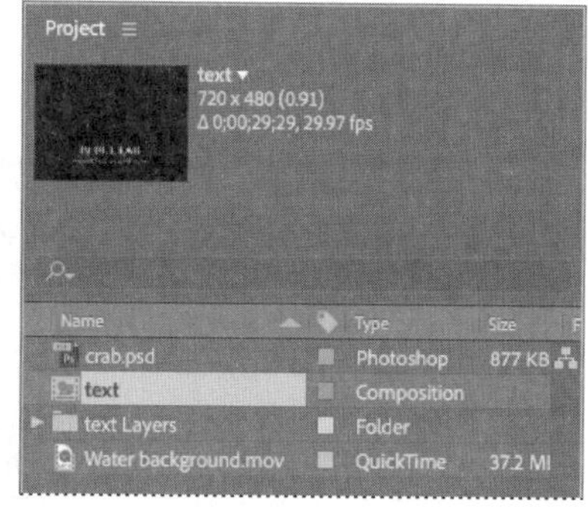

图8-1

8.1.2 创建合成

和其他项目一样，我们先要创建一个新合成。

1. 如图 8-2 所示，在 Composition（合成）面板中，单击 New Composition（新建合成），打开 Composition Settings（合成设置）对话框。

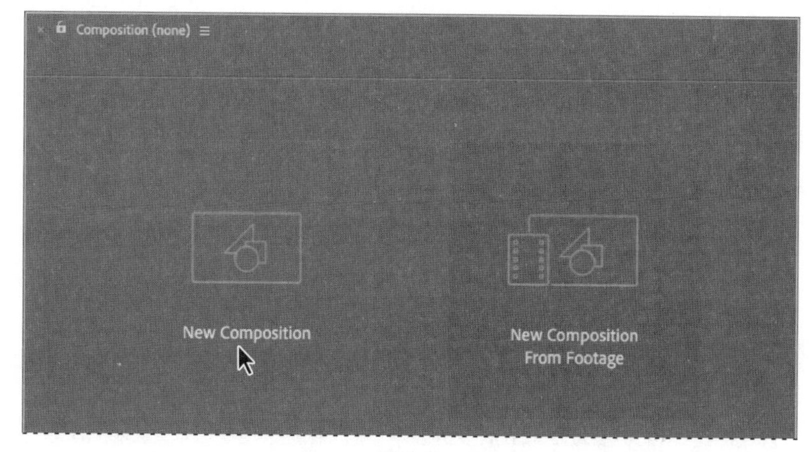

图8-2

2. 设置“合成名称”为 Blue Crab。

3. 从 Preset（预设）菜单中，选择 NTSC DV。该预设会自动为合成设置宽度、高度、像素长宽比、帧速率。

4. 在 Duration（持续时间）中，输入 1000（即 10 秒）。

5. 如图 8-3 所示，修改 Background Color（背景颜色）为深青色（R=5、G=62、B=65）。然后单击 OK 按钮，关闭 Composition Settings（合成设置）对话框。

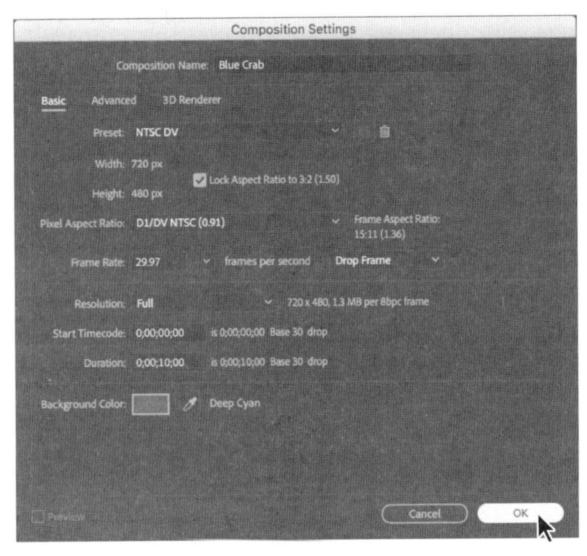

图8-3

After Effects 在 Timeline（时间轴）与 Composition（合成）面板中打开新合成。

8.1.3 添加背景

在有背景的情形下，为图像制作动画相对更容易一些，因此，首先我们要向合成中添加背景。

1. 按 Home 键，或者直接把当前时间指示器拖曳到时间标尺的起始位置。

2. 把 Water_background.mov 文件拖入 Timline（时间轴）面板中。

3. 如图 8-4 所示，单击图层左侧的 Lock（锁定）图标（🔒），将图层锁定，防止发生意外修改。

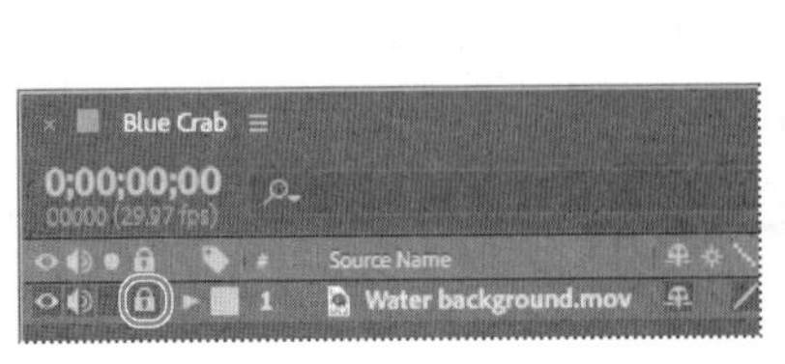

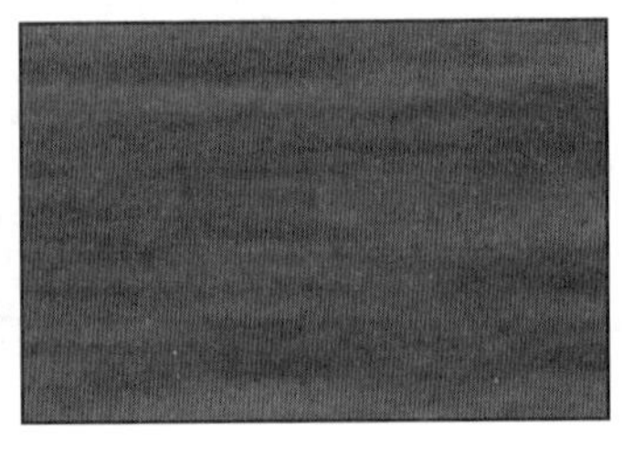

图8-4

8.1.4 为导入的文本制作动画

最终影片中包含两行动画文本。由于在把 text.psd 文件作为合成导入时保留了原始图层，所以你可以在其 Timeline 面板中编辑它，独立地编辑各个图层并为它们制作动画。下面我们将为每个图层添加一个动画预设。

1. 如图 8-5 所示，把 text 合成从 Project（项目）面板拖入 Timeline（时间轴）面板中，并使其位于所有图层的最顶层。

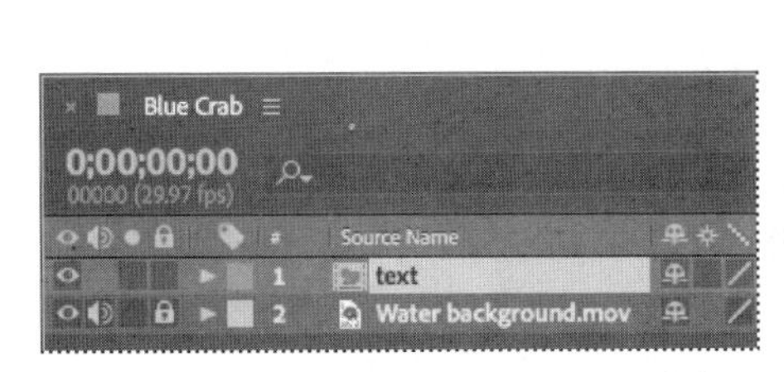

图8-5

2. 双击 text 合成，在其自身的 Timeline（时间轴）面板中打开它。

3. 在 text 的 Timeline（时间轴）面板中，按住 Shift 键，同时选中两个图层，然后在菜单栏中，依次选择 Layer（图层）→ Create（创建）→ Convert to Editable Text（转换为可编辑文字）菜单（见图 8-6）。

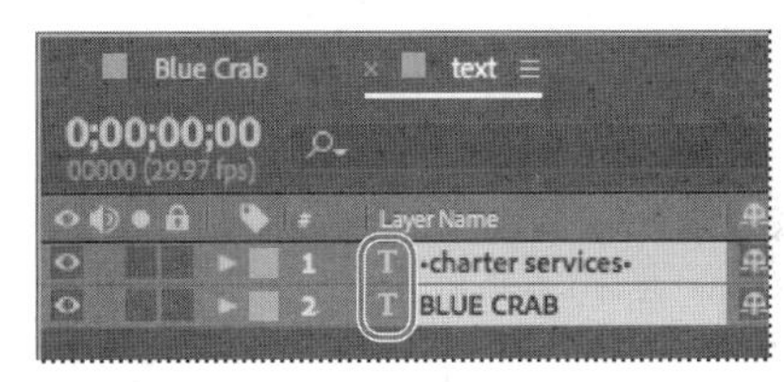

图8-6

当前，text 的两个图层都处于可编辑状态，你可以向它们应用动画预设。

4. 把当前时间指示器拖至 3:00。然后取消选择两个图层，只选中 BLUE CRAB 图层。

5. 如图 8-7 所示，在 Effects & Presets（效果和预设）面板中，搜索 Fly In With A Twist（扭转飞入），然后将其拖曳到 BLUE CRAB 图层之上。

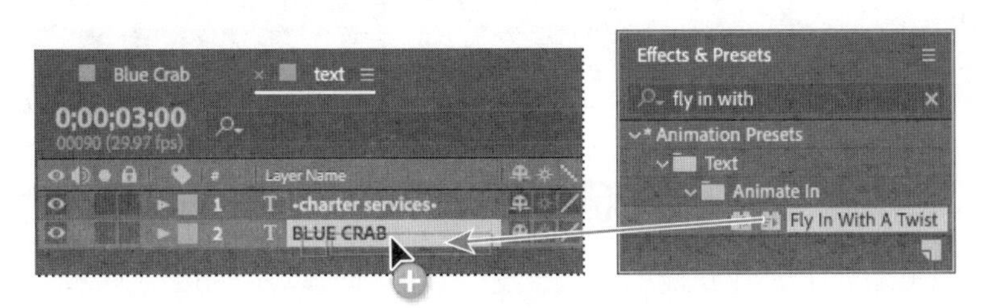

图8-7

默认情况下，动画预设大概只持续 2.5 秒左右，所以文本从 3:00 开始飞入，到 5:16 结束。After Effects 会为该效果自动添加关键帧。

6. 把“当前时间指示器”拖曳到 5:21，选择 charter services 图层。

7. 在 Effects & Presets（效果和预设）面板中，搜索 Slow Fade On（缓慢淡化打开），然后将其拖曳到 charter services 图层之上。

8. 返回到 BLUE CRAB 的 Timeline（时间轴）面板中，把“当前时间指示器”拖曳到时间标尺的起始位置。如图 8-8 所示，按空格键，预览动画，再次按空格键，停止预览。

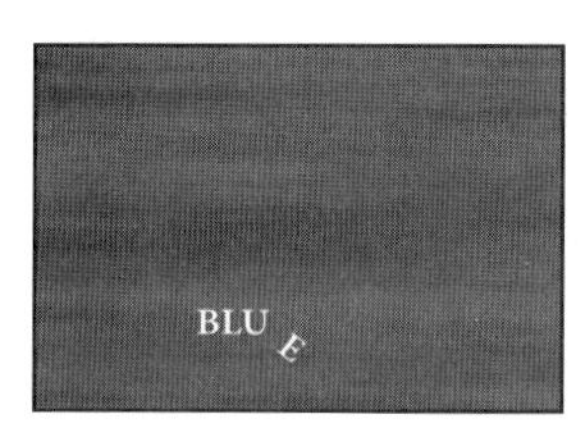

图8-8

9. 在菜单栏中，依次选择 File（文件）→ Save（保存），保存当前项目。

8.1.5 制作缩放动画

接下来，我们向画面中添加螃蟹，并为它制作动画，使其在刚开始出现时，充满整个画面，然后快速缩小，最终移动到文本上方。

1. 从 Project（项目）面板中，把 crab.psd 文件拖曳到 Timeline（时间轴）面板中，并使其位于最顶层。

2. 按 Home 键，或者直接把“当前时间指示器”拖曳到时间标尺的起始位置。

3. 如图 8-9 所示，在 Timeline（时间轴）面板中，选择 crab.psd 图层，按 S 键，显示其 Scale（缩放）属性。

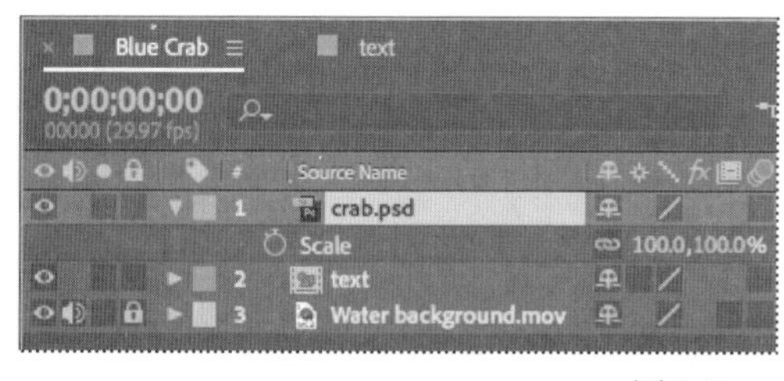

图8-9

4. 修改 Scale（缩放）属性值为 400%。

5. 单击 Scale（缩放）属性左侧的秒表图标（ ），创建一个初始关键帧。

6. 如图 8-10 所示，把当前时间指示器移动到 2:00，修改 Scale（缩放）属性值为 75%。

图8-10

此时，你会发现螃蟹缩小程度正常，但是位置不对。

7. 按 Home 键，把当前时间指示器移动到时间标尺的起始位置。
8. 按 P 键，显示图层的 Position（位置）属性，修改 Position（位置）属性值为 360、82。此时，螃蟹上移并充满整个合成画面。
9. 单击 Position（位置）属性左侧的秒表图标，创建一个初始关键帧。
10. 把当前时间指示器拖曳到 1:15，修改 Position（位置）属性值为 360、228。
11. 把当前时间指示器拖曳到 2:00，修改 Position（位置）属性值为 360、182。
12. 如图 8-11 所示，沿着时间标尺，把当前时间指示器从开始位置拖曳 2 秒，观看螃蟹动画。

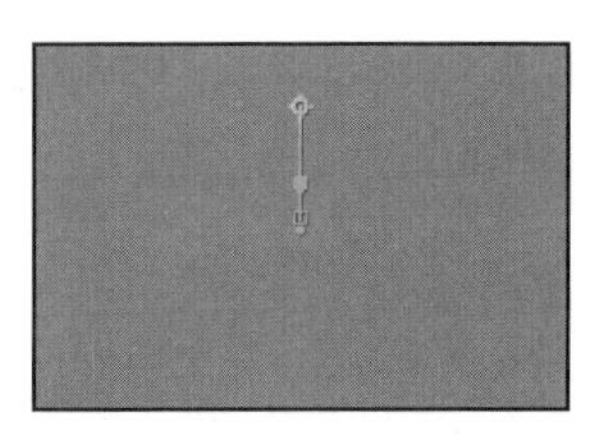
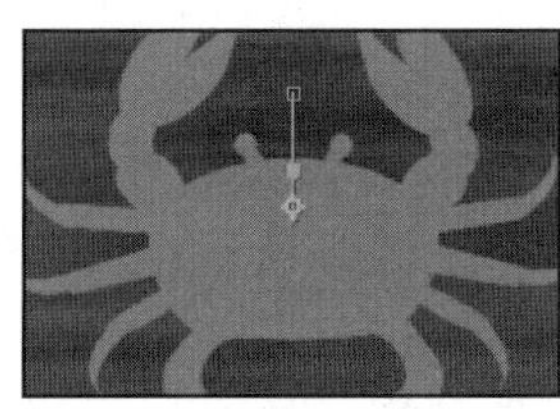

图8-11

13. 隐藏 crab.psd 图层所有属性。在菜单栏中，依次选择 File（文件）→ Save（保存），保存当前项目。

8.2 关于人偶工具

人偶工具可以把栅格和矢量图像转换成虚拟的提线木偶。当你拉动提线木偶的某根提线时，木偶上与该提线相连的部分就会随之移动，比如拉动与木偶的手相连的提线，木偶的手就会抬起。人偶工具使用控点指定提线附着的部位。

人偶工具根据控点位置对图像的各个部分进行扭曲变形，你可以自由地设置控点，并为它们制作动画。控点控制着图像的哪些部分会发生移动、旋转，哪些部分固定不动，以及当发生重叠时哪些部分应该位于前面。

After Effects 中有 5 种控点，每种控点对应一种工具。

- Puppet Position Pin Tool（人偶位置控点工具，）：用来设置和移动位置控点，这些控点用来改变图像中点的位置。
- Puppet Starch Pin Tool（人偶固化控点工具，）：用来设置固化控点，受固化的部分不易发生扭曲变形。
- Puppet Bend Pin Tool（人偶弯曲控点工具，）：用来设置弯曲控点，允许你对图像的某个部分进行旋转、缩放，同时又不改变位置。
- Puppet Advanced Pin Tool（人偶高级控点工具，）：用来设置高级控点，允许你完全控制图像的旋转、缩放、位置。
- Puppet Overlap Pin Tool（人偶重叠控点工具，）：用来设置重叠控点，指定发生重叠时图像的哪一部分位于上方。

一旦设置了控点，图像内部区域就会被自动划分成大量三角形网格，每一部分网格都与图像像素相关联，当网格移动时，相应像素也会跟着移动。在为位置控点制作动画时，越靠近控点时，网格变形越厉害，同时尽量保持图像的整体形状不变。例如，当你为角色手部上的控点制作动画时，角色的手部和胳膊都会变形，但是其他大部分都保持在原来的位置上。

注意：只有设置了变形控点的帧才会计算网格。如果你在时间轴中添加了很多控点，这些点会根据网格原来的位置进行放置。

8.3 添加位置控点

位置控点是人偶动画的基本组件。控点的位置和放置方式决定着对象在屏幕上的运动方式。你只管放置位置控点和显示网格，After Effects 会帮助我们创建网格并指定每个控点的影响范围。

在选择 Puppet Position Pin Tool（人偶位置控点工具）后，工具栏中会显示人偶工具相关的选项。在 Timeline（时间轴）面板中，每个控点都有自己的属性，After Effects 会自动为每个控点创建一个初始关键帧。

1. 如图 8-12 所示，在工具栏中，选择 Puppet Position Pin Tool（人偶位置控点工具，）。

图8-12

2. 把当前时间指示器拖曳到 1:27，此刻螃蟹刚缩小到最终尺寸。
3. 在 Composition（合成）面板中，在螃蟹左螯的中间位置上单击鼠标左键，放置一个位置控点。

此时，一个黄点出现在螃蟹左螯的中间位置，这个黄点就是位置控点。如果使用 Selection

Tool(选取工具,▶)移动该位置控点,整只螃蟹都会随之移动。接下来,我们需要添加更多控点,使网格的其他部分保持不动。

4. 继续使用 Puppet Position Pin Tool(人偶位置控点工具),单击螃蟹右螯中间位置,放置另一个位置控点(见图 8-13)。

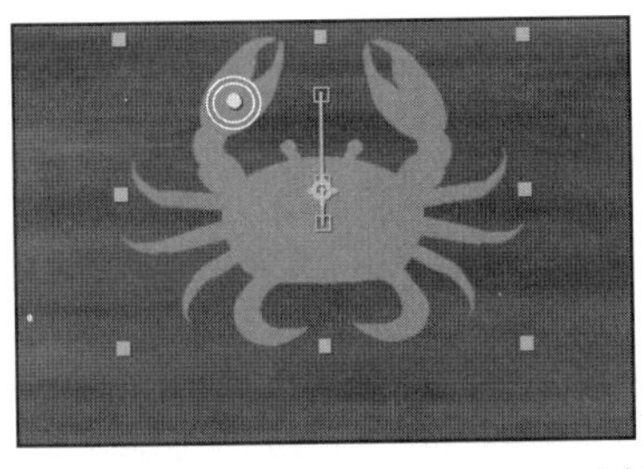
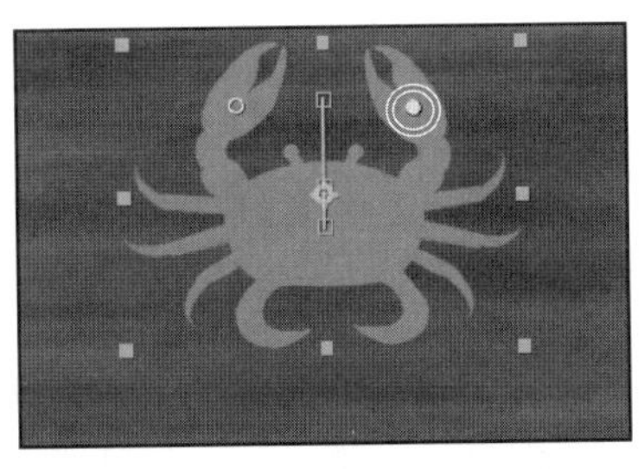

图8-13

接下来,我们就可以使用 Selection Tool(选取工具)移动蟹螯了。添加的控点越多,每个控点影响的区域就越小,每个区域的拉伸程度也会越小。

5. 如图 8-14 所示,选择 Selection Tool(选取工具,▶),拖曳其中一个位置控点,观察其作用效果。按 Ctrl+Z(Windows)或 Command+Z(macOS)组合键,恢复原样。

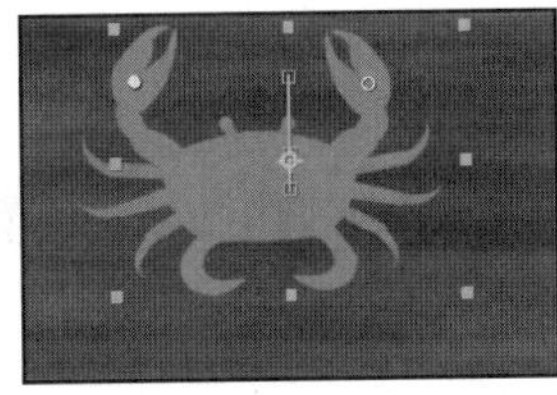

图8-14

6. 如图 8-15 所示,再次选择 Puppet Position Pin Tool(人偶位置控点工具),在每根触须的顶部、每条腿的末端各放置一个位置控点。

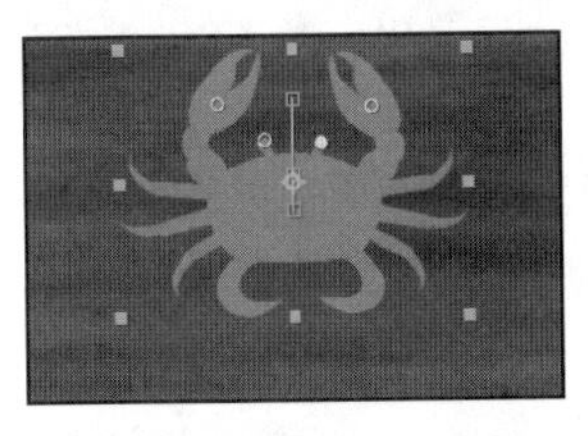
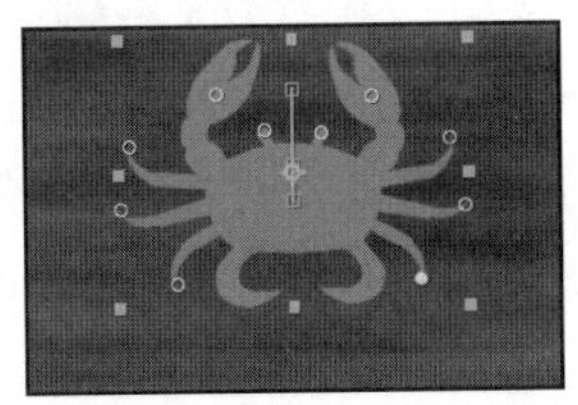

图8-15

7. 在 Timeline(时间轴)面板中,依次展开 Mesh 1(网格 1)→ Deform(变形)属性,其中列出了所有位置操控点。

8.4 添加高级和弯曲控点

你可以使用和位置控点相同的方法移动高级控点,还可以使用高级控点旋转与缩放图像区域。

下面我们将使用高级控点替换蟹钳上的位置控点。弯曲控点不会影响位置，但是你可以使用它们旋转或缩放图像的某个区域，同时保持该区域的位置不变。接下来，我们会在螃蟹的最后两条腿中间添加弯曲控点。然后显示网格，After Effects 会创建网格，并指定每个操控点影响的区域。

1. 在工具栏中，选择 Selection Tool（选取工具），选中并删除蟹钳上的各个位置控点。
2. 在工具栏中，选择 Puppet Advanced Pin Tool（人偶高级控点工具，），该工具隐藏于 Puppet Position Pin Tool（人偶位置控点工具）之下。
3. 如图 8-16 所示，先在螃蟹左螯中间放置一个高级控点，然后再在螃蟹右螯中间放置另外一个高级控点。

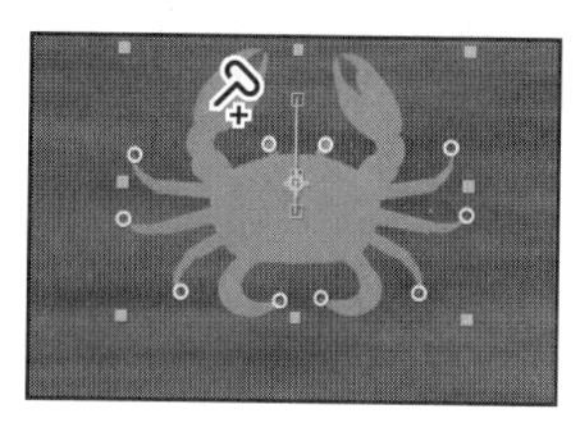
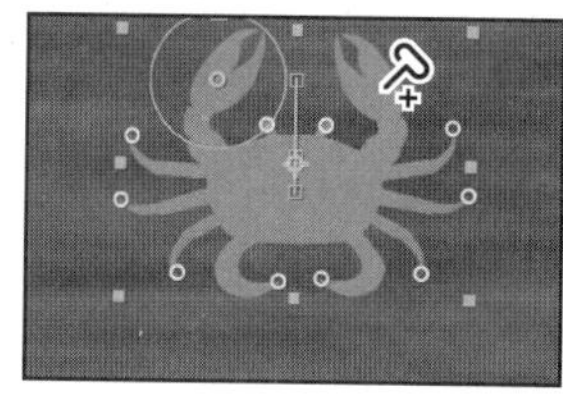
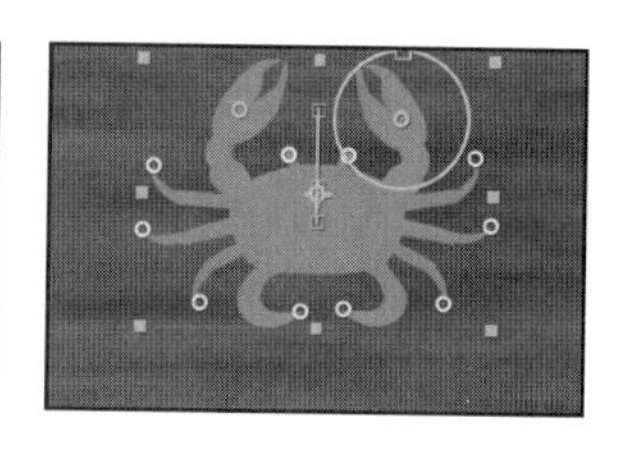

图8-16

请注意，在高级控点外面有一个圆圈，并且圆圈上有一个方框。向外或向内拖曳圆圈上的方框执行缩放操作；沿顺时针或逆时针拖曳圆圈执行旋转操作。接下来，我们将使用高级控点为蟹钳制作动画。

4. 在工具栏中，选择 Puppet Bend Pin Tool（人偶弯曲控点工具，），该工具隐藏于 Puppet Advanced Pin Tool（人偶高级控点工具）之下。
5. 如图 8-17 所示，先在螃蟹左后腿中间位置放置一个弯曲控点，再在右后腿中间位置放置另外一个弯曲控点。

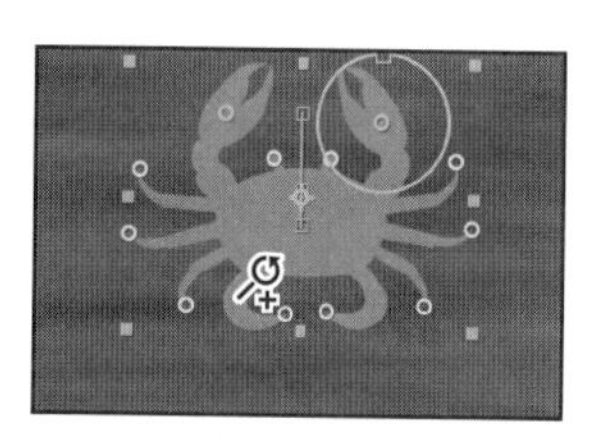
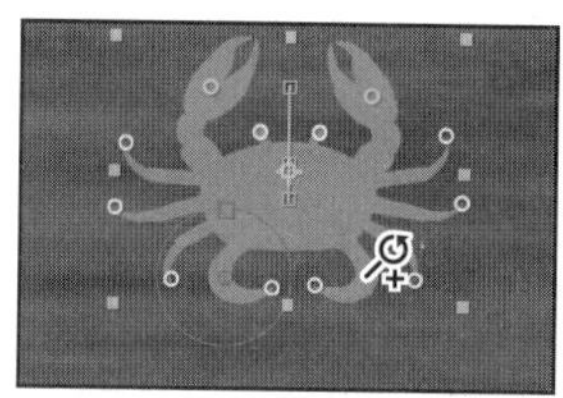

图8-17

根据你要制作的动画类型，有时你可能想为某些操控点命名。这里，我们会为蟹钳和触须上的控点命名。

6. 如图 8-18 所示，选择 Puppet Pin 13（操控点 13），按 Enter 或 Return 键，将其重命名为 Left Pincer，再次按 Enter 或 Return 键，使修改生效。
7. 隐藏控点属性。然后，把相应的控点（依次为操控点 14、操控点 3、操控点 4）重命名为 Right Pincer、Left Antenna、Right Antenna（见图 8-19）。默认操控点名称是根据它们的创建顺序进行编号的。你不必为螃蟹腿上的操控点命名，当然如果你需要，也可以这样做。

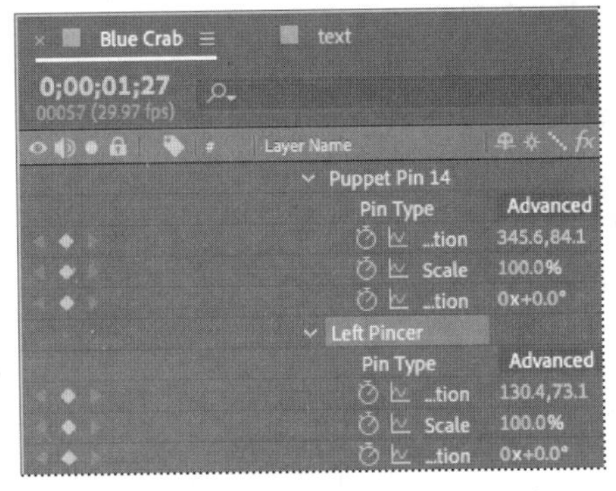

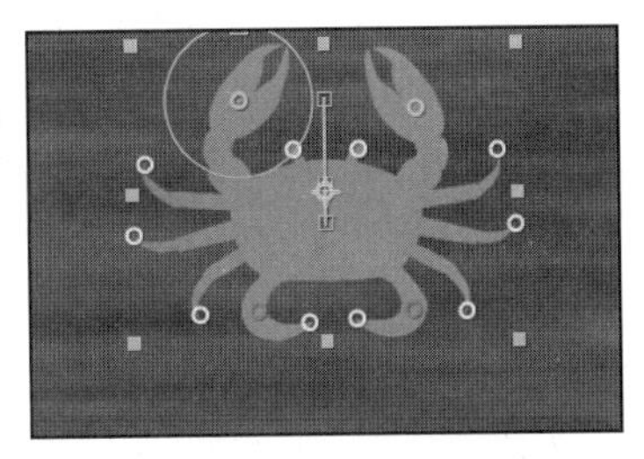

图8–18

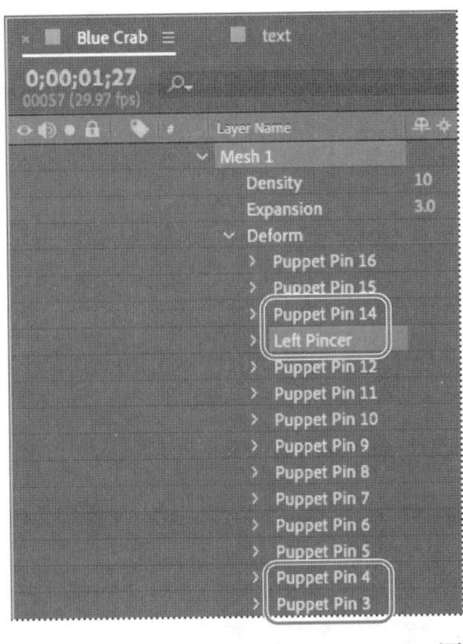

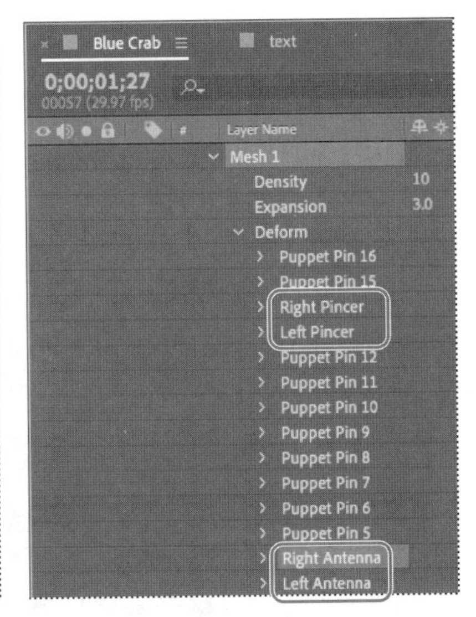

图8–19

8. 在工具栏中，打开 Show（显示）选项，显示变形网格。

螃蟹和网格颜色几乎一模一样，为了方便区分，我们需要修改网格颜色，网格颜色由图层左侧的颜色标签指定。

9. 在 Timeline（时间轴）面板中，单击 Crab.psd 图层左侧的颜色标签，然后从弹出的菜单中，选择一种反差大的颜色，例如红色或粉色。

10. 选择 Crab.psd 图层中的 Mesh 1（网格 1），再次显示出网格。

11. 如图 8-20 所示，在工具栏中，把 Density（密度）值修改为 12，增加网格密度。

Density（密度）属性控制着网格中包含多少个三角形。适当增加网格中三角形的数量，动画会变平滑，但同时也会增加渲染时间。

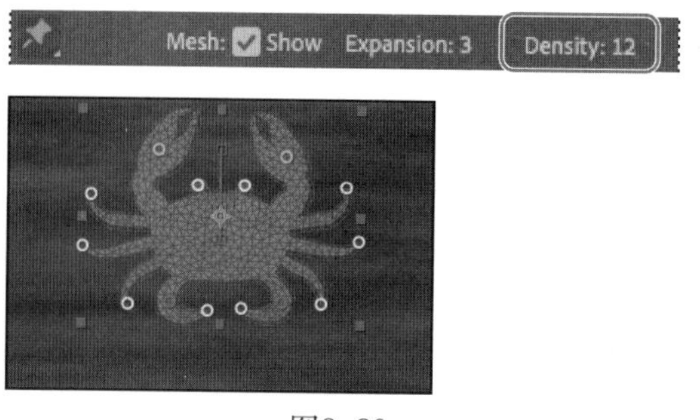

图8-20

> **提示：**你可以把网格扩展到图层轮廓之外，这样可以确保描边包含在变形之中。在工具栏中，增加 Expansion（扩展）属性值，即可扩展网格。

12. 在菜单栏中，依次选择 File（文件）→ Save（保存），保存当前项目。

定义重叠区域

如果动画中一个对象或角色的一部分从另一个对象和角色前面经过，你可以使用 Puppet Overlap Pin Tool（人偶重叠控点工具）指定出现区域重叠时哪个区域应该在前面。在工具栏中，选择 Puppet Overlap Pin Tool（人偶重叠控点工具），该工具隐藏于 Puppet Position Pin Tool（人偶位置控点工具）之下（见图 8-21），单击 Show（显示），显示网格，然后单击网格中的重叠区域，把重叠控点放到应该显示在前面的区域中。

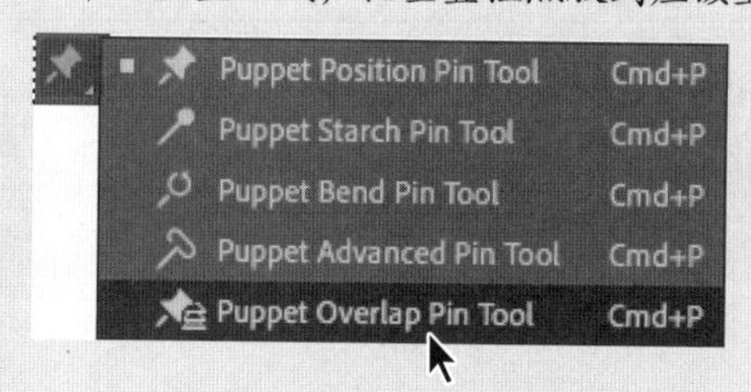

图8-21

你可以通过工具栏中的选项调整重叠控点的效果。In Front（置前）控制观看者能够看清的程度，把该值设置为 100%，可以防止身体交叠的部分透显出来。Extend（范围）控制着控点对重叠区域的影响范围，受影响的区域在 Composition（合成）面板中使用较浅颜色显示。

8.5 设置固定区域

在动画中，螃蟹的蟹钳、蟹腿、触须都是活动的，但是蟹壳应该固定不动。下面我们将使用 Puppet Starch Pin Tool（人偶固化控点工具）添加固化控点，确保蟹壳不会受其他部位运动的影响。

1. 在工具栏中，选择 Puppet Starch Pin Tool（人偶固化控点工具，），该工具隐藏于 Puppet Bend Pin Tool（人偶弯曲控点工具）之下。
2. 如果网格没有显示，在工具栏中，打开 Show（显示）选项，显示它。
3. 在每个蟹钳、腿、触须根部分别设置一个固化控点，把整个蟹壳固定住，如图 8-22 所示。

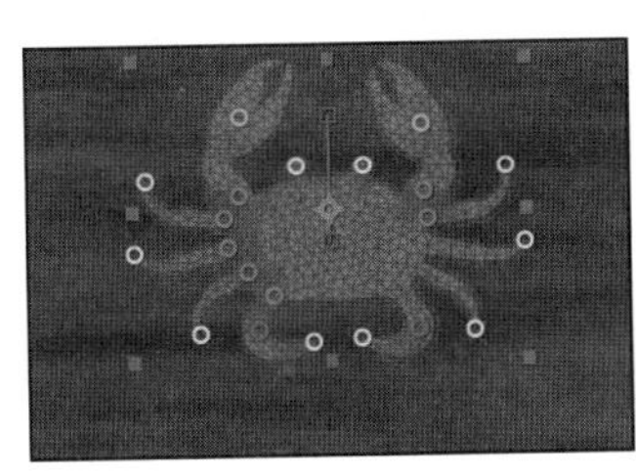
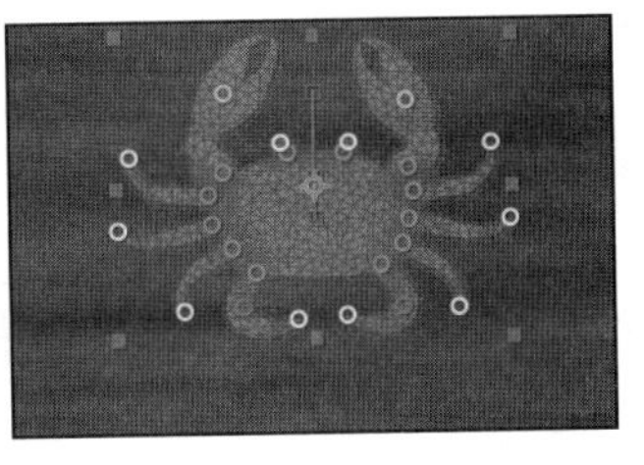

图8-22

4. 在 Timeline（时间轴）面板中，隐藏 crab.psd 图层的所有属性。
5. 在菜单栏中，依次选择 File（文件）→ Save（保存），保存当前项目。

挤压与拉伸

挤压与拉伸是传统动画制作中使用的技术，它们能够塑造对象的真实感和重量感。在现实生活中，当一个运动的对象撞到静止不动的物体（比如地面）时，就会出现挤压和拉伸现象。正确应用挤压和拉伸，角色的体积不会发生变化。在使用人偶工具为卡通人物或类似对象制作动画时，要考虑它们与其他对象的交互方式。

理解挤压和拉伸原理最简单的方法是观看地面上弹跳的球。如图 8-23 所示，当球着地时，其底部会变平（挤压）；当球弹起时，底部部分会拉伸。

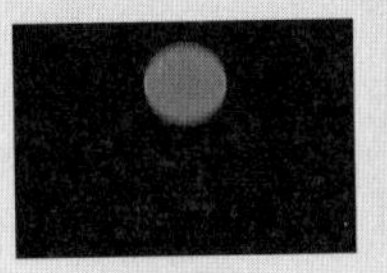

图8-23

8.6 为控点位置制作动画

前面已经设置好了控点位置。接下来，我们要改变它们让螃蟹动起来。固化控点可以防止指定区域（这里指蟹壳）变形过大。

在设置控点时，After Effects 为每个控点在 1:27 处创建了初始关键帧。接下来，我们会为这些控点制作动画，让蟹钳、蟹腿、触须动起来，然后再让它们回到原来的位置。

1. 在 Timeline（时间轴）面板中，选择 crab.psd 图层，按 U 键，显示该图层的所有关键帧，选择 Puppet（操控），显示出操控点。

2. 如图 8-24 所示，在工具栏中，选择 Selection Tool（选取工具）。把当前时间指示器拖曳到 4:00，选择位于螃蟹左螯上的高级控点。向左拖曳控点外部的圆圈，向外旋转蟹钳，然后拖曳中心控点，让蟹钳几乎保持垂直。对右侧蟹钳，执行同样的操作（向右拖曳圆圈）。

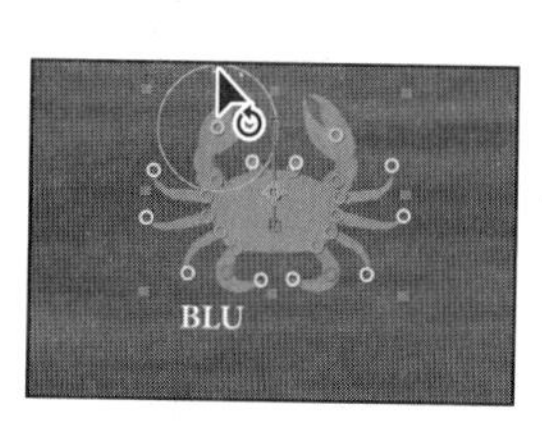

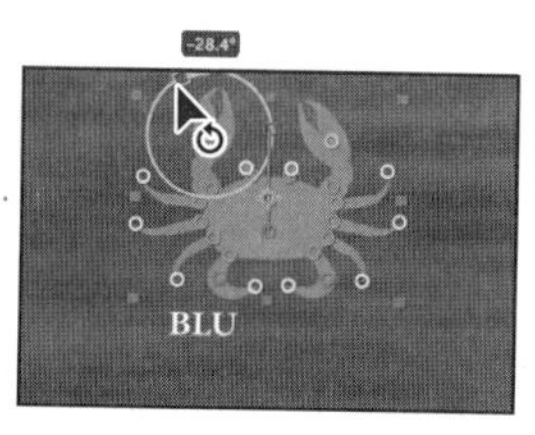

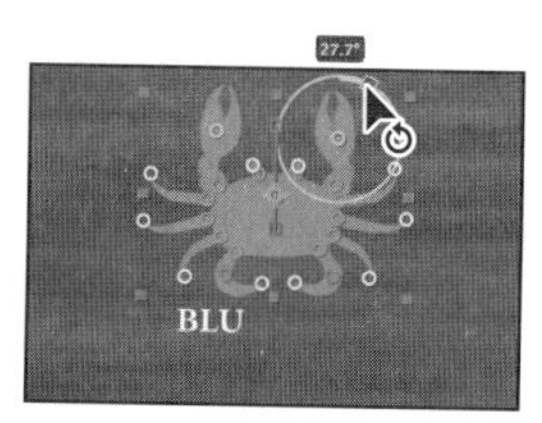

图8-24

3. 把当前时间指示器拖至 5:00，移动 Left Pincer 和 Right Pincer 控点，让两个蟹钳进一步远离。然后向外拖曳每个圆圈上的小方框，使蟹钳略微膨胀（见图 8-25）。

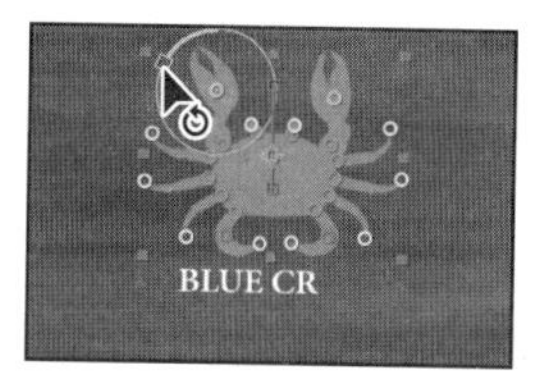

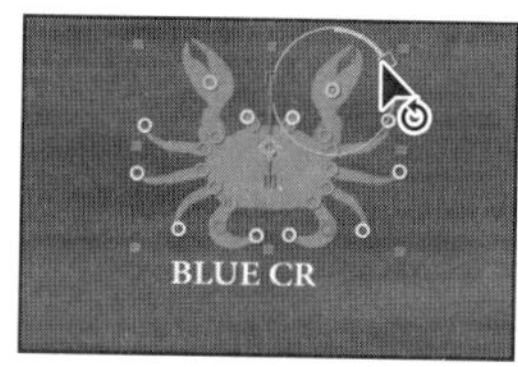

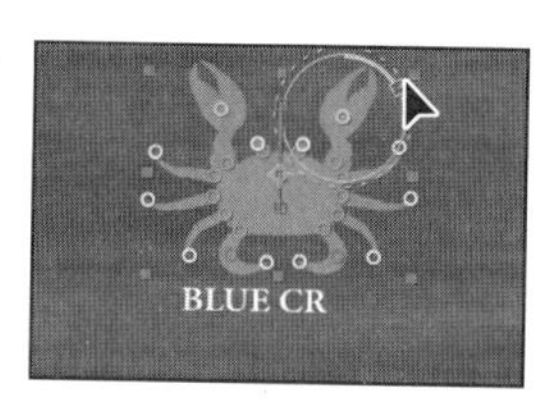

图8-25

4. 在 6:19，把蟹钳向内扳回。然后在 8:19，再次调整蟹钳，使它们再次垂直。在 9:29，把蟹钳缩小到原来的尺寸，并移动蟹钳，让它们完全转向内侧。

5. 沿着时间标尺，移动当前时间指示器，观看蟹钳动画。

接下来，我们把触须靠得更近一些。由于第一个关键帧已经存在，所以我们只要再创建一个关键帧即可。

6. 把当前时间指示器拖曳到 7:14，并把触须上的控点拉得近一些。

接下来，再为蟹腿制作动画。我们希望蟹腿的移动早于蟹钳，并且移动的幅度很小。

7. 把当前时间指示器拖曳到 1:19，移动螃蟹每条腿上的控点，使蟹腿略微变长，并向外弯曲。使用两条大后腿上的弯曲控点，让两条后腿略微变大一些。

8. 分别在 2:01、4:00、6:17，调整每根蟹腿，让它们在视频播放过程中轻微地向上或向下、向内或向外移动。请注意，不管往哪个方向移动，要确保每个控点每次移动时的移动量大致相同。在 8:10，使用弯曲控点把两条大后腿恢复成原来的大小。

9. 按 F2 键，或单击 Timeline（时间轴）面板中的空白区域，取消选择所有图层。然后，按 Home 键，或者直接把当前时间指示器拖曳到时间标尺的起始位置。

10. 如图 8-26 所示，按空格键，预览动画。预览完成后，再次按空格键，停止预览。如果你想进一步调整动画，此时可以调整每个帧上的操控点。

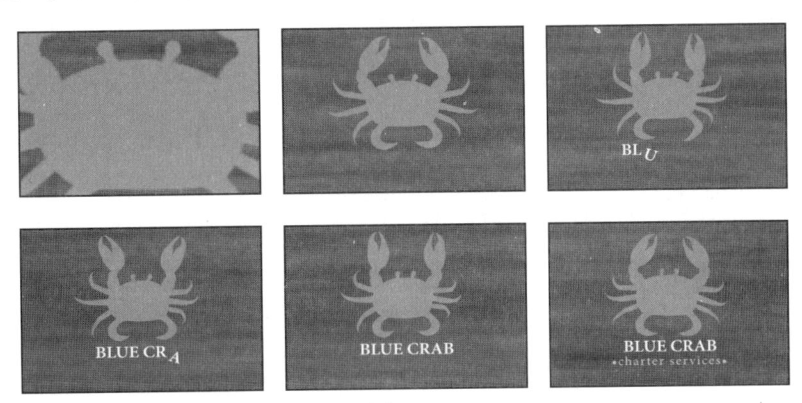

图8-26

11. 在菜单栏中，依次选择 File（文件）→ Save（保存）菜单，保存当前动画，然后隐藏 crab.psd 图层的所有属性。

8.7 使用人偶工具制作波浪

人偶工具不仅可以用来为图层上的图像制作动画，还可以用来向视频图层添加扭曲等特殊效果。下面我们将使用高级控点制作波浪。

1. 在 Timeline（时间轴）面板中，单击 Water background.mov 图层左侧的锁头图标，解除图层锁定，这样你才能编辑它。
2. 把当前时间指示器拖曳到 4:00，这时你可以清晰地看到流水。
3. 选择 Water background.mov 图层。
4. 在工具栏中，选择 Puppet Advanced Pin Tool（人偶高级控点工具），然后在螃蟹的上下左右分别创建一个高级控点。
5. 在工具栏中，取消 Show（显示）选项，这样你可以清楚地看到水体。
6. 如图 8-27 所示，旋转各个操控点，为水体制作波浪。这个过程中，你可能需要缩放水体和调整控点位置，才能保证扭曲后的水体仍然能够充满整个画面。如果制作得不满意，你可以随时删掉操控点，从头再来一次。

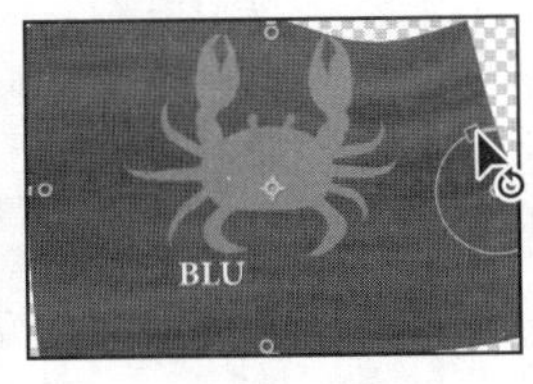

图8-27

7. 按 Home 键，或直接把当前时间指示器拖曳到时间标尺的起始位置。然后按空格键，预览动画。当预览完毕后，再次按空格键，停止预览。

8.8 记录动画

只要你愿意，我们完全可以手动修改每个关键帧上每个操控点的位置，但这样做既费时又无聊。事实上，我们可以不这样制作关键帧动画，你可以使用 Puppet Sketch Tool（人偶草绘工具）实时地把操控点拖曳到目标位置。一旦你开始拖曳操控点，After Effects 就会自动记录操控点的运动，并在释放鼠标时，停止记录。当你拖曳操控点时，合成也随之发生移动。当停止记录时，当前时间指示器会返回到记录起始点，这样方便记录同一时间段中其他操控点的路径。

接下来，我们将使用 Puppet Sketch Tool（人偶草绘工具）重新创建蟹钳运动的动画。

1. 在菜单栏中，依次选择 File（文件）→ Save As（另存为）→ Save As（另存为）菜单，在 Save As（另存为）对话框中，设置项目名称为 Motionsketch.aep，将其保存到 Lesson08/Finished_Project 文件夹之中。

提示：默认情况下，动画播放速度和录制时的速度一样。但你可以更改录制速度和播放速度的比率，在录制之前，请单击工具栏中的 Record Options（记录选项），在“操控录制选项”对话框中，修改 Speed（速度）值即可。

2. 把当前时间指示器移动到 1:27。

3. 在 Timeline（时间轴）面板中，选择 crab.psd 图层，按 U 键显示该图层的所有关键帧。

4. 如图 8-28 所示，向下滚动到 Left Pincer 和 Right Pincer 操控点。拖选这两个操控点在 2:08 之后的所有关键帧，然后删除它们。

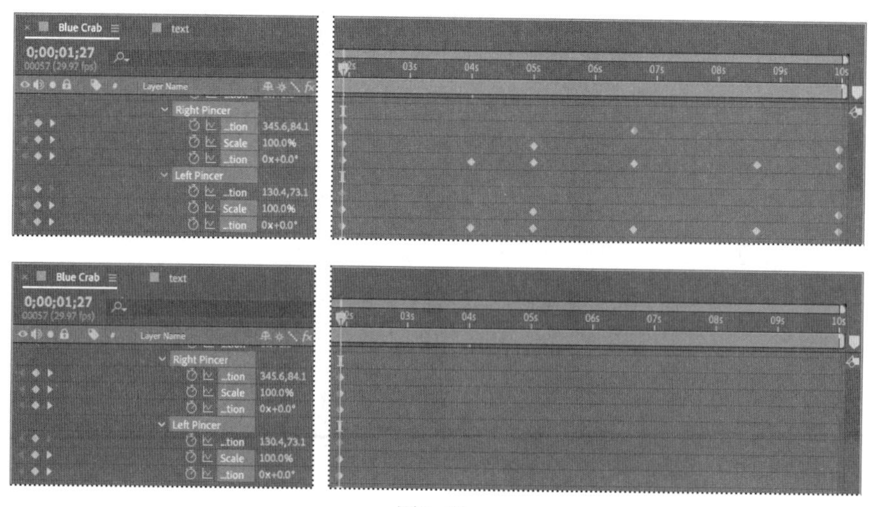

图8-28

这样，我们就把蟹钳动画的关键帧全部删除，同时把其他操控点的动画保留下来。根据固化控点的位置，你可以需要轻微移动一下蟹钳，以配合其他控点的移动。

5. 在工具栏中，选择 Puppet Position Pin Tool（人偶位置控点工具，📌）。
6. 若操控点不可见，可以在 Timeline（时间轴）面板中，选择 Puppet（操控），在 Composition（合成）面板中显示出操控点。
7. 在 Composition（合成）面板中，选择 Left Pincer 操控点，按住 Ctrl（Windows）或 Command（macOS）键，激活 Puppet Sketch Tool（人偶草绘工具），此时在光标旁边出现一个时钟图标。
8. 按住 Ctrl 或 Command 键不动，把 Left Pincer 操控点拖曳到不同位置，然后释放鼠标。此时，当前时间指示器返回到 1:27。
9. 按 Ctrl 或 Command 键，把 Right Pincer 操控点拖曳到目标位置。当拖曳时，可以参考螃蟹轮廓和另一只蟹钳的运动路径。释放鼠标，即可停止录制。
10. 预览最终动画，如图 8-29 所示。

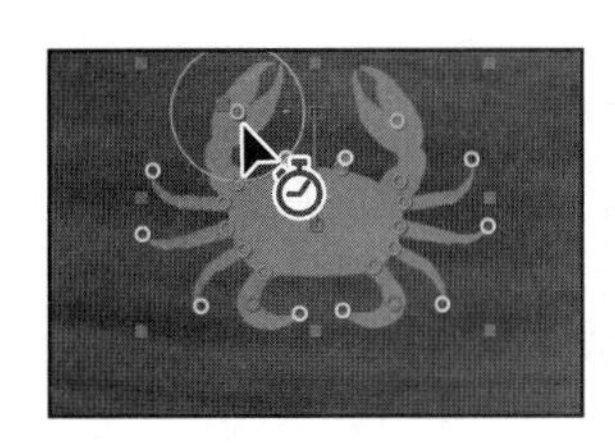
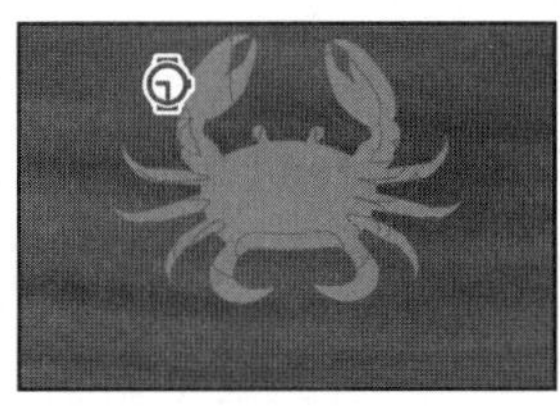
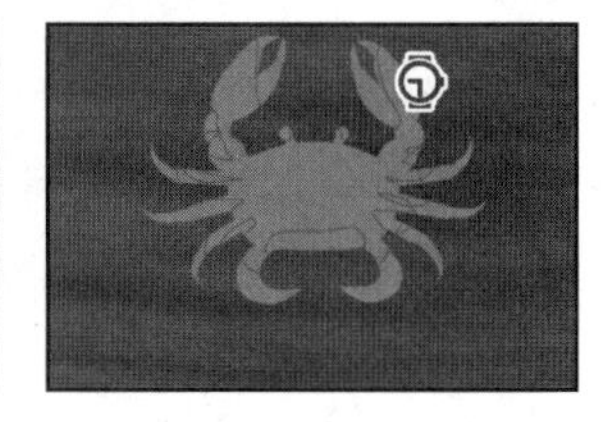

图8-29

至此，我们已经使用人偶工具制作出了一段逼真、有趣的动画。请记住，你可以使用人偶工具对多种类型的对象进行变形与操控。

更多内容

使用 Adobe Character Animator 制作角色动画

如果你对自己的演技自信满满，那么你很可能会选用 Adobe Character Animator 软件来制作角色动画，而不会费劲地添加关键帧。当你要制作一个很长的场景，或者需要匹配角色的嘴型和配音时，Adobe Character Animator 软件会非常有用，而且使用过程中也充满了很多乐趣。

Adobe Character Animator 是 Adobe Creative Cloud 的一部分，如果你是 Adobe Creative Cloud 会员，就可以免费使用它。使用 Adobe Character Animator 时，需要先导入使用 Photoshop 或 Illustrator 创建的角色，然后在摄像头前做出这个角色的面部表情和头部运动，角色就会在屏幕上模仿你的动作。如果你开口说话，那么角色嘴唇也会根据你说的话做出相应运动（见图 8-30）。

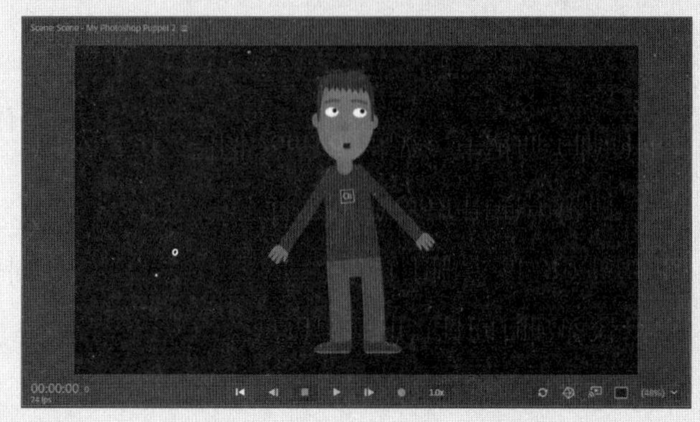

图8-30

你可以使用键盘快捷键、鼠标、平板计算机控制身体其他部分（比如腿部、胳膊）的运动。你还可以设置跟随行为，例如，当一只兔子的脑袋朝左摆动时，它的耳朵也会跟着一起向左摆动。

Adobe Character Animator 提供了一些有趣的交互式教程，这些教程可以帮助你快速上手并使用它。有关 Adobe Character Animator 的更多内容，请前往其官方网站学习。

制作流畅动画的小技巧

- 为不同运动部位创建不同图层，例如在一个图层上画嘴，在另外一个图层上画右眼等。
- 为各个图层指定合适的名称，以便 Character Animator 能够区分它们。使用特定单词（例如 pupil）有助于 Character Animator 把角色相应部分对应到摄像机图像上。
- 在录制之前，练习面部与其他肢体动作。一旦设置好静止姿势，你就可以尝试不同嘴型、扬眉动作、摇头和其他动作，了解角色是如何模拟这些细微和夸张的肢体动作的。
- 在录制时，要正对着麦克风说话。许多口型都是由声音触发的，例如“啊哦”，而且角色的嘴部动作要和你说的话保持同步。
- 刚开始的时候，可以先考虑使用一个现成的角色模板。为图层正确命名，有助于后续操作。
- 多尝试为没有面部和身体的对象制作动画。例如，你可以使用 Character Animator 尝试为漂浮的云、飘动的旗帜、开放的花朵制作动画。在制作过程中，要多想些创意，从中体会创作的乐趣。

8.9 复习题

1. 人偶位置控点工具和人偶高级控点工具有何不同？
2. 什么时候要使用人偶固化控点工具？
3. 请说出制作控点位置动画的两种方法。

8.10 答案

1. 人偶位置控点工具用来创建位置控点，这些操控点指定了图像变形时部分图像的位置。人偶高级控点工具用来创建高级控点，这些控点控制部分图像的缩放、旋转、位置。
2. 人偶固化控点工具用来设置固化控点，当对象中非固化部分发生变形时，受固化的部分不易发生扭曲变形。
3. 在制作控点位置动画时，你可以在 Timeline（时间轴）面板中手动修改每个操控点的位置。但相比之下，更快的方法是使用人偶草绘工具：选择人偶位置控点工具，按 Ctrl 或 Command 键，拖曳操控点，After Effects 会自动记录它的运动。

第 9 课 使用Roto笔刷工具

课程概览

本课学习如下内容：

- 使用 Roto 笔刷工具从背景中提取前景对象
- 调整跨越多个帧的分离边界
- 使用调整边缘工具修改蒙版
- 冻结剪辑蒙版
- 制作属性动画，获得富有创意的效果
- 面部跟踪

学完本课大约需要 1 小时。如果你尚未下载本课项目文件，请到“数艺设”网站下载。在学习本课的过程中，原始项目文件会被覆盖掉。如果你想使用原始项目文件，请重新下载它们。

项目：TV COMMERCIAL

通过使用 Roto 笔刷工具，你可以把一个跨越多帧的对象从背景中快速分离出来。相比于传统的动态遮罩技术，使用 Roto 笔刷工具能够节省大量时间，并且能够得到更好的处理结果。

9.1 关于动态遮罩

在影片的多个图像帧上绘图或绘画时，其实就是在用动态遮罩。例如，动态遮罩常见的用途是跟踪对象，它将路径用作蒙版，把对象从背景中分离出来，这样就能单独处理分离出来的对象了。在 After Effects 中传统的方法是，先绘制遮罩，再制作遮罩路径动画，然后使用遮罩定义蒙版（蒙版也是一种遮罩，用来隐藏图像的某个部分，以便叠加另一幅图像）。传统方法虽然有效，但耗时，而且也很枯燥，尤其是当目标对象频繁移动或背景十分复杂时，更是如此。

如果背景或前景对象拥有一致且鲜明的颜色，你可以使用颜色键控（color keying）方法把对象从背景中分离出来。如果拍摄使用的背景是绿色或蓝色（绿屏或蓝屏）的，使用键控要比动态遮罩简单得多。不过，在处理复杂背景时，键控方式的效率十分低下。

在 After Effects 中，Roto 笔刷工具的速度要比传统的动态遮罩快得多。你可以使用 Roto 笔刷工具定义前景和背景元素。然后 After Effects 创建蒙版，并跟踪蒙版的运动。Roto 笔刷工具为我们做了大量工作，我们只需做一点收尾工作就行了。

9.2 准备工作

在本课中，我们将使用 Roto 笔刷工具把一个男孩从湿冷的冬日背景中分离出来。然后在不影响男孩的情形下，重新处理背景颜色，并添加一个动态文本。

开始之前，请先预览一下最终影片，并创建好要使用的项目。

1. 请检查硬盘上的 Lessons/Lesson09 文件夹中是否包含如下文件。若没有，请立即前往“数艺设”网站下载。

   - Assets 文件夹：boy.mov、Facetracking.mov。
   - Sample_Movies 文件夹：Lesson09.avi、Lesson09.mov。

2. 在 Windows Movies & TV 中打开并播放 Lesson09.avi 示例影片，或者使用 QuickTime Player 播放 Lesson09.mov 示例影片，了解本课要创建的效果。在观看完之后，请关闭 Windows Movies & TV 或 QuickTime Player。如果存储空间有限，此时，你可以把这两段示例影片从硬盘中删除了。

在学习本课之前，最好先把 After Effects 恢复成默认设置（参见前言中“恢复默认设置”部分的内容）。你可以使用如下快捷键完成这个操作。

3. 当启动 After Effects 时，请立即按下 Ctrl+Alt+Shift（Windows 系统）或 Command+Option+Shift（macOS 系统），此时会弹出一个消息框，询问“是否确实要删除你的首选项文件？”，单击“OK”（确定），即可删除首选项文件，恢复 After Effects 默认设置。

4. 在 Home（主页）窗口中，单击 New Project（新建项目）。

此时，After Effects 新建并打开一个未命名的项目。

5. 在菜单栏中，依次选择 File（文件）→ Save As（另存为）→ Save As（另存为），打开 Save As（另存为）对话框。

6. 在 Save As（另存为）对话框中，转到 Lessons/Lesson09/Finished_Project 文件夹下。

7. 输入项目名称 Lesson09_Finished.aep，单击 Save（保存）按钮，保存项目。

创建合成

接下来，导入素材文件，并基于导入文件创建合成。

1. 在 Composition（合成）面板中，单击 New Composition From Footage（从素材新建合成），打开“导入文件”对话框。

2. 在“导入文件”对话框中，转到 Lessons/Lesson09/Assets 目录下，选择 boy.mov 文件，然后单击 Import（导入）或 Open（打开）按钮。

图9-1

如图 9-1 所示，After Effects 基于 boy.mov 文件中的设置自动为我们创建了一个名为 boy 的合成。该合成时长为 3 秒，帧大小为 1920 × 1080，帧速率为每秒 29.97 帧，这也是视频拍摄时使用的帧速率。

3. 在菜单栏中，依次选择 File（文件）→ Save（保存），保存当前项目。

9.3 创建分离边界

我们使用 Roto 笔刷工具指定视频剪辑的前景和背景区域，并添加描边区分两者，然后 After Effects 在前景和背景之间创建分离边界。

9.3.1 创建基础帧

为了使用 Roto 笔刷工具分离出前景对象，首先要向基础帧添加描边，把前景和背景区域区分开。你可以从视频剪辑的任意一帧开始操作，但是这里，我们将把第一帧用作基础帧，然后添加描边，把男孩作为前景对象识别出来。

1. 沿着时间标尺，拖曳当前时间指示器，预览视频素材。

2. 按 Home 键，把当前时间指示器移动到时间标尺的起始位置。

3. 在工具栏中，选择 Roto Brush Tool（Roto 笔刷工具，）。

接下来，你就可以在 Layer（图层）面板中使用 Roto 笔刷工具了。

4. 如图 9-2 所示，在 Timeline（时间轴）面板中，双击 boy.mov 图层，在 Layer（图层）面

板中打开视频剪辑。

图9-2

5. 从 Layer（图层）面板底部的 Magnification Ratio Pop-up Menu（放大率弹出式菜单）中，选择 Fit（适合），这样才可以看到整个影像画面。

在默认情况下，Roto 笔刷工具会为前景创建绿色描边。接下来，让我们先为前景（男孩）添加描边。一般来说，最有效的做法是先使用粗线描边，然后再使用细一点的笔刷调整边缘。

6. 在菜单栏中，依次选择 Window（窗口）→ Brushes（画笔），打开 Brushes（画笔）面板，从中选择一个 100 像素大小的尖角画笔（你可能需要调整画笔面板大小才能看见所有画笔）。

在描绘前景人物时，一定要考虑人物的骨骼结构。与传统的动态遮罩有所不同，使用 Roto 笔刷工具时并不需要精确勾勒对象边界。先从粗的描边开始，然后到小区域，After Effects 会自动判断边界在何处。

7. 如图 9-3 所示，从男孩的头部开始，自上而下画一条绿线，一直画到画面底部为止。

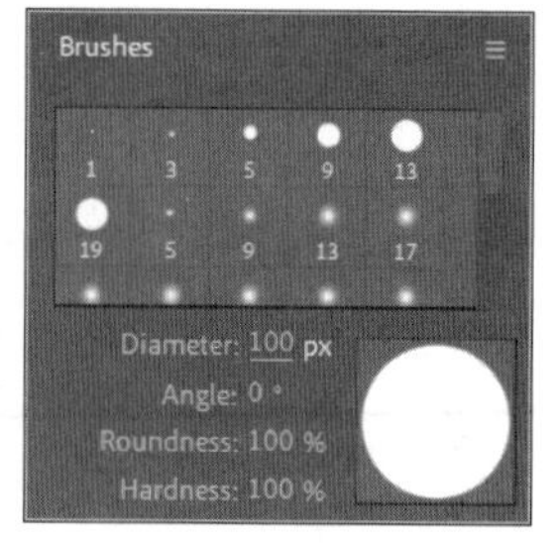

图9-3

Ae **提示：**使用鼠标滚轮，可以快速放大或缩小图层面板。

After Effects 使用粉红色轮廓线标出前景对象。但是它大约只识别出了人物的一半，因为一开始采样时只取了对象的一小块区域。接下来，我们将添加更多前景笔触，以帮助 After Effects 查找边缘。

8. 如图 9-4 所示，使用大号画笔，在男孩的外套上，从左到右画一笔，包括右侧衣服上的黑色条纹。

图9–4

9. 使用小一点的画笔，在遗漏的区域中拖绘，把它们添加到前景。

提示：按住 Ctrl（Windows）或 Command（macOS）键，拖曳鼠标可以快速增加或缩小画笔大小：向左拖曳，可以减小画笔大小，向右拖曳，可以增加画笔大小。

使用 Roto 笔刷工具选取前景的过程中，难免会把一部分背景也加入到前景之中。现在，如果你还没有取到前景中的所有细节，也没关系。接下来，我们会使用背景笔触画笔从前景中去除多余的区域。

10. 按住 Alt（Windows）或 Option（macOS）键，切换到红色背景笔触画笔。

11. 在背景区域中绘制红色笔触，把描绘区域从前景中去除。在前景和背景笔刷间来回切换对蒙版进行精细调整。请不要忘记，把男孩帽子底下的区域从前景中去除，如图 9-5 所示。事实上，你只需在那个区域中轻轻一点，就可以把它从前景中去掉。

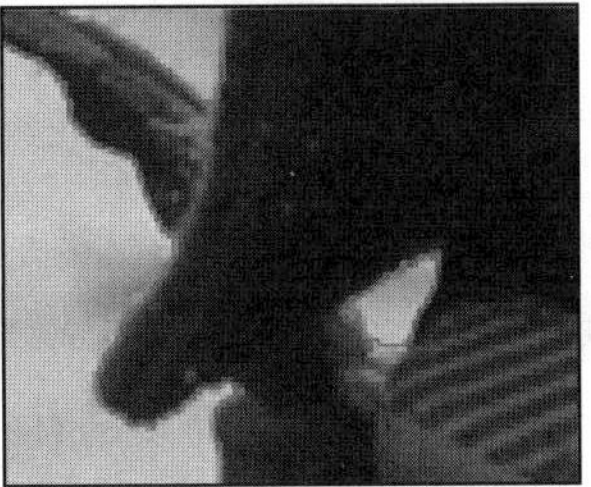

图9–5

使用After Effects编辑Adobe Premiere Pro剪辑

在一个项目的制作过程中，你可以使用 Adobe Premiere Pro 和 After Effects 处理同一段视频剪辑，并在两个应用程序之间轻松传递视频剪辑。

若想在 After Effects 中编辑 Adobe Premiere Pro 视频剪辑，请按照如下步骤操作。

1. 在 Adobe Premiere Pro 中，使用鼠标右键（或按住 Control 键）单击视频剪辑，在弹出的菜单中，选择 Replace With After Effects Composition（替换为 After Effects 合成）。

此时，After Effects 启动，并打开 Adobe Premiere Pro 视频剪辑。

2. 当 After Effects 询问是否保存项目时，请单击保存。然后在 After Effects 中对视频剪辑做相应处理，这与其他 After Effects 项目一样。
3. 处理完毕后，保存项目，并返回到 Adobe Premiere Pro 中。

你在 After Effects 中所做的更改会反映在时间轴上。

当使用 Roto 笔刷时，画笔笔触不必十分精确，只要确保蒙版与前景对象边缘相差 1 ～ 2 个像素即可。稍后我们还会对蒙版进行精细调整。由于 After Effects 会使用基础帧的信息来调整其他部分的蒙版，所以我们要把蒙版调整得准确些。

12. 如图 9-6 所示，单击图层面板底部的 Toggle Alpha（切换 Alpha）按钮（ ）。此时，选取区域为白色，未选取区域为黑色，蒙版清晰可见。

13. 如图 9-7 所示，单击图层面板底部的 Toggle Alpha Overlay（切换 Alpha 叠加）按钮（ ），此时前景为彩色，背景为红色。

14. 如图 9-8 所示，单击图层面板底部的 Toggle Alpha Boundary（切换 Alpha 边界）按钮（ ），可以看到围绕着男孩的粉色轮廓线。

图9-6

图9-7

图9-8

当使用 Roto 笔刷工具时，Alpha Boundary（Alpha 边界）是展现边界精确与否的最好方式，因为边界内外区域一览无余。不过，在 Alpha 和 Alpha Overlay（Alpha 叠加）模式下，你可以更好地观察蒙版，并且不会受到背景的干扰。

9.3.2 精细调整边界

前面我们使用 Roto 笔刷工具创建了一个基础帧，其中包含的分离边界把前景从背景分开。

After Effects 会把分离边界应用到多个帧上。在图层面板底部的时间标尺之下，显示的是 Roto 笔刷和调整边缘间距。当向前或向后观看视频素材时，分离边界会随着前景对象（本例中指小男孩）移动。

1. 如图 9-9 所示，在 Layer（图层）面板中，把作用范围终点拖曳到 1:00，扩大作用范围。

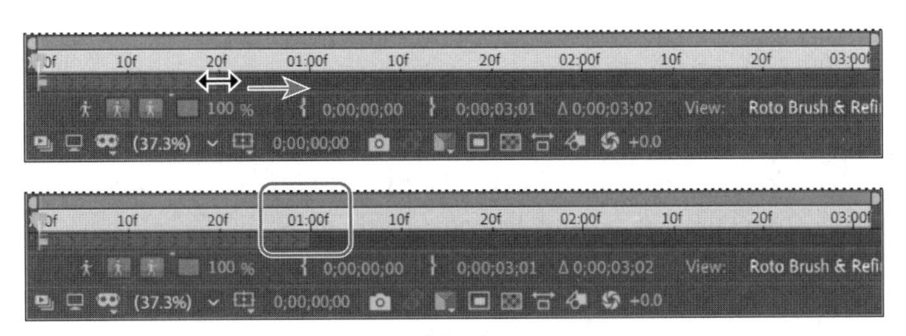

图9-9

接下来，我们将逐步查看作用范围内的每一帧，并根据需要调整分离边界。

2. 按主键盘（非数字小键盘）上的数字键 2，然后向后移动一帧。

提示：按主键盘（非数字小键盘）上的数字键 2，向后移动一帧（即移动到下一帧）。按数字键 1，向前移动一帧（即移动到上一帧）。

从基础帧开始，After Effects 跟踪对象的边缘，并尽量跟踪对象的运动。分离边界精确与否取决于前景和背景元素的复杂程度。在本例中，随着外套在画面中露出得越来越多，你会发现男孩右袖子（视频剪辑左边缘）上的分离边界起了变化。此外，棉帽下襟和兜帽边缘都需要做进一步调整。

3. 使用 Roto 笔刷工具，在前景和背景上涂抹，进一步调整当前帧上的蒙版范围。当蒙版准确了，即停止调整。

若画得不对，可以随时撤销，重新再画。在作用范围内逐帧移动时，对当前帧的每次修改都会影响到它后面的所有帧。使用 Roto 笔刷描画得越精细，最后的分离效果越好。建议你在每次下笔描画之后，就向前走几帧，看看它对分离边界有什么影响。

提示：当分离边界传播到某个帧上时，After Effects 会把这个帧缓存下来。在时间标尺上缓存的帧用绿条表示。如果你一下跳到前方较远处的一个帧上，After Effects 可能需要花较长时间来计算分离边界。

4. 再次按数字键 2，移动到下一帧。

5. 使用 Roto 笔刷工具，继续在前景和背景上涂抹，进一步调整分离边界。

6. 重复步骤 4 和 5，直到达到 1:00 处（见图 9-10）。

图9-10

9.3.3 新添基础帧

After Effects 创建的初始 Roto 笔刷的作用范围是 40 帧（每个方向 20 帧）。随着在各帧间前行，Roto 笔刷的作用范围会自动扩大。当然，你还可以通过拖曳作用范围控点来扩大作用范围。不过，移动到离基础帧越远的位置，After Effects 就会花更多时间为每个帧计算分离边界，尤其是当画面比较复杂时更是如此。当视频素材中场景变化很大时，你最好创建多个基础帧，避免使笔刷的作用范围过大。在本例中，视频场景变化不大，所以，我们可以适当扩大笔刷的作用范围，并在需要时做相应调整就行了。但是，这里为了学习的需要，我们将为视频剪辑添加多个基础帧，学习连接多个作用范围的方法，并了解与基础帧距离变远后分离边界是怎样变化的。

在前面的调整过程中，我们已经来到了 1:00 处。接下来，我们向项目中添加一个新基础帧。

1. 在图层面板中，移动到 1:20 位置。这个帧不在初始作用范围内，所以此时的分离边界包含整个帧。
2. 如图 9-11 所示，使用 Roto 笔刷工具，在前景和背景上涂抹，绘出分离边界。

图9-11

此时，一个新的基础帧（用蓝色矩形表示）添加到了时间标尺上，并且 Roto 笔刷的作用范围扩展到了新基础帧的前后几个帧。根据初始作用范围传播的远近，在这两个作用范围之间可能存在间隙，若有，我们需要把它们连接起来。

3. 若有必要，把新作用范围的左边缘拖曳到上一个作用范围的边缘处。

4. 按数字键 1，（从新的基础帧）移动到上一帧，然后调整分离边界。

5. 继续往前移动，并调整分离边界，直到到达 1:00 处。

6. 往后移动到 1:20 处的基础帧，然后按数字键 2 向右移动一帧，调整每一帧的分离边界。

7. 当到达作用范围的终点时，把右边缘拖曳到剪辑末尾，根据需要继续调整素材中的各个帧。特别注意当棉帽从树前经过时帽子的“左耳朵”。当两个深色区域重叠在一起时，更难得到准确的边缘。请注意，在使用 Roto 笔刷工具绘制分离边界时，Roto 笔刷要尽量靠近前景对象的边缘。

8. 当调整好整个视频剪辑的分离边界后，在菜单栏中，依次选择 File（文件）→ Save（保存）菜单，保存当前项目（见图 9-12）。

图9-12

9.4 精调蒙版

尽管 Roto 笔刷已经处理得相当不错了，但是蒙版中还是夹杂着一些背景，或者没有完全包含所有前景区域。这时，我们就需要对蒙版边缘进行精调，以便删除蒙版中混入的背景，以及把未包含的前景纳入到蒙版中。

9.4.1 调整“Roto 笔刷和调整边缘”效果

在使用 Roto 笔刷工具时，After Effects 会向图层应用“Roto 笔刷和调整边缘”效果。我们可以在 Effect Controls（效果控件）面板中，调整“Roto 笔刷和调整边缘”效果的各个参数，以进一步调整蒙版边缘。

1. 在图层面板中，按空格键，播放视频剪辑。观看完整个视频剪辑之后，再次按空格键，即可停止预览。

在观看视频剪辑时，你会发现分离边界不太规整。接下来，我们将使用 Reduce Chatter（减少震颤）来解决这个问题。

2. 如图 9-13 所示，在 Effect Controls（效果控件）面板中，把 Feather（羽化）修改为 10，把 Reduce Chatter（减少震颤）修改为 20%。

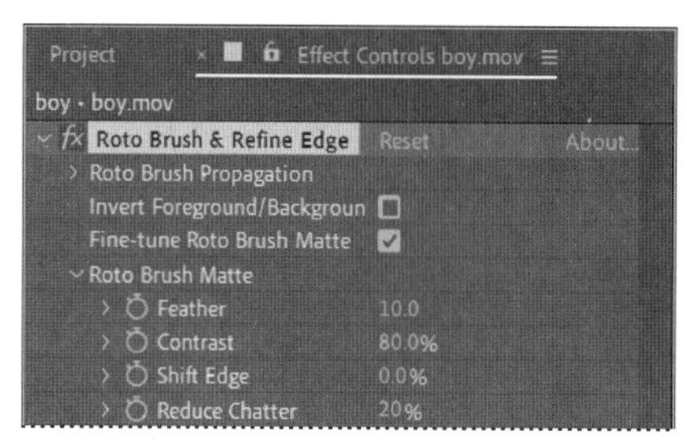

图9-13

Reduce Chatter（减少震颤）值控制着在相邻帧上做加权平均时当前帧有多大影响力。根据蒙版的松紧程度，你可能需要把 Reduce Chatter（减少震颤）值增加到 50%。

3. 再次预览视频剪辑，可以发现当前蒙版边缘已经变得非常平滑了。

Refine Soft Matte（调整柔和遮罩）和Refine Hard Matte（调整实边遮罩）效果

After Effects 提供了两种用于调整蒙版的相关效果：Refine Soft Matte（调整柔和遮罩）和 Refine Hard Matte（调整实边遮罩）。两种效果几乎完全一样，但它会以恒定的宽度把效果应用到整个遮罩。如果你想在整个遮罩上捕捉微妙的变化，可以使用 Refine Soft Matte（调整柔和遮罩）效果。

在 Effect Controls（效果控件）面板中，打开“Roto 笔刷和调整边缘”中的 Fine-Tune Roto Brush Matte（微调 Roto 笔刷遮罩）选项，则 Refine Hard Matte（调整实边遮罩）对边缘的调整效果和 Roto 笔刷一样。

9.4.2 使用 Refine Edge Tool（调整边缘工具）

男孩的棉衣和面部都是硬边缘，但是他的帽子是有绒毛的，Roto 笔刷工具无法分辨具有细微差别的边缘。Refine Edge Tool（调整边缘工具）允许你把更多细节（例如几缕头发）添加到分离边界所指定的区域中。

虽然在创建了基础帧之后你就可以使用 Refine Edge Tool（调整边缘工具），但最好还是在你调整完整个视频剪辑的分离边界之后再用它。鉴于 After Effects 会传播分离边界，过早使用 Refine Edge Tool（调整边缘工具）将导致蒙版难以使用。

1. 返回到第一个基础帧，然后放大画面，直至可以看清棉帽边缘。若有必要，你可以把图层面板最大化，并使用 Hand Tool（手形工具）移动图层，以便看到整个帽子。

2. 在工具栏中，选择 Refine Edge Tool（调整边缘工具，），该工具隐藏于 Roto Brush Tool（Roto 笔刷工具）之下。然后，在图层面板中，回到视频剪辑的起始位置。

棉帽相对柔软，所以选用小尺寸画笔会比较合适。对于带有绒毛的对象，使用小尺寸画笔可能会得到更好的结果。并且，在描绘时，画笔要与对象的边缘重叠。

3. 把画笔大小修改为 10 像素。

使用 Refine Edge Tool（调整边缘工具）时，画笔要盖住或沿着蒙版边缘移动描绘。

4. 在图层面板中，把 Refine Edge Tool（调整边缘工具）移动到帽檐之上，拖绘时让笔刷盖住分离边界，包含那些模糊区域。如图 9-14 所示，你可以沿着帽子使用 Refine Edge Tool（调整边缘工具）反复描绘，直到得到满意的结果。

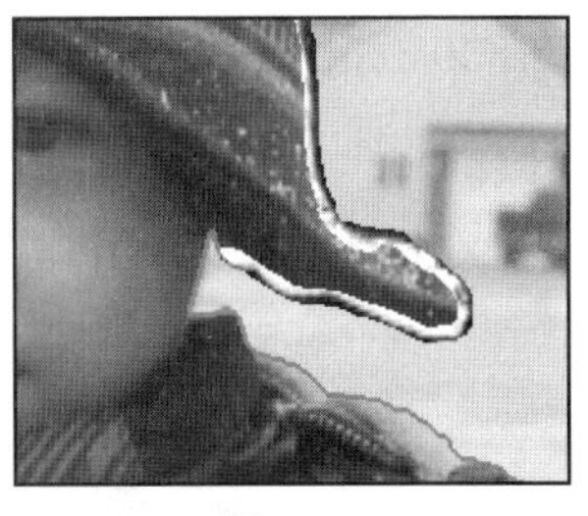
图9-14

当释放鼠标后，After Effects 会切换到 X 光透视模式，这种模式会显示更多边缘细节，方便你观察 Refine Edge Tool（调整边缘工具）对蒙版所做的修改。

5. 在图层面板中，移动到第二个基础帧（1:20），然后重复步骤 1 ～ 4，完成动态遮罩的制作。

6. 缩小画面，查看整个场景。若前面已经把图层面板最大化，把图层面板恢复到原来的大小。然后，在菜单栏中，依次选择 File（文件）→ Save（保存）菜单，保存当前项目。

注意：使用 Refine Edge Tool（调整边缘工具）之前，请先对整个视频剪辑的蒙版大致调整一番。

9.5 冻结 Roto 笔刷工具的调整结果

前面我们花了大量时间和精力为整个视频剪辑创建分离边界。After Effects 会把分离边界缓存下来，这样当再次调用的时候，就无须重新计算了。为了方便访问这些数据，我们需要把它们冻结起来。这样做可以降低系统负担，加快 After Effects 的运行速度。

在把分离边界冻结之后，在解冻之前，你将无法再编辑它。并且，重新冻结分离边界会很耗时，所以在执行冻结操作之前，你最好尽可能地先把分离边界调整好。

1. 如图单击图层面板右下角的 Freeze（冻结）按钮（见图 9-15）。

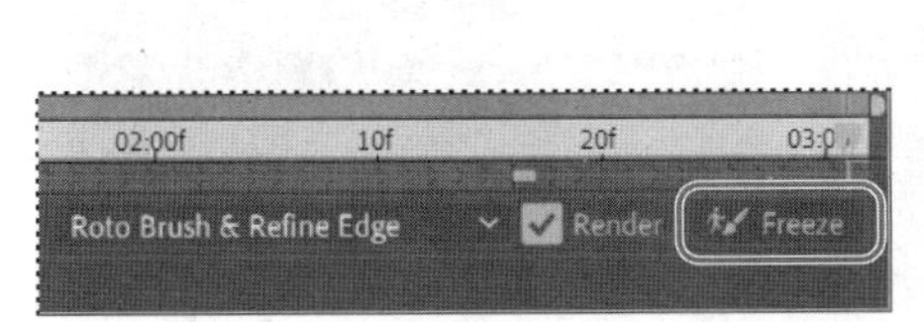

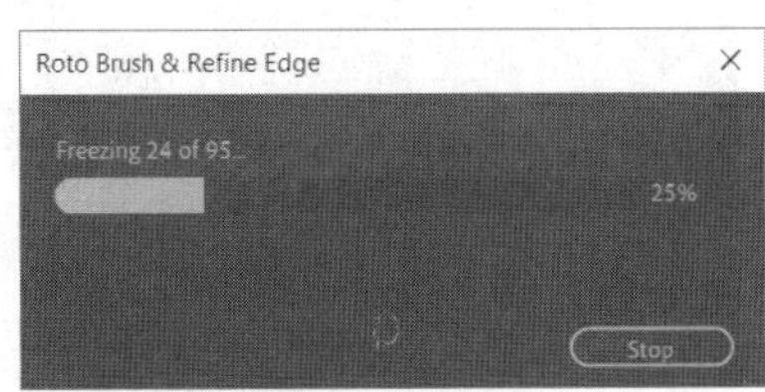

图9-15

After Effects 在冻结 Roto 笔刷和调整边缘工具数据时会显示一个进度条。在不同系统下，冻结操作耗费的时间各不相同。After Effects 冻结各帧的信息时，缓存标志线会变成蓝色。当冻结操作完成后，在图层面板中的时间标尺之上会显示一个蓝色警告条，提示分离边缘已经被冻结了。

> **注意：**冻结操作耗费时间的多少取决于你所用的系统。

2. 如图 9-16 所示，在图层面板中，单击 Toggle Alpha Boundary（切换 Alpha 边界）图标（），查看蒙版。然后单击 Toggle Transparency Grid（切换透明网格）图标（）。沿着时间标尺，拖曳时间指示器，查看从背景中抠出的人物。

图9–16

3. 再次单击 Toggle Alpha Boundary（切换 Alpha 边界）图标，显示分离边界。
4. 在菜单栏中，依次单击 File（文件）→ Save（保存）菜单，保存当前项目。

After Effects 会把冻结的分离边界信息和项目一起保存下来。

9.6 更改背景

把前景图像从背景中分离的原因各种各样，其中最常见的是把整个背景换掉，也就是，把主体对象放入一个不同的背景中。如果你只想简单地更改一下前景或背景，而不修改其他部分，那你完全可以考虑使用动态遮罩技术。在本课中，我们将把背景颜色改成蓝色，以加强冬天的氛围，使主体人物更加突出。

1. 如图 9-17 所示，关闭图层面板，返回到 Composition（合成）面板中，然后把当前时间指示器移动到时间标尺的起始位置。从 Composition（合成）面板底部的 Magnification Ratio Pop-up Menu（放大率弹出式菜单）中选择 Fit（适合）。

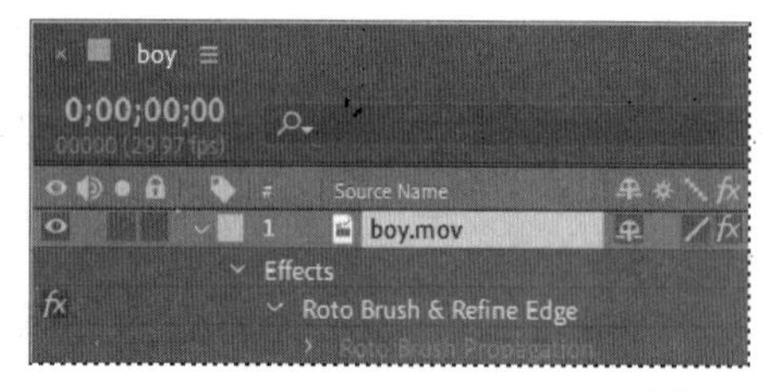

图9–17

在 Composition（合成）面板显示的合成中，只包含 boy.mov 图层，它是从视频剪辑中分离出来的前景。

2. 若 boy.mov 图层的属性处于展开状态，把它们隐藏起来。

3. 单击 Project（项目）选项卡，显示 Project（项目）面板。再次把 boy.mov 素材从 Project（项目）面板拖入 Timeline（时间轴）面板中，并使其位于原有的 boy.mov 图层之下。

4. 如图 9-18 所示，单击新图层，按 Enter 或 Return 键，重命名为 Background，再次按 Enter 或 Return 键，使修改生效。

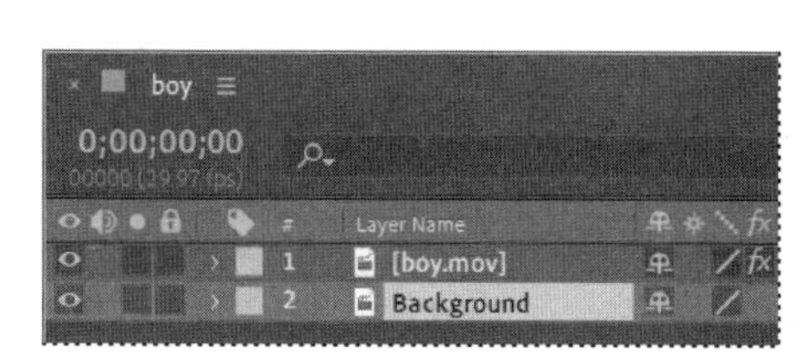

图9–18

5. 在 Background 图层处于选中的状态下，在菜单栏中，依次选择 Effect（效果）→ Color Correction（颜色校正）→ Hue/Saturation（色相 / 饱和度）菜单。

6. 如图 9-19 所示，在 Effect Controls（效果控件）面板中，执行如下操作。

- 选择 Colorize（彩色化）复选框。
- 修改 Colorize Hue（着色色相）为 −122°。
- 修改 Colorize Saturation（着色饱和度）为 29。
- 修改 Colorize Lightness（着色亮度）为 −13。

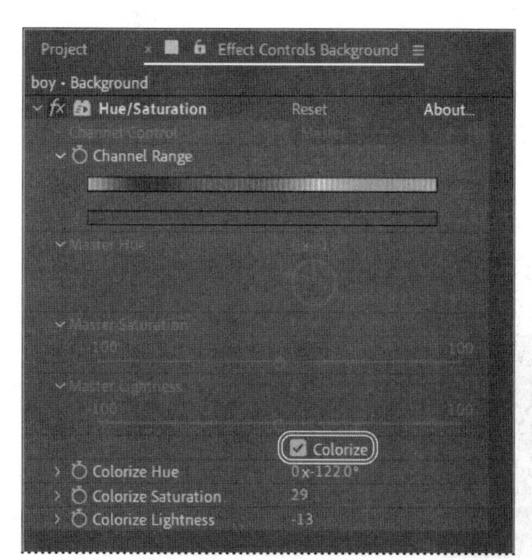

图9–19

7. 在菜单栏中，依次选择 File（文件）→ Increment And Save（增量保存）菜单。

在执行增量保存之后，你可以再次返回到项目的早期版本以便做相应的修改。当你想试验或尝试某些效果时，增量保存功能是非常有用的。增量保存功能会保留之前保存过的项目，然后新建一个同名的项目，并在文件名之后添加一个数字编号。

9.7 添加动画文本

到这里，整个项目就差不多完成了。最后还有一项工作，那就是在男孩和背景之间添加动画文本。

1. 取消选择所有图层，然后把当前时间指示器移动到时间标尺的起始位置。

2. 在菜单栏中，依次选择 Layer（图层）→ New（新建）→ Text（文本），新建一个空文本图层。

在 Timeline（时间轴）面板中，你可以看到新建的空文本图层，并且在 Composition（合成）面板中也出现了一个光标。

3. 在 Composition（合成）面板中，输入 WINTER BLUES。

> Ae **注意**：如果你的系统没有相应字体，请参考第 3 课的方法自行安装。

4. 在 Composition（合成）面板中，选择所有文本，然后在 Character（字符）面板中执行如下操作（见图 9-20）。

   - 在字体系列中，选择 Myriad Pro 字体。
   - 在字体样式中，选择 Semibold。
   - 设置字体大小为 300 像素。
   - 从“设置两个字符间的字偶间距”中，选择 Optical（视觉）。
   - 填充颜色选择白色。
   - 描边颜色选择黑色。
   - 设置描边宽度为 1 像素，并选择 Stroke Over Fill（在填充上描边）。

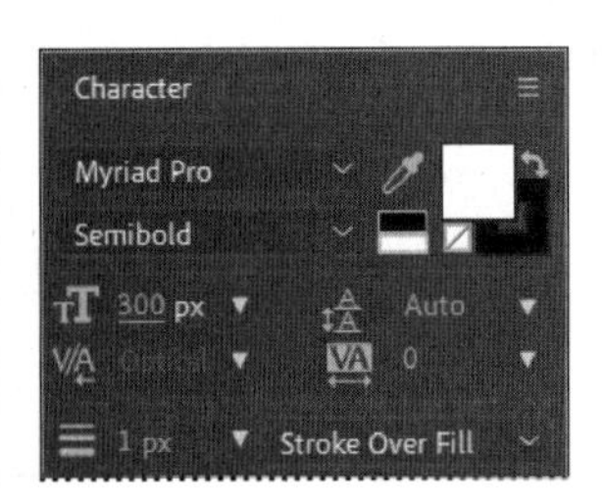

图9–20

5. 如图 9-21 所示，在 Timeline（时间轴）面板中，单击文本图层，取消选择文本。然后按 T 键，显示其 Opacity（不透明度）属性，修改不透明度值为 40%。

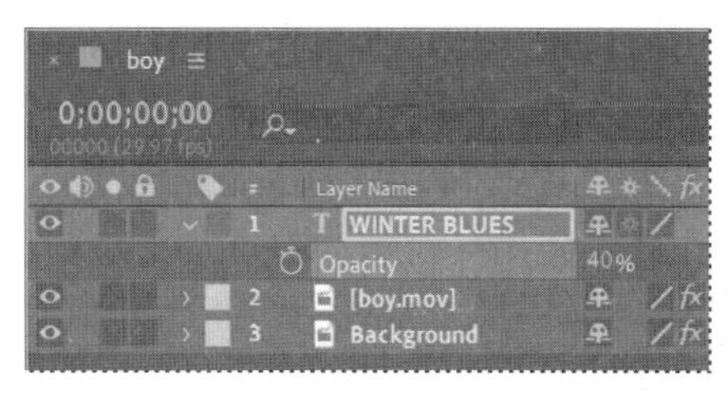

图9–21

6. 单击 Effects & Presets（效果和预设）选项卡，展开面板。然后在搜索框中输入 Glow（发光），双击 Stylize（风格化）之下的 Glow（发光）预设。

此时，文本呈现出了一些纹理质感，默认设置就够用了。

7. 在 Timeline（时间轴）面板中，向下拖曳 WINTER BLUES 图层，使其位于 boy.mov 和 Background 图层之间。若当前时间指示器不在时间标尺的起始位置，将其移动到时间标尺的起始位置。

接下来，为文本制作动画，使其从画面右侧移动到左侧。

8. 如图 9-22 所示，在 WINTER BLUES 图层处于选中的状态时，按 P 键，显示其 Position（位置）属性，修改位置坐标为 1925、540。单击 Position（位置）属性左侧的秒表图标（⏱），设置一个关键帧。

图9–22

此时文本处于画面之外，所以当影片刚开始播放时，文本是不可见的。

9. 如图 9-23 所示，把当前时间指示器移动到 3:01（剪辑末尾），修改 Position（位置）属性值为 −1990、540。

图9–23

此时，文本向左移动，After Effects 自动创建一个关键帧。

10. 如图 9-24 所示，在 Timeline（时间轴）面板中，取消所有图层的选择，把当前时间指示器移动到时间标尺的起始位置。按空格键，预览视频剪辑。

图9-24

11. 在菜单栏中，依次选择 File（文件）→ Save（保存），保存当前项目。

9.8 导出项目

最后，渲染影片，并将其导出。

1. 在菜单栏中，依次选择 File（文件）→ Export（导出）→ Add To Render Queue（添加到渲染队列）菜单，打开 Render Queue（渲染队列）面板。

2. 在 Render Queue（渲染队列）面板中，单击蓝字 Best Settings（最佳设置），打开 Render Settings（渲染设置）对话框。

3. 在 Render Settings（渲染设置）对话框中，从 Resolution（分辨率）下拉菜单中，选择 Half（二分之一），在 Frame Rate（帧速率）中选择 Use Comp's Frame Rate（使用合成帧速率），然后单击 OK（确定）按钮。

4. 单击 Output Module（输出模块）右侧的蓝字，在 Output Module Settings（输出模块设置）对话框中，选择 Audio Output Off（关闭音频输出），单击 OK（确定）按钮。

5. 单击 Output To（输出到）右侧的蓝字，在 Output Movie To（将影片输出到）对话框中，转到 Lesson09/Finished_Project 文件夹下，单击 Save（保存）按钮。

6. 单击 Render Queue（渲染队列）面板右上角的 Render（渲染）按钮。

7. 保存并关闭项目。

恭喜你！到这里，你已经学会如何把前景对象从背景中分离出来了（包括一些棘手的细节），并且还学习了调整背景、制作文本动画的方法。相信你已经学会使用 Roto 笔刷工具，并将其应用到自己的项目之中了。

更多内容

面部跟踪

After Effects 提供了强大的面部跟踪功能，使用这个功能，我们可以轻松地跟踪人物面部或面部中的特定部位，例如嘴唇、眼睛。而在此之前，跟踪人物面部需要使用 Roto 笔刷或复杂键控功能。

注意：打开 Lesson09_extra_credit.aep 文件后，你可能还需要重新链接 Facetracking.mov 素材。

1. 在菜单栏中，依次选择 File（文件）→ New（新建）→ New Project（新建项目）菜单。
2. 在 Composition（合成）面板中，单击 New Composition From Footage（从素材新建合成）按钮，在"导入文件"对话框中，转到 Lessons/Lesson09/Assets 文件夹下，选择 Facetracking.mov 文件，单击 Import（导入）或 Open（打开）按钮。
3. 在 Timeline（时间轴）面板中，选择 Facetracking.mov 图层。然后在工具栏中，选择 Ellipse Tool（椭圆工具），该工具隐藏于 Rectangle Tool（矩形工具）之下。
4. 如图 9-25 所示，在人物面部拖曳，绘制一个椭圆蒙版，大致盖住人物面部。
5. 使用鼠标右键单击 Mask 1（蒙版 1）图层，在弹出菜单中，选择 Track Mask（跟踪蒙版）。
6. 如图 9-26 所示，在 Tracker（跟踪器）面板中，从 Method（方法）列表中，选择 Face Tracking (Outline Only)【面部跟踪（仅限轮廓）】。

图9-25

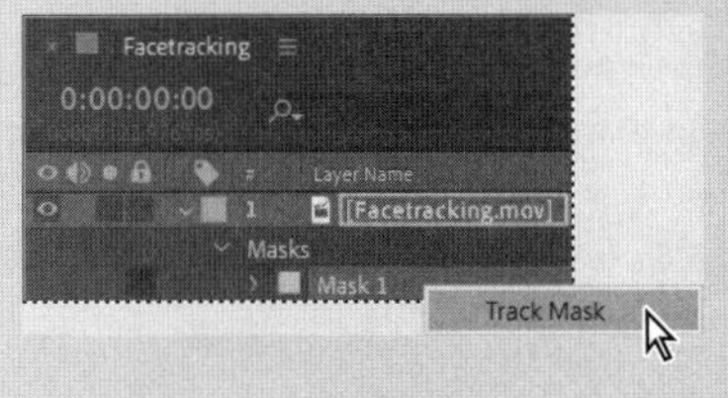

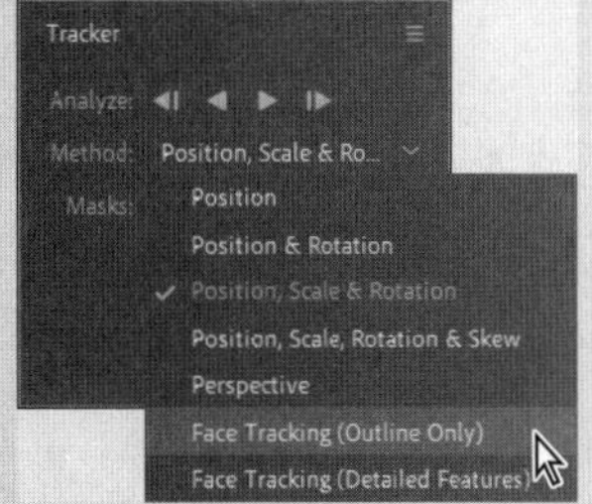

图9-26

Face Tracking (Outline Only)【面部跟踪（仅限轮廓）】用于跟踪整个面部。Face Tracking (Detailed Features)【面部跟踪（详细五官）】用于跟踪面部轮廓，以及嘴唇、眼睛等独特的面部特征。你可以把详细面部数据导出，用在 Character Animator 之中，或者在 After Effects 中应用特效，或者将其与另一个图层（比如眼罩或帽子）关联在一起。

7. 如图 9-27 所示，在 Tracker（跟踪器）面板中，单击 Track Forward（向前跟踪所选蒙版）按钮。

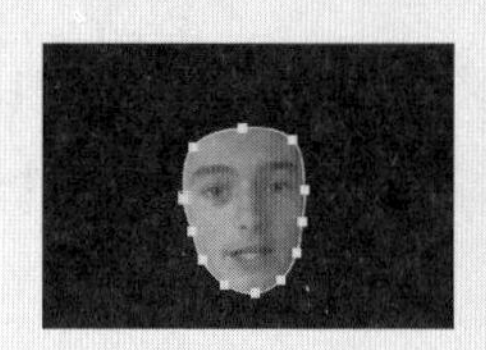

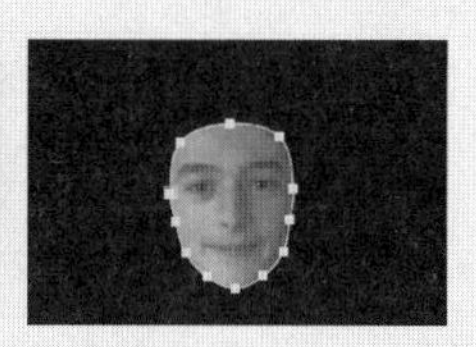

图9-27

跟踪器会跟踪面部，并随着面部运动而更改蒙版的形状和位置。

8. 按 Home 键，把当前时间指示器移到时间标尺的起始位置，然后沿着时间标尺拖曳当前时间指示器，观察蒙版是如何随着人物面部变化的。

9. 在 Effects & Presets（效果和预设）面板中，搜索 Brightness & Contrast（亮度和对比度）。然后把 Brightness & Contrast（亮度和对比度）效果拖曳到 Timeline（时间轴）面板中的 Facetracking.mov 图层之上。

10. 在 Timeline（时间轴）面板中，依次展开 Effects（效果）→ Brightness & Contrast（亮度和对比度）→ Compositing Options（合成选项）。

11. 单击 Compositing Options（合成选项）右侧的“+”图标，在 Mask Reference 1（蒙版参考 1）列表中，选择 Mask 1（蒙版 1），把 Brightness（亮度）值修改为 50。

此时，面部蒙版区域会变亮，但是显得太亮了，使得蒙版边缘过于突兀。接下来，我们把亮度值调得小一点。

12. 如图 9-28 所示，减小 Brightness（亮度）值为 20。

13. 展开 Mask 1（蒙版 1）的属性，修改 Mask Feather（蒙版羽化）为 70、70 像素。

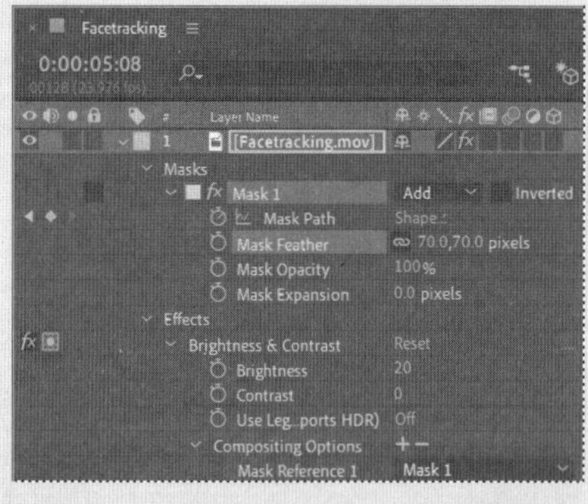

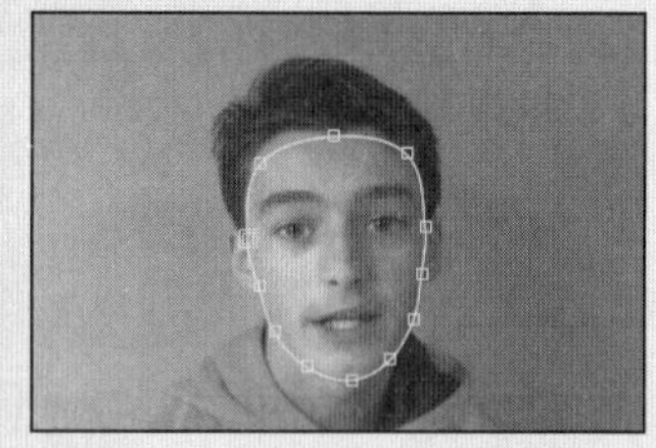

图9-28

14. 把当前项目保存到 Lesson09/Finished_Project 文件夹中。然后关闭项目。

借助面部跟踪器，不仅可以让人物面部变模糊、变亮，还可以添加其他各种效果。当然，你还可以翻转蒙版，把人物面部保护起来，仅修改人物面部之外的区域。

9.9 复习题

1. 什么时候使用 Roto 笔刷工具?
2. 什么是分离边界?
3. 什么时候使用调整边缘工具?

9.10 答案

1. 凡是可以使用传统动态遮罩的处理地方，都可以使用 Roto 笔刷工具。Roto 笔刷工具尤其适用于从背景中删除前景元素。
2. 分离边界是前景和背景之间的分割线。你可以在 Roto 笔刷作用范围内使用 Roto 笔刷工具调整各帧的分离边界。
3. 当你需要为带有模糊或纤细边缘的对象调整分离边界时，请使用 Refine Edge Tool（调整边缘工具）。Refine Edge Tool（调整边缘工具）会让带有精细细节的区域（比如毛发）变得半透明。在使用 Refine Edge Tool（调整边缘工具）之前，我们必须先对整个视频编辑的分离边界做调整。

第10课 颜色校正

课程概览

本课学习如下内容：

- 视频转场
- 使用色阶校色
- 使用蒙版跟踪器跟踪部分场景
- 使用 Keylight (1.2) 抠图
- 使用自动色阶消除色偏
- 使用颜色范围抠图
- 使用 Lumetri Color 校色
- 使用 CC Toner 营造氛围
- 使用克隆图章工具复制对象

学完本课大约需要 1 小时。如果你尚未下载本课项目文件，请到“数艺设”网站下载。在学习本课的过程中，原始项目文件会被覆盖掉。如果你想使用原始项目文件，请重新下载它们。

项目：SEQUENCE FROM A MUSIC VIDEO

在处理视频素材时，大都需要在一定程度上做颜色校正和颜色分级（color grading）。在 Adobe After Effects 中，你可以轻松地消除色偏、调亮图像以及塑造氛围。

10.1 准备工作

顾名思义，颜色校正指的是对拍摄图像的颜色进行调整，使其较为精确地还原拍摄现场中人眼看到的真实颜色。严格来说，颜色校正指使用校色工具和校色技术纠正拍摄图像中的白平衡和曝光错误，使前后拍摄的影像在色彩上保持一致。不过，你也可以使用同样的校正工具和技术来做颜色分级（color grading），颜色分级是对图像颜色的主观性调整，其目标是把观众的视线引导到画面的主要元素上，或者营造画面氛围或塑造画面风格，使整个画面更好看，更有情调。

在本课中，我们将校正一段视频剪辑的颜色，把拍摄时设置错误的白平衡纠正过来。首先，我们要把两段视频素材拼接起来，其中一段视频拍摄的是一个男孩戴墨镜的场景，另一段视频拍摄的是这个男孩准备起飞的场景。然后，再应用各种颜色校正效果来调整和加强图像画面。在这个过程中，我们还会使用蒙版跟踪和运动跟踪以更富戏剧化的云朵替换天空。

开始之前，先预览一下最终影片，并创建好要使用的项目。

1. 检查硬盘上的 Lessons/Lesson10 文件夹中是否包含如下文件。若没有，请立即前往“数艺设”网站下载。
    - Assets 文件夹：storm_clouds.jpg、superkid_01.mov、superkid_02.mov。
    - Sample_Movies 文件夹：Lesson10.avi、Lesson10.mov。
2. 在 Windows Movies & TV 中打开并播放 Lesson10.avi 示例影片，或者使用 QuickTime Player 播放 Lesson10.mov 示例影片，了解本课要创建的效果。观看完成之后，关闭 Windows Movies & TV 或 QuickTime Player。如果存储空间有限，此时，你可以把这两段示例影片从硬盘中删除。

在学习本课之前，最好先把 After Effects 恢复成默认设置（参见前言中“恢复默认设置”部分的内容）。你可以使用如下快捷键完成这个操作。

3. 当启动 After Effects 时，请立即按下 Ctrl+Alt+Shift（Windows）或 Command+Option+Shift（macOS）组合键，此时会弹出一个消息框，询问“是否确实要删除你的首选项文件？”，单击“OK”（确定）按钮，即可删除首选项文件，恢复 After Effects 默认设置。
4. 在 Home（主页）窗口中，单击 New Project（新建项目）。

此时，After Effects 新建并打开一个未命名的项目。

5. 在菜单栏中，依次选择 File（文件）→ Save As（另存为）→ Save As（另存为），打开 Save As（另存为）对话框。
6. 在 Save As（另存为）对话框中，转到 Lessons/Lesson09/Finished_Project 文件夹下，输入项目名称 Lesson10_Finished.aep，单击 Save（保存）按钮，保存项目。

创建合成

下面我们将基于两段视频素材创建一个新合成。

1. 在菜单栏中，依次选择 File（文件）→ Import（导入）→ File（文件）菜单，打开“导入文件”对话框。
2. 在“导入文件”对话框中，转到 Lessons/Lesson10/Assets 文件夹下，按住 Shift 键，同时选中 storm_clouds.jpg、superkid_01.mov、superkid_02.mov 3 个文件，单击 Import（导入）或 Open（打开）按钮。
3. 在 Project（项目）面板中，取消对所有文件的选择。选择 superkid_01.mov，再按住 Shift 键，单击 superkid_02.mov 文件，把它们拖曳到 Project（项目）面板底部的 Create A New Composition（新建合成）图标（）上。
4. 如图 10-1 所示，在 New Composition From Selection（基于所选项新建合成）对话框中，执行如下操作。
   - 在“创建”中，选择“单个合成”。
   - 在“选项”中，从 Use Dimensions From（使用尺寸来自）菜单中，选择 superkid_01.mov。
   - 选择 Sequence Layers（序列图层）。
   - 选择 Overlap（重叠）。
   - 在 Duration（持续时间）中，输入 0:18。
   - 从 Transition（过渡）列表中，选择 Dissolve Front Layer（溶解前景图层）。
   - 单击 OK（确定）按钮。

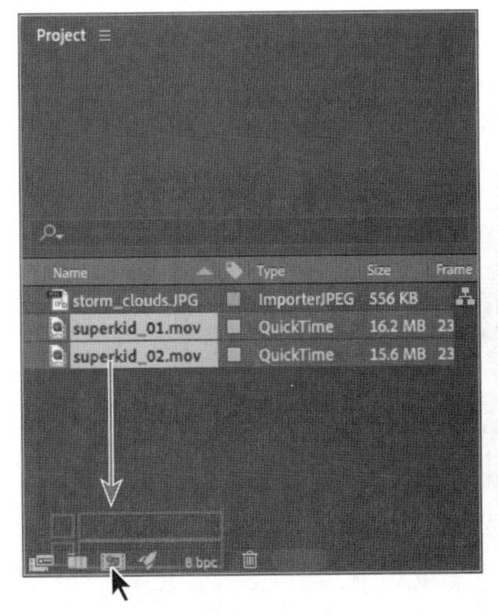

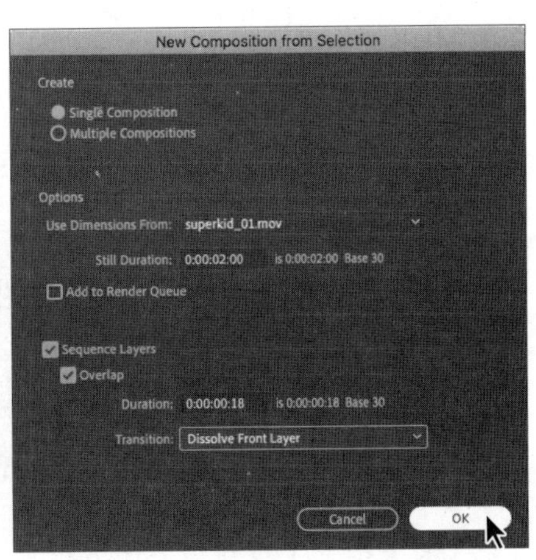

图10-1

> **注意**：你还可以在创建合成之后再添加过渡，具体操作为：先选择图层，再依次选择 Animation（动画）→ Keyframe Assistant（关键帧辅助）→ Sequence Layers（序列图层），然后选择“重叠”并设置持续时间和过渡。

在视频监视器中预览项目

在做颜色校正时，请尽量使用外部视频监视器，而不是计算机显示器。计算机显示器和广播监视器的伽马值存在很大差别。在计算机显示器上看着不错，在广播监视器上可能就显得太亮太白。在做颜色校正之前，请先校准你的视频监视器或计算机显示器。关于校准计算机显示器的更多内容，请阅读 After Effects 帮助文档。

Adobe 数字视频应用程序使用 Mercury Transmit 把视频帧发送到外部视频显示器上。视频设备厂商 AJA、Blackmagic Design、Bluefsh444、Matrox 提供了相应插件，可以把来自于 Mercury Transmit 的视频帧发送到它们的硬件上。这些 Mercury Transmit 插件也可以在 Adobe Premiere Pro、Prelude、After Effects 中运行。Mercury Transmit 无须外部插件就可以使用连接到计算机显卡的监视器和使用 FireWire（火线）连接的 DV 设备。

1. 把视频监视器连接到计算机，启动 After Effects 软件。
2. 在菜单栏中，依次选择 Edit（编辑）→ Preferences（首选项）→ Video Preview（视频预览）(Windows)，或者 After Effects CC → Preferences（首选项）→ Video Preview（视频预览）(macOS)，然后选择 Enable Mercury Transmit（启用 Mercury Transmit）。
3. 从视频设备列表中，选择你用的视频设备。AJA Kona 3G、Blackmagic Playback 等设备表示连接到计算机上的视频设备。Adobe Monitor 设备是指连接到显卡上的计算机显示器。Adobe DV 是指通过 FireWire（火线）连接到计算机上的 DV 设备。
4. 如图 10-2 所示，单击设备名称右侧的 Setup（设置），会弹出设备控制面板或管理界面，里面包含更多控制选项。

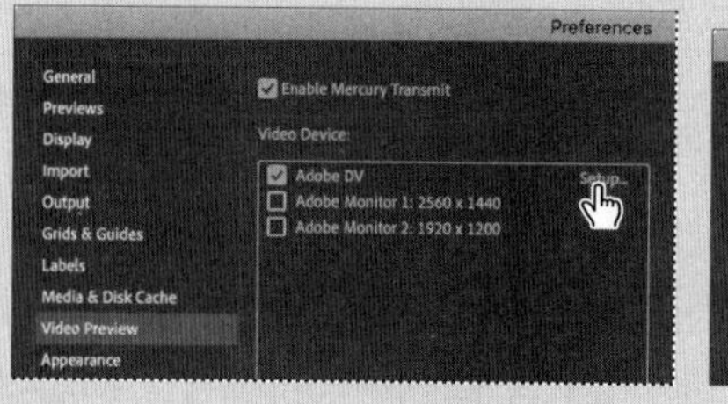

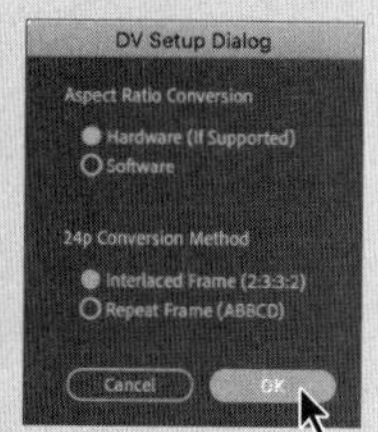

图10-2

5. 单击 OK（确定）按钮，关闭首选项对话框。

选中 Sequence Layers（序列图层）后，After Effects 会按顺序放置两个图层，而非把它们全部放到起始位置（0:00）上。前面我们指定了重叠帧数为 18，并添加了过渡效果，所以播放完第一段视频素材后，After Effects 会以 Dissolve Front Layer（溶解前景图层）的方式过渡到第二段视频素材。

After Effects 在 Composition（合成）和 Timeline（时间轴）面板中新创建了一个名为 superkid_01 的合成，并将其显示出来。

6. 如图 10-3 所示，在 Project（项目）面板中，选择 superkid_01 合成，按 Enter 或 Return 键，输入合成名称 Taking Flight，再次按 Enter 或 Return 键，使修改生效。

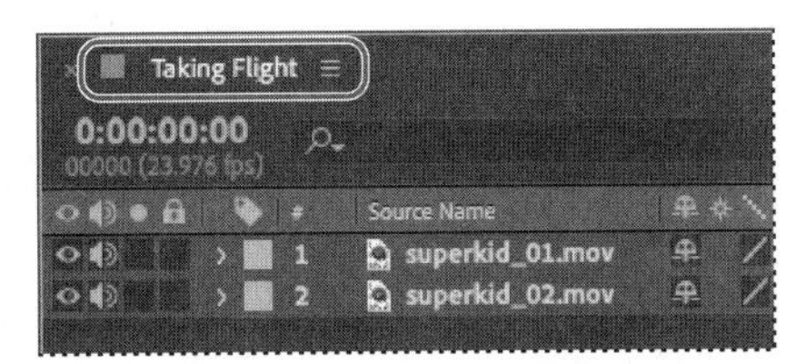

图10-3

7. 按空格键，播放视频剪辑，观看过渡效果，然后再按空格键，停止播放。

8. 在菜单栏中，依次选择 File（文件）→ Save（保存），保存当前项目。

10.2 使用色阶调整色彩平衡

After Effects 提供了好几种用于校正颜色的工具。有些工具用起来非常简单，可能只需要你轻轻单击一下即可完成处理。不过，我们还是要理解手工调色的方法，掌握这些方法有助于得到自己想要的结果。下面我们将使用色阶效果调整图像中的阴影，消除蓝色色偏，让画面更加生动、好看。我们会分别处理这两段视频，让我们先从第二段视频开始。

1. 把时间标尺上的当前时间指示器拖曳到 4:00。

2. 在 Timeline（时间轴）面板中，单击空白区域，取消对图层的选择。然后，选择 superkid_02.mov 图层。

3. 如图 10-4 所示，按 Enter 或 Return 键，把所选图层重命名为 Wide Shot。再次按 Enter 或 Return 键，使修改生效。

4. 如图 10-5 所示，在 Wide Shot 图层处于选中的状态下，在菜单栏中，依次选择 Effect（效果）→ Color Correction（颜色校正）→ Levels(Individual Controls)【色阶（单独控件）】菜单。

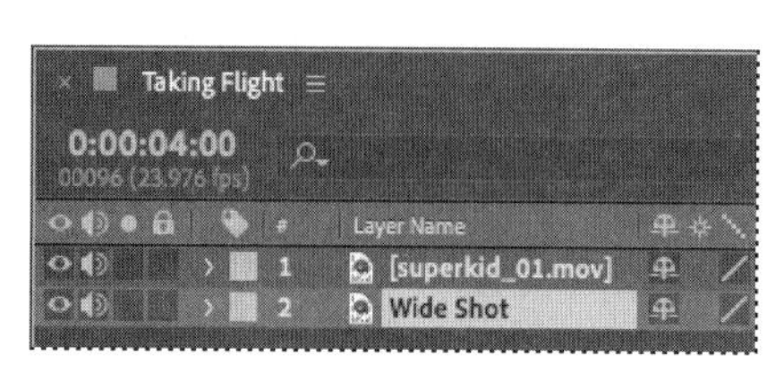

图10-4

乍一看，Levels(Individual Controls)【色阶（单独控件）】有点令人生畏，但是它可以让你很好地调整拍摄的图像。Levels(Individual Controls)【色阶（单独控件）】会把输入颜色的范围或 Alpha 通道色阶重映射为新的输出色阶范围，功能与 Adobe Photoshop 中的色阶调整层十分类似。

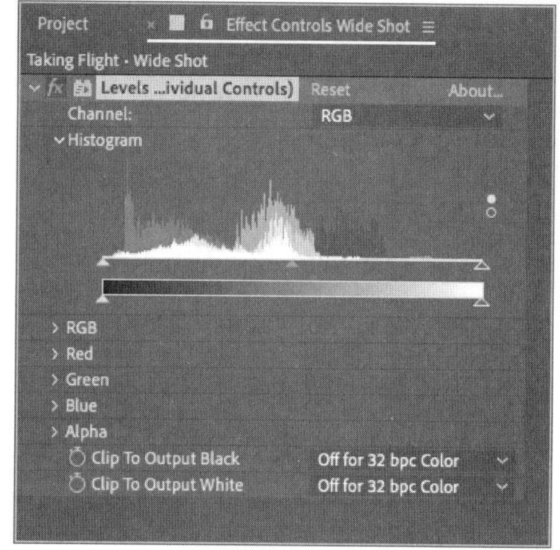

图10-5

Channel（通道）菜单用来指定要调整的通道，直方图显示图像中每个亮度值上的像素数。当选择 RGB 通道时，你可以调整整个图像的亮度和对比度。

为了消除色偏，我们必须先知道图像中的哪块区域是灰色（白色或黑色）的。在示例图像中，路面是灰色的，人物的衬衫是白色的，鞋子和眼镜是黑色的。

5. 如图 10-6 所示，打开 Info（信息）面板。然后，把光标移动到车库的门框上。当移动光标时，你可以在 Info（信息）面板中看到 RGB 值在不断变化。

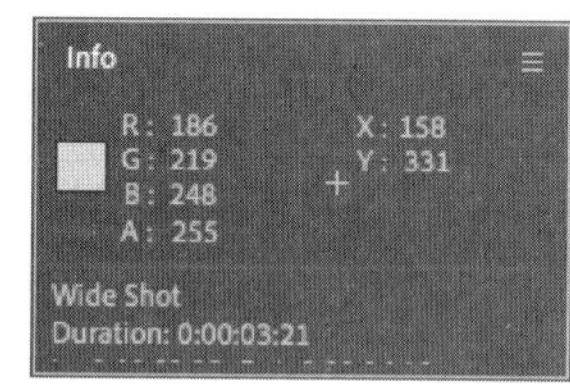

图10-6

> **注意：**你可能需要调整 Info（信息）面板的大小，才能看到 RGB 值。

在车库门框的一个区域中，其 RGB 值为 R=186、G=218、B=239。为了确定这 3 个值应该是多少，首先使用 255（RGB 值可取到的最大值）除以这 3 个值中的最大者（239），即 255/239，得到 1.08。为了补偿颜色，消除画面多余的蓝色，我们把原来的红色（186）和绿色

（218）值分别乘上 1.08，得到新的 R（200）和 G（233）值（近似值）。

> **提示：**为了得到更精确的值，需要先对图像的多个灰色或白色区域进行采样，在求这些采样值的平均值，然后使用这些值来确定调整量。

6. 在 Effect Controls（效果控件）面板中，展开 Red（红色）和 Green（绿色）属性。
7. 如图 10-7 所示，在 Red Input White（红色输入白色）中，输入 200；在 Green Input White（绿色输入白色）中，输入 233。

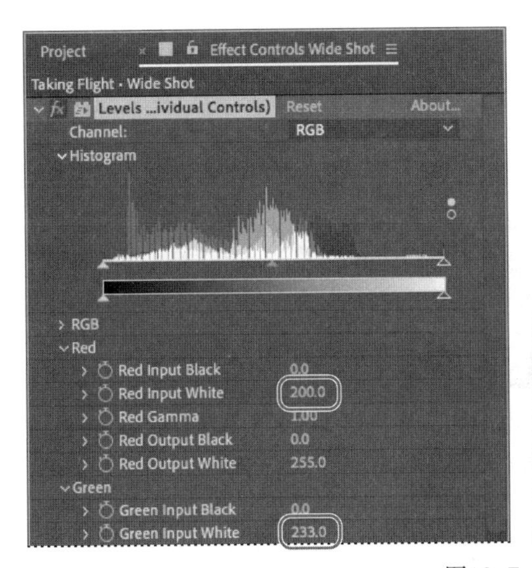

图10-7

这样，画面中的蓝色色偏就得到了纠正，整个画面看起来更暖一些。

对于每个通道，Input（输入）设置会增加值，Output（输出）设置会降低值。例如，降低 Red Input White（红色输入白色）值会增加画面高光区中的红色，增加 Red Output White（红色输出白色）值会增加画面阴影和暗调区域中的红色。

做数学计算可以让你快速得到相对合适的设置值。当然，如果你愿意，可以多尝试几种不同的设置，从中找出最合适所选素材的值。

8. 在 Effect Controls（效果控件）面板中，隐藏 Levels(Individual Controls)【色阶（单独控件）】效果的各个属性。

10.3 使用 Lumetri 颜色效果调色

前面在调整第二段视频的色彩平衡时使用了色阶效果。接下来，我们将使用 Lumetri 颜色效果来调整第一段视频。

注意：After Effects 中的 Lumetri 颜色效果类似于 Premiere Pro 中的颜色面板。了解更多有关 Lumetri 颜色效果的内容，请在 After Effects 帮助中搜索 "Color workflows"。

Lumetri 颜色效果提供了专业的颜色分级和校正工具，你可以使用这些工具调整图像的颜色、对比度、亮度和曲线。你可以应用简单的颜色校正，也可以使用高级颜色校正工具。After Effects 中的 Lumetri 颜色效果类似于 Premiere Pro 中的颜色面板。

第一段视频本身看起来已经相当不错了，在此基础上，再做一些精细调整会得到更好的效果。

1. 按 Home 键，或者直接把当前时间指示器拖曳到时间标尺的起始位置。
2. 如图 10-8 所示，在 Timeline（时间轴）面板中，选择 superkid_01.mov 图层，按 Enter 或 Return 键，输入名称 Close Shot，再次按 Enter 或 Return 键，使修改生效。

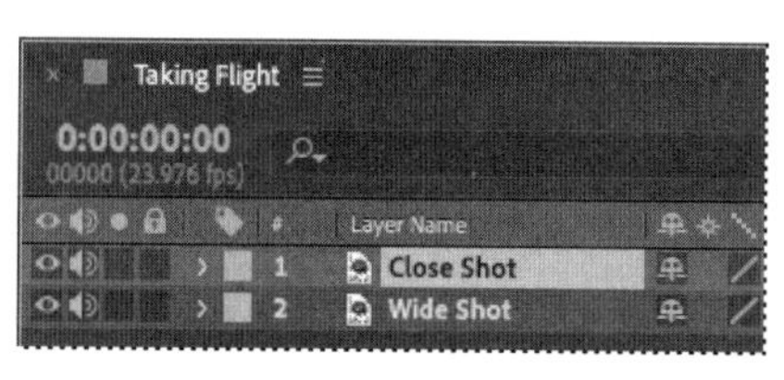

图10-8

3. 在 Close Shot 图层处于选中的状态下，在菜单栏中，依次选择 Effect（效果）→ Color Correction（颜色校正）→ Lumetri Color（Lumetri 颜色）菜单。

此时，在 Effects Controls（效果控件）面板中，显示出 Lumetri Color（Lumetri 颜色）效果的各个参数。

4. 在 Effects Controls（效果控件）面板中，展开 Basic Correction（基本校正）。
5. 如图 10-9 所示，在 White Balance（白平衡）中，单击 WB Selector（白平衡选择器）右侧的吸管，然后单击男孩衬衫上的白色区域，调整白平衡。

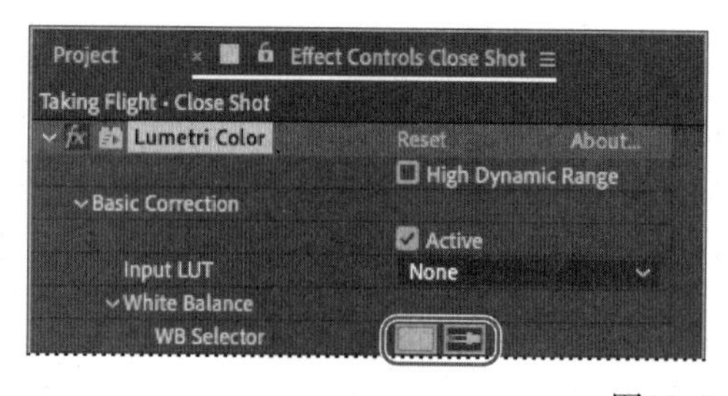

图10-9

White Balance（白平衡）设置决定着 Lumetri Color（Lumetri 颜色）把哪种颜色看作白色，这会对其他所有颜色产生影响。在找到合适的白平衡后，整个图像的颜色都会得到精确还原。

6. 收起 Basic Correction（基本校正），展开 Curves（曲线）。

在 Lumetri Color（Lumetri 颜色）效果中，曲线用来调整视频图像的颜色和亮度。你可以使用曲线调整整个图像的黑白色阶和中间调的明暗，也可以调整特定颜色通道的曲线来平衡图像颜色或做风格化调整。

在调整曲线时，先单击创建一个锚点，然后再拖曳锚点，此时图像中的变化会立刻在 Composition（合成）面板中呈现出来。

7. 如图 10-10 所示，选择蓝色通道，单击曲线，创建一个锚点，略微向下拖曳，消除图像中的蓝色色偏。

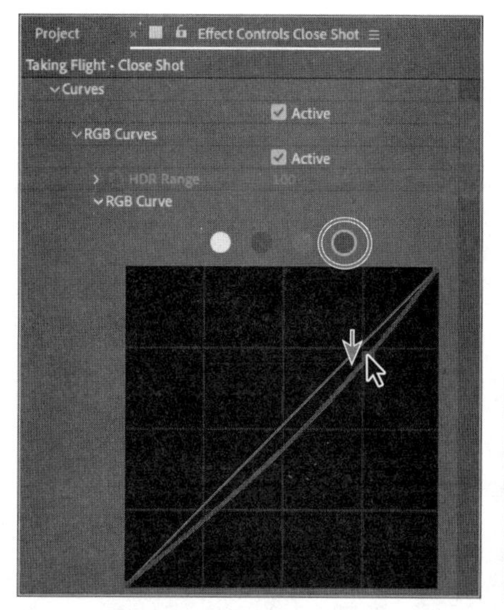

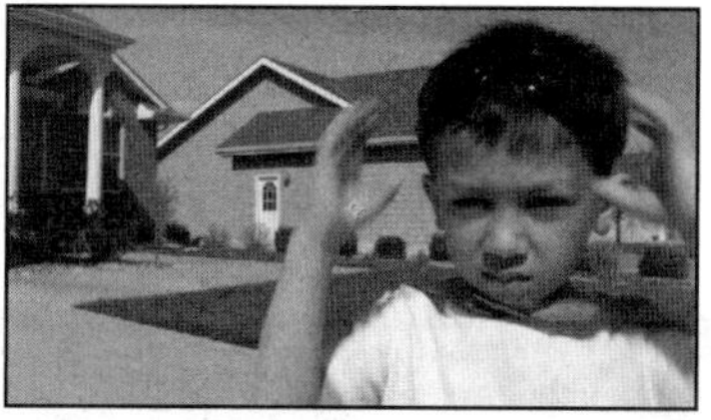

图10-10

8. 在 Effects Controls（效果控件）面板中，隐藏 Lumetri Color（Lumetri 颜色）各个参数。

9. 在菜单栏中，依次选择 File（文件）→ Save（保存），保存当前项目。

10.4 替换背景

这两段视频都是在天空晴朗的时候拍摄的，天上的云朵不多。为了向天空中增添点戏剧色彩，我们先把视频图像中的天空抠出来，然后替换成带有暴风云的天空。具体做法是，先使用蒙版跟踪器为天空建立蒙版，然后把天空抠出，再用另一幅图像代替它。

10.4.1 使用蒙版跟踪器

蒙版跟踪器会对蒙版进行变形，以便跟踪影片中对象的运动。这与第 9 课讲的面部跟踪类似。例如，你可以使用蒙版跟踪器为一个运动的对象建立蒙版，然后向它应用特定效果。在本例中，我们将使用蒙版跟踪器来跟踪视频画面中的天空，当拍摄视频的手持摄像机发生移动时，视频中的天空就会发生相对运动。视频中有大量蓝色位于阴影、角落和其他区域，所以如果不事先做隔离，将很难抠出天空。

1. 把当前时间指示器拖曳到 2:22，这是第一个视频的最后一帧。
2. 在 Timeline（时间轴）面板中，选择 Close Shot 图层。然后从工具栏中，选择 Pen Tool（钢笔工具，✒）。
3. 如图 10-11 所示，在 Composition（合成）面板中，沿着房子的屋顶轮廓线绘制蒙版，绘制好的蒙版如下图。即使蒙版把男孩头顶的一部分区域包含进去也没关系，因为男孩的头部不包含蓝色，不会被抠出。

图10-11

4. 在 Timeline（时间轴）面板中，在 Close Shot 图层处于选中的状态下，按 M 键，显示其 Mask（蒙版）属性。
5. 如图 10-12 所示，从 Mask Mode（蒙版模式）菜单中，选择 None（无）。

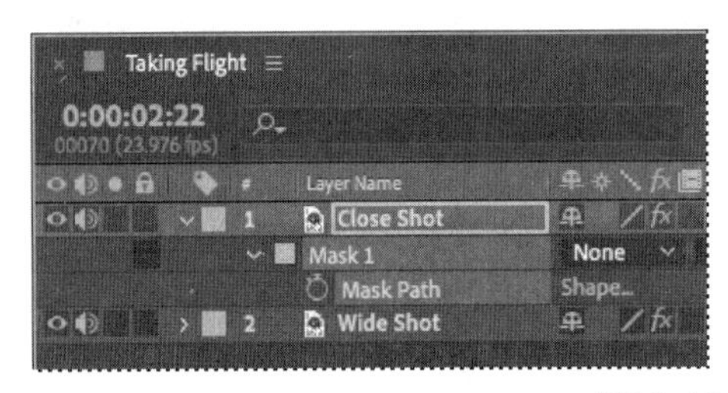

图10-12

蒙版模式（蒙版混合模式）控制着图层中蒙版间的交互方式。默认情况下，所有蒙版的混合模式都是 Add（相加），该模式会把同一图层上所有重叠蒙版的透明度值相加。当选择 Add（相加）模式，蒙版之外的区域会消失不见。从 Mask Mode（蒙版模式）菜单中选择 None（无）之后，整个画面都会在 Composition（合成）面板中显示出来，而非只显示蒙版区域，这样方便编辑。

6. 使用鼠标右键单击（按 Control 单击）Mask 1（蒙版 1），选择 Track Mask（跟踪蒙版）。

After Effects 打开 Tracker（跟踪器）面板。蒙版跟踪器不会根据跟踪对象的形状改变蒙版形状，蒙版形状始终保持不变，但跟踪器会根据视频中的运动来改变蒙版的位置、旋转、缩放。接下来，我们将使用它跟踪建筑物的边缘，并且跟踪过程中不必手工调整和跟踪蒙版。由于视频拍摄时没有使用三脚架，所以我们需要跟踪蒙版的位置、缩放和旋转。

7. 如图 10-13 所示，在 Tracker（跟踪器）面板中，从 Method（方法）列表中，选择 Position, Scale & Rotation(位置、缩放及旋转)。单击 Track Selected Masks Backward(向后跟踪所选蒙版）按钮（◀），从 2:22 开始向后跟踪。

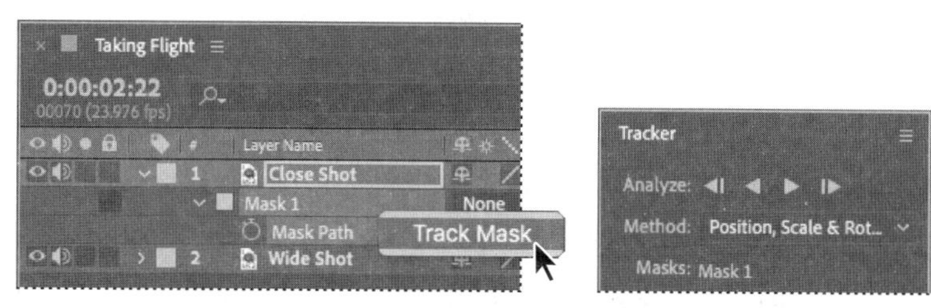

图10-13

8. 跟踪完成后，手动预览视频，查看蒙版。如图 10-14 所示，在各个帧上，如果出现蒙版位置不对的情况，则分别在相应帧上调整蒙版位置。调整时，你可以移动整个蒙版或者重新调整各个点的位置，但是不要删除任何点，因为这会改变后面所有帧的蒙版。

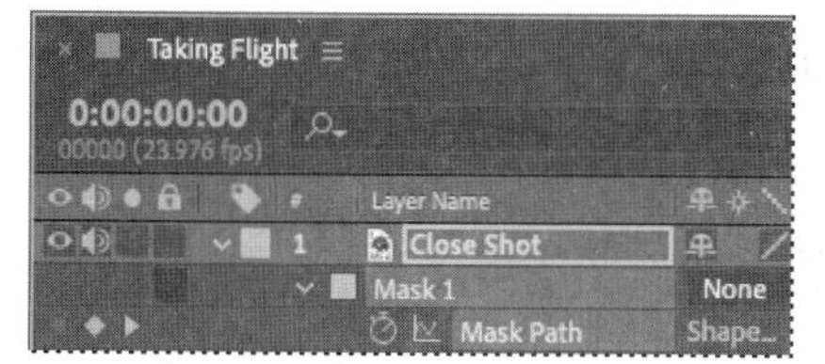

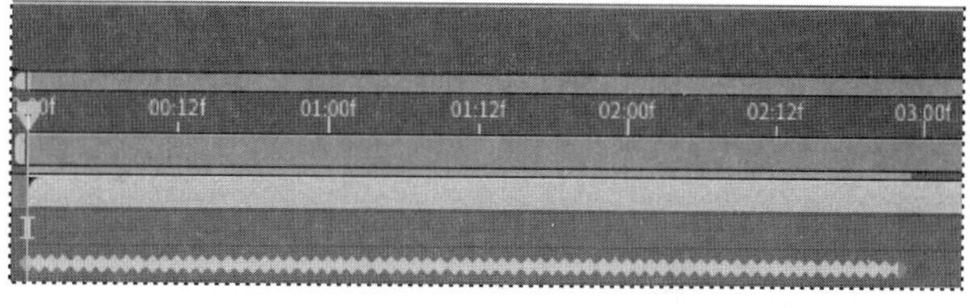

图10-14

Ae | **注意**：如果需要调整蒙版的帧有很多，并非只有几个，那我还是建议你把蒙版删除，重新绘制一个。

10.4.2 使用 Keylight(1.2) 抠出天空

前面我们已经为天空创建好了蒙版，接下来，我们把蒙版区域中的蓝色抠出来。具体做法是，先复制图层，然后应用蒙版模式分离蒙版。

1. 把当前时间指示器拖曳到 2:02，然后选择 Close Shot 图层，在菜单栏中，依次选择 Edit（编辑）→ Duplicate（重复），再按 Ctrl+V 组合键粘贴。

此时，After Effects 在 Close Shot 图层之上创建出一个一模一样的图层——Close Shot 2。

2. 选择 Close Shot 图层，从 Mask Mode（蒙版模式）列表中选择 Subtract（相减）。

3. 如图 10-15 所示，选择 Close Shot 2 图层，按 M 键，显示其 Mask（蒙版）属性，从 Mask Mode（蒙版模式）列表中选择 Add（相加）。

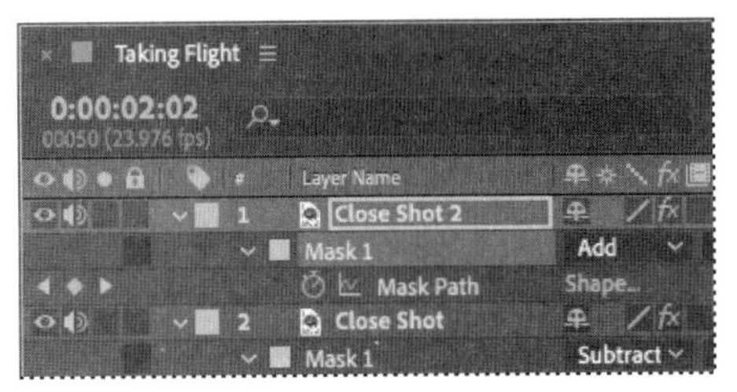

图10-15

在应用了 Subtract（相减）蒙版模式之后，该蒙版将从其上方的蒙版中减去。Add（相加）蒙版模式会把蒙版添加到其上方的蒙版上。在本例中，你要确保 Close Shot 2 图层中只有天空被选中。在没有选中任何图层时，放大合成窗口，你会发现在两个图层交叉的地方有一条模糊的线。

4. 选择 Close Shot 图层，快速按两次 M 键，显示其所有蒙版属性，把 Mask Expansion（蒙版扩展）值修改为 -1.0 像素。

Mask Expansion（蒙版扩展）控制着 Alpha 通道上的蒙版作用范围距离蒙版路径有多少个像素。我们刚刚缩小了 Close Shot 图层上的蒙版，这样两个蒙版就不会发生重叠了。

5. 隐藏 Close Shot 图层的属性。

6. 选择 Close Shot 2 图层，在菜单栏中，依次选择 Effect（效果）→ Keying → Keylight (1.2)。

此时，在 Effect Controls（效果控件）面板中，显示出 Keylight 1.2 效果的各个控制参数。

7. 如图 10-16 所示，单击 Screen Colour 右侧的吸管，然后在小男孩头部附近的天空区域中单击采样。

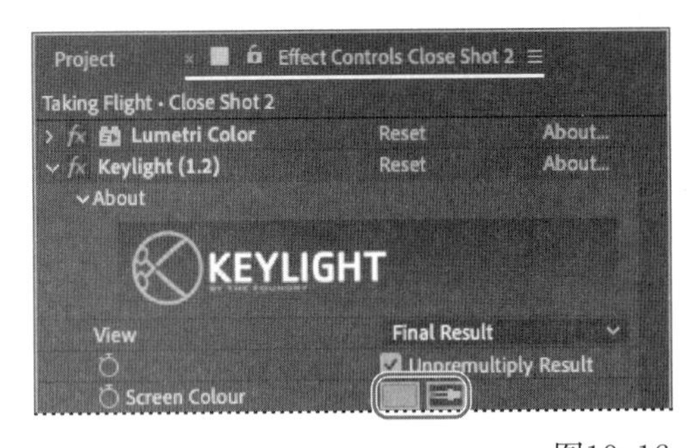

图10-16

这样大部分天空就被抠出来了，但是如果你的蒙版与建筑物的阴影区域有重叠，这些区域很可能也会受到影响。此时，我们可以使用 Screen Balance 予以修正。

8. 把 Screen Balance 修改为 0。此时，建筑物比以前更亮了。

Screen Balance 控制饱和度的测量方式：当平衡值为 1 时，根据颜色其他两个属性值中较小者进行测量；当平衡值为 0 时，根据颜色其他两个属性值中较大者进行测量；当平衡值为 0.5 时，根据颜色其他两个属性值的平均值进行测量。一般而言，蓝屏时，该参数值在 0.95 左右效果最佳；绿屏时，该参数值在 0.5 左右效果最佳，但具体数值取决于图像的颜色。对于大部分视频剪辑来说，可以先尝试把平衡值设置为接近于 0 的数值，再设置为接近于 1 的数值，然后比较一下哪个值得到的效果最理想。

9. 在 Composition（合成）面板中，单击 Toggle Transparency Grid（切换透明网格）按钮（▦），可以清晰地看到被抠出的区域。

10. 如图 10-17 所示，在 Effect Controls（效果控件）面板中，展开 Screen Matte（屏幕蒙版），然后把 Clip White（剪切白色）修改为 67。

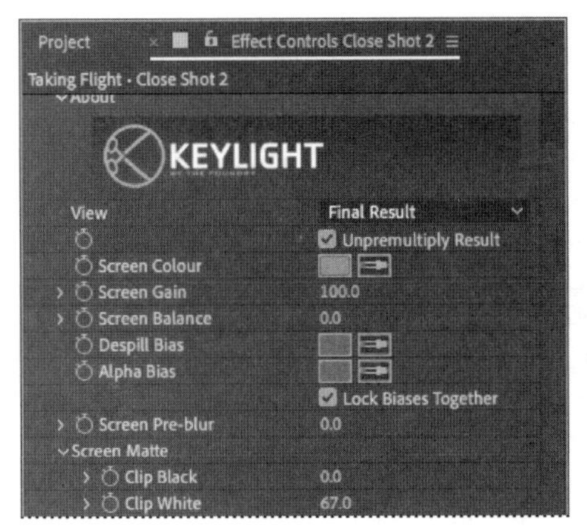

图10-17

Screen Matte（屏幕蒙版）指图像其他部分被扣掉之后留下的蒙版。有时蒙版的部分区域也会被意外抠出。Clip White（修剪白色）值把灰色（透明）像素转换为白色（不透明）。

这个过程与调整图层的色阶非常类似。任何大于 Clip White（修剪白色）值的区域都被视作纯白色，类似地，任何小于 Clip White 值的区域都被视作纯黑色。

11. 在 Effect Controls（效果控件）面板中，在 Keylight(1.2) 顶部区域有一个 View（视图）菜单，从中选择 Final Result（最终结果）。

12. 隐藏 Close Shot 2 图层的所有属性。

10.4.3 添加新背景

抠出天空后，接下来向场景中添加云彩。

1. 单击 Project（项目）选项卡，展开 Project（项目）面板，然后把 storm_clouds.jpg 拖入 Timeline（时间轴）面板之中，将其置于 Close Shot 图层之下。

2. 如图 10-18 所示，向左拖曳 storm_clouds 图层的末端，使其与 Close Shot 图层末端对齐。

现在，天空中有了云朵，但是戏剧感不够。接下来，把云朵放大一些，并调整它们的位置。

3. 在 storm_clouds 图层处于选中的状态下，按 S 键，显示其 Scale（缩放）属性，把缩放值修改为 222%。

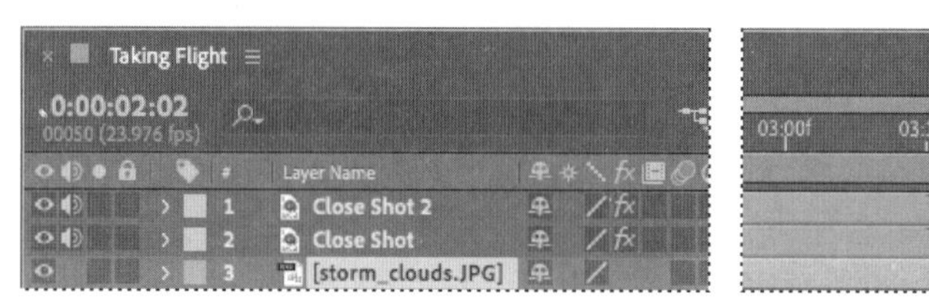

图10-18

4. 如图 10-19 所示，按 Shift+P 组合键，显示 storm_clouds 图层的 Position（位置）属性，修改其值为 580.5、255.7。

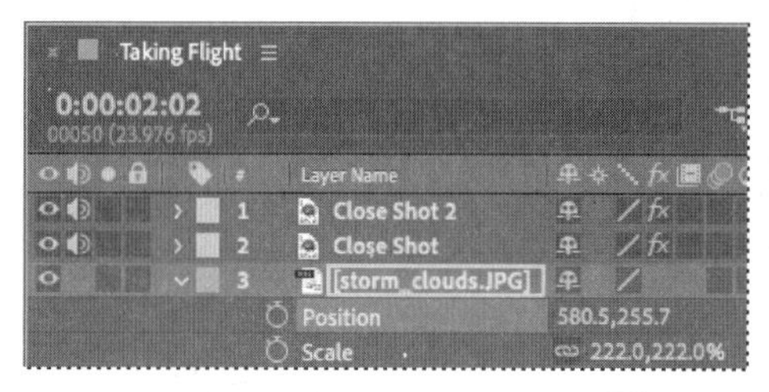

图10-19

10.5 使用自动色阶校色

虽然云彩有了戏剧效果，但是对比度不够，而且还有些色偏，这两点都让它与前景元素不太搭。下面我们将使用自动色阶效果予以纠正。

自动色阶效果会自动设置图像的高光和阴影，它首先把图像每个颜色通道中最亮和最暗像素定义为白色和黑色，然后按比例重新调整图像中的中间像素。由于自动色阶是分别调整各个颜色通道的，所以它有可能消除色偏，也有可能造成色偏。在本例中，我们将使用自动色阶的默认设置来消除图像中的橙色色偏，并对画面整体颜色做平衡。

1. 在 Timeline（时间轴）面板中，在 storm_clouds 图层处于选中的状态下，从菜单栏中，依次选择 Effect（效果）→ Color Correction（颜色校正）→ Auto Levels（自动色阶）菜单。

2. 如图 10-20 所示，在 Effects Controls（效果控件）面板中，把 White Clip（修剪白色）修改为 1.00%，略微提亮一下云彩。

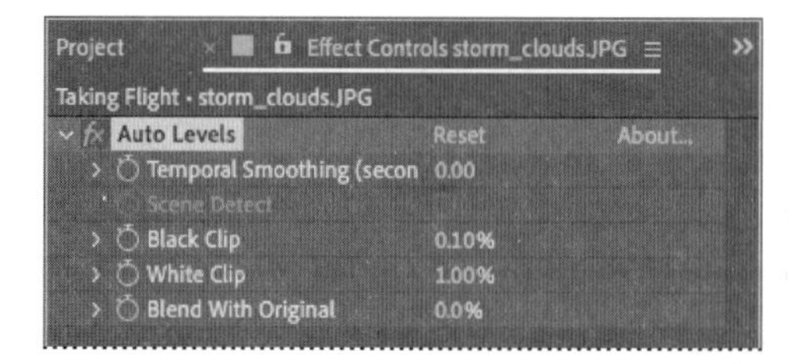

图10-20

Black Clip（修剪黑色）和 White Clip（修剪白色）分别控制图像中将多少阴影和高光修剪为新的极端阴影和高光颜色。修剪值设置过高会减少阴影或高光的细节，一般建议设置为 1%。

3. 在菜单栏中，依次选择 File（文件）→ Save（保存）菜单，保存当前项目。

10.6 跟踪云朵运动

现在天空中的云朵已经放好了，而且看上去很不错。但是，如果浏览整个视频剪辑，你会发现当前景随着摄像机运动而移动时，云朵却是静止的，云朵也应该随着前景一起运动才对。对此，我们可以使用运动跟踪来解决这个问题。

After Effects 在做运动跟踪时会把一个帧中选定区域的像素与每个后续帧中的像素进行匹配。跟踪点用来指定要跟踪的区域。

1. 按 Home 键，或者直接把当前时间指示器拖曳到时间标尺的起始位置。

2. 如图 10-21 所示，在 Timeline（时间轴）面板中，选择 Close Shot 图层，单击鼠标右键（或按住 Control 键单击），在弹出菜单中，选择 Track & Stabilize（跟踪和稳定）→ Track Motion（跟踪运动）。

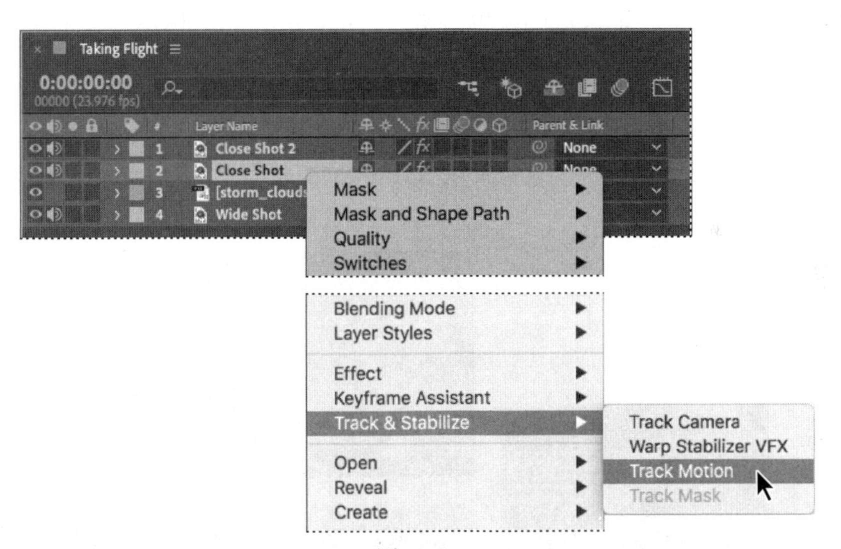

图10-21

此时，After Effects 会在 Layer（图层）面板中显示 Close Shot 图层，并激活 Tracker（跟踪器）面板。

3. 如图 10-22 所示，在 Tracker（跟踪器）面板中，选择 Position（位置）、Rotation（旋转）、Scale（缩放）3 个选项。

此时，After Effects 在 Layer（图层）面板中显示两个跟踪点。每个跟踪点的外框表示搜索区域（After Effects 扫描区域），内框是特征区域（After Effects 要搜索的内容），中心的“×”表示连接点。

图10-22

> **注意：**我们将在第 14 课中讲解更多有关跟踪对象的内容。关于使用跟踪点的内容，请参考本书 14.3.5 节中的“移动和调整跟踪点大小”。

4. 在第一个跟踪点的内框（特征区域）中，单击空白区域，并按住鼠标不放，把整个跟踪点拖曳到左侧房子的一个屋檐角上。请注意，你想跟踪的区域必须有强烈的对比。

5. 在第二个跟踪点的特征区域中，单击空白区域，并按住鼠标不放，把整个跟踪点拖曳到对面房子的屋脊点上。

6. 如图 10-23 所示，在 Tracker（跟踪器）面板中，单击 Edit Target（编辑目标）。在 Motion Target（运动目标）对话框中，从 Layer（图层）下拉列表中选择 3.storm_clouds.jpg，单击 OK（确定）按钮。

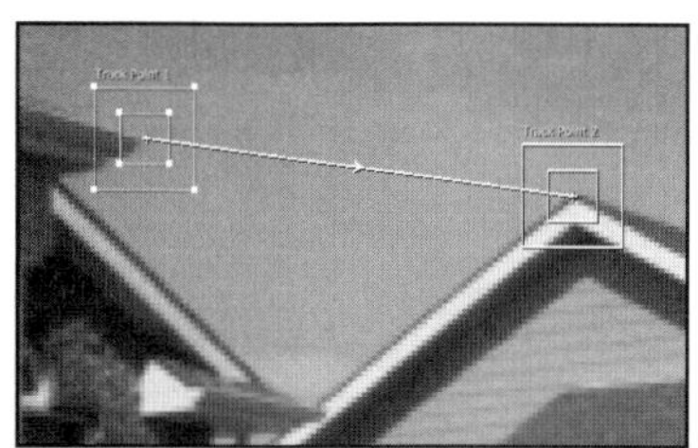

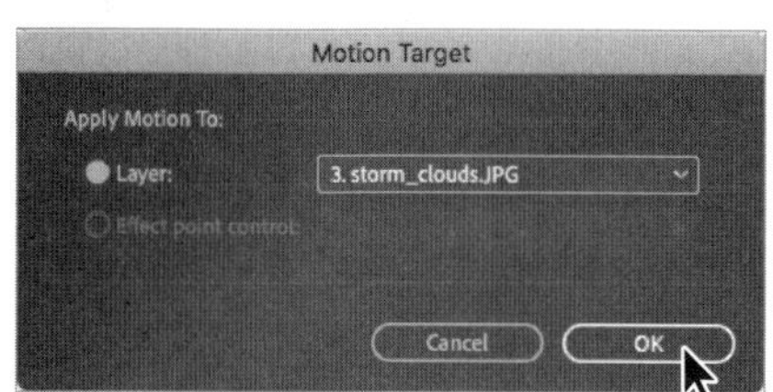

图10-23

After Effects 把跟踪数据应用到目标图层。在本例中，它会跟踪 Close Shot 图层的运动，并把跟踪数据应用到 storm_clouds.jpg 图层，这样两个图层的运动就能保持同步了。

7. 在 Tracker（跟踪器）面板中，单击 Analyze Forward（向前分析）按钮（▶）。你可能需要向下滚动面板才能看到所有选项。

此时，After Effects 开始逐帧分析跟踪区域的位置，以跟踪视频剪辑中摄像机的运动。

8. 分析完成后，在 Tracker（跟踪器）面板中，单击 Apply（应用）按钮，再单击 OK，把数据应用到 x 和 y 上。

9. 返回到 Composition（合成）面板中，沿着时间标尺拖曳当前时间指示器浏览视频，你会看到云和前景元素一起运动。隐藏 Close Shot 图层属性，这样让时间轴面板看起来很简洁。

因为在 Tracker（跟踪器）面板中选择了 Scale（缩放），After Effects 会根据需要重新调整图层尺寸，使之与 Close Shot 图层保持同步。此时，云不再保持静止不动。接下来，调整图层的锚点。

10. 在 Timeline（时间轴）面板中，选择 storm_clouds.jpg 图层，按 A 键，显示其 Anchor Point（锚点）属性，把锚点位置修改为 313、601。

11. 再次按 A 键，隐藏锚点属性。在菜单栏中，依次选择 File（文件）→ Save（保存）菜单，保存当前项目。

10.7 替换第二个视频剪辑中的天空

下面我们使用与前面类似的操作来替换第二个视频剪辑中的天空，但具体操作稍有不同。我们会使用 Color Range（颜色范围）效果抠出天空，而不使用 Keylight (1.2) 效果。

10.7.1 创建蒙版

与处理第一个视频时一样，我们先绘制一个蒙版把天空分离出来，防止把整个图像中的蓝色全部抠出来。此外，我们还会使用蒙版跟踪器来确保蒙版在整个视频中都处在正确的位置上。

1. 把当前时间指示器拖曳到 2:23，这是第二段视频的第一帧。

2. 在 Timeline（时间轴）面板中，单击 Close Shot、Close Shot 2、storm_clouds.jpg 图层的视频开关（👁），把它们全部隐藏，这样你才能清晰地看到整个 Wide Shot 视频图层。

3. 在 Timeline（时间轴）面板中，选择 Wide Shot 图层。

4. 在工具栏中，选择 Pen Tool（钢笔工具，✒），沿着建筑物边缘绘制蒙版，保留图像底部，删除天空。在绘制蒙版时，请确保小男孩的蓝裤子全部位于你绘制的形状之中，这样它们就不会随着天空一起被抠出。

5. 如图 10-24 所示，再次选择 Wide Shot 图层，按 Ctrl+D（Windows）或 Command+D（macOS）组合键，复制图层。

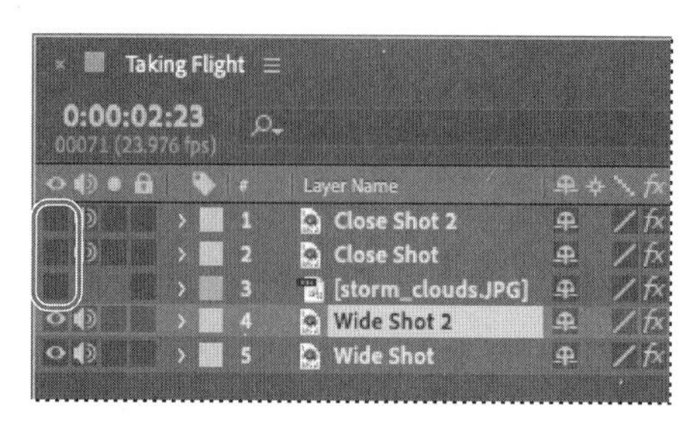

图10-24

此时，在 Timeline（时间轴）面板中，一个名为 Wide Shot 2 的新图层出现在原来的 Wide Shot 图层之上。

6. 选择原来的 Wide Shot 图层，按两次 M 键，显示其蒙版属性，把 Mask Expansion（蒙版扩展）修改为 1 像素。

此时，蒙版的影响范围从轮廓线向外扩展了 1 像素。

7. 如图 10-25 所示，选择 Wide Shot 2 图层，按两次 M 键，显示其蒙版属性，然后选择 Inverted（反转）。

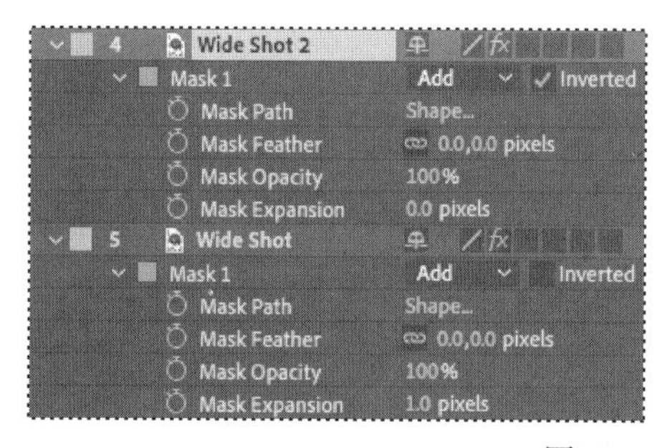

图10-25

此时，Wide Shot 2 图层的蒙版区域被反转了，即 Wide Shot 图层中的蒙版区域不在 Wide Shot 2 图层中，反之亦然。为了看得更清楚一些，可以临时先把 Wide Shot 图层隐藏起来，然后再将其显示出来。

8. 在 Wide Shot 2 图层中，选择 Mask 1（蒙版 1），使用鼠标右键单击（或者按住 Control 键单击）Mask 1（蒙版 1），从弹出菜单中，选择 Track Mask（跟踪蒙版）。

9. 在 Tracker（跟踪器）面板中，从 Method（方法）中选择 Position（位置），然后单击 Track Selected Masks Forward（向前跟踪所选蒙版）按钮（▶）。

此时，蒙版跟踪器会随着摄像机的移动跟踪蒙版。

10. 当分析完成后，把当前时间指示器拖曳到 2:23。在 Wide Shot 图像之下，使用鼠标右键单击（或者按住 Control 键单击）Mask 1（蒙版 1），从弹出菜单中，选择 Track Mask（跟踪蒙版）。

11. 在 Tracker（跟踪器）面板中，从 Method（方法）中选择 Position（位置），然后单击 Track Selected Masks Forward（向前跟踪所选蒙版）按钮（▶）。

12. 隐藏所有图层的所有属性。

10.7.2 使用颜色范围效果抠像

使用 Color Range（颜色范围）效果可以抠出指定范围内的颜色，该效果特别适用于抠取那些颜色亮度不均匀的颜色。Wide Shot 视频剪辑中天空的颜色范围变化较大，从深蓝色到靠近地平线的浅蓝色，非常适合使用 Color Range（颜色范围）效果来抠取。

1. 在时间标尺上，把当前时间指示器拖曳到 2:23。

2. 在 Timeline（时间轴）面板中，选择 Wide Shot 2 图层。在菜单栏中，依次选择 Effect（效果）→ Keying（抠像）→ Color Range（颜色范围）菜单。

3. 如图 10-26 所示，在 Effect Controls（效果控件）面板中，单击 Preview（预览）窗口右侧的 Key Color 吸管。然后，在 Composition（合成）面板中，单击天空中的蓝色（中间色调），进行取样。

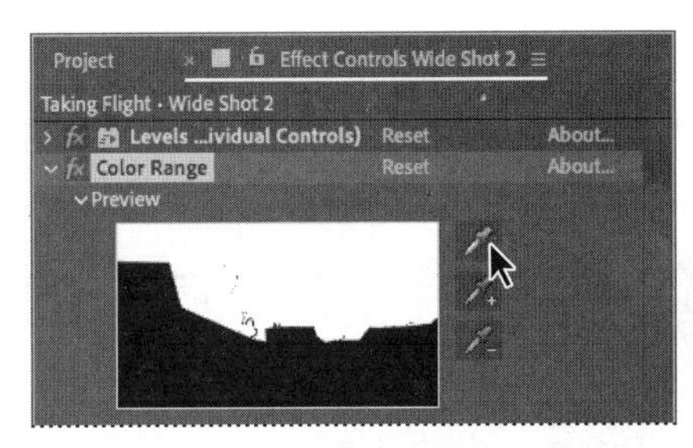

图10-26

在 Effect Controls（效果控件）面板的 Preview（预览）窗口中，可以看到被抠出的区域显示为黑色。

4. 在 Effect Controls（效果控件）面板中，选择 Add To Key Color 吸管，然后在 Composition（合成）面板中，单击另外一片天空区域。

5. 重复步骤 4，直到抠出整个天空，如图 10-27 所示。

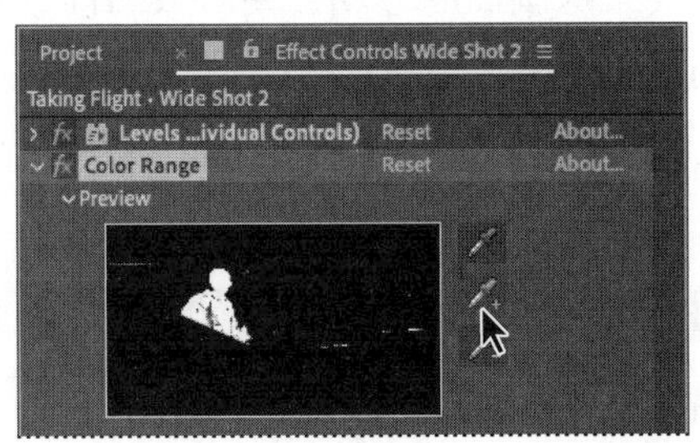

图10-27

> Ae **提示：**在选择天空中的蓝色区域时，要保留下云朵，因为我们并不想把男孩的衬衫也一起抠出来。

10.7.3 添加新背景

当抠出天空后，接下来，添加带有云朵的天空。

1. 单击 Project（项目）选项卡，显示 Project（项目）面板。然后把 storm_clouds.jpg 从 Project（项目）面板拖入 Timeline（时间轴）面板，使其位于 Wide Shot 图层之下。
2. 在 Timeline（时间轴）面板中，在 storm_clouds 图层处于选中的状态下，按 S 键显示其 Scale（缩放）属性，然后把缩放值修改为 150。
3. 在 storm_clouds 图层处于选中的状态下，按 P 键，显示其 Position（位置）属性，然后将其修改为 356、205，或其他你希望的位置。

> Ae **提示：**在手动输入这些值时，按 Tab 键可以快速在各个属性字段之间进行跳转。

4. 如图 10-28 所示，在 storm_clouds 图层处于选中的状态下，从菜单栏中，依次选择 Effect（效果）→ Color Correction（颜色校正）→ Auto Levels（自动色阶）菜单，把 White Clip（修剪白色）修改为 1.00%，略微提亮云彩。

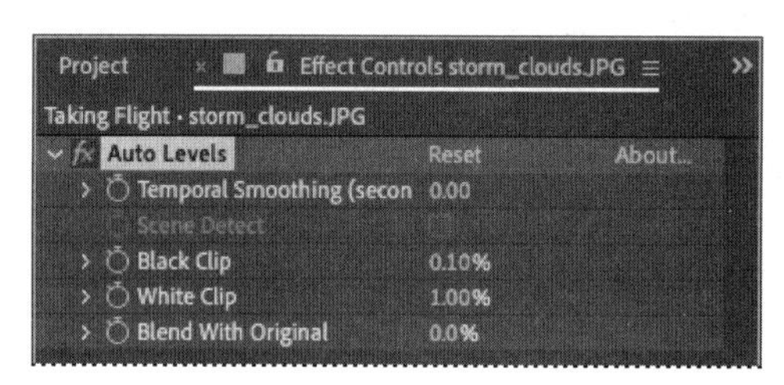

图10-28

10.7.4 跟踪摄像机运动

由于视频拍摄时没有使用三脚架，所以摄像机会发生移动。这时，云朵也应该随摄像机一起移动。与处理上一个视频时一样，我们要跟踪画面的移动，使云朵与前景元素同步移动。

1. 把当前时间指示器拖曳到 2:23。然后选择 Wide Shot 图层，使用鼠标右键单击（或按住 Control 键单击）它，在弹出菜单中，选择 Track & Stabilize（跟踪和稳定）→ Track Motion（跟踪运动）。
2. 在 Tracker（跟踪器）面板中，选择 Position（位置）、Rotation（旋转）、Scale（缩放）选项。
3. 在其中一个跟踪点的特征区域（内框）中，单击空白区域，并按住鼠标不放，把整个跟踪点拖曳到右侧房子的屋顶尖上。然后把另一个跟踪点的跟踪区域拖曳到左侧房子的屋顶尖上，如图所示。

4. 如图 10-29 所示，在 Tracker（跟踪器）面板中，单击 Edit Target（编辑目标）。在 Motion Target（运动目标）对话框中，从 Layer（图层）下拉列表中选择 6.storm_clouds.jpg，单击 OK（确定）按钮。请注意，这里选择的是第二个 storm_clouds.jpg 文件，并非第一个（第三个图层）。我们需要的是与 Wide Shot 图层有关联的那个。

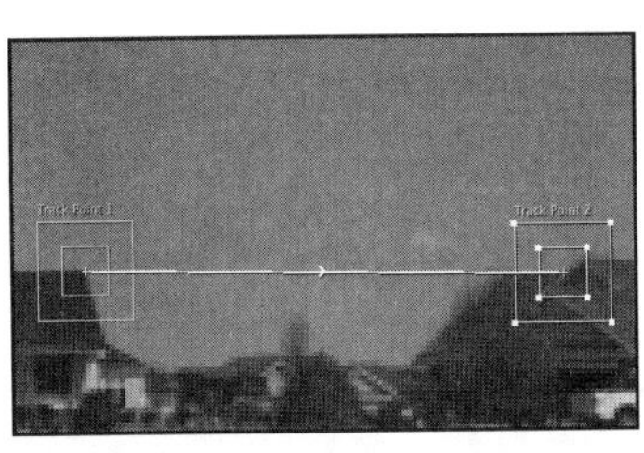

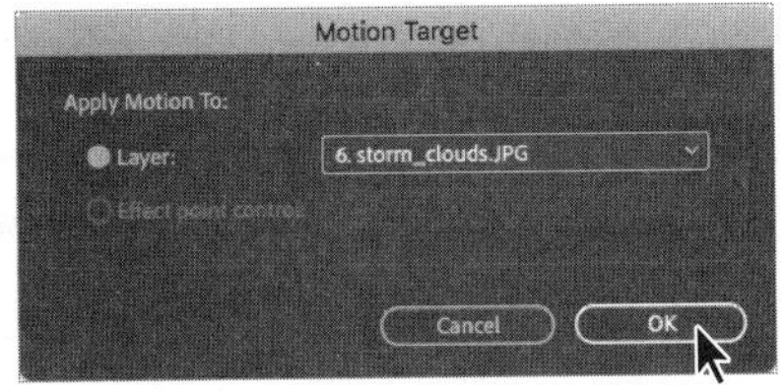

图10-29

5. 在 Tracker（跟踪器）面板中，单击 Analyze Forward（向前分析）按钮。

6. 当分析完成后，在 Tracker（跟踪器）面板中，单击 Apply（应用）按钮，再单击 OK 把数据应用到 x 和 y 上。

7. 在 Composition（合成）面板中，单击 Composition: Taking Flight（合成：Taking Flight）选项卡，将其激活。然后预览视频，可以看到云朵和其他元素在一起运动。

虽然云朵在随着摄像机运动，但是由于它所在的图层被缩放了，所以云的位置可能不正确。

8. 隐藏所有图层的所有属性。

9. 如图 10-30 所示，确保没有选择任何图层。然后，选择最底部的 storm_clouds.jpg 图层，按 A 键，显示其 Anchor Point（锚点）属性，将其设置为 941、662，使其位置正确。

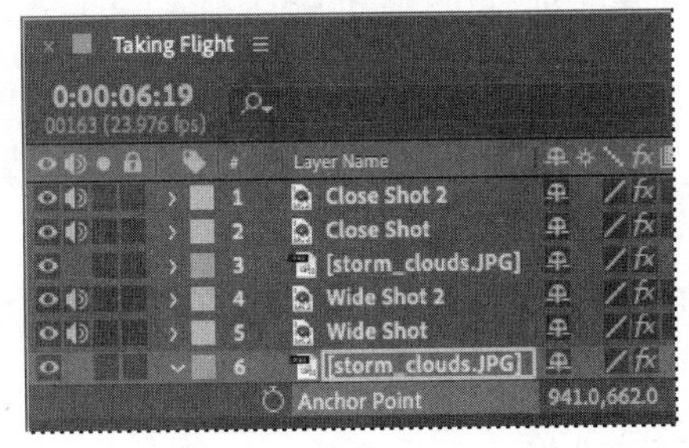

图10-30

10. 把 Close Shot、Close Shot 2，以及第一个 storm_clouds.jpg 图层显示出来。

11. 在菜单栏中，依次选择 File（文件）→ Save（保存），保存当前项目。

10.8 颜色分级（Color grading）

前面我们所做的颜色调整要么是为了纠正不准确的白平衡，要么是为了使两段视频的颜色统一起来。除此之外，我们还可以通过对颜色和色调的调整来营造一种氛围，或者增强影片的画面感。接下来，我们将对影片做最后的调整，先向画面添加冷蓝色，使整个画面显得更柔和、梦幻，然后添加暗角。

10.8.1 使用 CC Toner 上色

CC Toner 是一种建立在原图层亮度基础上的颜色映射效果。借助这种效果，我们可以映射两种（两色调）、3 种（三色调）或 5 种（五色调）颜色。接下来，我们将使用 CC Toner 向视频的明亮区域添加冷蓝色，向中间调区域添加钢蓝色，向暗调区域添加暗蓝色。

1. 在菜单栏中，依次选择 Layer（图层）→ New（新建）→ Adjustment Layer（调整图层），新建一个调整图层。

我们可以通过调整图层把一个效果一次性应用到其下所有图层上。由于效果应用在一个单独的图层上，所以你可以灵活地隐藏或编辑这个图层，它会自动影响其他所有图层。

2. 在 Timeline（时间轴）面板中，把 Adjustment Layer 1（调整图层 1）移动到最顶层。

3. 选择 Adjustment Layer 1（调整图层 1），按 Enter 或 Return 键，将其重命名为 Steel Blue，再次按 Enter 或 Return 键，使修改生效。

4. 如图 10-31 所示，选择 Steel Blue 图层，在菜单栏中，依次选择 Effect（效果）→ Color Correction（颜色校正）→ CC Toner。

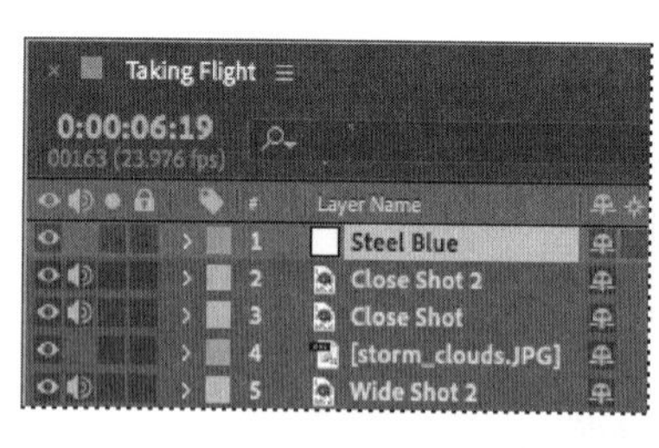

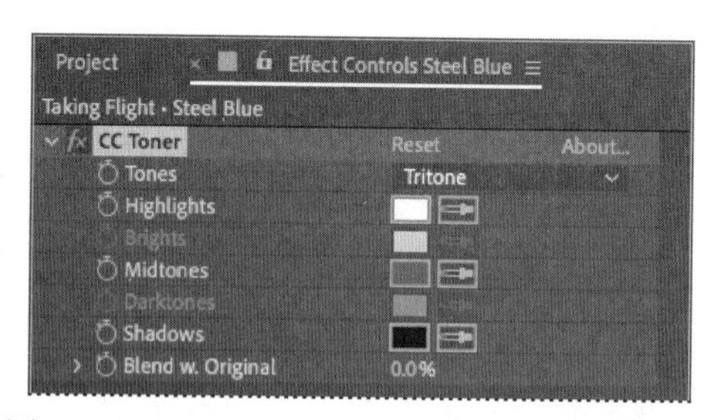

图10-31

5. 如图 10-32 所示，在 Effect Controls（效果控件）面板中，从 Tones 列表中选择 Pentone，然后执行如下操作。

- 单击 Brights（亮调）右侧的颜色框，选择一种冷蓝色（R=120、G=160、B=190）。

- 单击 Midtones（中间调）右侧的颜色框，选择一种钢蓝色（R=70、G=90、B=120）。
- 单击 Darktones（暗调）右侧的颜色框，选择一种暗蓝色（R=10、G=30、B=60）。
- 把 Blend With Original（与源混合）修改为 75%。

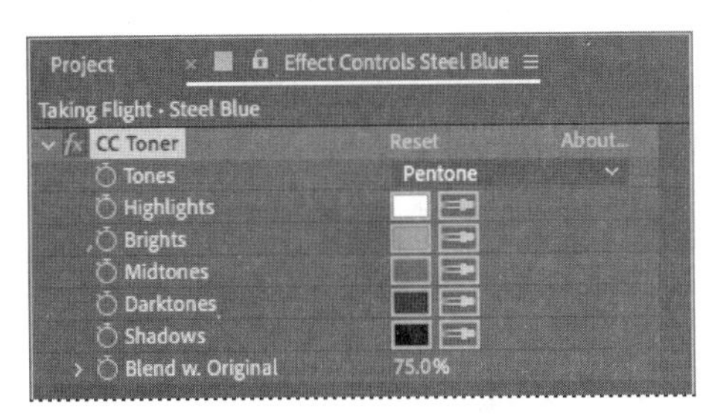

图10-32

10.8.2 添加模糊

接下来，向整个项目添加模糊效果。首先，把图层预合成，然后创建一个部分可见的模糊图层。

1. 在 Timeline（时间轴）面板中，全选所有图层，然后在菜单栏中，依次选择 Layer（图层）→ Pre-Compose（预合成）菜单，打开 Pre-Compose（预合成）对话框。

预合成图层会把所有图层转移到一个新合成中，这样可以很容易地把一个效果一次性应用到合成的所有图层上。

2. 如图 10-33 所示，在 Pre-Compose（预合成）对话框中，设置“新合成名称”为 Final Effect，选择 Move All Attributes Into The New Composition（将所有属性移动到新合成），然后单击 OK（确定）按钮。

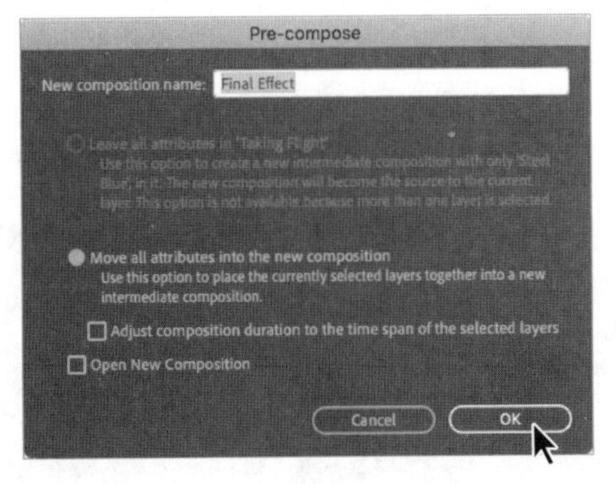

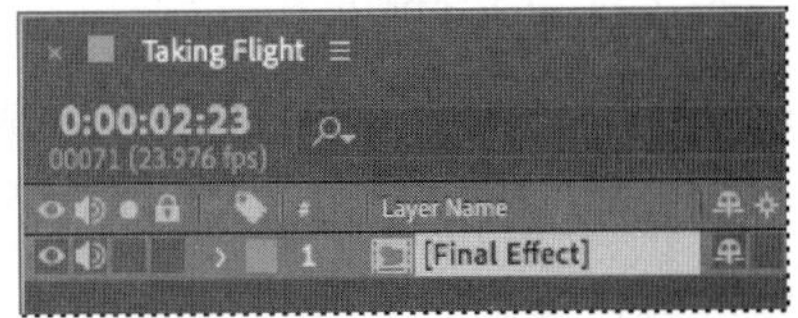

图10-33

After Effects 使用一个名为 Final Effect 单一图层代替 Taking Flight 合成中的所有图层。

3. 选择 Final Effect 图层，在菜单栏中，依次选择 Edit（编辑）→ Duplicate（重复），创建一个副本。

4. 在 Final Effect 图层处于选中的状态下，在菜单栏中，依次选择 Effect（效果）→ Blur & Sharpen（模糊和锐化）→ Gaussian Blur（高斯模糊）。

5. 如图 10-34 所示，在 Effect Controls（效果控件）面板中，设置 Blurriness（模糊度）为 40。

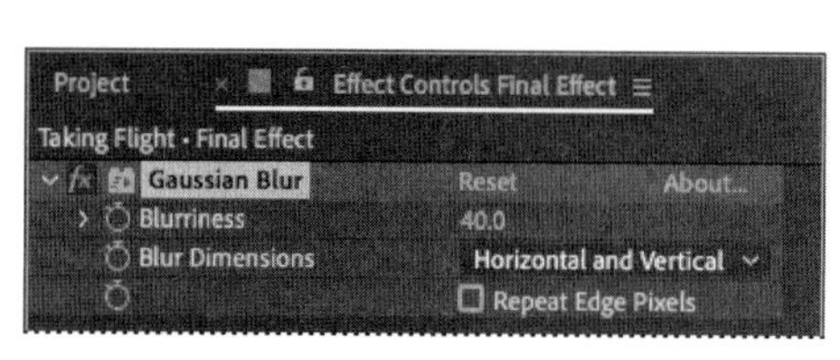

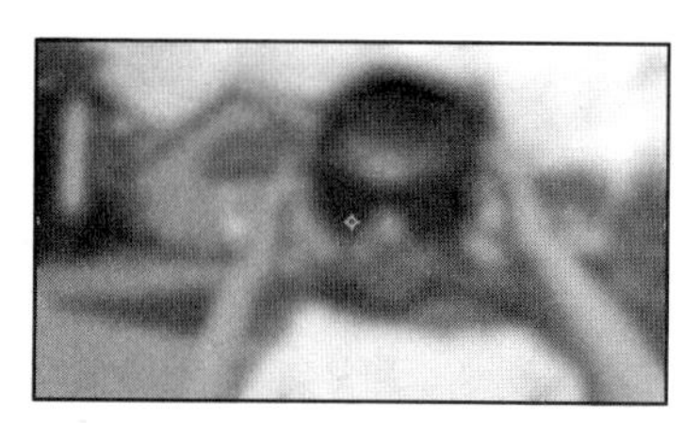

图10-34

模糊效果太强了，为此，你可以降低效果所在图层的不透明度。

6. 如图 10-35 所示，在 Final Effect 图层处于选中的状态下，按 T 键，显示其 Opacity（不透明度）属性，将其设置为 30%。

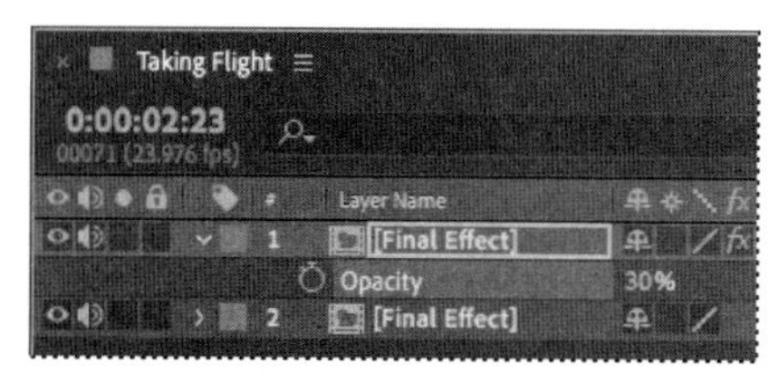

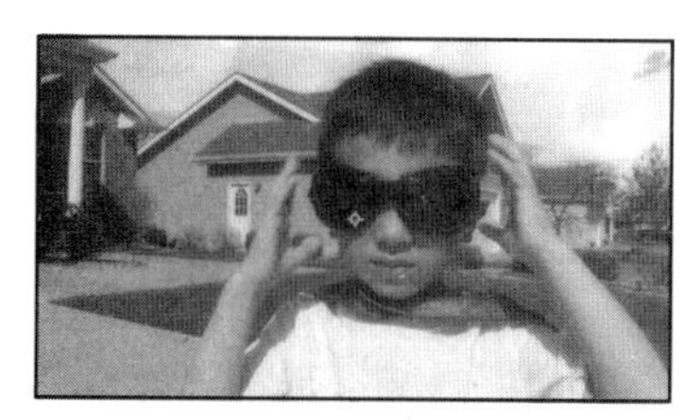

图10-35

10.8.3 添加暗角效果

接下来，我们新建一个纯色图层为影片添加暗角效果。

1. 如图 10-36 所示，在菜单栏中，依次选择 Layer（图层）→ New（新建）→ Solid（纯色），打开 Solid Settings（纯色设置）对话框。

2. 在 Solid Settings（纯色设置）对话框中，做如下设置。

   • 设置名称为 Vignette。

   • 单击 Make Comp Size（制作合成大小）按钮。

   • 修改颜色为黑色（R=0、G=0、B=0）。

   • 单击 OK（确定）按钮。

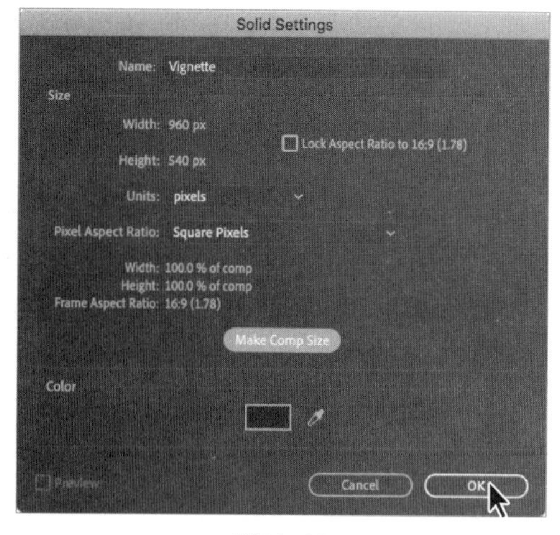

图10-36

3. 在工具栏中，选择 Ellipse Tool（椭圆工具，），该工具隐藏于 Rectangle Tool（矩形工具，）之下。然后双击 Ellipse Tool（椭圆工具），After Effects 根据图层自动添加一个合适大小的椭圆蒙版。

4. 在 Timeline（时间轴）面板中，选择 Vignette 图层，按两次 M 键，显示其蒙版属性，把 Mask Mode（蒙版模式）修改为 Subtract（相减），修改 Mask Feather（蒙版羽化）为 300 像素。

5. 如图 10-37 所示，按 T 键，显示其 Opacity（不透明度）属性，修改其值为 50%。

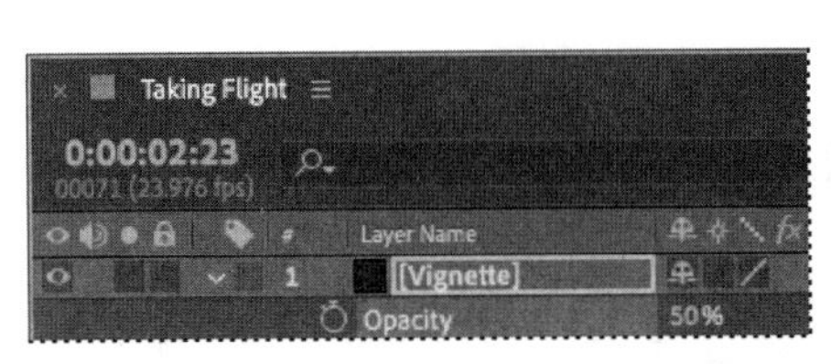

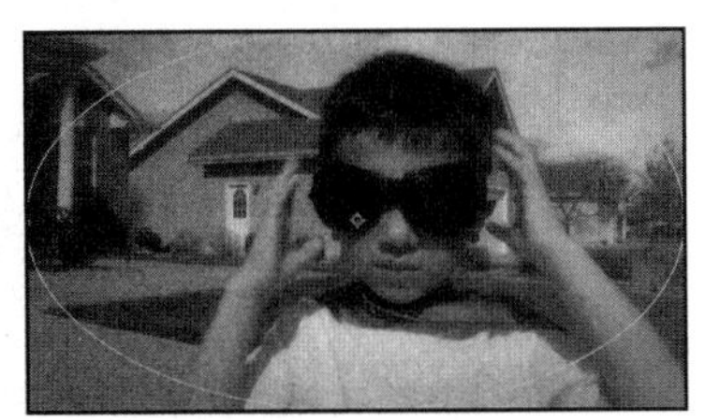

图10-37

6. 隐藏所有图层的所有属性。

7. 预览影片。

8. 保存当前项目。

更多内容

复制场景中的对象

在项目制作过程中，我们可以复制一个对象，然后应用运动跟踪使其与场景中的其他元素保持运动同步。下面我们将使用 Clone Stamp Tool（仿制图章工具），把 Close Shot 视频中屋子门口一侧的壁灯复制到另一侧。After Effects 中的复制功能与 Photoshop 中的复制功能类似，但是，在 After Effects 中，你可以在整个时间轴上复制，而非只是在单个图像上复制。

1. 按 Home 键，或者直接把当前时间指示器移动到时间标尺的起始位置。
2. 在 Timeline（时间轴）面板中，双击 Final Effect 图层，打开 Final Effect 合成。我们想修改的是那个不带模糊的合成副本。
3. 在 Timeline（时间轴）面板中，双击 Close Shot 图层，将其在 Layer（图层）面板中打开。我们只能在单个图层上绘制，不能在整个合成中绘制。
4. 在工具栏中，选择 Clone Stamp Tool（仿制图章工具）。

Clone Stamp Tool（仿制图章工具）会对源图层的像素进行采样，然后把采集到的像素应用到目标图层上，目标图层既可以是源图层，也可以是同一个合成中的其他图层。选择 Clone Stamp Tool（仿制图章工具）后，After Effects 会自动显示出 Brushes（画笔）和 Paint（绘画）面板。

5. 如图 10-38 所示，打开 Brushes（画笔）面板，修改 Diameter（直径）为 10 像素，Hardness（硬度）为 60%。

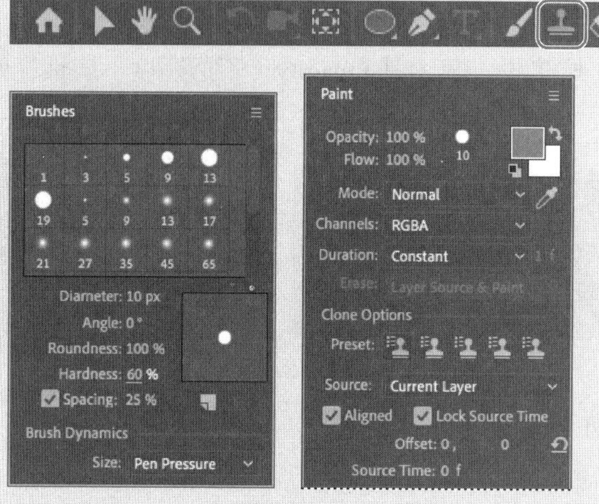

图10-38

6. 展开 Paint（绘画）面板，设置 Mode（模式）为 Normal（正常），Duration（持续时间）为 Constant（固定），Source（源）为 Current Layer（当前图层）。选择 Aligned（已对齐）和 Lock Source Time（锁定源时间），把 Source Time（源时间）设置为 0 帧。

把 Duration（持续时间）设置为 Constant（固定）指定从当前时间向前应用 Clone Stamp（仿制图章）效果。由于我们是从时间轴的起始位置开始的，因此所做的改变会影响图层的每一帧。

在 Paint（绘画）面板中，选择 Aligned（已对齐）后，取样点的位置（克隆位置）会随后续笔触而发生改变，以适应目标图层面板中 Clone Stamp（仿制图章）的运动，这样你可以使用多个笔触来绘制整个克隆对象。Lock Source Time（锁定源时间）可以让我们复制单个帧。

7. 如图 10-39 所示，在 Layer（图层）面板中，把光标置于壁灯之上。按住 Alt 键（Windows）或 Option 键（macOS）单击，指定克隆源。

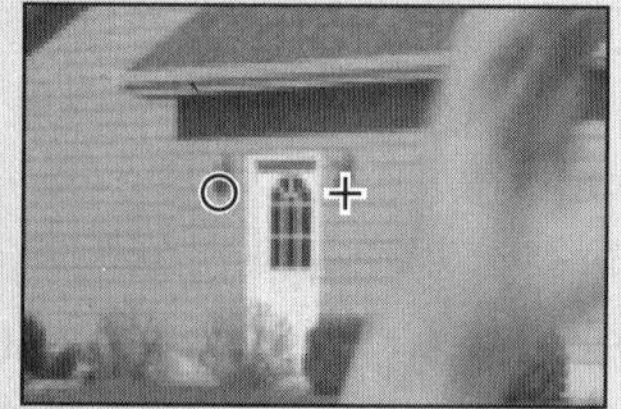

图10-39

8. 单击门左侧，然后单击并拖曳克隆壁灯。请小心不要克隆到门。若发生错误，可以撤销操作，新找一个克隆源重新克隆。

提示：当克隆过程中发生错误时，可以按 Ctrl+Z（Windows）或 Command+Z（macOS）组合键撤销操作，然后重新克隆。

9. 克隆好之后，观看视频，你会发现当场景中的其他部分运动时，克隆好的壁灯是静止不动的。也就是说，克隆好的壁灯没有和建筑物保存同步运动。对于这个问题，我们可以使用跟踪数据来解决。
10. 在 Timeline（时间轴）面板中，展开 Close Shot 图层的属性，然后依次展开 Motion Trackers（动态跟踪器）→ Tracker 1（跟踪器 1）→ Track Point 1（跟踪点 1）属性。接着，再展开依次 Close Shot 图层的 Effects（效果）→ Paint（绘画）→ Clone 1（克隆 1）→ Transform Clone 1（变换：克隆 1）属性。
11. 把 Transform Clone 1（变换：克隆 1）的 Position（位置）属性的"属性关联器"拖曳到 Track Point 1 的 Attach Point（附加点）属性，释放鼠标。你可能需要放大 Timeline（时间轴）面板才能同时看到两个属性。

这样，我们就用表达式把克隆灯的位置和前面生成的跟踪数据关联起来了。此时，壁灯将随着图像一起运动，但是位置不对，我们需要调整它的锚点来纠正它和门的关系。

12. 如图 10-40 所示，调整 Transform（变换）→ Clone 1（克隆 1）→ Anchor Point（锚点）属性，把壁灯移动到门旁边。

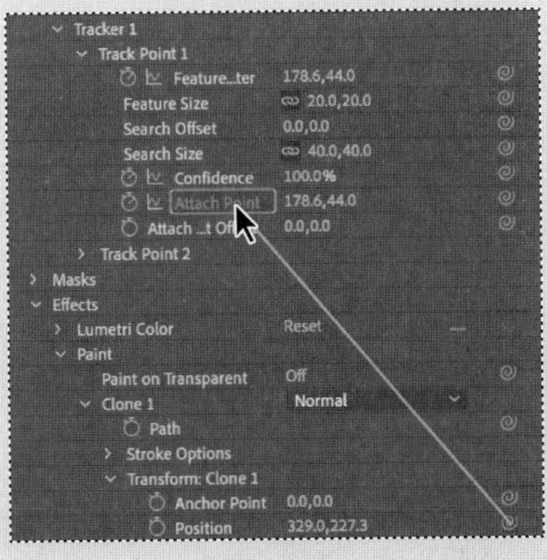

图10-40

当调整锚点值时，你可能需要缩小画面才能看到灯的位置，并且你调整之后的值可能和这里不一样。

13. 预览整个视频，检查壁灯位置是否正确。若无问题，关闭 Layer（图层）面板中的 Close Shot 选项卡和 Timeline（时间轴）面板中的 Final Effect 合成选项卡。再次预览整个合成，检查是否有问题。
14. 在菜单栏中，依次选择 File（文件）→ Save（保存），保存当前项目。

10.9 复习题

1. 颜色校正和颜色分级有何不同？
2. 在 After Effects 中如何抠出背景？
3. 什么时候使用蒙版跟踪器？

10.10 答案

1. 颜色校正的目的是纠正视频中的白平衡和曝光错误，或者把一段视频的颜色和另一段视频统一起来。相比之下，颜色分级的主观性更强，其目标是优化源素材，把观众视线吸引到场景中的主要对象上，或者根据导演喜欢的色调创建一套色板。
2. 在 After Effects 中抠背景的方法有很多。本课我们学习了如何使用 Keylight (1.2) 和 Color Range（颜色范围）效果抠出背景，然后用另外一个图像替换它。
3. 在跟踪一个蒙版时，若该蒙版的形状不发生变化，变化的只是位置、缩放、旋转，此时你就需要使用蒙版跟踪器了。例如，你可以使用蒙版跟踪器来跟踪视频中的一个人、车轮或天空的一个区域。

第11课 创建动态图形模板

课程概览

本课学习如下内容：

- 向基本图形面板添加控件
- 创建复选框选择背景图像
- 保护部分项目免受时间拉伸
- 导出动态图形模板文件（.mogrt）。
- 为嵌套合成中的图层创建主属性
- 使用 Adobe Premiere Pro 中的动态图形模板
- 创建主属性

学完本课大约需要 1 小时。如果你尚未下载本课项目文件，请到“数艺设”网站下载。在学习本课的过程中，原始项目文件会被覆盖掉。如果你想使用原始项目文件，请重新下载它们。

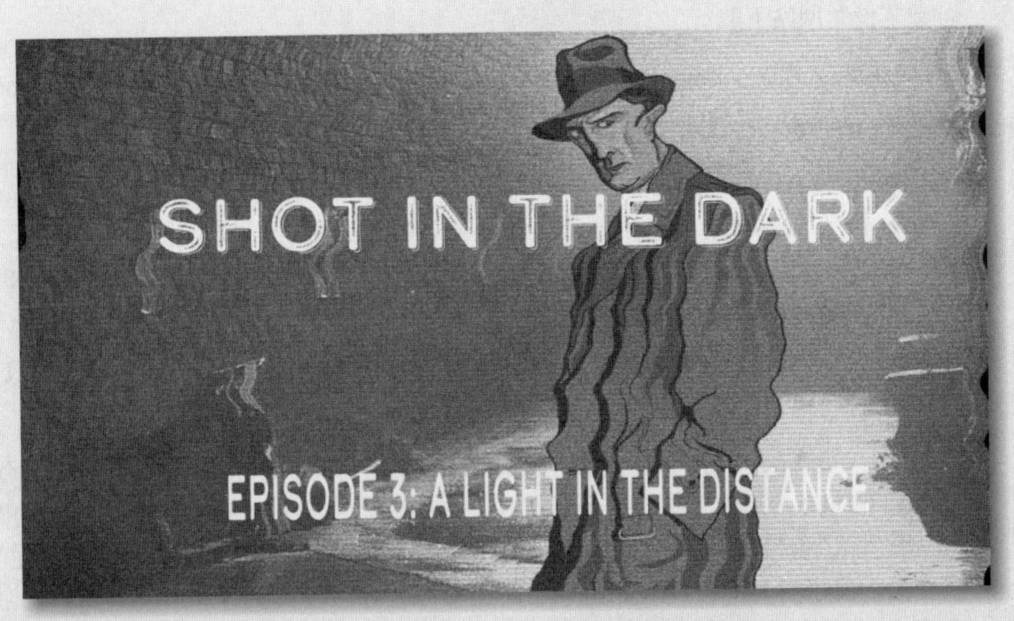

项目：MOTION GRAPHICS TEMPLATE FOR TV SHOW TITLE SEQUENCE

借助动态图形模板，你可以在保留项目风格和设置的同时，允许其他人在 Adobe Premiere Pro 中控制特定的可编辑部分。

11.1 准备工作

在 After Effects 中，你可以使用基本图形面板创建动态图形模板，让其他人可以在 Adobe Premiere Pro 中编辑合成的某些方面。在创建模板时，你可以指定哪些属性是可编辑的，然后通过 Creative Cloud 库把模板分享给他人，或者直接把制作好的动态图形模板文件（.mogrt）发送给他人使用。

在本课中，我们将为一个电视节目片头制作一个动态图形模板，其中主标题保持不变，其他诸如副标题、背景图像、效果设置都可以改变。

开始之前，先预览一下最终影片，并创建好要使用的项目。

1. 检查你硬盘上的 Lessons/Lesson11 文件夹中是否包含如下文件。若没有，请立即前往“数艺设”网站下载。
   - Assets 文件夹：Embrace.psd、Holding_gun.psd、Man_Hat.psd、Stylized_scene.psd。
   - Sample_Movies 文件夹：Lesson_11.avi、Lesson11.mov。
2. 在 Windows Movies & TV 中打开并播放 Lesson11.avi 示例影片，或者使用 QuickTime Player 播放 Lesson11.mov 示例影片，了解本课要创建的效果。当观看完成之后，请关闭 Windows Movies & TV 或 QuickTime Player。如果存储空间有限，此时，你可以把这两段示例影片从硬盘中删除。

在学习本课之前，最好先把 After Effects 恢复成默认设置（参见前言中“恢复默认设置”部分的内容）。你可以使用如下快捷键完成这个操作。

3. 当启动 After Effects 时，请立即按下 Ctrl+Alt+Shift（Windows 系统）或 Command+Option+Shift（macOS 系统），弹出一个消息框，询问“是否确实要删除你的首选项文件？”，单击“OK”（确定），即可删除首选项文件，恢复 After Effects 默认设置。在 Home（主页）窗口中，单击 New Project（新建项目）。

此时，After Effects 新建并打开一个未命名的项目。

4. 在菜单栏中，依次选择 File（文件）→ Save As（另存为）→ Save As（另存为），打开 Save As（另存为）对话框。
5. 在 Save As（另存为）对话框中，转到 Lessons/Lesson11/Finished_Project 文件夹下，输入项目名称 Lesson11_Finished.aep，单击 Save（保存）按钮，保存项目。

11.2 准备主合成

在 After Effects 中，在创建模板之前，需要先创建一个合成，该合成是创建模板的基础。接下来，我们创建一个主合成，其中包含背景图像、动态标题和副标题。

11.2.1　创建合成

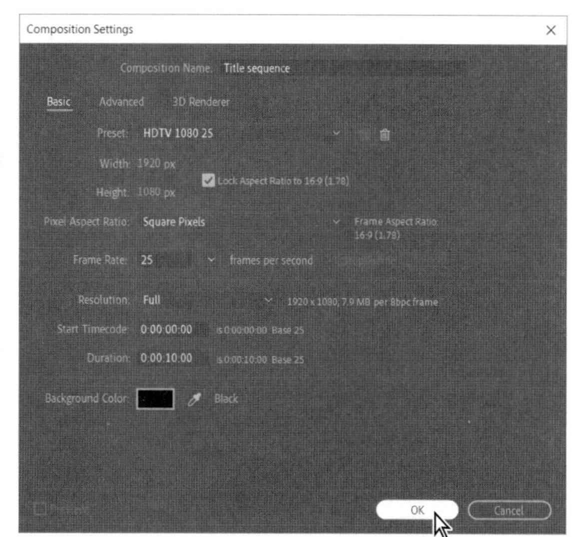

图11-1

首先，导入素材，创建合成。

1. 在 Project（项目）面板中，单击空白区域，打开 Import File（导入文件）对话框。
2. 转到 Lessons/Lesson11/Assets 文件夹下，按住 Shift 键，单击 4 个 PSD 文件，将它们同时选中，单击 Import（导入）或 Open（打开）按钮。
3. 在 Composition（合成）面板中，单击 New Composition（新建合成）按钮。
4. 如图 11-1 所示，在 Composition Settings（合成设置）对话框中，做如下设置，然后单击 OK（确定）按钮。
   - 设置“合成名称”为 Title sequence。
   - 从 Preset（预设）列表中，选择 HDTV 1080 25。
   - 设置 Duration（持续时间）为 10:00。
   - 设置背景颜色为黑色。
5. 如图 11-2 所示，把 Embrace.psd 文件拖入 Timeline（时间轴）窗口中。把背景文件显示出来有助于设置文本位置。

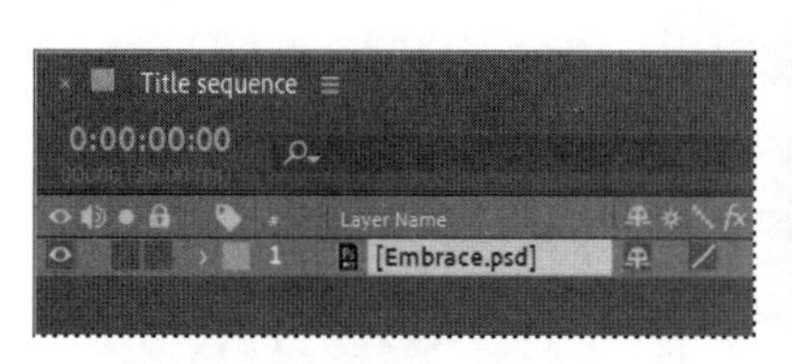

图11-2

11.2.2　添加动态文本

本项目包含整个节目系列的标题，它从屏幕顶部出现，然后往下移动，并逐渐变大，每一集的标题逐个字母出现，然后爆炸并从屏幕上消失。下面我们创建两个图层，并为它们制作动画。

1. 在工具栏中，选择 Horizontal Type Tool（横排文字工具，T），然后在 Composition（合成）面板中单击，出现一个插入点。

此时，After Effects 向 Timeline（时间轴）面板添加一个新图层，并打开 Character（字符）面板。

2. 在 Composition（合成）面板中，输入文本 Shot in the Dark。

3. 在 Character（字符）面板中，单击字体列表，从中选择 Calder Dark Grit Shadow 和 Calder Dark 字体。如果你尚未安装这些字体，可以从"文件"菜单中，选择 Add Adobe Fonts（从 Adobe 添加字体），然后使用 Adobe Fonts 激活它们。当然，你还可以选择系统中已经安装的其他字体。

4. 在 Composition（合成）面板中，全选输入的文本，然后在 Character（字符）面板中做如下设置。

   - Font Family（字体系列）: Calder。
   - Font Style（字体样式）: Dark Grit Shadow。
   - Fill Color（填充颜色）: 白色。
   - Stroke（描边）: 无。
   - Font Size（字体大小）: 140 像素。
   - Tracking（字符间距）: 10%。

5. 如图 11-3 所示，选择 Selection Tool（选取工具，▶），然后在 Composition（合成）面板中，把标题置于场景上半部分的中间。

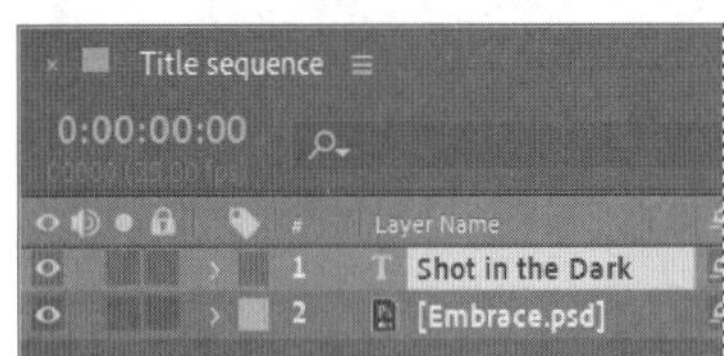

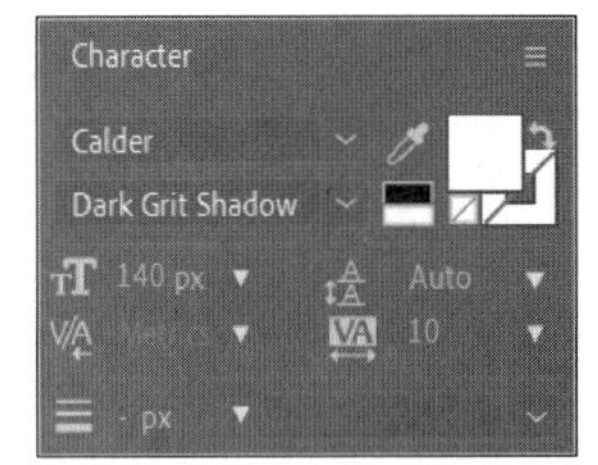

图11–3

6. 如图 11-4 所示，把当前时间指示器拖曳到 2:00。选择 Shot in the Dark 图层，按 P 键，然后按 Shift+S 键，同时显示 Position（位置）和 Scale（缩放）属性，分别单击各个属性左侧的秒表图标，创建初始关键帧。

7. 如图 11-5 所示，按 Home 键，把当前时间指示器快速移动到时间标尺的起始位置，把 Scale（缩放）修改为 50%。使用选取工具，把标题拖曳到 Composition（合成）面板顶部的中间。After Effects 自动为 Position（位置）和 Scale（缩放）属性创建关键帧。

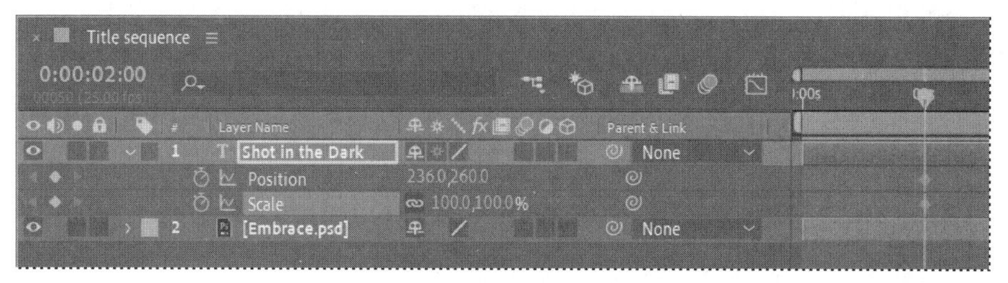

图11-4

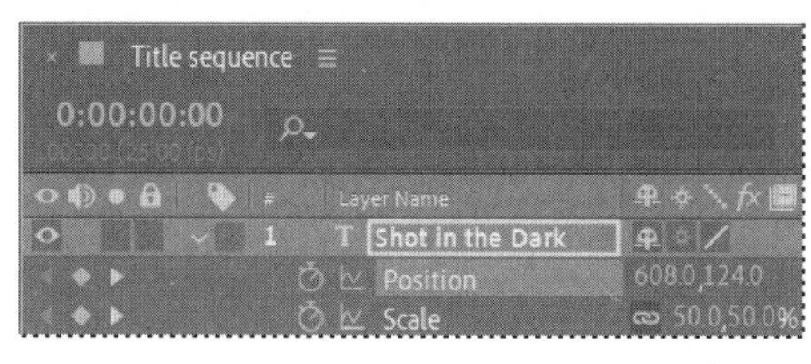

图11-5

8. 把当前时间指示器拖曳到 2:10。然后，在工具栏中，选择 Horizontal Type Tool（横排文字工具），在 Composition（合成）面板中，输入 Episode 3: A Light in the Distance。

9. 如图 11-6 所示，在 Composition（合成）面板中，选择输入的文本，然后在 Character（字符）面板中做如下设置。

- Font Family（字体系列）: Calder。
- Font Style（字体样式）: Dark。
- Font Size（字体大小）: 120 像素。
- Horizontal Scale（水平缩放）: 50%。

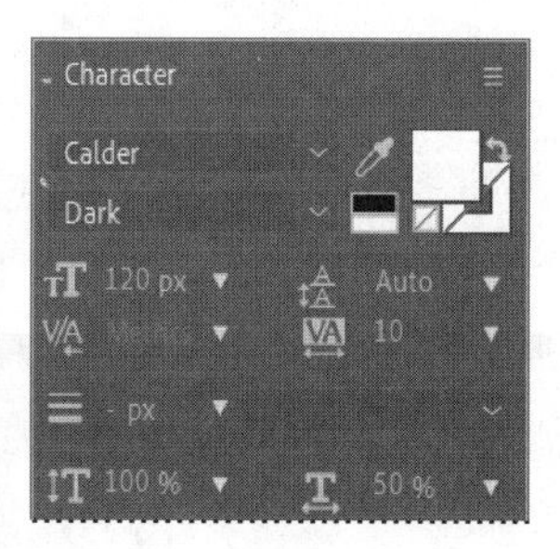

图11-6

> **注意**：如果你没有在第 3 步中使用 Adobe Fonts 激活 Calder Dark，现在请激活它。当然，你还可以选择其他已经安装在系统中的字体。

10. 把当前时间指示器拖曳到 9:00。在 Effects & Presets（效果和预设）面板的搜索框中，输入 explosion（爆炸）。然后选择 Explosion 2（爆炸 2），将其拖曳到 Timeline（时间轴）面板中的 Episode 3 图层上。

11. 如图 11-7 所示，把当前时间指示器拖曳到 2:10。在 Effects & Presets（效果和预设）面板的搜索框中，输入 typewriter（打字机）。然后选择 Typewriter（打字机），将其拖曳到 Timeline（时间轴）面板中的 Episode 3 图层上。

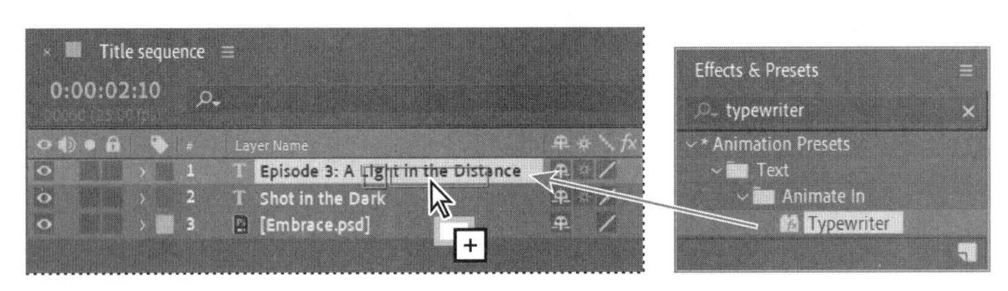

图11-7

12. 如图 11-8 所示，在工具栏中，选择 Selection Tool（选取工具），然后把文本放在屏幕下三分之一的中间位置上。

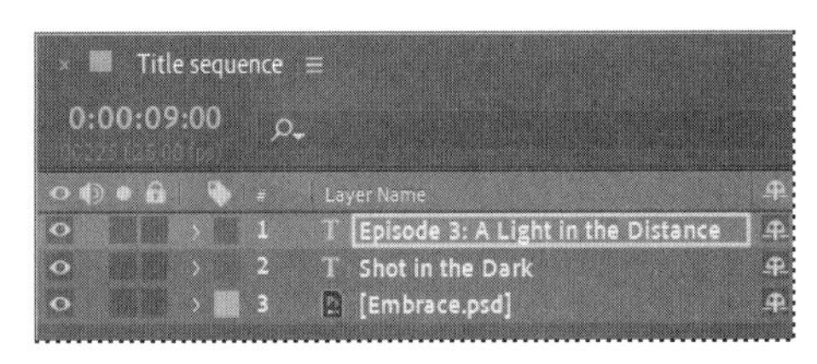

图11-8

13. 如图 11-9 所示，按 Home 键，或者直接把当前时间指示器移动到时间标尺的起始位置。然后按空格键预览影片，预览完成后，再次按空格键，停止预览。

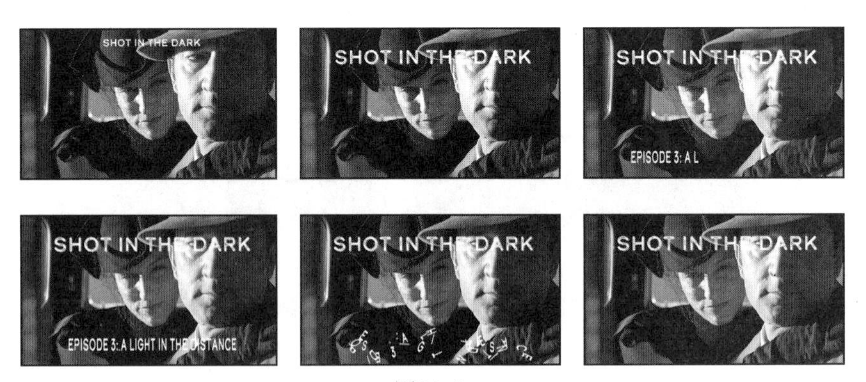

图11-9

14. 隐藏两个文本图层的属性。在菜单栏中，依次选择 File（文件）→ Save（保存），保存当前项目。

11.2.3 为背景图像制作动画

前面我们已经为文本制作好了动画，接下来，该为背景图像制作动画了。由于这是一个黑色剧情系列，所以我们会向画面中添加令人不安的效果。届时我们将使用一个调整层来应用效果，并且让该效果在文本显示在屏幕上之后才出现。

1. 在 Timeline（时间轴）面板中，选择 Embrace.psd 图层。
2. 在菜单栏中，依次选择 Layer（图层）→ New（新建）→ Adjustment Layer（调整图层），把新创建的调整图层命名为 Background Effect。

此时，After Effects 立即在所选的图层之上新创建了一个调整图层。该调整图层会影响到其下的所有图层。

3. 如图 11-10 所示，把当前时间指示器拖曳到 5:00。按"Alt+["（Windows）或"Option+["（macOS）组合键，修剪图层，使其入点在 5:00 处。

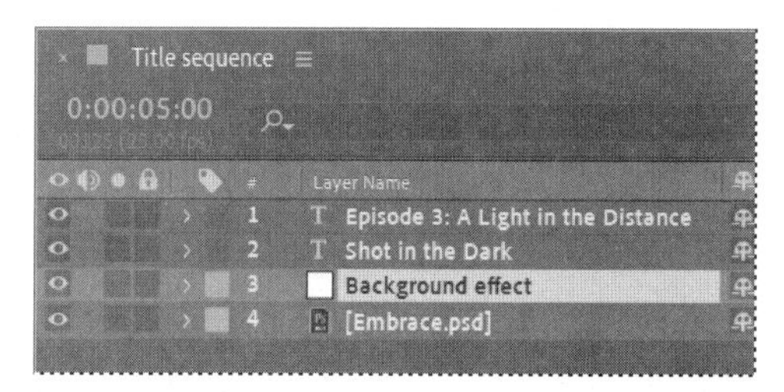

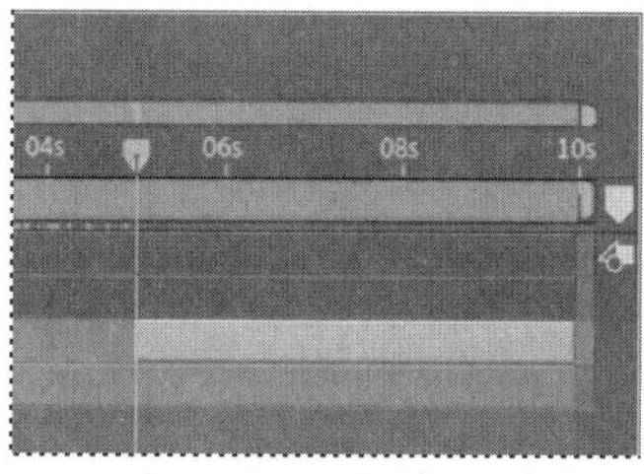

图11-10

4. 如图 11-11 所示，在 Effects & Presets（效果和预设）面板的搜索框中，输入 bad TV（不良电视信号）。然后选择 Bad TV 3 - weak（不良电视信号 3—弱），将其拖曳到 Timeline（时间轴）面板中的 Background Effect 图层上。

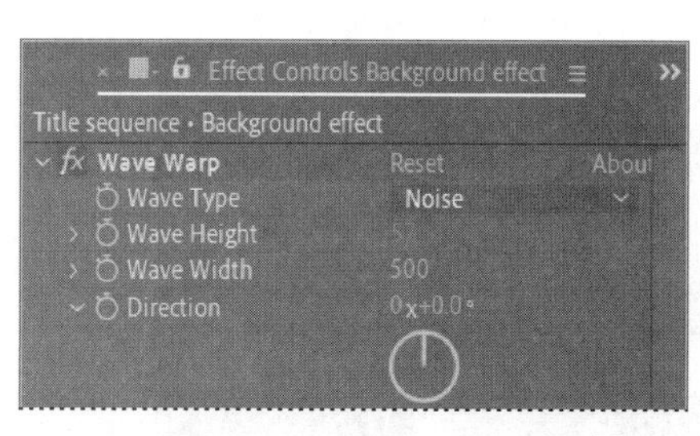

图11-11

5. 按 Home 键，或者直接把当前时间指示器移动到时间标尺的起始位置。然后按空格键预览影片，预览完成后，再次按空格键，停止预览。

影片播放时，先是系列标题从上滑入，然后剧集标题出现，再是图像变得扭曲失真。快播放到时间标尺末尾的时候，剧集标题从屏幕上爆炸消失。一旦出现扭曲失真效果，图像将很难看清楚。为此，我们可以修改效果中的设置，让图像变得更清晰些。

6. 如图 11-12 所示，在 Effect Controls（效果控件）面板中，从 Wave Type（波浪类型）中，选择 Smooth Noise（平滑杂色）。然后再次预览影片，观察有何变化。

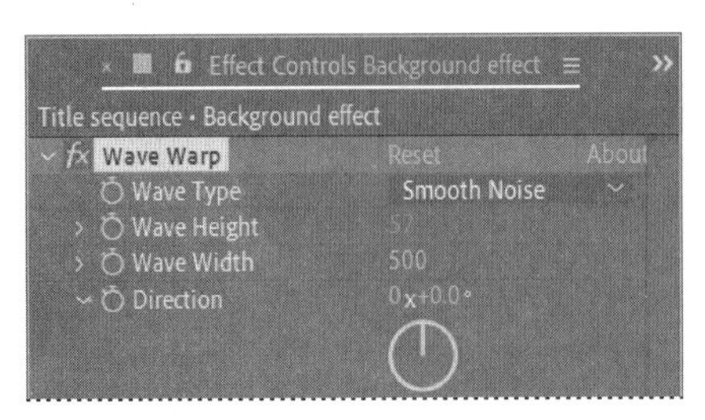

图11–12

7. 在菜单栏中，依次选择 File（文件）→ Save（保存），保存当前项目。

11.3 创建模板

我们使用基本图形面板创建自定义控件，并把它们作为动态图形模板分享出去。创建时，只要把属性拖曳到基本图形面板中以添加你想编辑的控件即可。在基本图形面板中，你可以自定义控件名称，把它们按功能划分到不同分组中。你既可以在“窗口”中选择“基本图形”，单独打开基本图形面板，也可以在“工作区”中选择“基本图形”，进入“基本图形”工作区下，其中包含创建模板所需要的大部分面板，包括 Effects & Presets（效果和预设）面板。

1. 在菜单栏中，依次选择 Window（窗口）→ Workspace（工作区）→ Essential Graphics（基本图形）菜单，进入 Essential Graphics（基本图形）工作区之下。

2. 在 Essential Graphics（基本图形）面板中，从 Master（主合成）下拉列表中，选择 Title sequence。此时，我们的模板将以 Title sequence 合成作为基础。

3. 如图 11-13 所示，输入模板名称为 Shot in the Dark sequence。

图11–13

11.4 向 Essential Graphics（基本图形）面板添加属性

我们可以把大部分效果的控件、变换属性和文本属性添加到动态图形模板中。在接下来要制作的动态图形模板中，我们将允许替换和调整剧集标题，以及 Bad TV 3 - weak（不良电视信号 3 - 弱）效果。

11.4.1 允许编辑文本

由于每个剧集的标题都不一样，所以我们需要让剧情标题是可编辑的。每个文本图层都有一个 Source Text（源文本）属性，我们可以把这个属性添加到 Essential Graphics（基本图形）面板中。

1. 在 Timeline（时间轴）面板中，展开 Episode 3 图层的 Text（文本）属性。
2. 如图 11-14 所示，把 Source Text（源文本）属性拖入 Essential Graphics（基本图形）面板中。

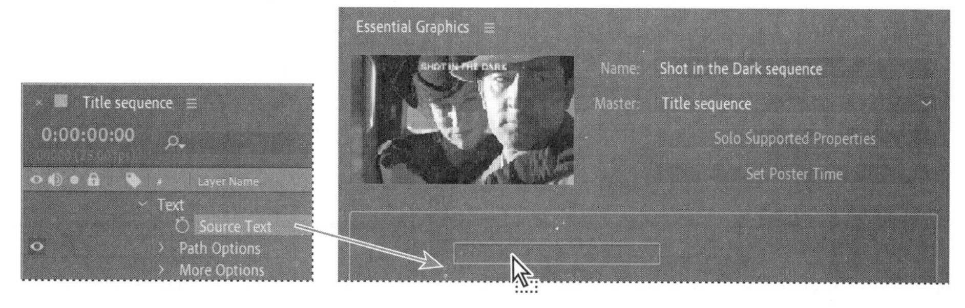

图11–14

3. 在 Essential Graphics（基本图形）面板中，单击 Source Text（源文本）标签，然后输入 Episode title。
4. 如图 11-15 所示，单击 Episode title 属性右侧的 Edit Properties（编辑属性），在“源文本属性”对话框中，选择 Enable Font Size Adjustment（启用字体大小调整），单击 OK（确定）按钮。

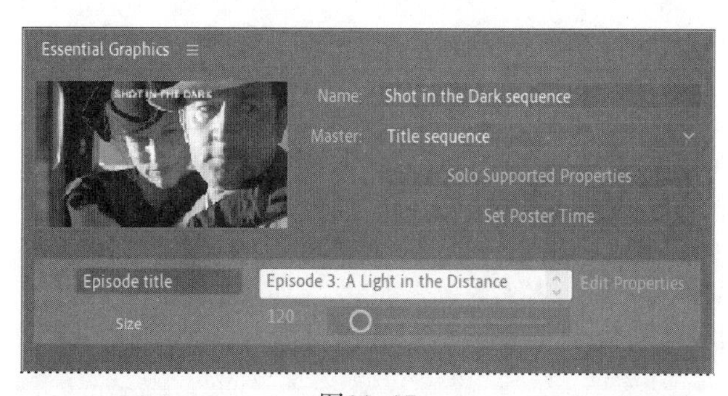

图11–15

此时，在 Essential Graphics（基本图形）面板中，在 Episode title 属性之下出现一个文本大小滑动条。

5. 在 Timeline（时间轴）面板中，选择 Episode 3 图层，按 P 键，显示其 Position（位置）属性。然后把 Position（位置）属性拖入 Essential Graphics（基本图形）面板中。

此时，剧集标题、文本大小、位置都是可编辑的，使用该动态图形模板的用户可以根据需要编辑它们。而其他属性则处于保护状态，是不可编辑的。

11.4.2 添加效果属性

许多效果属性都可以添加到动态图形模板中。在 Essential Graphics（基本图形）面板中，单击 Solo Supported Properties（独奏支持的属性）按钮，可以查看合成中有哪些属性可以添加到“基本图形”面板中。下面我们将把用于控制效果外观的属性添加到 Essential Graphics（基本图形）面板中，根据实际情况，你可能需要调整这些属性，把所选的背景图像变得更亮或暗一些。

1. 在 Essential Graphics（基本图形）面板中，单击 Solo Supported Properties（独奏支持的属性）按钮，把那些可添加到“基本图形”面板中的属性在 Timeline（时间轴）面板中显示出来。
2. 在 Timeline（时间轴）面板中，隐藏 Shot in the Dark 和 Episode 3 图层的属性，因为我们并不需要把它们的属性添加到模板中。
3. 在 Background Effect 图层的 Color Balance（颜色平衡）属性之下，把 Lightness（亮度）拖入 Essential Graphics（基本图形）面板。然后再把 Saturation（饱和度）拖入 Essential Graphics（基本图形）面板。
4. 如图 11-16 所示，在 Background Effect 图层的 Noise（杂色）属性之下，把 Amount of Noise（杂色数量）拖入 Essential Graphics（基本图形）面板。

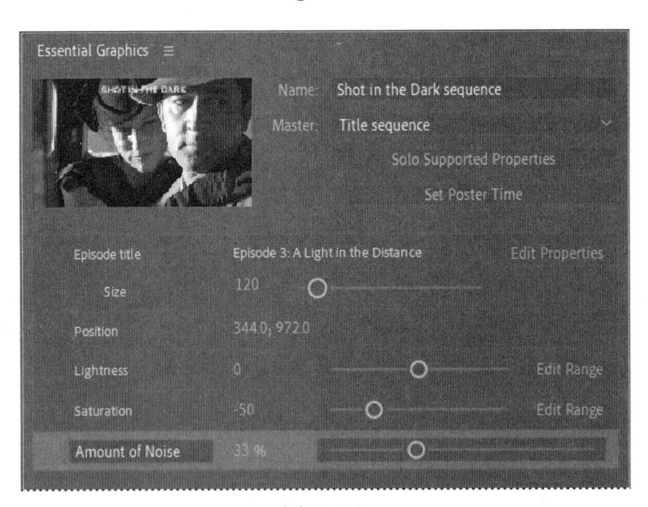

图11-16

5. 在 Essential Graphics（基本图形）面板中，尝试拖曳各个属性的控制滑块，并观察效果外观是如何变化的。按 Ctrl+Z（Windows）或 Command+Z（macOS）组合键，撤销尝试。

11.4.3 属性分组

事实上，到目前为止，你很难轻松说出那些添加到 Essential Graphics（基本图形）面板中的各个属性是用来控制画面中的哪个部分的。为此，你可以修改各个属性的名称，进一步明确它们的作用对象和功能，但是一个更好的解决办法是把这些属性分组。接下来，我们就把添加到 Essential Graphics（基本图形）面板中的各个属性分组，根据作用范围，把它们分成 Episode title 和 Background Effect 两个分组。

1. 如图 11-17 所示，在 Essential Graphics（基本图形）面板左下角的下拉列表中，选择 Add Group（添加组）。（默认显示为 Add Formatting（添加格式设置））

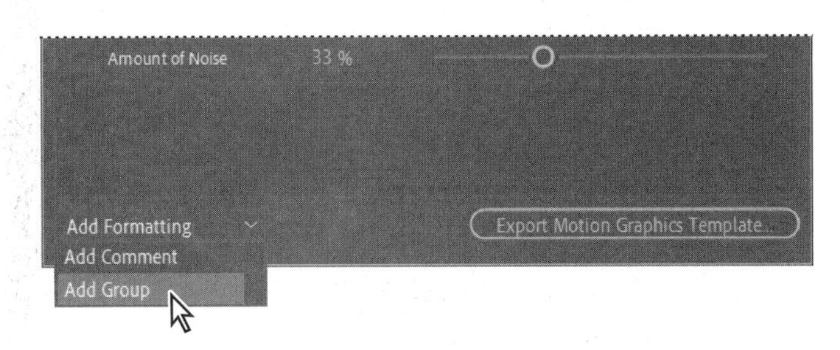

图11–17

2. 输入组名为 Episode title，然后把 Episode title 和 Episode title 位置属性拖入该分组中。此时，Size（大小）滑块会随 Episode title 一起移动到分组中。

3. 取消选择所有属性，再次从面板左下角的下拉列表中，选择 Add Group（添加组），然后把新分组命名为 Background Effect。

4. 如图 11-18 所示，把 Saturation（饱和度）、Lightness（亮度）、Amount of Noise（杂色数量）属性拖入 Background Effect 分组中。

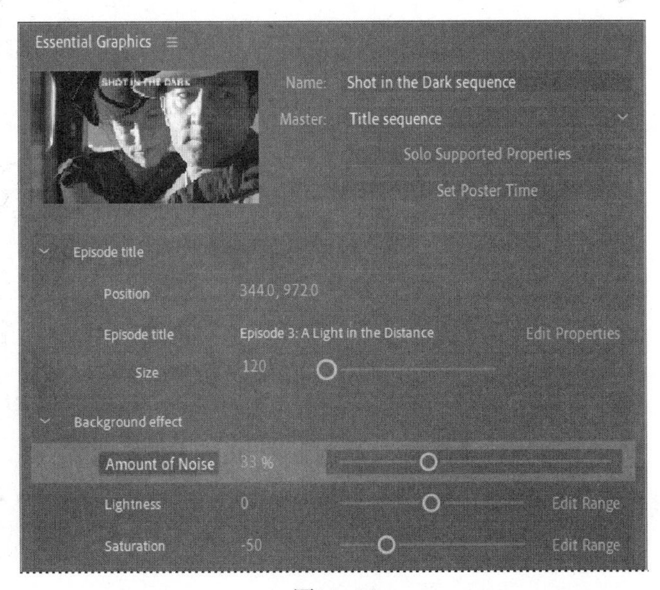

图11–18

5. 在 Timeline（时间轴）面板中，隐藏所有图层的属性。然后，在菜单栏中，依次选择 File（文件）→ Save（保存），保存当前项目。

创建主属性

Essential Graphics（基本图形）面板除了用来创建动态图形模板之外，还可以用来创建主属性，我们可以通过主属性访问嵌套合成中的特定属性。借助于主属性，我们可以快速访问那些需要经常编辑的属性，而不必打开嵌套的合成来查找指定图层的属性。

为了创建主属性，需要先打开嵌套的合成。在 Essential Graphics（基本图形）面板中，从 Master（主合成）下拉列表中，选择嵌套的合成。然后，把合成中图层的属性拖入 Essential Graphics（基本图形）面板之中。接着，你就可以对拖入的属性重命名并为它们分组，这些操作和创建模板时是一样的。

在使用主属性时，需要先在 Timeline（时间轴）面板中，展开嵌套合成的属性，然后再展开 Master Properties（主属性）属性，其中属性和你在 Essential Graphics（基本图形）面板中创建的一样，如图 11-19 所示。

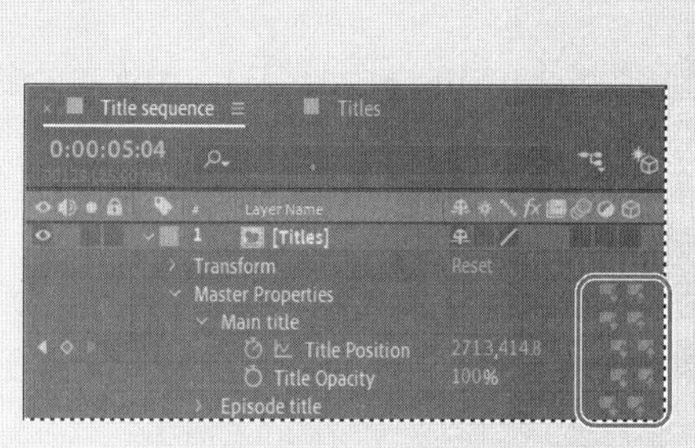

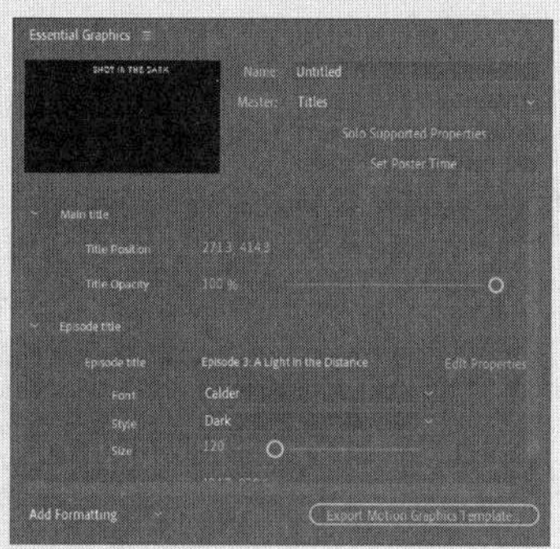

图11-19

11.5 提供图像选项

对于这个模板，我们希望用户可以根据不同剧集选择合适的背景图像。有很多方法可以办到这一点，但这里我们采用的是复选框控制，用户通过复选框可以灵活地切换每个图像的可见性。

首先，把图像添加到 Timeline（时间轴）面板之中。

1. 单击 Project（项目）选项卡，打开 Project（项目）面板。然后，把 Holding_Gun.

psd,、Man_Hat.psd、Stylized_Scene.psd 3 个文件拖曳到 Timeline（时间轴）面板底部。在 Timeline（时间轴）面板中，Background Effect 调整图层会影响到其下的所有图层。

2. 在 Timeline（时间轴）面板中，选择 Embrace.psd 图层，然后按住 Shift 键，单击 Stylized_scene.psd 图层，选中 4 个图层。然后，在菜单栏中，依次选择 Effect（效果）→ Expression Controls（表达式控制）→ Checkbox Control（复选框控制）。

此时，After Effects 会向每个选中的图层添加 Checkbox Control（复选框控制）效果。

3. 在 4 个图层处于选中的状态下，按 T 键，显示其 Opacity（不透明度）属性。

接下来，我们将为每个图层创建一个表达式，把它们的 Opacity（不透明度）属性和相应的复选框绑定在一起。

4. 取消选择所有图层，然后选择 Embrace.psd 图层。

5. 如图 11-20 所示，把 Embrace.psd 图层的 Opacity（不透明度）属性的"父级关联器"拖向 Effect Controls（效果控件）面板中的 Checkbox（复选框）属性。

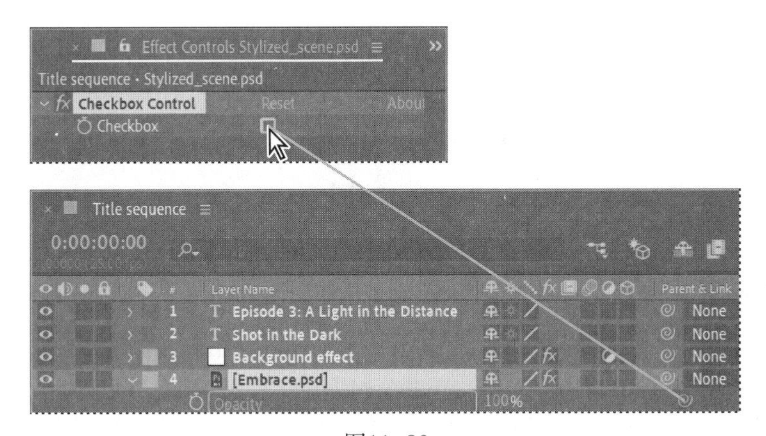

图11-20

6. 展开 Opacity（不透明度）属性，查看表达式。

如图 11-21 所示，After Effects 创建的默认表达式为 Effect（Checkbox Control）(Checkbox)，用于识别相关效果。当选中该复选框时，你希望把不透明度设置为 100%，因此我们需要在表达式后面乘上 100。

7. 在表达式末尾输入"*100"。

8. 对于其他每个图层，重复步骤 4 ～ 7。

接下来，把控件添加到 Essential Graphics（基本图形）面板。

9. 在 Timeline（时间轴）面板中，取消选择 4 个图像图层，按 E 键，显示每个图层的效果。

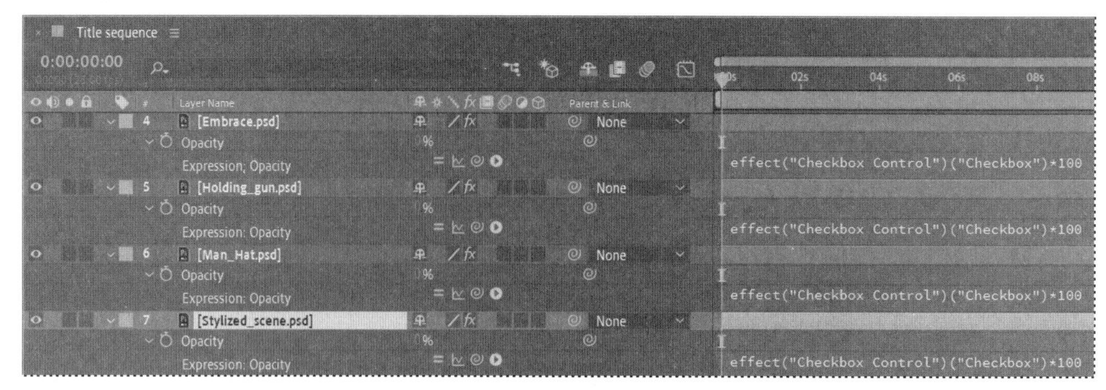

图11-21

10. 在 Embrace.psd 图层中，展开 Checkbox Control（复选框控制）属性，显示其 Checkbox（复选框）属性。然后把 Checkbox（复选框）属性拖入 Essential Graphics（基本图形）面板。

11. 把 Checkbox（复选框）属性重命名为 Embrace。

12. 对于其他每个图层，重复步骤 10 ～ 11，并把每个 Checkbox（复选框）属性依次重命名为 Holding gun、Man in hat、Stylized。

13. 在 Essential Graphics（基本图形）面板左下角的下拉列表中，选择 Add Group（添加组），把分组命名为 Background images。

14. 把图像复选框拖入 Background images 分组中。

15. 在 Essential Graphics（基本图形）面板左下角的下拉列表中，选择 Add Comment（添加注释），然后输入 Toggle on the image you want to use（切换到你想用的图像）。

16. 如图 11-22 所示，把 Comment 拖曳到 Background images 分组的最顶部，然后把 Background images 分组拖曳到 Background effect 分组之上。

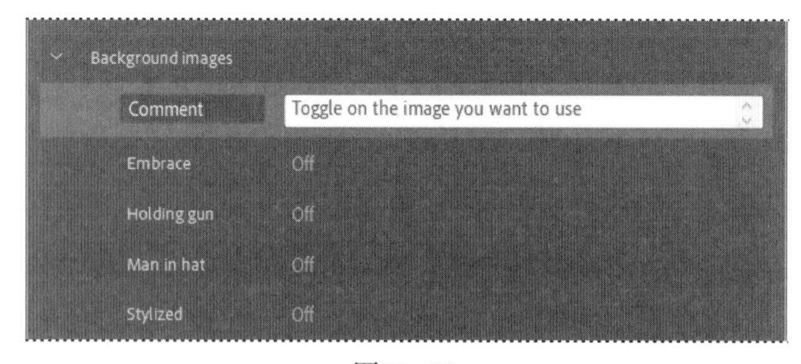

图11-22

现在，模板控件既整洁又易于理解。

17. 选择其中一个复选框，显示默认背景图像。

18. 在 Timeline（时间轴）面板中，隐藏所有图层属性。然后，从菜单栏中，依次选择 File（文件）→ Save（保存），保存当前项目。

11.6 保护指定区域的时间

After Effects 和 Premiere Pro 中的响应式设计功能让用户可以创建出自适应的动态图形。尤其是“响应式设计 - 时间”功能既可以用来保护动态图形模板中合成指定区域的持续时间，同时又允许在不受保护的区域拉伸时间。在 After Effects 中，你可以保护动态图形模板中的合成或内嵌合成的指定区域的时间。

接下来，我们将对剧集名称过渡的持续时间进行保护。这样，用户就可以在 Premiere Pro 中调整其他部分的时间，比如缩短文本爆炸前的时间，加快或放慢其他不影响受保护区域的时间。

1. 在 Timeline（时间轴）面板中，把“工作区域开头”拖曳到 2:00。
2. 把“工作区域结尾”拖曳到 5:00，这段工作区域是受保护区域，该区域不会做时间拉伸。
3. 如图 11-23 所示，在菜单栏中，依次选择 Composition（合成）→ Responsive Design – Time（响应式设计 - 时间）→ Create Protected Region From Work Area（通过工作区域创建受保护的区域）菜单。

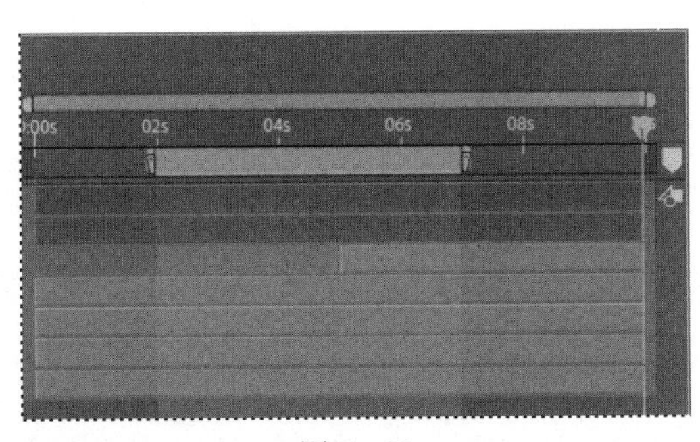

图11-23

此时，受保护区域在 Timeline 面板中显示出来。

4. 在菜单栏中，依次选择 File（文件）→ Save（保护），保存当前项目。

11.7 导出模板

前面我们已经把属性添加到了 Essential Graphics（基本图形）面板中，并进行了重命名，以便使用 Adobe Premiere Pro 的编辑人员懂得它们的含义，还对它们进行了测试。接下来，我们要把模板导出，以供其他人使用。你可以把动态图形模板文件（.mogrt）通过 Creative

Cloud 分享出去，也可以把它保存到本地硬盘上。模板文件中包含所有源图像、视频和属性。

提示：如果没有原始项目文件可用，你可以在 After Effects 中把 .mogrt 文件作为项目文件打开。在打开项目对话框中，选择 .mogrt 文件时，After Effects 会要求你指定一个文件夹用来存放提取的文件。After Effects 会从模板文件提取各种文件，并重新创建项目文件。

1. 在 Essential Graphics（基本图形）面板中，单击 Export Motion Graphics Template（导出动态图形模板）按钮。
2. 如图 11-24 所示，在 Export As Motion Graphics Template（导出为动态图形模板）对话框中，选择 Local Templates Folder（本地模板文件夹），单击 OK（确定）按钮。

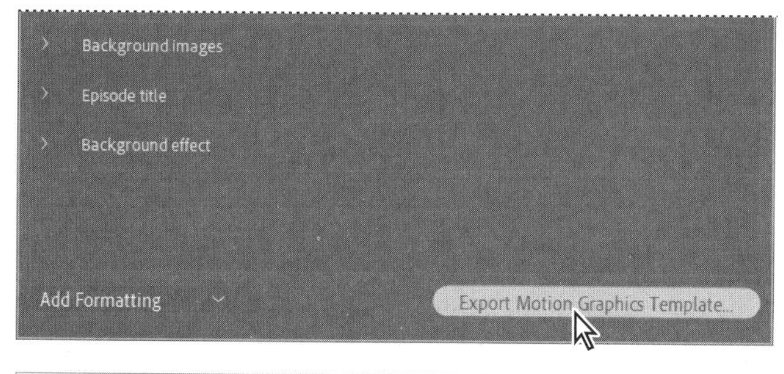

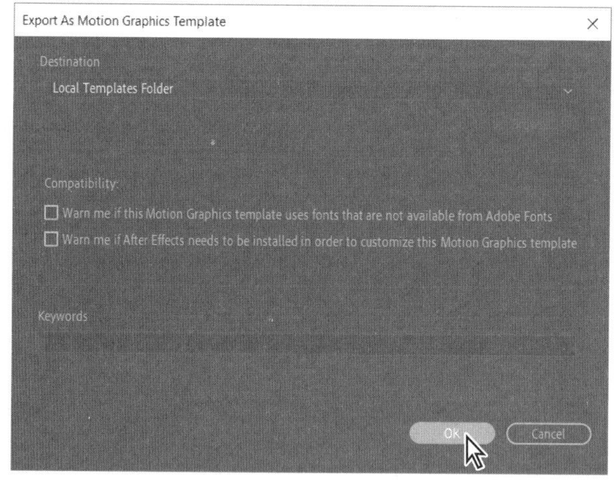

图11-24

默认情况下，Premiere Pro 会在计算机中查找动态图形模板文件夹中的动态图形模板。不过，你可以选择把模板保存到另外一个地方，或者保存到 Creative Cloud 库，方便使用其他设备访问。

3. 在菜单栏中，依次选择 File（文件）→ Save（保存），保存当前项目后，关闭项目。

更多内容

在 Adobe Premiere Pro 中使用动态图形模板

我们可以在 Premiere Pro 中使用模板编辑片头标题。

1. 打开 Premiere Pro。在 Home（主页）窗口中，单击 New Project（新建项目）。
2. 输入项目名称为 Shot in the Dark opening，保存位置指定为 Lessons/Lesson11/ Finished_Project 文件夹，单击 OK（确定）按钮。
3. 从菜单栏中，依次选择 Window（窗口）→ Workspaces（工作区）→ Graphics（图形），打开 Essential Graphics（基本图形）面板和其他可能用到的面板。
4. 从菜单栏中，依次选择 File（文件）→ New（新建）→ Sequence（序列），在“新建序列”对话框中，选择 HDV → HDV 1080p25，单击 OK（确定）按钮。
5. 如图 11-25 所示，在 Essential Graphics（基本图形）面板中，确保 Local Templates Folder（本地模板文件夹）处于选中状态，找到你创建的模板。Premiere Pro 包含几个标准的模板，它们按字母顺序显示。
6. 把你的模板从 Essential Graphics（基本图形）面板拖入 Timeline（时间轴）面板的新序列中。出现提示时，单击 Change Sequence Settings（更改序列设置）匹配剪辑。

在载入模板时，Premiere Pro 会显示一条媒体离线信息。

7. 模板载入完成后，按空格键，预览剪辑，然后返回到 5:15，此时，你可以看见剧集标题和效果。
8. 在 Essential Graphics（基本图形）面板中，单击 Edit（编辑）选项卡，如果在基本图形面板中看不到模板控件，请双击 Program Monitor（项目监视器）面板，然后修改基本图形面板中的设置。按空格键，即可查看修改后的结果。

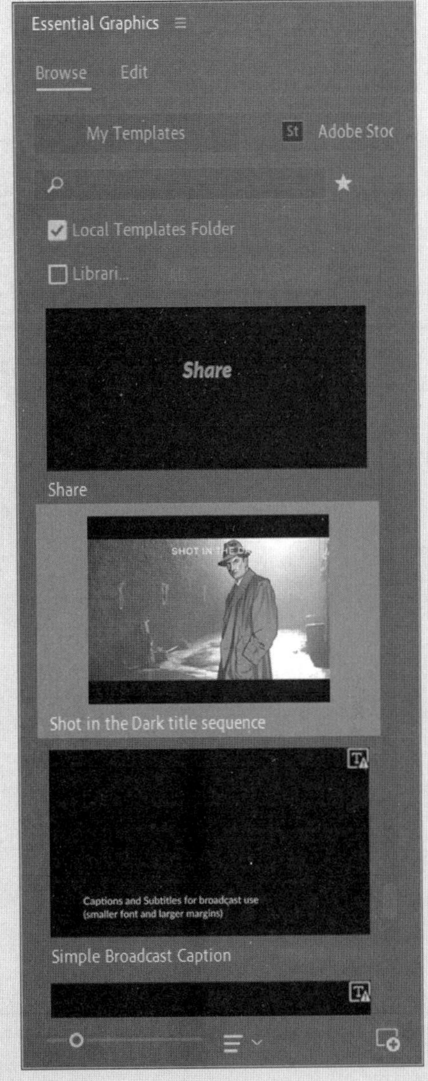

图11-25

9. 在 Timeline（时间轴）面板中，拖曳图层以加长它，然后再次预览，可以看到开始时的标题动画得到加长，图像效果的时间同样得到加长，但是剧集标题动画时间并未受影响。

10. 如图 11-26 所示，根据你的需要，做其他调整，然后保存文件，关闭 Premiere Pro。

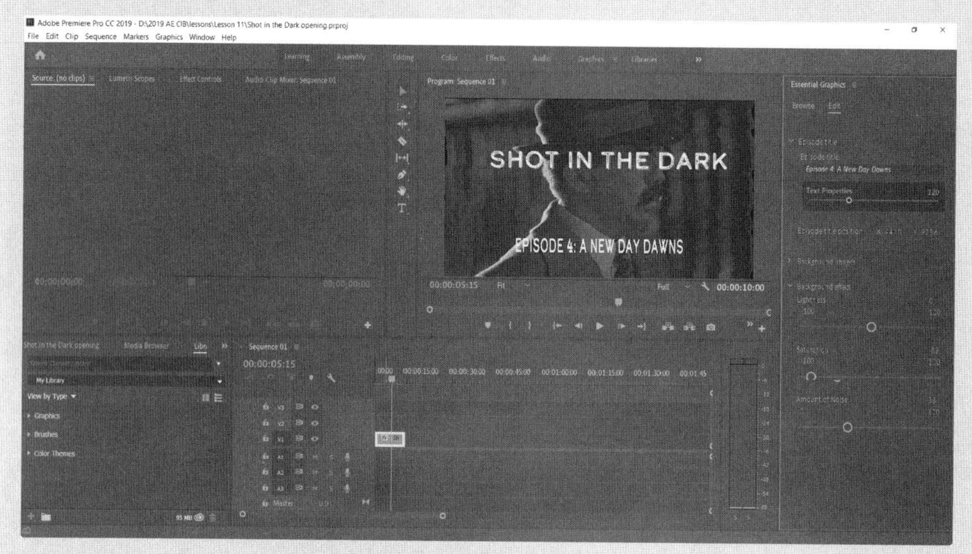

图11-26

11.8 复习题

1. 为什么要在 After Effects 中保存动态图形模板？
2. 如何把控件添加到基本图形面板中？
3. 如何组织基本图形面板中的控件？
4. 如何分享动态图形模板？

11.9 答案

1. 保存动态图形模板可以让其他人编辑合成的特定属性，同时又不会失去原有的风格。
2. 要把控件添加到基本图形模板中，只要把相关属性从 Timeline（时间轴）面板直接拖入基本图形面板即可。
3. 为了组织基本图形面板中的控件，需要把控件划分成不同分组。具体操作为：从基本图形面板底部的列表中，选择 Add Group（添加组），为分组指定名称，然后把相应属性拖入其中即可。此外，我们还可以添加注释，帮助用户更好地理解你的意图。
4. 与他人分享动态图形模板的方法有以下 3 种：（1）把动态图形模板导出到共享 Creative Cloud 库；（2）把动态图形模板导出到本地的模板文件夹中；（3）直接把 .mogrt 文件发送给其他人。

第12课 使用3D功能

课程概览

本课学习如下内容：

- 在 After Effects 中创建 3D 环境
- 从多个视图观看 3D 场景
- 创建 3D 文本
- 沿着 x、y、z 轴旋转和放置图层
- 为摄像机图层制作动画
- 添加灯光创建阴影和景深
- 在 After Effects 中挤压 3D 文本
- 创建在 After Effects 中使用的 Cinema 4D 图层

学完本课大约需要 1 小时。如果你尚未下载本课项目文件，请到“数艺设”网站下载。在学习本课的过程中，原始项目文件会被覆盖掉。如果你想使用原始项目文件，请重新下载它们。

项目：TITLE CARD FOR A PRODUCTION COMPANY

在 After Effects 中，只要单击 Timeline（时间轴）面板中的一个开关，即可把一个 2D 图层转换为 3D 图层，从而打开一个充满无限可能的全新世界。After Effects 中包含的 Maxon Cinema 4D Lite 能够给你带来更大的灵活性和创作自由。

12.1 准备工作

Adobe After Effects 不仅可以在二维空间（x、y）中处理图层，它还可以在三维空间（x、y、z）中处理图层。本书前面讲解的内容基本都是在二维空间下。在把一个 2D 图层转换为 3D 图层之后，After Effects 会为它添加 z 轴，对象可以沿着 z 轴在立体空间中向前或向后移动。把 z 轴上的深度和各种灯光、摄像机角度相结合，我们可以创建出更逼真的 3D 对象，这些对象的运动更自然，光照和阴影更真实，透视效果和聚焦效果更好。在本课中，我们将讲解如何创建 3D 图层，以及如何为它制作动画。此外，还讲解如何使用 Maxon Cinema 4D Lite（随 After Effects 一起安装）为一个 3D 文本（一个虚构的公司名）添加纹理。

开始之前，先预览一下最终影片，并创建好要使用的项目。

1. 检查你硬盘上的 Lessons/Lesson12 文件夹中是否包含如下文件。若没有，请立即前往“数艺设”网站下载。
    - Assets 文件夹：Lunar.mp3、Space_Landscape.jpg。
    - Sample_Movies 文件夹：Lesson12.avi、Lesson12.mov。
2. 在 Windows Movies & TV 中打开并播放 Lesson12.avi 示例影片，或者使用 QuickTime Player 播放 Lesson12.mov 示例影片，了解本课要创建的效果。观看完成之后，关闭 Windows Movies & TV 或 QuickTime Player。如果存储空间有限，此时，你可以把这两段示例影片从硬盘中删除。

在学习本课之前，最好先把 After Effects 恢复成默认设置（参见前言中“恢复默认设置”部分的内容）。你可以使用如下快捷键完成这个操作。

3. 当启动 After Effects 时，请立即按下 Ctrl+Alt+Shift（Windows 系统）或 Command+Option+Shift（macOS 系统），此时会弹出一个消息框，询问“是否确实要删除你的首选项文件？”，单击“OK”（确定），即可删除首选项文件，恢复 After Effects 默认设置。在 Home（主页）窗口中，单击 New Project（新建项目）。

此时，After Effects 新建并打开一个未命名的项目。

4. 在菜单栏中，依次选择 File（文件）→ Save As（另存为）→ Save As（另存为），打开 Save As（另存为）对话框。
5. 在 Save As（另存为）对话框中，转到 Lessons/Lesson12/Finished_Project 文件夹下，输入项目名称 Lesson12_Finished.aep，单击 Save（保存）按钮，保存项目。
6. 在 Composition（合成）面板中，单击 New Composition（新建合成）按钮（）。
7. 如图 12-1 所示，在 Composition Settings（合成设置）对话框中，做如下设置，然后单击 OK（确定）按钮。

- 设置合成名称为 Lunar Landing Media。
- 从 Preset（预设）列表中，选择 HDTV 1080 24。
- 设置 Duration（持续时间）为 3:00。
- 设置为 Background Color（背景颜色）黑色。

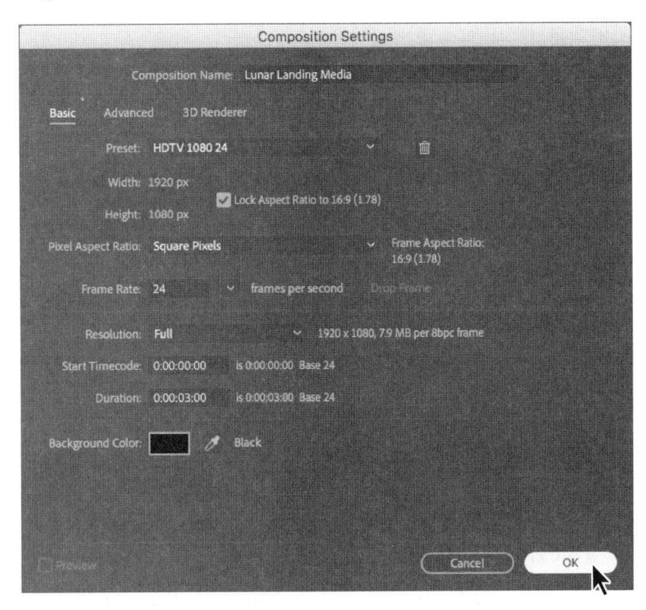

图12-1

8. 在菜单栏中，依次选择 File（文件）→ Save（保存），保存当前项目。

12.2 创建 3D 文本

为了在 3D 空间中移动某个对象，首先必须把该对象变为 3D 对象。2D 空间中的所有图层都只有 x（宽度）和 y（高度）两个维度，它们只能沿着 x、y 两个轴移动。在 After Effects 中，要想让一个二维图层在三维空间中移动，只需要打开它的 3D 图层开关即可，这样你就可以沿着 z 轴操作图层上的对象了。下面我们将创建一个文本，然后将其转换为 3D 文本。

1. 在 Timeline（时间轴）面板中单击，将其激活。

2. 在工具栏中，选择 Horizontal Type Tool（横排文字工具，T）。

此时，After Effects 会在界面右侧显示 Character（字符）和 Paragraph（段落）面板，并打开 Character（字符）面板。

3. 在 Character（字符）面板中，做如下设置。

- Font（字体）：Futura PT Heavy Oblique。

- Fill Color（填充颜色）：白色。
- Stroke（描边）：无。
- Font Size（字体大小）：140 像素。
- Leading（行距）：70 像素。
- Tracking（字符间距）：20%。
- Vertical Scale（垂直缩放）：65%。

注意：如果你尚未安装 Futura PT 字体，请先使用 Adobe Fonts 安装它。从菜单栏中，依次选择 File（文件）→ Add Fonts From Adobe（从 Adobe 添加字体）菜单，在打开的页面中，搜索 Futura PT 字体，并激活它。一旦激活了 Futura PT 字体，系统中的所有应用程序都能使用它，但是你可能需要先关闭 Character（字符）面板，然后再次打开才能看到新激活的字体。

4. 选择 All Caps（全部大写字母）（你可能需要向下拖曳字符面板底部，将其扩大，才能看到所有设置）

5. 打开 Paragraph（段落）面板，选择 Center Text（居中对齐文本）选项。

6. 如图 12-2 所示，在 Composition（合成）面板中，单击任意位置，输入 Lunar，然后按 Enter 或 Return 键，再输入 Landing，再按 Enter 或 Return 键，输入 Media，每个单词各占一行。

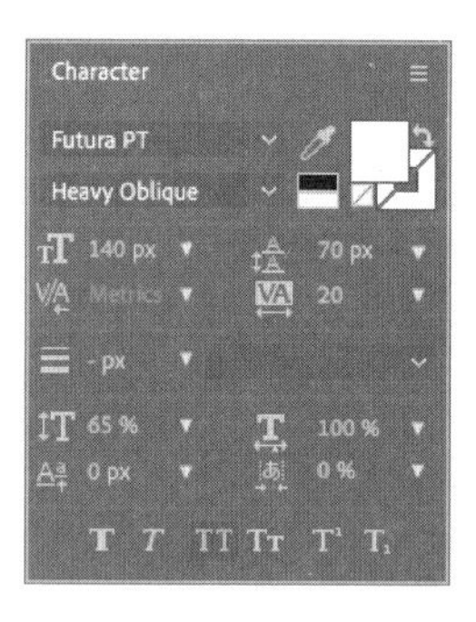

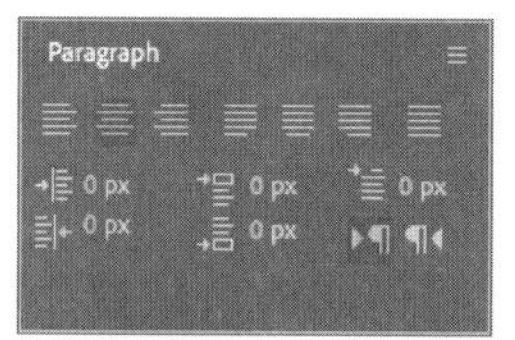

图12-2

7. 选择 Selection Tool（选取工具，▶）。

8. 在 Timeline（时间轴）面板中，展开 Lunar Landing Media 图层的 Transform（变换）属性，修改 Position（位置）属性为 960、470。

此时，文本大致位于合成的中心。

9. 如图 12-3 所示，在 Timeline（时间轴）面板中，打开 Lunar Landing Media 图层右侧的 3D 图层开关（⬡），将其转换为 3D 图层。

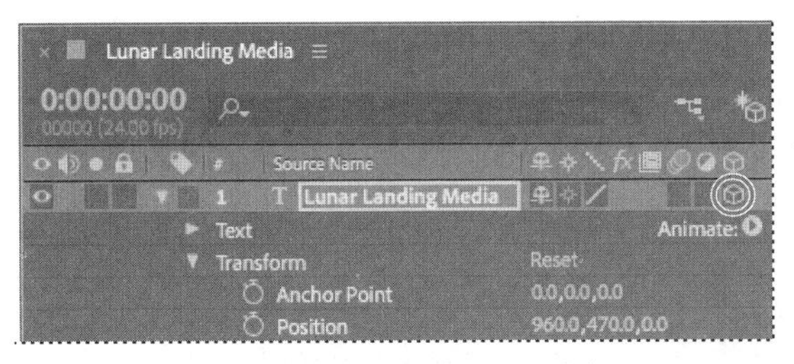

图12-3

此时，在图层的 Transform（变换）属性之下，出现 3 个 3D 旋转属性。在此之前，Transform（变换）下的属性仅支持二维操作，而在转换为 3D 图层之后，其下的属性都新增了第三个值（*z* 轴）。此外，还出现了一个名为 Material Options（材质选项）的新属性组。

在选中 3D 图层后，在 Composition（合成）面板的图层锚点上会出现彩色的 3D 坐标轴。红色箭头代表 *x* 轴，绿色箭头代表 *y* 轴，蓝色箭头代表 *z* 轴。并且，*z* 轴出现在 *x* 和 *y* 轴的交叉点上，可能在黑色背景下不容易看到 *z* 轴。当把“选取工具”置于相应的坐标轴之上时，就会显示出 *x*、*y*、*z* 字样。当把光标放在某个坐标轴上并且移动或旋转一个图层时，该图层将只绕着那个坐标轴运动。

10. 隐藏 Lunar Landing Media 图层的属性。

12.3 使用 3D 视图

有时，3D 图层的外观具有欺骗性。例如，一个图层看起来好像在 *x* 轴和 *y* 轴上缩小了，但其实它只是在沿着 *z* 轴运动。在 Composition（合成）面板中，默认视图并非总是好用。在 Composition（合成）面板底部有一个 Select View Layout（选择视图布局）弹出式菜单，用来把合成面板划分成不同视图，你可以从中选择相应的视图从不同角度观看自己的三维作品。此外，在 Composition（合成）面板底部还有一个 3D View（3D 视图）弹出式菜单，你可以从中选择不同的视图。

1. 如图 12-4 所示，在 Composition（合成）面板中，单击面板底部的 Select View Layout（选择视图布局）弹出式菜单，如果计算机屏幕足够大，可以从中选择 4 Views（4 个视图），否则，从中选择 2 Views – Horizontal（2 个视图—水平）。

在 4 Views（4 个视图）下，左上角是顶视图（沿着 *y* 轴往下看），在顶视图中，你可以看到 *z* 轴，文本图层在 *z* 轴方向上没有深度。左下角显示的是正视图，右上角显示的是活动摄像机视图，但是由于场景中没有摄像机，所以活动摄像机视图和正视图是一样的。右下角显示的是右视图，也就是沿着 *x* 轴观察文本。

在 2 Views – Horizontal（2 个视图—水平）下，左侧是顶视图，右侧是活动摄像机视图（当前和正视图一样）。

2. 如图 12-5 所示，单击正面视图，将其激活（视图被激活后四个角上出现蓝色三角形）。然后从 3D 视图弹出式菜单中，选择 Custom View 1（自定义视图 1），从一个不同角度观察场景。（如果你的合成窗口中只有两个视图，单击顶部视图，再从 3D 视图弹出式菜单中，选择 Custom View 1（自定义视图 1））

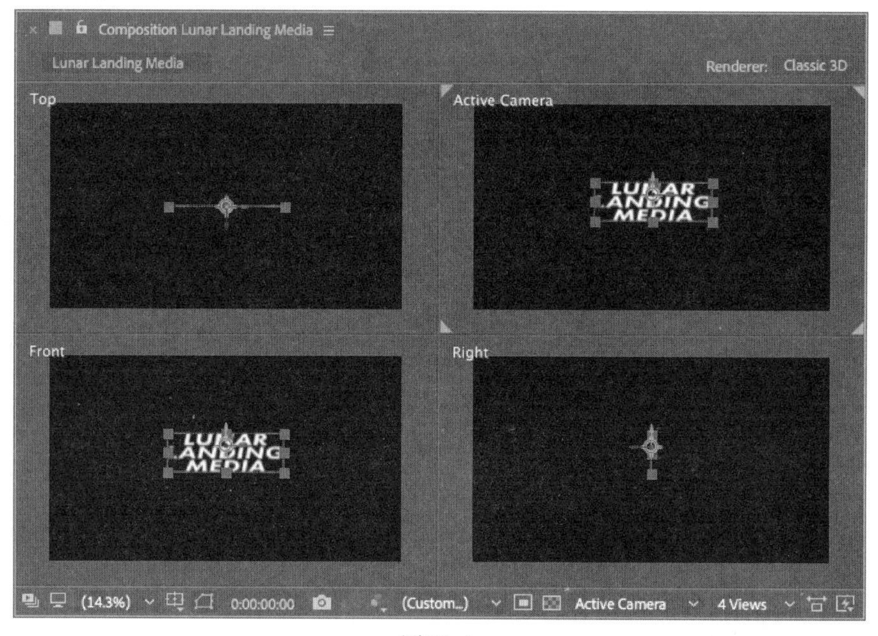

图12-4

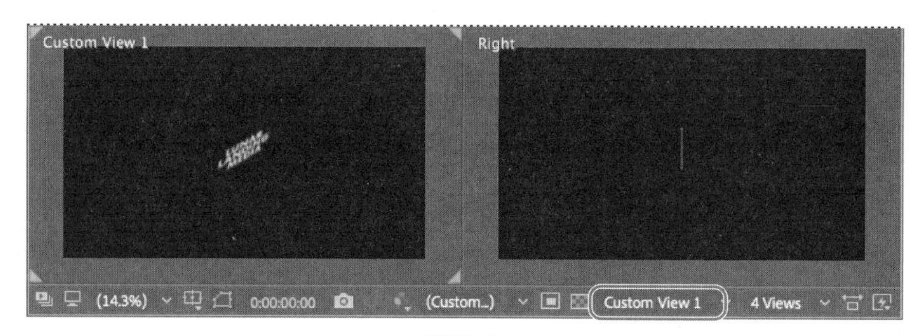

图12-5

从不同角度观察 3D 场景有助于精确对齐场景中的各个元素，了解图层之间的作用方式，以及对象、灯光、摄像机在 3D 空间中的位置。

12.4 导入背景

这里我们要制作的效果是公司名称看上去是在外太空中移动。因此，我们需要先导入一张图像用作文本背景。

1. 在 Project（项目）面板中，双击空白区域，打开 Import File（导入文件）对话框。

2. 如图 12-6 所示，转到 Lesson12/Assets 文件夹下，双击 Space_Landscape.jpg 文件。

3. 把 Space_Landscape.jpg 拖入 Timeline（时间轴）面板中，使其位于最底层。

4. 把 Space_Landscape.jpg 图层重命名为 Background。

5. 在 Timeline（时间轴）面板中，选择 Background 图层，然后单击 3D 图层开关（ ），将其转换为 3D 图层。

6. 在 Background 图层处于选中的状态下，在 Composition（合成）面板的右侧视图中，向右拖曳 z 轴箭头（蓝色），把 Background 图层沿着 z 轴进一步往后移动，使其离文本远一点。拖曳时，注意观察视图，了解 3D 图层是如何在 3D 空间中移动的。

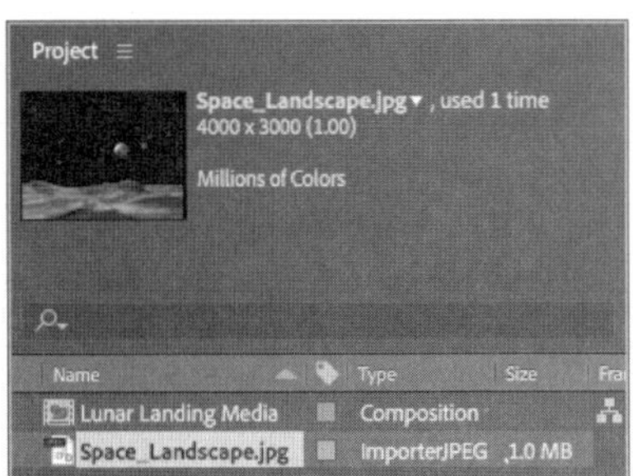

图12-6

> **注意：**如果合成面板中只有两个视图，请选择“活动摄像机”视图，再从 3D 视图弹出式菜单中选择 Right（右侧），然后执行步骤 6 中的操作。

7. 如图 12-7 所示，在 Timeline（时间轴）面板中，按 P 键，显示 Background 图层的 Position（位置）属性，将 Position（位置）属性值修改 960、300、150。

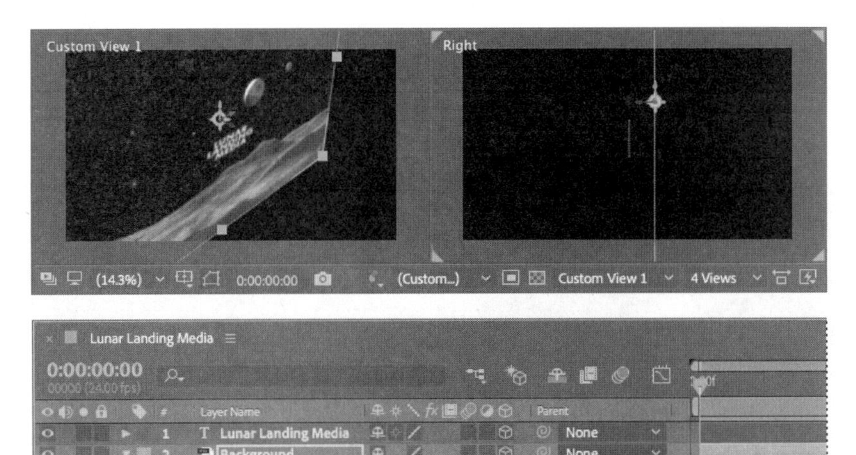

图12-7

8. 再次按 P 键，隐藏 Position（位置）属性。在菜单栏中，依次选择 File（文件）→ Save（保存），保存当前项目。

12.5 添加 3D 灯光

前面我们已经创建好了 3D 场景，但是从正面看上去还不太像三维场景。向合成中添加灯光塑造阴影会给场景增添空间深度感。接下来，我们会为合成创建两个灯光。

12.5.1 创建灯光图层

在 After Effects 中，灯光图层用来将光线照射到其他图层。After Effects 提供了 4 种灯光，分别是 Parallel（平行）、Spot（聚光）、Point（点）、Ambient（环境），你可以从中选择一种灯光使用，并通过各种参数调整它们。默认情况下，灯光指向兴趣点，也就是整个场景的聚焦区域。

1. 取消选择所有图层，这样新创建的图层就会出现在最顶层。
2. 按 Home 键，或者直接把“当前时间指示器”移动到时间标尺的起始位置。
3. 从菜单栏中，依次选择 Layer（图层）→ New（新建）→ Light（灯光）。
4. 如图 12-8 所示，在 Light Settings（灯光设置）对话框中，做如下设置。
   - 设置图层名称为 Key Light。
   - 从 Light Type（灯光类型）中选择 Spot（聚光）。
   - 设置 Color（颜色）为淡黄色（R=255、G=235、B=195）。
   - 把 Intensity（强度）设置为 100%，Cone Angle（锥形角度）设置为 90°。
   - 把 Cone Feather（锥形羽化）设置为 50%。
   - 选择 Casts Shadows（投影）。
   - 设置 Shadow Darkness（阴影深度）为 50%，Shadow Diffusion（阴影扩散）为 150 像素。

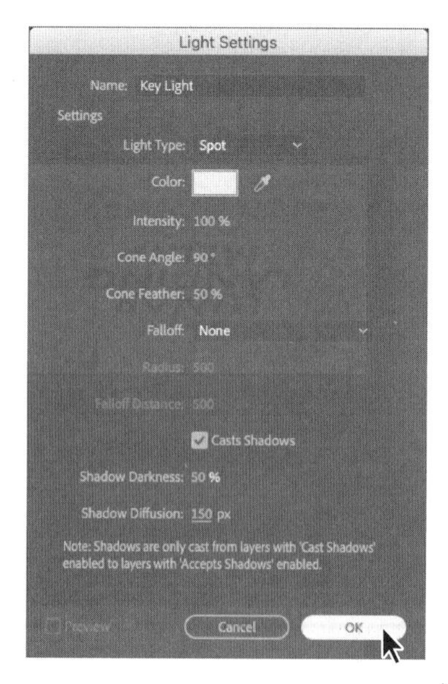

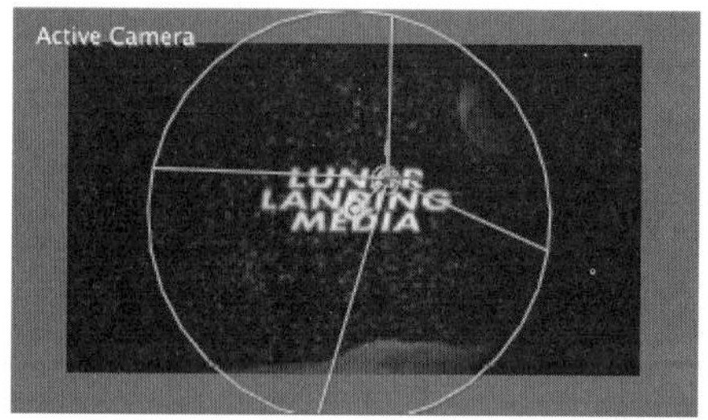

图12-8

单击 OK（确定）按钮，创建灯光图层。

此时，在 Timeline（时间轴）面板中，可以看到创建好的灯光图层——Key Light，并且在图层名称左侧有一个灯泡图标（💡）。在 Composition（合成）面板中，使用线框指明了灯光的位置，其中十字形图标（⊕）用来表示兴趣点。

12.5.2 设置聚光灯

当前，聚光灯的兴趣点在场景中心。因为文本图层就在场景中心，所以我们不需要再调整它。下面我们调整一下灯光的位置，让场景看起来不会那么单调。

1. 在 Timeline（时间轴）面板中，选择 Key Light 图层，按 P 键，显示其 Position（位置）属性。
2. 如图 12-9 所示，修改 Position（位置）属性值为 955、−102、−2000。此时，灯光位于文本前方偏上的位置，往斜下方照射。

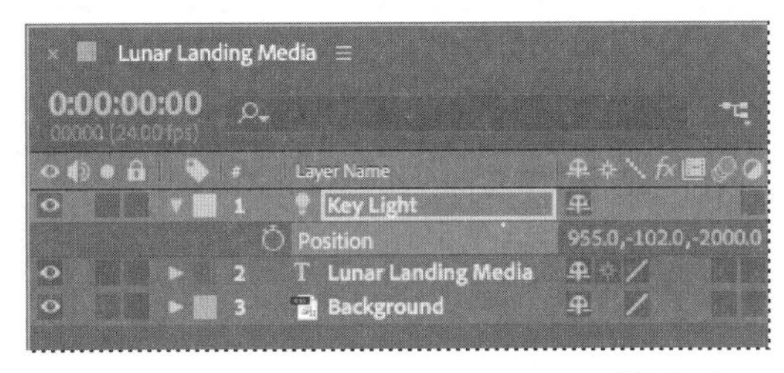

图12-9

12.5.3 创建和设置填充光

主光源为场景营造出一种氛围，但是整个场景还是十分昏暗。接下来，我们向场景中添加填充光，让场景的暗部区域亮起来。

1. 从菜单栏中，依次选择 Layer（图层）→ New（新建）→ Light（灯光）。
2. 如图 12-10 所示，在 Light Settings（灯光设置）对话框中，做如下设置。
   - 设置图层名称为 Fill Light。
   - 从 Light Type（灯光类型）中选择 Spot（聚光）。
   - 设置 Color（颜色）为淡蓝色（R=205、G=238、B=251）。
   - 把 Intensity（强度）设置为 50%，Cone Angle（锥形角度）设置为 90°。

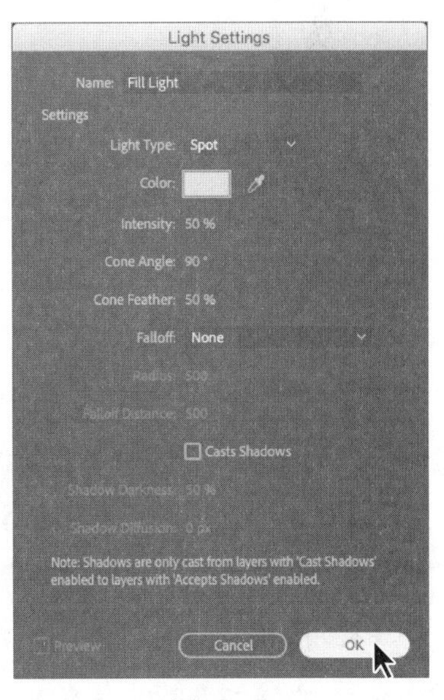

图12-10

- 把 Cone Feather（锥形羽化）设置为 50%。
- 取消选择 Casts Shadows（投影）。

单击 OK（确定）按钮，创建灯光图层。

3. 如图 12-11 所示，在 Timeline（时间轴）面板中，选择 Fill Light 图层，按 P 键，显示其 Position（位置）属性。

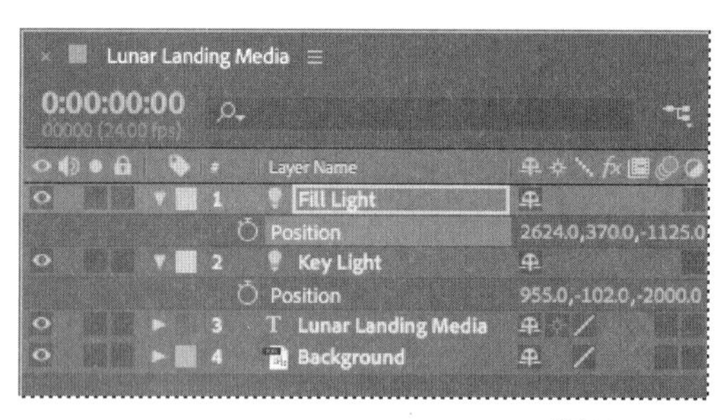

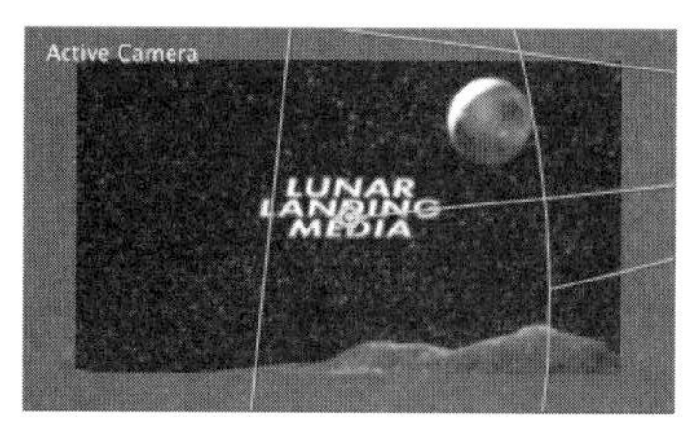

图12-11

4. 修改 Position（位置）属性值为 2624、370、−1125。

此时，文本、星星、月光更亮了。

5. 隐藏所有图层的属性。在菜单栏中，依次选择 File（文件）→ Save（保存），保存当前项目。

12.5.4 投影和设置材质属性

到这里，整个场景中既有暖色又有冷色，看上去非常不错了。但是，它看上去仍然不像三维的。接下来，我们将修改 Material Options（材质选项）属性，确定 3D 图层和灯光、阴影的作用方式。

1. 在 Timeline（时间轴）面板中，选择 Lunar Landing Media 图层，按两次 A 键，显示其 Material Options（材质选项）属性。

Material Options（材质选项）属性组定义了 3D 图层的表面属性。此外，你还可以设置投影和透光率。

2. 单击 Casts Shadows（投影）右侧的蓝字，将其由 off（关）变为 on（开）。请注意是 on（开），而非 only（仅）。

此时，文本图层在场景灯光的照射下产生投影。

3. 如图 12-12 所示，把 Diffuse（漫射）设置为 60%，Specular Intensity（镜面强度）设置为 60%，这样文本图层就能反射场景中的更多光线。

4. 把 Specular Shininess（镜面反光度）设置为 15%，让文本表面更有金属光泽。

5. 隐藏 Lunar Landing Media 图层的属性。

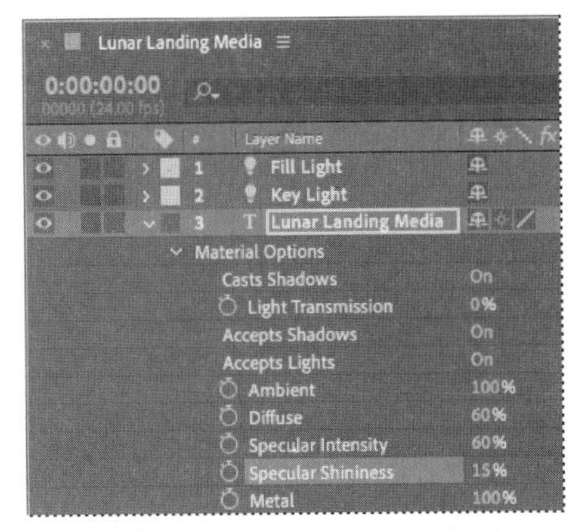

图12-12

12.6 添加摄像机

前面我们学习了如何从不同视角观看 3D 场景。接下来，我们要学习的是如何使用摄像机图层从不同角度和距离观看 3D 图层。当为合成设置好摄像机视图后，你就可以通过那台摄像机来观看图层了。我们可以通过活动摄像机或一台自定义的摄像机来观看合成。如果你没有创建自定义摄像机，那么活动摄像机就是合成默认的视图。

到目前为止，我们主要从顶部、右侧、自定义视图 1 等视角观看了合成。目前，活动摄像机不允许从任意角度观看合成。为了能够看到你想看的任意元素，我们需要自己创建一台自定义摄像机。

1. 取消选择所有图层，在菜单栏中，依次选择 Layer（图层）→ New（新建）→ Camera（摄像机）。

2. 如图 12-13 所示，在 Camera Settings（摄像机设置）对话框中，从 Preset（预设）列表中，选择 20 毫米，单击 OK（确定）按钮。

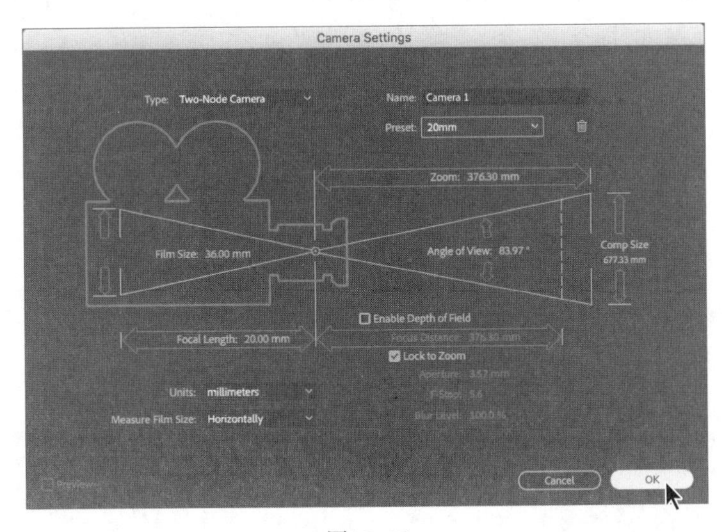

图12-13

此时，在 Timeline（时间轴）面板的最顶层出现名为 Camera 1（摄像机 1）的图层（在图层名称左侧有摄像机图标），同时 Composition（合成）面板中的视图根据新摄像机的视角进行了更新。创建摄像机之后，Composition（合成）面板中的视图应该有一些变化，因为 20 毫米的视角比默认视角更宽一些。如果你没有察觉到场景有变化，可以单击 Camera 1（摄像机 1）图层左侧的眼睛图标，确保 Camera 1（摄像机 1）图层处于可见状态。

> **提示：**默认情况下，After Effects 会使用一个线框表示摄像机。你可以选择关闭摄像机线框或仅在摄像机处于选中状态时才显示线框。具体做法是，从 Composition（合成）面板菜单中，选择 View Options（视图选项），在“视图选项”对话框中，从 Camera Wireframes（摄像机线框）列表中，选择是否打开以及何时打开，然后，单击 OK（确定）按钮。

3. 如图 12-14 所示，在 Composition（合成）面板中，单击面板底部的 Select View Layout（选择视图布局）弹出式菜单，从中选择 2 Views – Horizontal（2 个视图 - 水平）。然后把左边视图改为 Right（右侧），并且确保右边视图为 Active Camera（活动摄像机）。

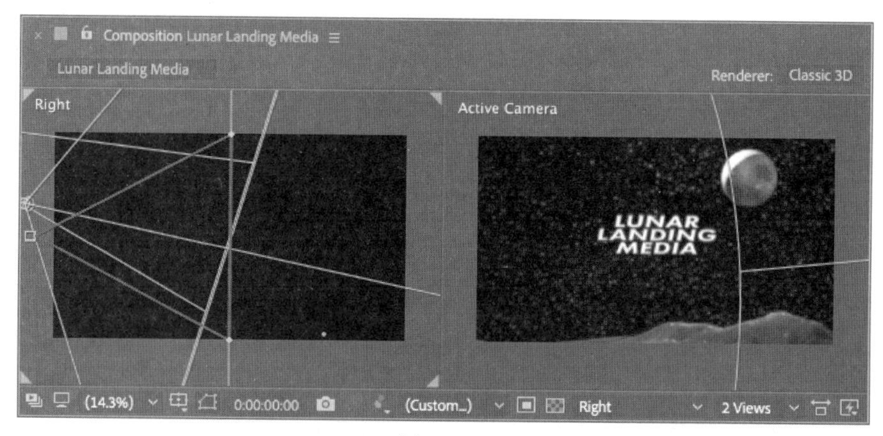

图12-14

类似于灯光图层，摄像机图层也有兴趣点，用来确定摄像机的拍摄目标。默认情况下，摄像机的兴趣点位于合成的中心。这正是文本目前所在的位置，所以我们不必再调整摄像机的兴趣点了。

4. 如图 12-15 所示，把当前时间指示器拖曳到时间标尺的起始位置。选择 Camera 1（摄像机 1）图层，按 P 键，显示其 Position（位置）属性。单击 Position（位置）属性左侧的秒表图标（⏱），创建一个初始关键帧。

5. 把 z 轴值修改为 −1000。

此时，摄像机离文本更近了一些。

6. 把当前时间指示器拖曳到 1:00。

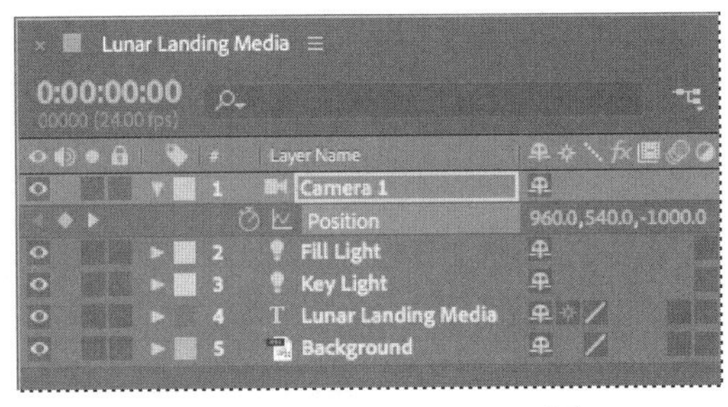

图12-15

7. 如图 12-16 所示，把 *z* 轴值修改为 −590。

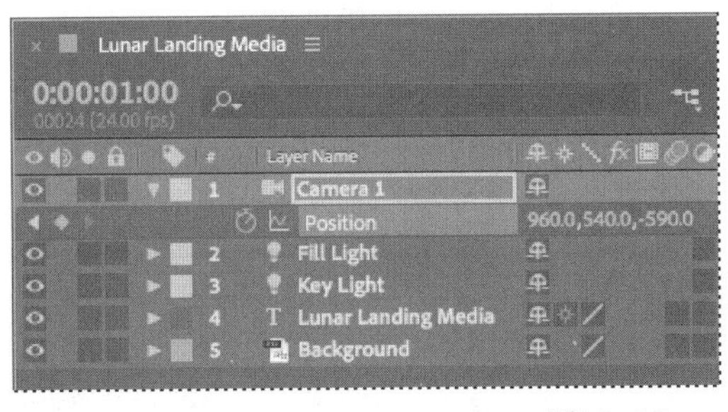

图12-16

此时，摄像机离文本又近了一些。

8. 使用鼠标右键（或按住 Control 键）单击第二个位置关键帧，从弹出菜单中，依次选择 Keyframe Assistant（关键帧辅助）→ Easy Ease In（缓入）。
9. 如图 12-17 所示，沿着时间轴拖曳当前时间指示器，注意观察随着摄像机的移动，文本上光线的变化，以及摄像机镜头对画面产生的影响。

图12-17

10. 隐藏 Camera 1（摄像机 1）图层的 Position（位置）属性。在菜单栏中，依次选择 File（文件）→ Save（保存）菜单，保存当前项目。

12.7 在 After Effects 中挤压文本

借助于 Cinema 4D 渲染器，我们可以在 After Effects 中轻松地挤压文本和形状。接下来，我们将使用 Geometry Options（几何选项）属性为文本增加更多趣味性。

1. 在 Timeline（时间轴）面板中，展开 Lunar Landing Media 图层。

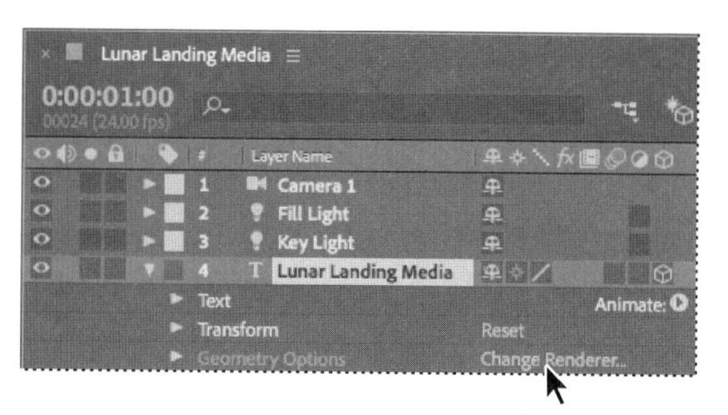

图12-18

2. 如图 12-18 所示，单击 Geometry Options（几何选项）（当前为灰色不可用状态）右侧的 Change Renderer（更改渲染器）。

此时，打开 Composition Settings（合成设置）对话框，里面包含 3D 渲染器选项卡。

3. 如图 12-19 所示，从“渲染器”列表中，选择 Cinema 4D，单击 Options（选项）。

4. 如图 12-20 所示，在 Cinema 4D Renderer Options（Cinema 4D 渲染器选项）对话框中，把 Quality（品质）滑块拖曳到 32。

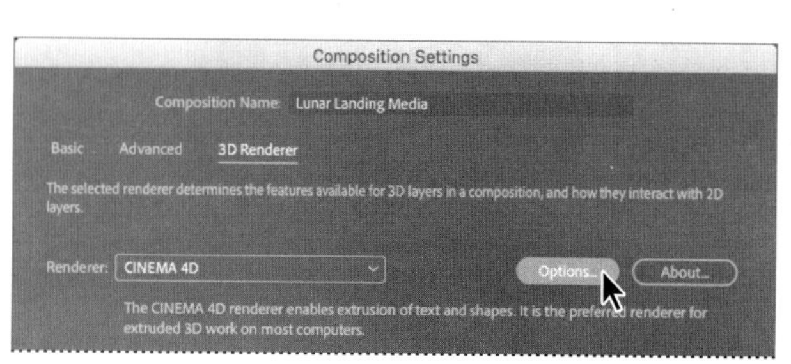

图12-19

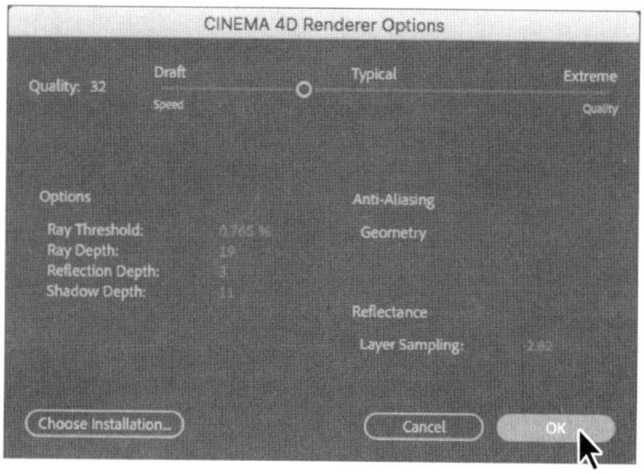

图12-20

5. 单击 OK（确定）按钮，关闭 Cinema 4D Renderer Options（Cinema 4D 渲染器选项）对话框，然后再次单击 OK（确定）按钮，关闭 Composition Settings（合成设置）对话框。

Cinema 4D 渲染器选项中只有一个 Quality（品质）选项，用来控制 Cinema 4D 渲染器绘制 3D 图层的方式。Quality（品质）值越小，渲染速度越快，但是渲染品质越低。设置 Quality（品质）值时，要确保渲染速度和品质都能满足你的项目需求。

提示：在 Composition（合成）面板的右上角，单击渲染器右侧的扳手图标，可以快速打开渲染器选项对话框。

6. 展开 Lunar Landing Media 图层的 Geometry Options（几何选项）属性。

7. 从 Bevel Style（斜面样式）中，选择 Concave（凹面）。

8. 如图 12-21 所示，把 Extrusion Depth（凸出深度）设置为 50。

此时，文本已经向外挤出，但是不太明显。接下来，我们调整一下文本角度，让挤压效果更明显，让场景更加有趣。

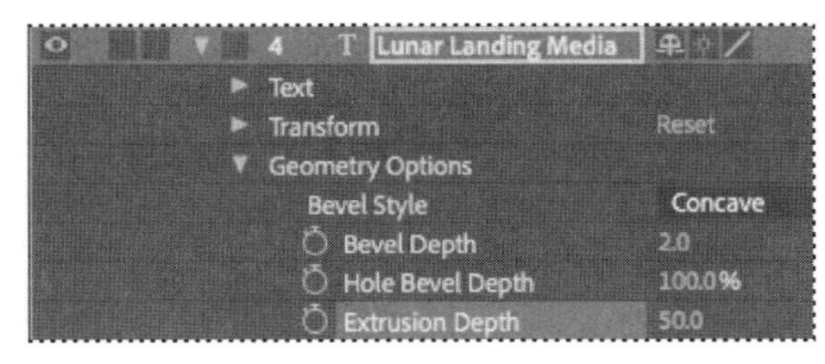

图12-21

9. 选择 Lunar Landing Media 图层，按 R 键，显示其 Rotation（旋转）属性。

10. 如图 12-22 所示，把 Y 旋转修改为 17。

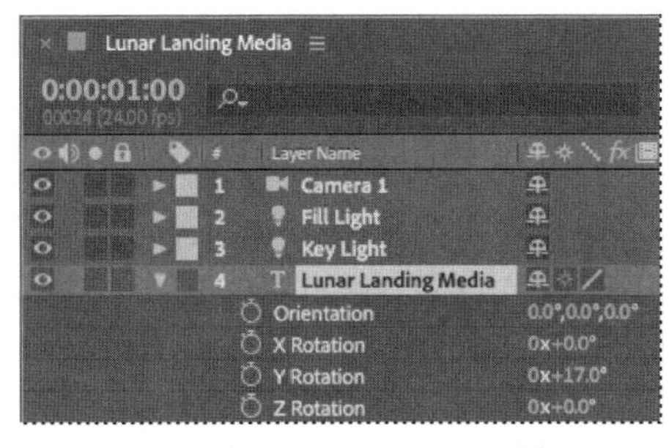

图12-22

11. 隐藏 Lunar Landing Media 图层的所有属性。

12.8 3D 通道效果

有几个 3D 通道效果（3D Channel Extract、Depth Matte、Depth of Field、Fog 3D）可以从嵌套的 3D 合成中提取深度数据（z 轴深度），进而应用特殊效果。首先，对 3D 图层进行预合成；然后应用效果到嵌套合成，并在 Effect Controls（效果控件）面板中做相应调整。关于深度传递和 3D 通道效果的更多内容，请阅读 After Effects 帮助文档。

12.8.1 使用 Cinema 4D Lite

After Effects 内置有 Cinema 4D Lite，借助它，动态图形艺术家和动画师可以直接把 3D 对象插入到一个 After Effects 场景中，并且不需要做预渲染和复杂的文件转换。在把 3D 对象添加到 After Effects 合成之后，你可以继续在 Cinema 4D Lite 中编辑它们。

接下来，我们将使用 Cinema 4D Lite 创建带纹理的副标题，然后把它添加到 After Effects 场景中的主标题之下。

注意：After Effects 使用的坐标系统和其他 3D 应用程序不同。在 After Effects 中，坐标原点（0,0）位于合成的左上角，而在许多 3D 应用程序（包括 Maxon Cinema 4D）中，坐标原点（0,0,0）通常位于屏幕中心。另外，在 After Effects 中，当光标沿着屏幕往下移动时，Y 值会变大。

12.8.2 创建 Cinema 4D 图层

在 After Effects 中，我们可以向合成中添加 Cinema 4D 图层。添加时，After Effects 会打开 Cinema 4D Lite，以便你在 C4D 文件中创建 3D 场景。当在 Cinema 4D 中的工作完成后，保存文件，文件会自动更新到 After Effects 中。当然，你还可以再次返回到 Cinema 4D 中做进一步修改。

1. 在 Timeline（时间轴）面板中，取消选择所有图层。然后，在菜单栏中，依次选择 Layer（图层）→ New（新建）→ Maxon Cinema 4D File（Maxon Cinema 4D 文件），打开"新建 Maxon Cinema 4D 文件"对话框。
2. 转到 Lesson12/Finished_Project 文件夹下，输入文件名称 subtitle.c4d。
3. 单击 Save（保存）按钮。

保存文件后，在 Timeline（时间轴）面板中会出现一个 C4D 文件，同时 After Effects 在 Effect Controls（效果控件）面板中打开 Cineware 效果，它用来创建和管理 After Effects 和 Cinema 4D 之间的链接。

如图 12-23 所示，使用 Cinema 4D 打开一个空场景，里面只有 3D 网格。

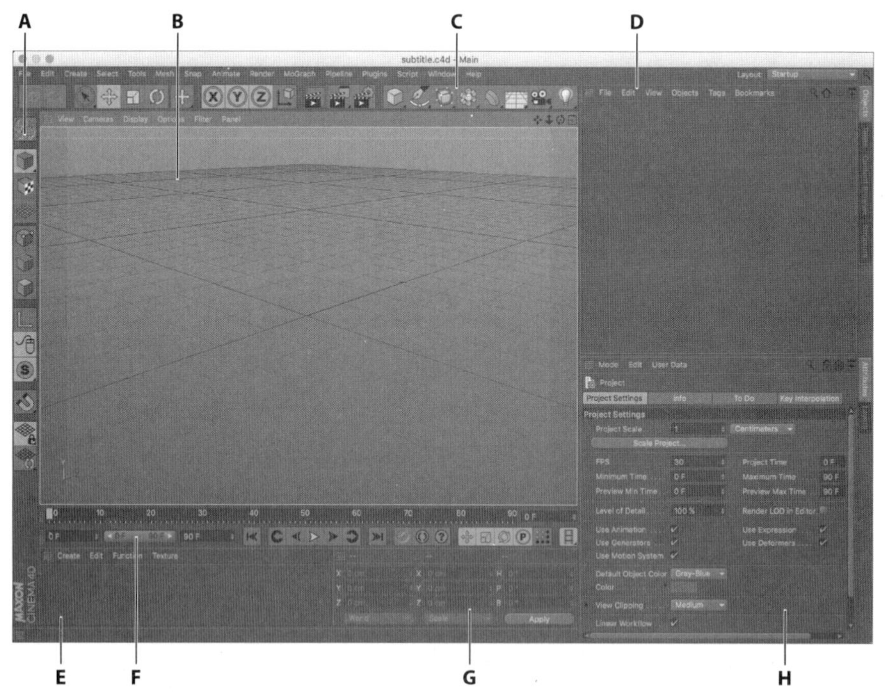

A 模式图标面板　B 视图　C 工具栏　D 对象管理器　E 材质管理器
F 时间轴　G 坐标管理器　H 属性管理器
图12-23

> **注意**：在这个过程中，系统可能会提示你更新 Cinema 4D 或进行注册，以便使用 Cinema 4D 的更多功能。做这个练习并不需要你更新 Cinema 4D 或进行注册，但是如果你打算在自己的项目中使用 Cinema 4D，建议你进行注册，并升级 Cinema 4D。

12.8.3 在 Cinema 4D 中创建 3D 文本

下面我们在 Cinema 4D 中创建 3D 文本。

1. 如图 12-24 所示，在工具栏（位于菜单栏之下）中，单击钢笔图标，并按住鼠标不放，然后，从弹出的菜单中，选择 Text（文本）。

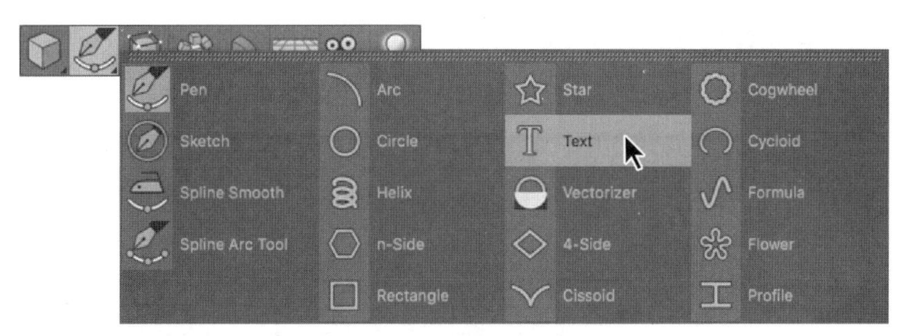

图12-24

此时，在场景中央出现一个基本的文本样条。

2. 在 Attribute Manager（属性管理器）的文本框中，输入 A Space Pod LLC。

3. 如图 12-25 所示，在 Attribute Manager（属性管理器）中，做如下设置。

- 字体（Font）：Chapparal Pro。
- 对齐（Align）：Middle（中对齐）。
- 高度（Height）：40 cm。

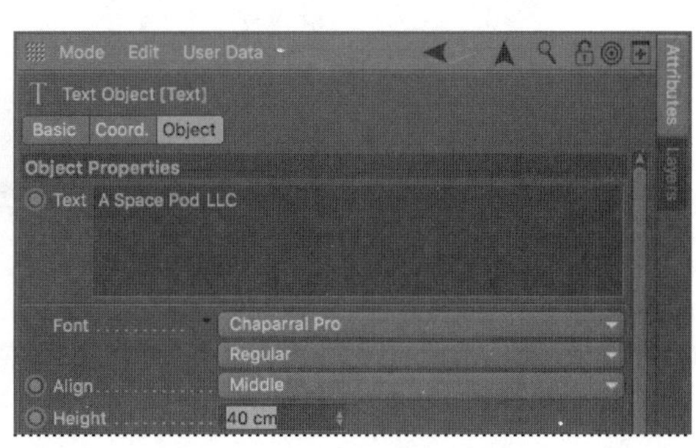

图12-25

此时，视图中呈现的是文本从某个角度看上去的样子。你可能想从正面看一下文本，为此，我们需要修改摄像机视图。

4. 如图 12-26 所示，从视图窗口左上角的 Cameras（摄像机）菜单中，选择 Front（正视图）。

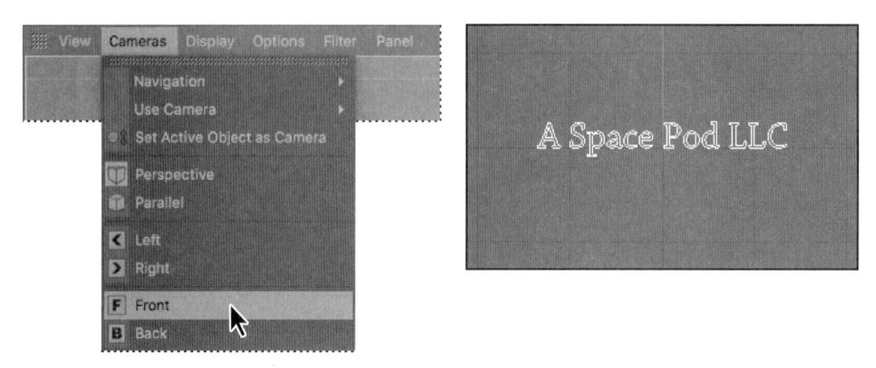

图12–26

5. 如图 12-27 所示，在工具栏中，单击 Subdivision Surface（细分曲面）图标，并按住鼠标左键不放，然后在弹出的菜单中，选择 Extrude（挤压）。

图12–27

6. 如图 12-28 所示，在 Object Manager（对象管理器）中，选择 Text（文本）对象，将其拖向 Extrude（挤压），使其成为 Extrude（挤压）的子对象。在拖曳过程中，光标旁边会出现向下箭头和一个小方块。

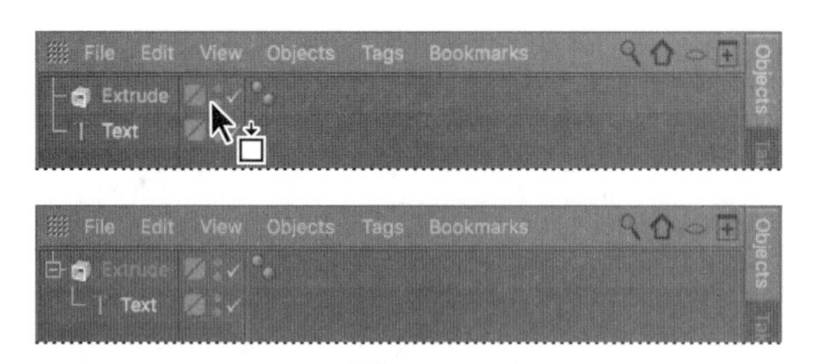

图12–28

在 Object Manager（对象管理器）中，Text（文本）对象会出现在 Extrude（挤压）对象之下，这表示 Text（文本）对象是 Extrude（挤压）对象的子对象。尽管此时文本已经挤压好了，但是从正视图看不到挤压效果。

7. 在 Object Manager（对象管理器）中，单击 Extrude（挤压）对象，激活它（此时变为亮橙色）。

8. 如图 12-29 所示，在 Attribute Manager（属性管理器）中，选择 Object（对象）选项卡，然后把 *z* 轴上的移动值修改为 10cm，减小挤压深度。

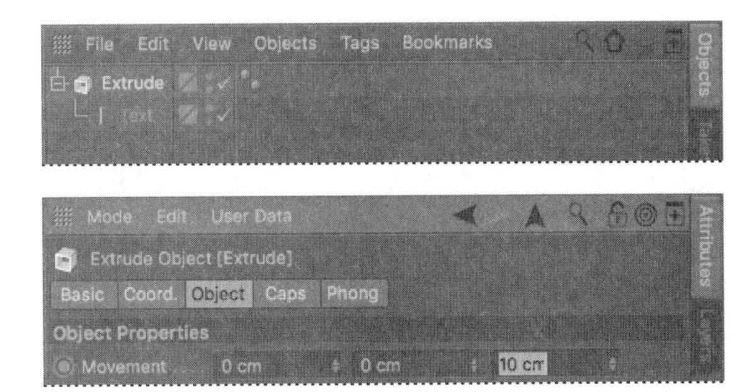

图12-29

接下来，向文本添加圆角封顶，进一步增强文本效果。

9. 如图 12-30 所示，在 Attribute Manager（属性管理器）中，选择 Caps（封顶）选项卡，并做如下设置。

 - 从 Start（顶端）菜单中，选择 Fillet Cap（圆角封顶）。
 - 设置 Steps（步幅）为 2。
 - 设置 Radius（半径）为 3cm。
 - 从 Fillet Type（圆角类型）菜单中，选择 Concave（凹陷）。

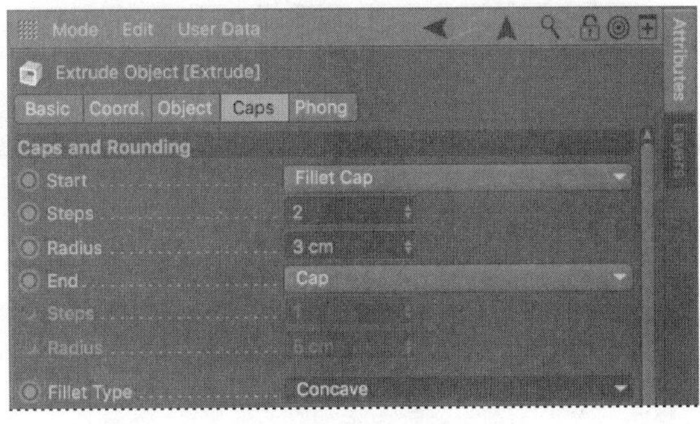

图12-30

这些设置会为文本加上一个有趣的边缘。

12.8.4 向文本对象添加材质

Cinema 4D Lite 本身带有大量材质预设，你可以把它们轻松地应用到 3D 对象上。接下来，我们会向文本添加水波纹理。

1. 如图 12-31 所示，在 Materials Manager（材质管理器）中，单击 Create（创建），然后依次选择 Load Material Preset（加载材质预置）→ Lite → Materials（材质）→ Liquids（液体）→ Water Turbulent（湍流）。

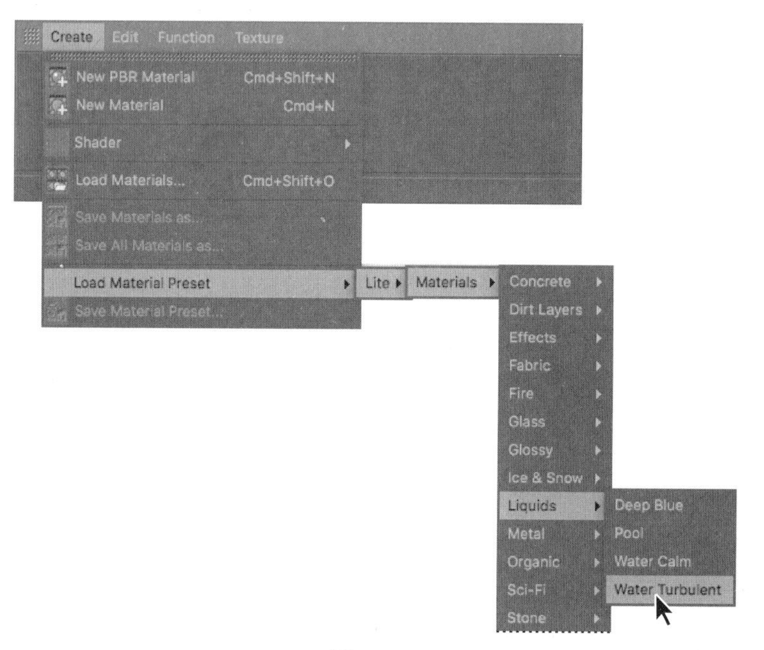

图12-31

2. 如图 12-32 所示，在 Materials Manager（材质管理器）中，单击刚刚添加的材质，将其拖到视图中的文本之上。

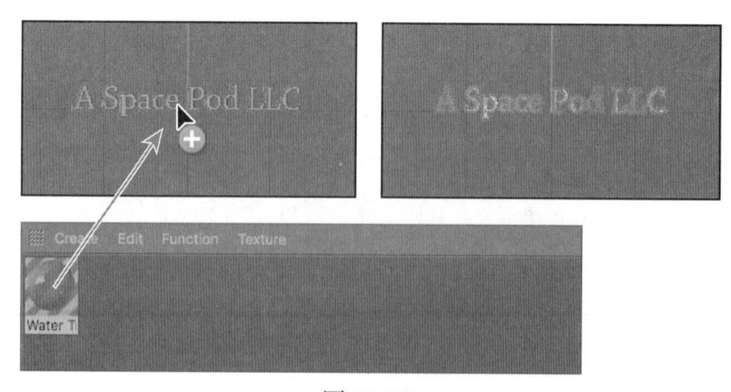

图12-32

3. 在菜单栏中，依次选择 File（文件）→ Save（保存）。

12.8.5 放置 3D 对象

由于我们要在 After Effects 中使用 Cinema 4D 摄像机，所以可以使用 Cinema 4D 中的所有 3D 工具来放置文本。接下来，我们将在 Cinema 4D 中调整文本，使其在 After Effects 中位于大标题之下，并且拥有与其他文本一样的倾斜角度。

1. 在工具栏中，选择 Move Tool（移动工具）。
2. 如图 12-33 所示，向下拖曳绿色箭头（代表 *y* 轴），直到坐标管理器中 Position（位置）之下的 Y 值变为 −165cm。

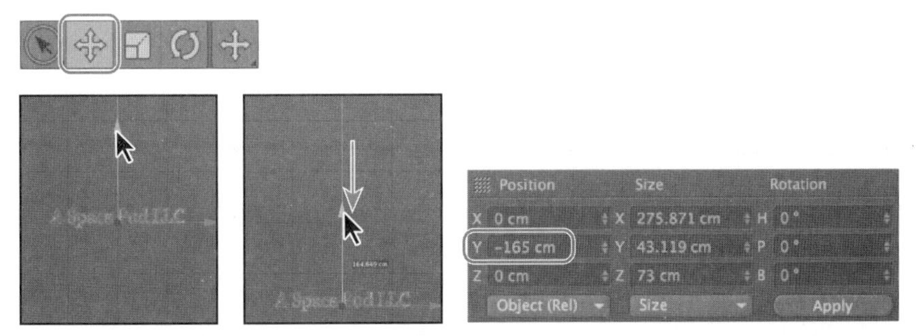

图12-33

3. 在工具栏中，选择 Scale Tool（缩放工具）。
4. 如图 12-34 所示，向右上拖曳蓝色三角形，直到工具提示显示为 163% 左右。此时，在坐标管理器的 Size（尺寸）下，X、Y、Z 值大约为 450cm、70cm、20cm。

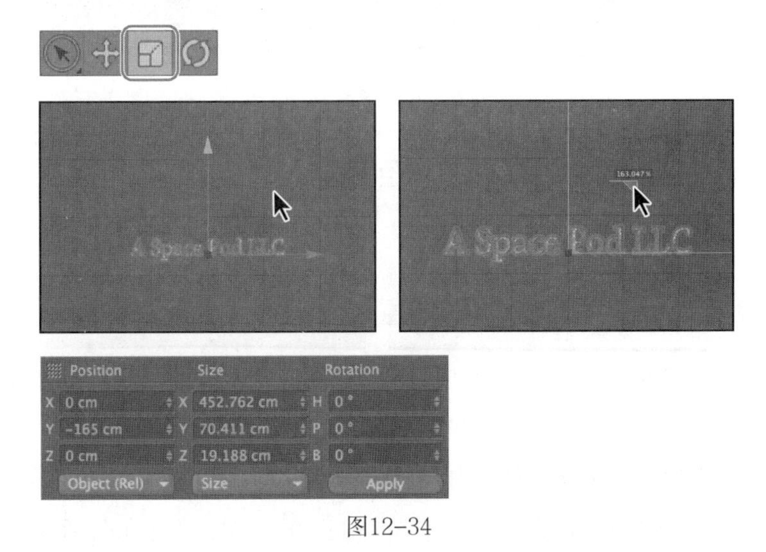

图12-34

5. 在菜单栏中，依次选择 File（文件）→ Save（保存），保存当前项目。

6. 如图 12-35 所示，返回到 After Effects，查看文本当前在场景中的位置。

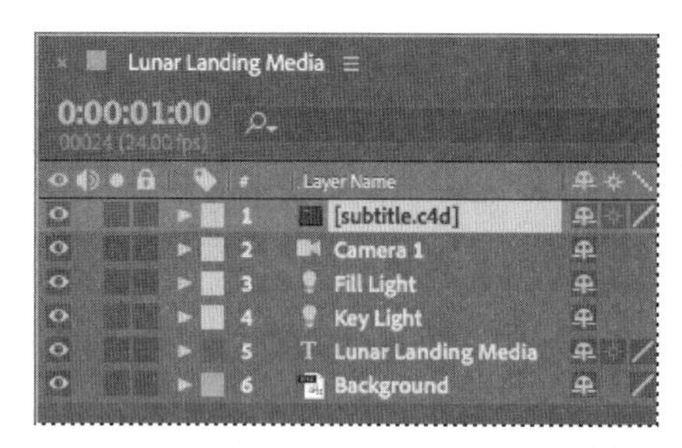

图12-35

文本看起来相当不错，但是它的角度不对。接下来，我们修改文本的角度。

7. 返回到 Cinema 4D Lite 中。

8. 在工具栏中，选择 Rotate Tool（旋转工具）。

9. 向左拖曳绿色水平条，使“旋转”下的 H 值大约为 −22。

10. 如图 12-36 所示，调整内侧蓝圈，使文本右边缘略微向下倾斜，使“旋转”下的 B 值大约为 2.6°。

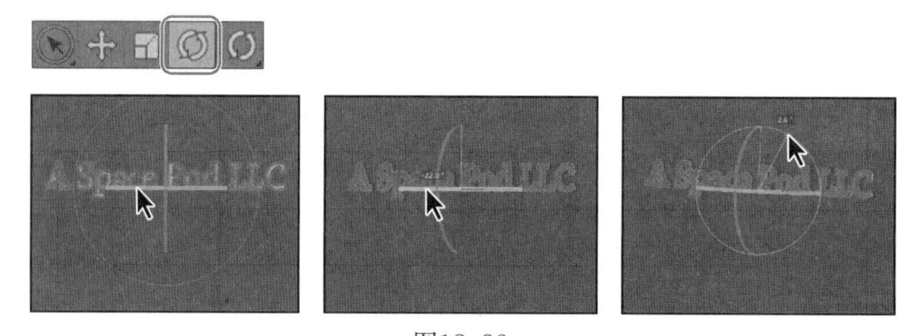

图12-36

> **注意：**Cinema 4D Lite 会为旋转显示 H (heading)、P (pitch)、B (bank) 的值。

12.9 在 After Effects 中集成 C4D 图层

接下来，返回到 After Effects 中，在项目中处理 3D 文本。前面我们已经在 Cinema 4D 中放置好了图层。接着，我们要在 After Effects 中为图层的不透明度制作动画。

1. 在 Cinema 4D Lite 中保存文件，返回到 After Effects 中。

2. 在 Timeline（时间轴）面板中，选择 subtitle.c4d 图层，在 Effect Controls（效果控件）面板中显示 Cineware 效果。

在 After Effects 中处理 Cinema 4D 文件时，通常都要从 Cineware 效果的 Renderer 中选择 Software 或 Standard (Draft)。不过，在渲染最终项目时，要从 Renderer 菜单中选择 Standard(Final)。

Software 选项采用了更快的渲染器，但是不包含文件的所有特性。Standard(Final) 选项的渲染速度要慢一些，但有助于更好地观看 Cinema 4D 文件。这里，我们选择 Standard (Draft) 选项，这样就不会显示网格。

3. 在 Effect Controls（效果控件）面板中，从 Renderer 菜单中，选择 Standard (Draft)。
4. 把当前时间指示器移动到 1:00，以便看到最终摄像机视图。
5. 如果你想再次调整文本位置，可以返回到 Cinema 4D 中进行调整，保存文件后，再返回到 After Effects 中。
6. 按 T 键，显示图层的 Opacity（不透明度）属性，单击属性左侧的秒表图标（），在 1:00 处设置一个关键帧。
7. 返回到时间轴的起始位置，把 Opacity（不透明度）修改为 20%。

12.10 添加音频

最后，我们向合成中添加音频文件。在此之前，还是要先导入音频文件。

1. 单击 Project（项目）选项卡，在 Project（项目）面板中双击空白区域，在“导入文件”对话框中，转到 Lesson12/Assets 文件夹下，双击 Lunar.mp3 文件，将其导入。
2. 从 Project（项目）面板把 Lunar.mp3 文件拖曳到 Timeline（时间轴）面板中，使其位于最底层。
3. 在 Timeline（时间轴）面板中，选择 subtitle.c4d 图层。
4. 单击 Effect Controls(效果控件）选项卡，然后，在 Effect Controls(效果控件）面板中，从 Renderer 菜单中选择 Standard (Final)。
5. 在菜单栏中，依次选择 File（文件）→ Save（保存），保存当前项目，然后预览影片（见图 12-37）。

图12-37

到这里，我们就使用 After Effects 和 Cinema 4D Lite 创建好了一个简单的 3D 场景，但是这里只是给大家做演示，大家在自己的项目中，建议各位积极探索各种选项的功能和用法，以创建出更棒、更酷炫的效果。

12.11 复习题

1. 打开 3D 图层开关后，图层会发生什么变化？
2. 为什么从多个视角观看包含 3D 图层的合成如此重要？
3. 什么是摄像机图层？
4. After Effects 中的 3D 灯光是什么？

12.12 答案

1. 在 Timeline（时间轴）面板中，打开一个图层的 3D 图层开关后，After Effects 会为该图层添加第三个轴——*z* 轴。然后，你就可以在三维空间中移动和旋转这个图层了。此外，这个图层还多了几个 3D 图层特有的属性，比如 Materials Options（材质选项）属性组。
2. 根据 Composition（合成）面板中所采用视图的不同，3D 图层拥有不同外观，且具有迷惑性。当启用 3D 多视图后，你可以在 Composition（合成）面板中如实地观察到一个图层相对于其他图层的真实位置。
3. 在 After Effects 中，借助于摄像机图层，你可以从不同角度和距离查看 3D 图层。当为合成设置好摄像机视图后，你就可以通过那台摄像机来观看图层了。我们可以通过活动摄像机或一台自定义的摄像机来观看合成。如果你没有创建自定义摄像机，那么活动摄像机就是合成默认的视图。
4. 在 After Effects 中，灯光图层用来将光线照射到其他图层。After Effects 提供了 4 种灯光，分别是 Parallel（平行）、Spot（聚光）、Point（点）、Ambient（环境），你可以从中选择一种灯光使用，并通过各种参数调整它们。

第13课 使用3D摄像机跟踪器

课程概览

本课学习如下内容：

- 使用 3D 摄像机跟踪器跟踪素材
- 向跟踪的场景中添加摄像机和文本元素
- 设置地平面和原点
- 为 3D 元素创建真实的阴影
- 使用实底图层锁定元素到平面
- 消除 DSLR 素材中的果冻效应

学完本课大约需要 1.5 小时。如果你尚未下载本课项目文件，请到“数艺设”网站下载。在学习本课的过程中，原始项目文件会被覆盖掉。如果你想使用原始项目文件，请重新下载它们。

项目：TV AD

3D 摄像机跟踪器效果通过分析二维画面来创建虚拟的 3D 摄像机。你可以使用这些分析数据把 3D 对象真实自然地融入到场景之中。

13.1 关于 3D 摄像机跟踪器效果

3D 摄像机跟踪器效果会自动分析 2D 素材中的运动，获取场景拍摄时摄像机所在位置和所用的镜头类型，然后在 After Effects 中新建 3D 摄像机来匹配它。3D 摄像机跟踪器效果还会把 3D 跟踪点叠加到 2D 画面上，以便把 3D 图层添加到源素材中。

这些新添加的 3D 图层和源素材拥有相同的运动和透视变化。此外，你还可以使用 3D 摄像机跟踪器效果创建"阴影捕手"，使新加的 3D 图层在源画面中产生真实的投影和反光。

3D 摄像机跟踪器是在后台执行分析任务的，其间，你可以继续做其他处理工作。

13.2 准备工作

在本课中，我们将为一家旅游公司制作一则简短的广告。先导入素材，并使用 3D 摄像机跟踪器效果跟踪它。然后添加 3D 文本元素，使之准确跟踪场景。再使用类似方法添加其他图像，最后，应用一个效果向场景中快速添加更多字符。

开始之前，先预览一下最终影片，并创建好要使用的项目。

1. 检查你硬盘上的 Lessons/Lesson13 文件夹中是否包含如下文件。若没有，请立即前往"数艺设"网站下载。
   - Assets 文件夹：BlueCrabLogo.psd、Quote1.psd、Quote2.psd、Quote3.psd、Shoreline.mov。
   - Sample_Movies 文件夹：Lesson13.avi、Lesson13.mov。
2. 在 Windows Movies & TV 中打开并播放 Lesson13.avi 示例影片，或者使用 QuickTime Player 播放 Lesson13.mov 示例影片，了解本课要创建的效果。当观看完成之后，关闭 Windows Movies & TV 或 QuickTime Player。如果存储空间有限，此时，你可以把这两段示例影片从硬盘中删除。

在学习本课之前，最好先把 After Effects 恢复成默认设置（参见前言中"恢复默认设置"部分的内容）。你可以使用如下快捷键完成这个操作。

3. 当启动 After Effects 时，请立即按下 Ctrl+Alt+Shift（Windows）或 Command+Option+Shift（macOS）组合键，此时会弹出一个消息框，询问"是否确实要删除你的首选项文件？"，单击 OK（确定），即可删除首选项文件，恢复 After Effects 默认设置。在 Home（主页）窗口中，单击 New Project（新建项目）。

此时，After Effects 新建并打开一个未命名的项目。

4. 在菜单栏中，依次选择 File（文件）→ Save As（另存为）→ Save As（另存为），打开 Save As（另存为）对话框。

5. 在 Save As（另存为）对话框中，转到 Lessons/Lesson13/Finished_Project 文件夹下。

6. 输入项目名称 Lesson13_Finished.aep，单击 Save（保存）按钮，保存项目。

13.2.1 导入素材

本课需要导入 5 个素材。

1. 在菜单栏中，依次选择 File（文件）→ Import（导入）→ File（文件）菜单，打开“导入文件”对话框。

2. 在“导入文件”对话框中，转到 Lessons/Lesson13/Assets 文件夹下，按住 Shift 键，单击 Quote1.psd、Quote2.psd、Quote3.psd、Shoreline.mov 文件，把它们同时选中，然后单击 Import（导入）或 Open（打开）按钮。

3. 在 Project（项目）面板中，双击空白区域，再次打开 Import File（导入文件）对话框。

4. 选择 BlueCrabLogo.psd 文件，单击 Import（导入）或 Open（打开）按钮。

5. 在 BlueCrabLogo.psd 对话框中，选择 Merged Layers（合并图层），然后单击 OK（确定）按钮。

13.2.2 创建合成

接下来，根据 Shoreline.mov 文件的长宽比和持续时间创建新合成。

1. 如图 13-1 所示，把 Shoreline.mov 拖曳到 Project（项目）面板底部的 Create A New Composition（新建合成）图标（）上。After Effects 新建一个名为 Shoreline 的合成，并显示在 Composition（合成）和 Timeline（时间轴）面板中。

图13-1

2. 沿着时间标尺，拖曳当前时间指示器，预览视频。

摄像机围绕着海滩场景移动，然后是一些奔跑螃蟹的特写镜头，再然后镜头拉回到海洋和岩石上。接下来，我们要做的是添加文本、螃蟹赞美语和公司标志。

3. 在菜单栏中，依次选择 File（文件）→ Save（保存），保存当前项目。

修复果冻效应

搭载 CMOS 传感器的数码摄像机（包括在电影业、商业广告、电视节目中广受欢迎的 DSLR 相机（带有视频拍摄功能））通常使用的都是卷帘快门，它是通过 CMOS 传感器逐行扫描曝光方式实现的。在使用卷帘快门拍摄时，如果逐行扫描速度不够，就会造成图像各个部分的记录时间不同，从而出现图像倾斜、扭曲、失真变形等问题。在拍摄时，如果摄像机或拍摄主体在快速运动，卷帘快门就有可能引起图像扭曲，比如建筑物倾斜、图像歪斜等。

如图 13-2 所示，After Effects 提供了果冻效应修复效果，用来自动解决这个问题。在使用时，先在 Timeline（时间轴）面板中选择有问题的图层，然后在菜单栏中，依次选择 Effect（效果）→ Distort（扭曲）→ Rolling Shutter Repair（果冻效应修复）。

出现果冻效应时，建筑物的柱子发生倾斜

应用"果冻效果修复"效果后，建筑物看起来更稳定了

图13-2

通常情况下，使用默认设置就能获得理想的修复效果。但是，有时可能需要调整 Scan Direction（扫描方向）和分析方法，才能得到理想的结果。

对于已经应用了果冻效应修复效果的画面，如果你还想向它应用 3D 摄像机跟踪器效果，请你先做预合成然后再应用。

13.3 跟踪素材

至此，2D 素材已经准备好了。接下来，我们让 After Effects 跟踪它，并在合适的位置放置 3D 摄像机。

1. 按 Home 键，或者直接把当前时间指示器拖曳到时间标尺的起始位置。
2. 如图 13-3 所示，在 Timeline（时间轴）面板中，使用鼠标右键单击（或者按住 Control 键单击）Shoreline.mov 图层。在弹出的菜单中，依次选择 Track & Stabilize（跟踪和稳定）→ Track Camera（跟踪摄像机）。

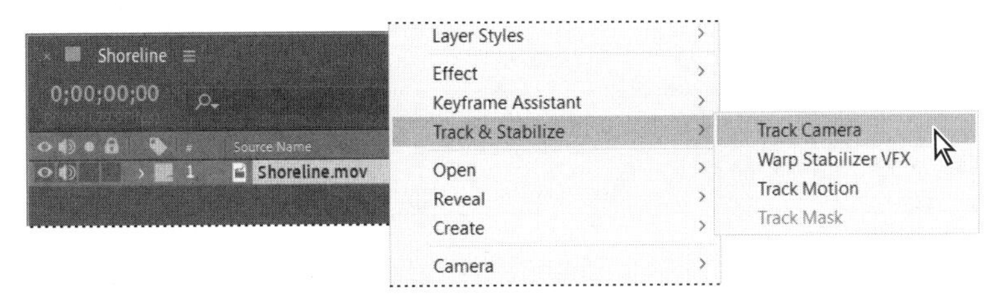

图13-3

> **注意：**分析用时的多寡取决于你的系统配置。

此时，After Effects 打开 Effect Controls（效果控件）面板，开始在后台分析视频，并显示一个进度条。当分析结束后，在 Composition（合成）面板中显示的画面中会出现许多跟踪点。如图 13-4 所示，跟踪点的大小表示它与虚拟摄像机的远近：跟踪点越大表示离摄像机越近，越小表示离摄像机越远。

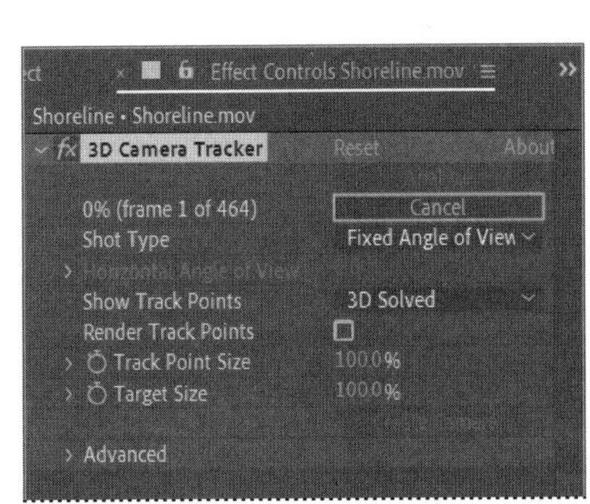

图13-4

> **提示：**一般情况下，默认分析就能得到令人满意的结果。当然，如果你不满意，还可以进一步做详细分析，从而得到更准确的摄像机位置。在 Effect Controls（效果控件）面板的 Advanced（高级）下，你可以找到 Detailed Analysis（详细分析）选项。

3. 在分析完成后，在菜单栏中，依次选择 File（文件）→ Save（保存），保存当前项目。

13.4 创建地平面、摄像机和初始文本

现在我们已经有了 3D 场景，但是还需要一台 3D 摄像机。接下来，我们将创建第一个文

本元素，并添加摄像机。

> **注意：**你还可以在 Effect Controls（效果控件）面板中单击 Create Camera（创建摄像机）按钮来添加摄像机。

1. 按 Home 键，或者直接把当前时间指示器拖曳到时间标尺的起始位置。
2. 在 Composition（合成）面板中，把光标放在靠近大岩石的水面上，直到显示下图所示的目标。（如果看不到跟踪点和目标，在效果控件面板中单击 3D 摄像机跟踪器效果进行激活。）

当把光标放到 3 个或更多个邻近跟踪点（这些邻近跟踪点能够定义一个平面）之间时，这些点之间就会出现一个半透明的三角形。此外，红色目标表示平面在 3D 空间中的方向。

3. 如图 13-5 所示，使用鼠标右键单击（Windows）或者按住 Control 键单击（macOS）平面，从弹出菜单中，选择 Set Ground Plane And Origin（设置地平面和原点）。

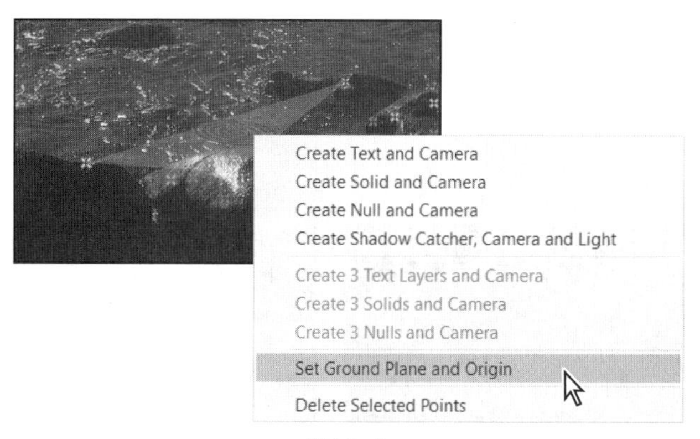

图13-5

地平面和原点提供了一个参考点，该参考点的坐标是 (0,0,0)。尽管从 Composition（合成）面板中看不出有什么变化，但是活动摄像机视角、地平面、原点使得改变摄像机的旋转、位置更容易。

4. 如图 13-6 所示，使用鼠标右键单击（Windows）或者按住 Control 键单击（macOS）同一个平面，从弹出菜单中，选择 Create Text And Camera（创建文本和摄像机）。

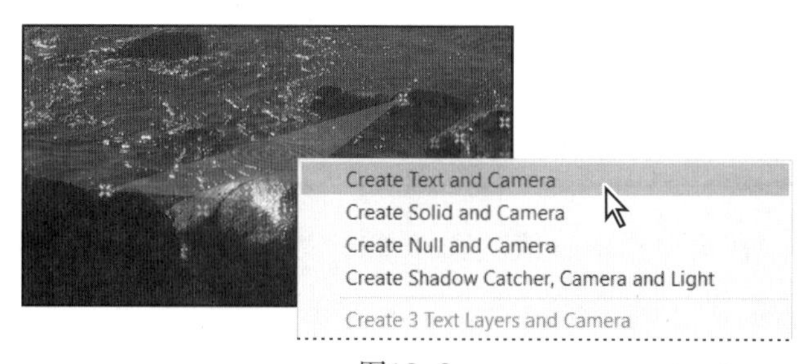

图13-6

此时，After Effects 在 Composition（合成）面板中显示一个巨大的平躺着的文本。同时在

Timeline（时间轴）面板中添加两个图层：Text（文本）和 3D Tracker Camera（3D 跟踪器摄像机）。Text（文本）图层的 3D 开关处于开启状态，但是 Shoreline.mov 图层仍然是 2D 的。因为文本是唯一需要放置在 3D 空间中的元素，所以根本没有必要把背景图层（Shoreline.mov 图层）也转换成 3D 图层。

5. 沿着时间标尺，拖曳当前时间指示器，预览视频，可以看到，当摄像机移动时，文本仍然保持在原来的位置上。把当前时间指示器拖曳到时间标尺的起始位置。

6. 如图 13-7 所示，在 Timeline（时间轴）面板中，双击 Text（文本）图层，在软件界面右侧打开 Character（字符）面板。

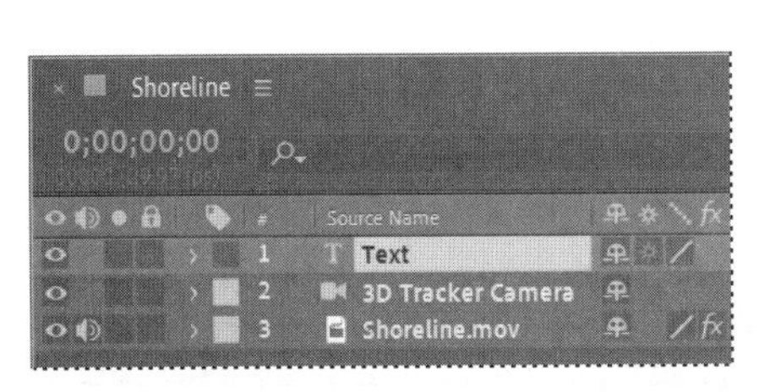

图13-7

7. 如图 13-8 所示，在 Character（字符）面板中，设置字体为 Impact Regular，字体大小为 48 像素，描边宽度为 0.5 像素，描边类型为 Stroke Over Fill（在填充上描边）。并且，选择填充颜色为白色，描边颜色为黑色（默认颜色），设置 Tracking（字符间距）为 0。

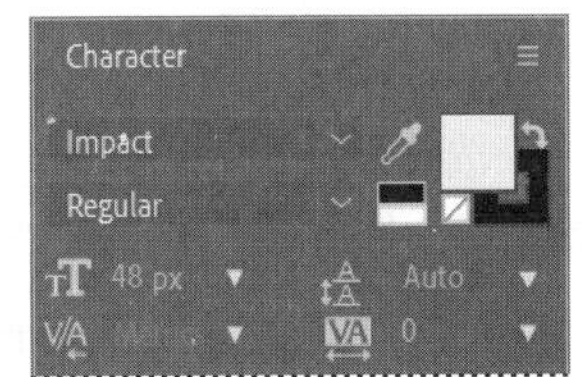

图13-8

此时，文本看起来相当不错，但是我们希望它竖起来。接下来，我们将改变它在空间中的位置，然后使用广告文字替换它。

8. 如图 13-9 所示，在 Timeline（时间轴）面板中，选择 Text（文本）图层，退出文本编辑模式。然后，按 R 键，显示其 Rotation（旋转）属性，把 Orientation（方向）修改为 12°、30°、350°。

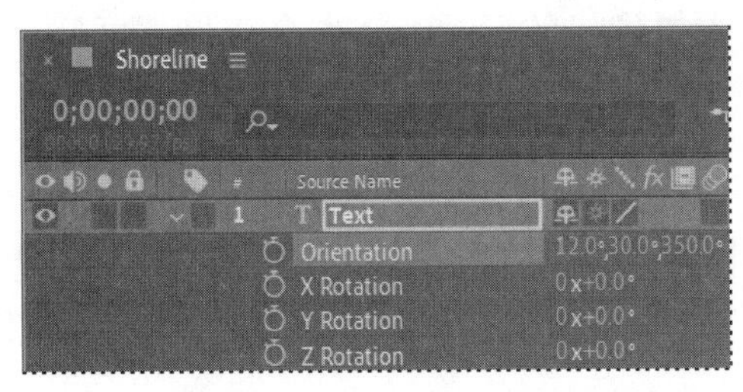

图13-9

> **注意：**如果你选了其他地平面，那么输入的值会有所不同。当然，你也可以不输入值，而是使用旋转工具在 Composition（合成）面板中调整单个轴。

所有新建的 3D 图层都使用指定的地平面和原点来确定它在场景中的方向。当改变 Orientation（方向）值时，文本在空间中的方向也会发生变化。

9. 在 Timeline（时间轴）面板中，双击 Text（文本）图层，在 Composition（合成）面板中激活它。

此时，文本处于可编辑状态，上面有一个透明的红色矩形覆盖着。

10. 如图 13-10 所示，在 Composition（合成）面板中，在文本处于选中的状态下，输入 THE OTHER GUYS。然后在时间轴面板中，单击 THE OTHER GUYS 图层，退出文本编辑模式。

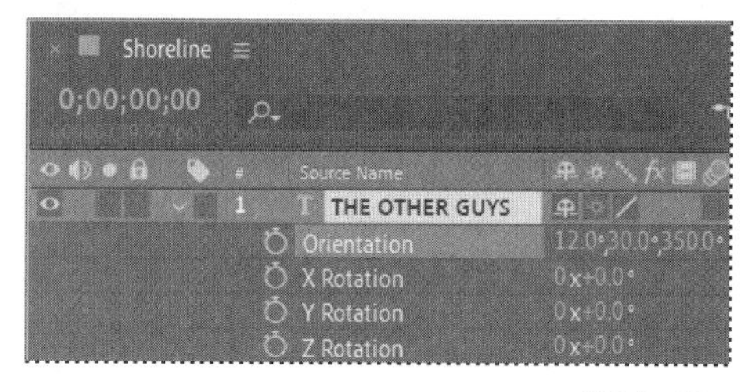

图13-10

到目前为止，一切进展顺利。接下来，我们要重新设置文本的位置，让其位于场景中间。

11. 在文本图层处于选中的状态下，按 P 键，显示其 Position（位置）属性，把 Position（位置）属性值修改为 -6270、-1740、1188（见图 13-11）。或者使用 Selection Tool（选取工具），沿着屏幕向上拖曳文本，使其位于水面之上。

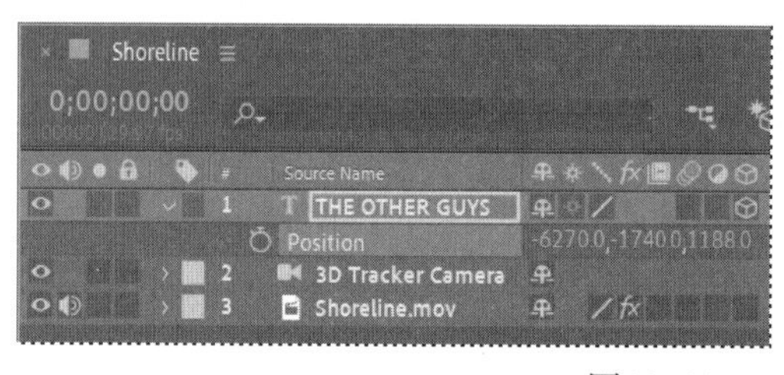

图13-11

如果文本一直呆在同一个位置，那随着摄像机的运动，文本会变得不可见。下面我们将为文本制作动画，让其可见时间长一点。

12. 单击 Position（位置）属性左侧的秒表图标（⏱），创建初始关键帧。

13. 如图 13-12 所示，把当前时间指示器拖曳到 2:03。然后把 Position（位置）属性修改为 -7115、1800、-1150，或者使用选取工具和旋转工具，让文本位于图像下方。

14. 沿着时间轴，拖曳当前时间指示器，预览文本动画。然后关闭处于打开状态的所有属性。在菜单栏中，依次选择 File（文件）→ Save（保存），保存当前项目。

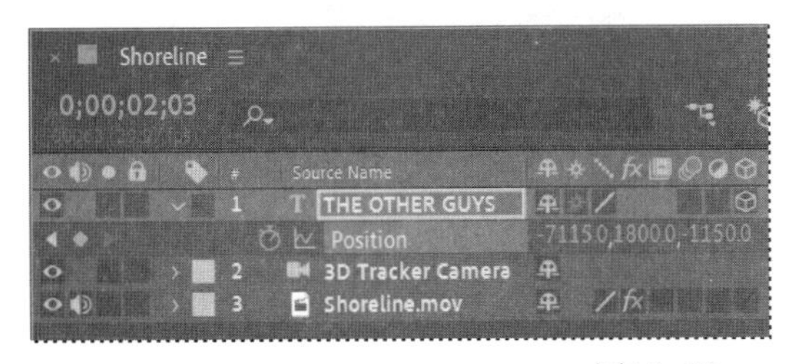

图13-12

13.5 添加其他文本元素

前面我们已经为广告添加好了一个文本。接下来，我们使用类似步骤继续向合成中添加其他广告文本。在添加其他文本时，虽然使用的步骤一样，但是由于各个文本在视频中出现的位置不同，所以还需要在场景中调整各个文本的位置、方向和缩放值。

1. 把当前时间指示器拖曳到 2:03。

2. 如图 13-13 所示，在 Timeline（时间轴）面板中，选择 Shoreline.mov 图层，按 E 键，显示其效果，然后选择 3D Camera Tracker（3D 摄像机跟踪器），将其激活。

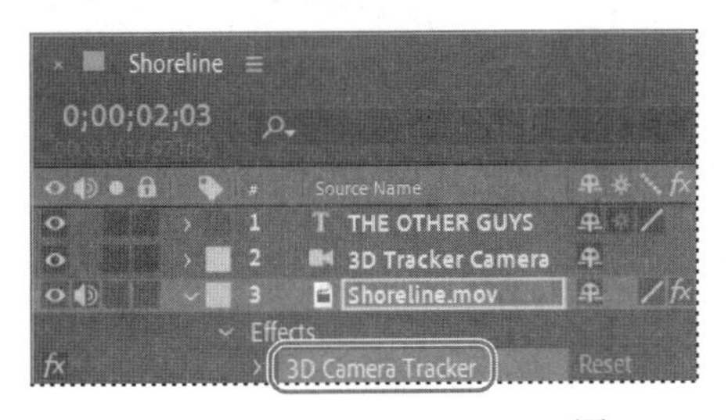

图13-13

> **注意：**这里我们选的是 Shoreline.mov 图层下的 3D Camera Tracker（3D 摄像机跟踪器）效果，而非 3D Tracker Camera（3D 跟踪器摄像机）图层。

3. 在 Effect Controls（效果控件）面板中，把 Track Point Size（跟踪点大小）修改为 50%，这样可以更清楚地看到跟踪点。

4. 如图 13-14 所示，在工具栏中，选择 Selection Tool（选取工具），然后在 Composition（合成）面板中，把光标放到两块岩石之间，让红色靶标平躺在两块岩石上，然后使用鼠标右键单击（或者按住 Control 键单击）红色靶标，从弹出的菜单中，选择 Create Text（创建文本）。

5. 如图 13-15 所示，在 Timeline（时间轴）面板中，选择 Text（文本）图层，按 R 键，显示其 Rotation（旋转）属性，然后把 Orientation（方向）值修改为 0°、45°、0°。

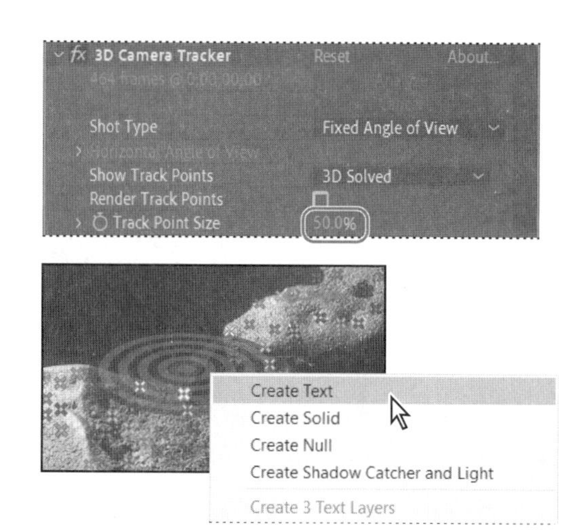

图13-14

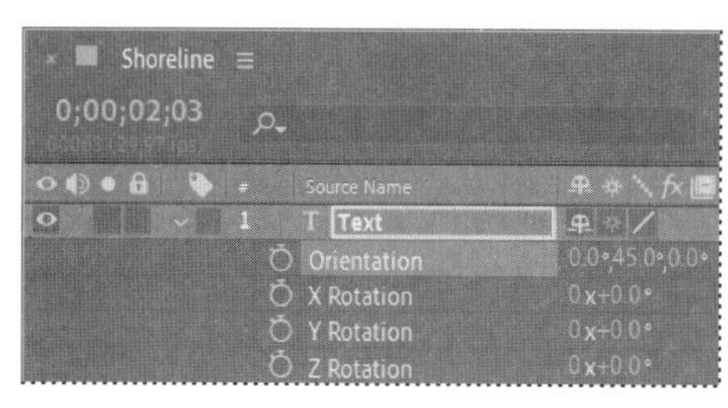

图13-15

6. 双击 Text（文本）图层，进入可编辑状态，然后在 Composition（合成）面板中，输入 ARE。单击 ARE 图层，进入文本编辑模式。

7. 按 Shift+P 组合键，显示其 Position（位置）属性。然后单击属性左侧的秒表图标（），创建一个初始关键帧。

8. 如图 13-16 所示，把当前时间指示器拖曳到 2:29。移动文本，使其位置与下方的文本类似。

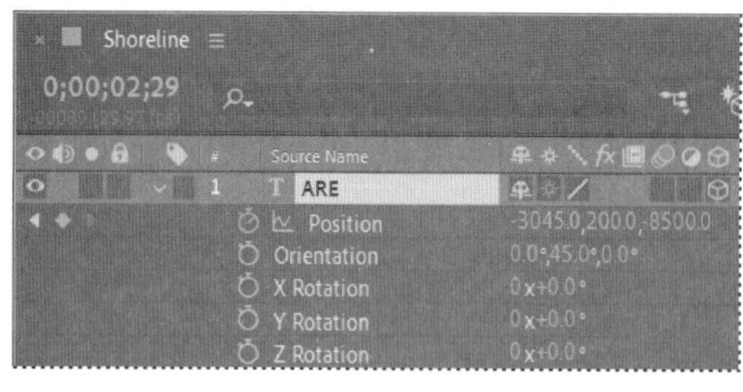

图13-16

9. 把当前时间指示器拖曳到 4:14。使用 Hand Tool（手形工具，）移动合成，以便看到画面之外的文本框。然后使用 Selection Tool（选取工具）拖曳，使文本底部显露出来，如图 13-17 所示。当然，你还可以直接修改文本的 Position（位置）属性值。

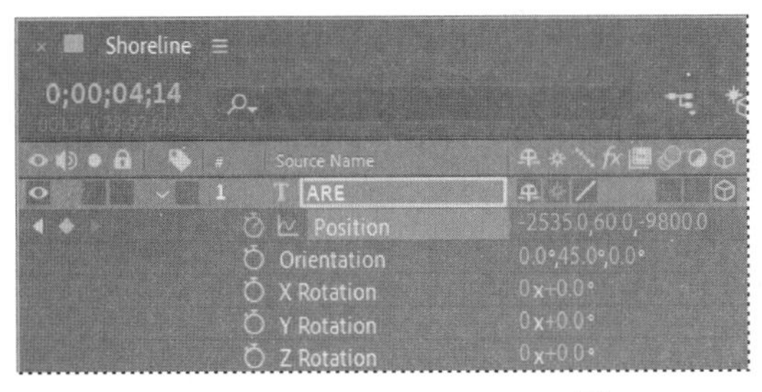

图13-17

10. 隐藏图层属性。如果前面你使用 Hand Tool（手形工具）调整了图像的位置，现在请把它移回去。然后，选择 Selection Tool（选取工具），并手动预览文本动画。

11. 把当前时间指示器拖曳到 4:14。在 Timeline（时间轴）面板中，选择 Shoreline.mov 图层，再次激活 3D 摄像机跟踪器的跟踪点，然后在 Shoreline.mov 图层下选择 3D Camera Tracker（3D 摄像机跟踪器），或者在 Effect Controls（效果控件）面板中选择 3D Camera Tracker（3D 摄像机跟踪器）。

12. 使用 Selection Tool（选取工具）在右侧大岩石上选择一个目标平面，如图 13-18 所示。然后使用鼠标右键单击目标，从弹出菜单中，选择 Create Text（创建文本）。

图13-18

13. 在 Timeline（时间轴）面板中，选择 Text（文本）图层，按 R 键，然后按 Shift+P+S 组合键，显示所选图层的 Rotation（旋转）、Position（位置）、Scale（缩放）属性，把 Orientation（方向）值修改为 0°、45°、10°，把 Scale（缩放）属性修改为 2000%。

14. 双击 Text（文本）图层，然后在 Composition（合成）面板中，输入 SCRAMBLING。

15. 把当前时间指示器拖曳到 3:10，此时文本应该刚出现。使用 Selection Tool（选取工具）拖曳文本，使其位于“ARE”之下（见图 13-19），从左到右延伸到画面之外。你还可以使用 Rotation Tool（旋转工具）。设置好文本位置之后，单击 Position（位置）属性左侧的秒表图标，创建一个初始关键帧。

图13-19

16. 如图 13-20 所示，把当前时间指示器拖曳到 4:21。使用 Selection Tool（选取工具）

移动文本，使其出现在下方图像中。然后在 6:05 和 7:04 做同样的处理，这样文本会继续向左下移动。

图13-20

现在，文本位置已经放好了，我们还想让文本突然出现在屏幕上。接下来，我们整理一下图层，让它们相互错开。

17. 把当前时间指示器拖曳到 2:03。选择 ARE 图层，按“Alt+[”（Windows）或“Option+[”（macOS）组合键。然后把当前时间指示器拖曳到 3:10，选择 Scrambling 图层，再次按“Alt+[”（Windows）或“Option+[”（macOS）组合键。

18. 关闭属性。在菜单栏中，依次选择 File（文件）→ Save（保存），保存当前项目。

19. 如图 13-21 所示，按空格键，预览文本动画。再次按空格键，即可停止预览。

图13-21

13.6 使用实底图层把图像锁定到平面

前面我们已经在 After Effects 中制作好了广告文案，但是螃蟹的赞词位于会话气泡中，并且以图像形式存在。接下来，我们把这些 PSD 图像文件添加到 After Effects 的实底图层，把它们锁定到指定平面上。

1. 把当前时间指示器拖曳到 6:06。在 Timeline（时间轴）面板中，选择 Shoreline.mov 图层，在 Effect Controls（效果控件）面板中，选择 3D Camera Tracker（3D 摄像机跟踪器）效果。

2. 选择 Selection Tool（选取工具），移动光标，找一个垂直平面，如图 13-22 所示。使用鼠标右键单击平面，从弹出菜单中，选择 Create Solid（创建实底）。

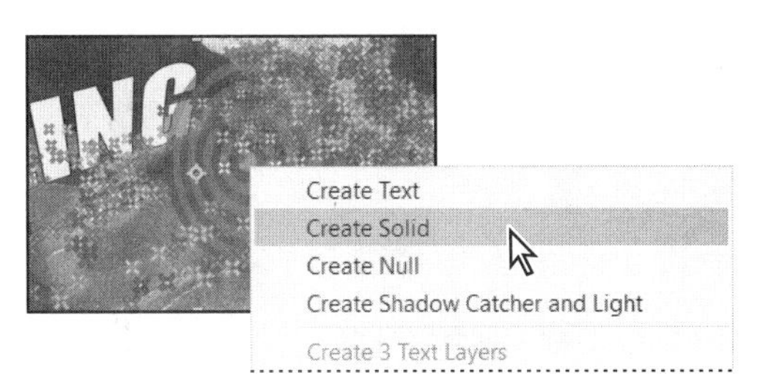

图13-22

此时，After Effects 创建一个 Track Solid 1（跟踪实底 1）图层，并且在 Composition（合成）面板中出现一个实底方形。

调整摄像机的景深

调整 3D 摄像机的景深可以使计算机生成的元素更自然地融入到真实的视频素材中。如果使用摄像机拍摄视频素材时所用的设置参数，那么离摄像机越远的 3D 对象就会因失焦而变得更模糊。

调整景深时，先在 Timeline（时间轴）面板中选择 3D 跟踪器摄像机图层，然后在菜单栏中，依次选择 Layer（图层）→ Camera Settings（摄像机设置），在 Camera Settings（摄像机设置）对话框中设置相应参数即可。

3. 如图 13-23 所示，在 Timeline（时间轴）面板中，使用鼠标右键单击（或者按住 Control 键单击）Track Solid 1（跟踪实底 1）图层，从弹出菜单中，选择 Pre-compose（预合成），在 Pre-compose（预合成）对话框中，设置“新合成名称”为 Crab Quote 1，然后单击 OK（确定）按钮。

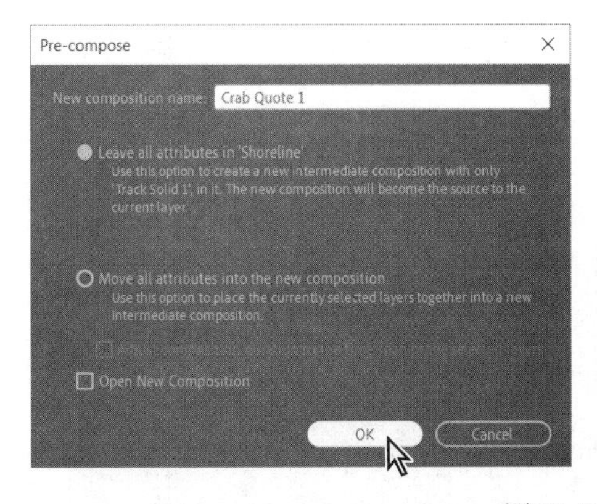

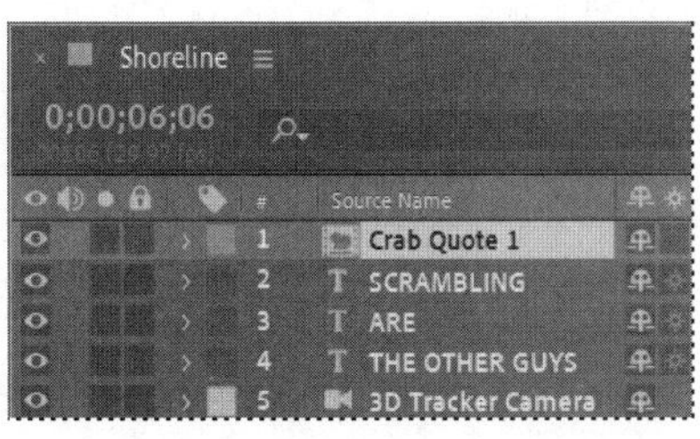

图13-23

此时，After Effects 创建一个名为 Crab Quote 1 的合成，其中包含着 Track Solid 1（跟踪

实底 1）图层。

4. 双击 Crab Quote 1 合成，打开它。在 Timeline（时间轴）面板中，删除 Track Solid 1（跟踪实底 1）图层。

5. 从 Project（项目）面板中，把 Quote1.psd 拖入 Timeline（时间轴）面板中。

6. 如图 13-24 所示，在菜单栏中，依次选择 Layer（图层）→ Transform（变换）→ Fit to Comp Width（适合复合宽度）。

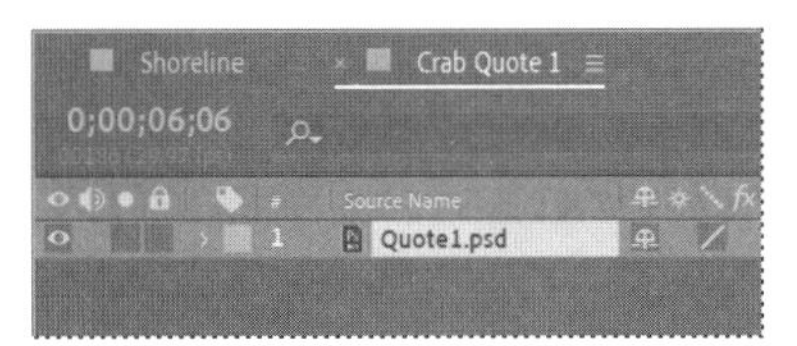

图13-24

7. 如图 13-25 所示，选择 Shoreline 时间轴面板。

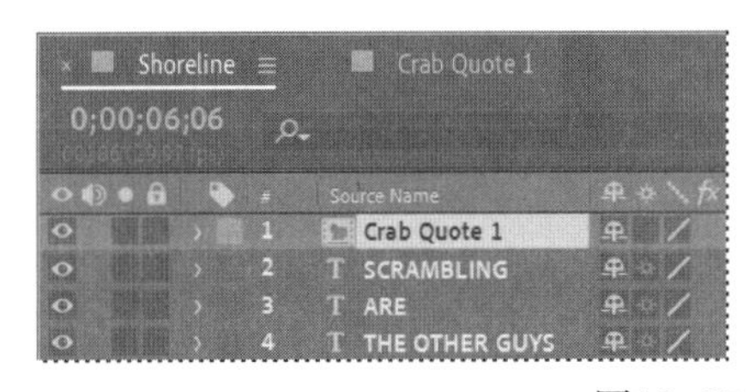

图13-25

After Effects 在创建实底图层的地方显示出了 Quote1.psd 图像。

8. 如图 13-26 所示，使用选取工具、旋转工具调整图像的位置和缩放，使其与一群螃蟹产生联系。

图13-26

9. 如图 13-27 所示，把当前时间指示器拖曳到 7:15，再次选择 3D Camera Tracker（3D 摄像机跟踪器）效果。把 Track Point Size（跟踪点大小）设置为 25%，这样可以更清楚地看到跟踪点。然后沿着岩石找一个垂直平面，使用鼠标右键单击平面，从弹出菜单中，选择 Create Solid（创建实底）。

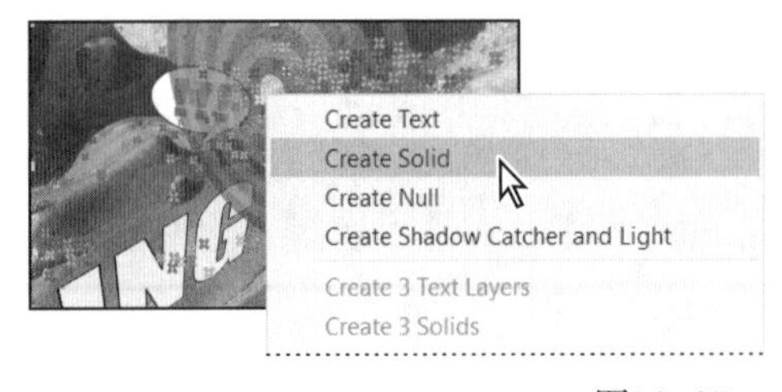

图13-27

10. 在 Timeline（时间轴）面板中，使用鼠标右键单击（或者按住 Control 键单击）Track Solid 1（跟踪实底 1）图层，从弹出菜单中，选择 Pre-compose（预合成），在 Pre-compose（预合成）对话框中，设置“新合成名称”为 Crab Quote 2，然后单击 OK（确定）按钮。

11. 双击 Crab Quote 2 合成，打开它。在 Timeline（时间轴）面板中，删除 Track Solid 1（跟踪实底 1）图层。从 Project（项目）面板中，把 Quote2.psd 拖入 Timeline（时间轴）面板中。在菜单栏中，依次选择 Layer（图层）→ Transform（变换）→ Fit to Comp（适合复合）。

12. 返回到 Shoreline 时间轴面板中，然后根据螃蟹的位置，调整图像的位置、旋转、缩放。单击“约束比例”图标，设置不同的缩放值。

13. 把当前时间指示器拖曳到 9:01，再次选择 3D Camera Tracker（3D 摄像机跟踪器）效果，把 Target Size（目标大小）设置为 50%。使用鼠标右键单击目标，从弹出菜单中，选择 Create Solid（创建实底），如图 13-28 所示。

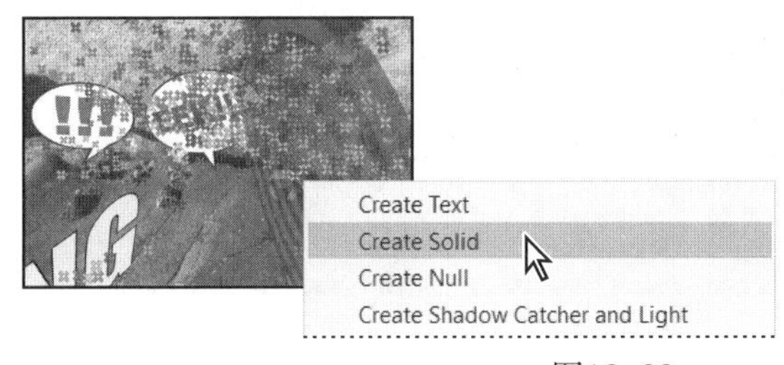

图13-28

14. 在 Timeline（时间轴）面板中，使用鼠标右键单击（或者按住 Control 键单击）Track Solid 1（跟踪实底 1）图层，从弹出菜单中，选择 Pre-compose（预合成），在 Pre-compose（预合成）对话框中，设置“新合成名称”为 Crab Quote 3，然后单击 OK（确定）按钮。双击 Crab Quote 3 合成，打开它。在 Timeline（时间轴）面板中，删除 Track Solid 1（跟踪实底 1）图层。从 Project（项目）面板中，把 Quote3.psd 拖入 Timeline（时间轴）面板中。在菜单栏中，依次选择 Layer（图层）→ Transform（变换）→ Fit to Comp（适合复合）。

15. 返回到 Shoreline 时间轴面板中，然后根据螃蟹的位置，调整图像的位置、旋转、缩放。

16. 在菜单栏中，依次选择 File（文件）→ Save（保存），保存当前项目。

13.7 整理合成

前面我们做了一些复杂的工作，创建了一个场景，把添加的元素与场景中真实元素融合在一起。接下来，让我们预览一下实际效果。

1. 按 Home 键，或者直接把当前时间指示器拖曳到时间标尺的起始位置。

2. 按空格键，预览影片。第一次播放时的速度有点慢，那是 After Effects 在缓存视频和声音，一旦缓存完毕，再次播放就是实时播放了。

3. 再次按空格键，停止预览。

此时，整个视频看起来相当不错了，但是问题是文本 ARE 在结尾意外出现，还有螃蟹的赞美词是同时出现的。接下来，我们调整一下各个图层，让它们在指定的时间出现。

4. 把当前时间指示器拖曳到 5:00，选择 ARE 图层，按“Alt+]”或“Option+]”组合键。
5. 把当前时间指示器拖曳到 6:06，选择 Crab Quote 1 图层，按“Alt+[”或“Option+[”组合键。
6. 把当前时间指示器拖曳到 7:15，选择 Crab Quote 2 图层，按“Alt+[”或“Option+ [”组合键。
7. 如图 13-29 所示，把当前时间指示器拖曳到 9:01，选择 Crab Quote 3 图层，按“Alt+[”或“Option+[”组合键。

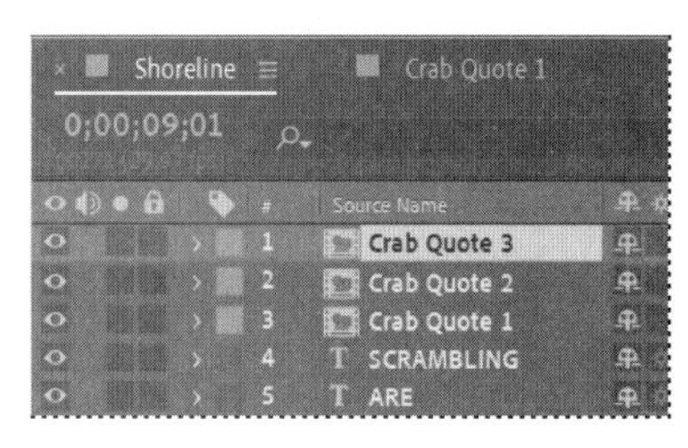

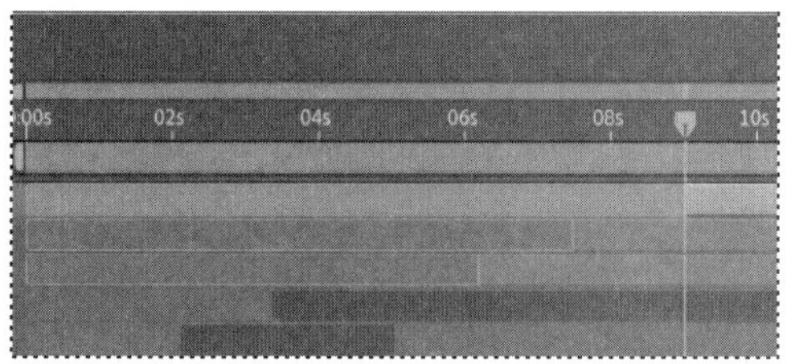

图13-29

8. 再次按空格键，预览影片。现在，文本和赞词都在指定的时间出现了。
9. 再次按空格键，停止预览。
10. 在菜单栏中，依次选择 File（文件）→ Save（保存），保存当前项目。

13.8 添加公司 logo

画面中缺少了公司 logo，没人会知道这是哪家公司打的广告。接下来，我们将使用实底图层在影片末尾加上公司 logo。

1. 把当前时间指示器拖曳到 11:15，选择 Shoreline.mov 图层，在 Effect Controls（效果控件）面板中，选择 3D 摄像机跟踪器效果，把 Track Point Size（跟踪点大小）和 Target Size（目标大小）修改回 100%。
2. 如图 13-30 所示，在岩石上找一个相对平坦的平面，使用鼠标右键单击目标，从弹出的菜单中，选择 Create Solid（创建实底）菜单。
3. 在 Timeline（时间轴）面板中，使用鼠标右键单击（或者按住 Control 键单击）Track Solid 1（跟踪实底 1）图层，从弹出菜单中，选择 Pre-compose（预合成），在 Pre-compose（预合成）对话框中，设置“新合成名称”为 Logo，然后单击 OK（确定）按钮。

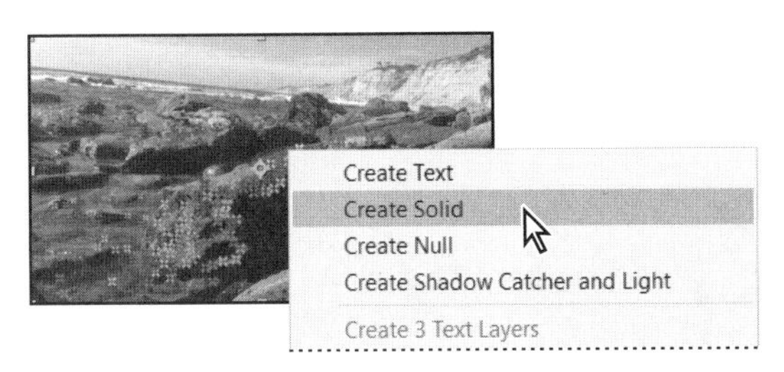

图13-30

4. 双击 Logo 合成，打开它。在 Timeline（时间轴）面板中，删除 Track Solid 1（跟踪实底 1）图层。从 Project（项目）面板中，把 BlueCrabLogo.psd 文件拖入 Timeline（时间轴）面板中。在 BlueCrabLogo.psd 图层处于选中的状态下，在菜单栏中，依次选择 Layer（图层）→ Transform（变换）→ Fit to Comp（适合复合）。

5. 在 Timeline（时间轴）面板中，选择 Shoreline 合成，然后选择 Logo 图层。

6. 按 R 键，显示其 Rotation（旋转）属性，然后修改 Orientation（方向）属性值为 0°、60°、0°。使用 Selection Tool（选取工具，▶），向上拖曳 logo，将其置于岩石之上，如图 13-31 所示。

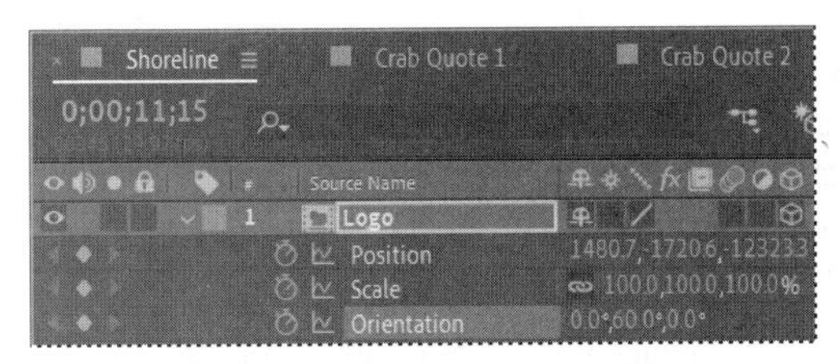

图13-31

7. 按 Shift+P+S 键，显示 Position（位置）、Scale（缩放）属性，分别单击 Position（位置）、Scale（缩放）、Orientatioon（方向）属性左侧的秒表图标（⏱），创建初始关键帧。

8. 如图 13-32 所示，把当前时间指示器拖曳到 12:03，修改 Scale（缩放）值为 190.5%。根据下方图像，调整位置和方向。

12:03 13:04 13:25

图13-32

9. 把当前时间指示器拖曳到 13:04，修改 Scale（缩放）值为 249%。根据下方图像，调整位置。

10. 把当前时间指示器拖曳到 13:25，修改 Scale（缩放）值为 285.2%。根据下方图像，调整 logo 方向（面向前方）和位置。

11. 如图 13-33 所示，把当前时间指示器拖曳到 14:29，调整 logo 位置。隐藏所有图层属性。

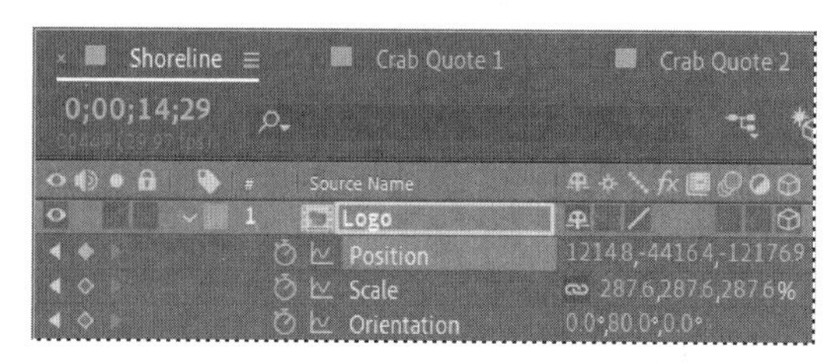

图13-33

13.9 添加真实阴影

到这里，我们已经向画面中添加好了所有元素，但是这些 3D 对象看起来仍然不像真的，因为还没有为它们添加阴影。接下来，我们将创建阴影捕手和光，为视图画面增加景深效果。

1. 把当前时间指示器拖曳到 5:00，在 Timeline（时间轴）面板中，选择 Shoreline.mov 图层，在 Effect Controls（效果控件）面板中，选择 3D Camera Tracker（3D 摄像机跟踪器）效果。

> **注意：**这里一定要选 Shoreline.mov 图层下的 3D Camera Tracker（3D 摄像机跟踪器）效果，而非 3D Tracker Camera（3D 跟踪器摄像机）图层。

2. 在工具栏中，选择 Selection Tool（选取工具）。然后，在 Composition（合成）面板中，找一个平放在岩石上的平面。

3. 如图 13-34 所示，使用鼠标右键单击（或者按住 Control 键单击）平面，从弹出的菜单中，选择 Create Shadow Catcher And Light（创建阴影捕手和光）。

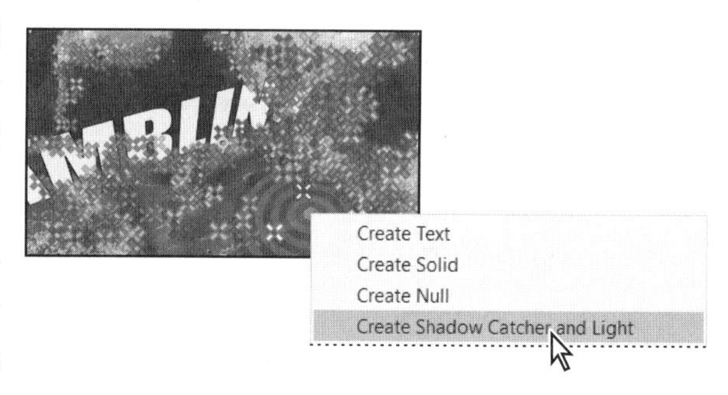

图13-34

此时，After Effects 会在场景中添加一个光源，并应用默认设置，所以你能在 Composition（合成）面板中看到有阴影出现。不过，我们还需要根据源素材中的灯光情况调整新增光源的位置。After Effects 在 Timeline（时间轴）面板中添加的 Shadow Catcher 1（阴影捕手 1）图层是一个形状图层，它有自己的材质选项，可以只从场景接收阴影。

4. 在 Timeline（时间轴）面板中，选择 Light 1（光源 1）图层，按 P 键，显示其 Position（位置）属性。

5. 把 Position（位置）属性修改为 939.6、169.7、23.7，调整灯光位置。

> 提示：在真实项目中，你最好使用拍摄 2D 场景时所用的灯光布局，因为这样可以尽量让 3D 灯光与 2D 场景中的灯光保持一致。

6. 在菜单栏中，依次选择 Layer（图层）→ Light Settings（灯光设置）菜单，打开 Light Settings（灯光设置）对话框。

在 Light Settings（灯光设置）对话框中，可以修改灯光的强度、颜色等各种属性。

7. 如图 13-35 所示，从 Light Type（灯光类型）列表中，选择 Spot（聚光），修改灯光颜色为白色。然后把 Shadow Darkness（阴影深度）修改为 15%，Shadow Diffusion（阴影扩散）修改为 100 像素，单击 OK（确定）按钮。

8. 在 Timeline（时间轴）面板中，选择 Shadow Catcher 1（阴影捕手 1）图层，按 S 键，显示其 Scale（缩放）属性。

9. 修改 Scale（缩放）属性为 340%。

改变 Shadow Catcher 1（阴影捕手 1）图层大小将影响阴影显示的区域。

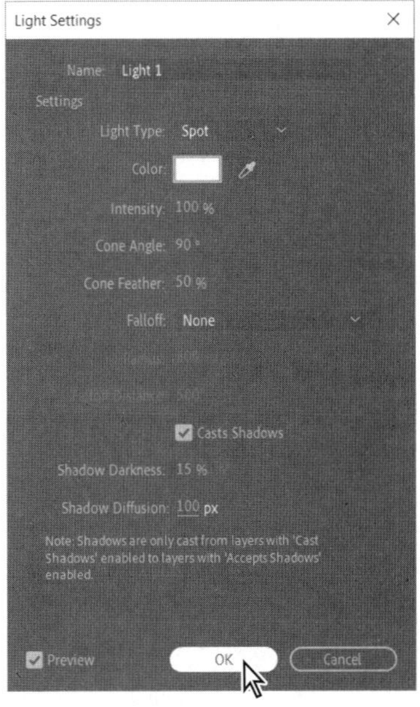

图13-35

13.10 添加环境光

对光源进行调整之后，阴影看起来好多了，但却使得文本显得有些暗。对于这个问题，我们可以通过添加环境光来解决。与聚光灯不同，环境光能够在整个场景中形成更多散射光。

1. 如图 13-36 所示，取消选择所有图层，然后在菜单栏中，依次选择 Layer（图层）→ New（新建）→ Light（灯光）菜单，打开 Light Settings（灯光设置）对话框中。

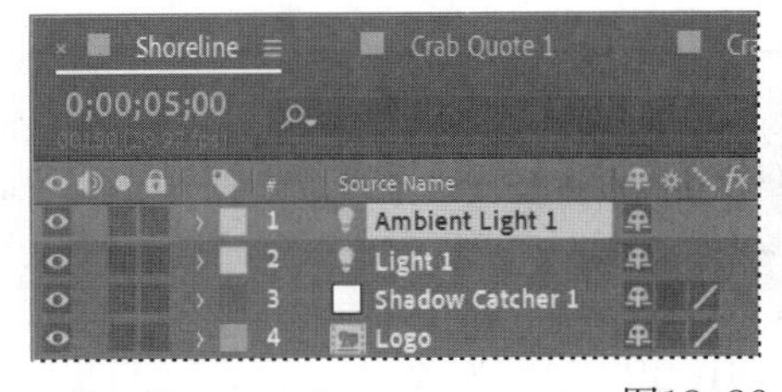

图13-36

2. 从 Light Type（灯光类型）列表中，选择 Ambient（环境），修改灯光强度为 80%，颜色为白色。

3. 单击 OK（确定）按钮，向场景中添加灯光。

13.11 添加波纹效果

到这里，场景中的 3D 元素、摄像机、灯光照明都制作好了。接下来，再添加一个波纹效果，进一步增加视频的趣味性。

1. 把当前时间指示器拖曳到 6:06。
2. 在 Effects & Presets（效果和预设）面板的搜索框中，输入 Ripple（波纹）。
3. 从 Transitions-Dissolves 类别中，选择 Dissolve-Ripple（溶解 - 波纹）效果，将其拖曳到 Timeline（时间轴）面板中的 Crab Quote 1 图层上。

此时，Crab Quote 1 图层会消失不见，视频播放过程中，它会逐渐显示在屏幕上，并出现波纹效果。

4. 把当前时间指示器拖曳到 7:15，选择 Crab Quote 2 图层，重复步骤 2 和 3。
5. 把当前时间指示器拖曳到 9:01，选择 Crab Quote 3 图层，重复步骤 2 和 3。

13.12 预览合成

至此，所有画面元素、摄像机、照明、效果全部设置好了。接下来，预览合成，查看最终效果。

1. 按 Home 键，或者直接把当前时间指示器移动到时间标尺的起始位置。
2. 如图 13-37 所示，按空格键，预览影片。首次播放时速度有点慢，因为 After Effects 在缓存视频和声音，一旦缓存完毕，再次播放就是实时播放了。

图13-37

3. 按空格键，停止播放。
4. 在菜单栏中，依次选择 File（文件）→ Save（保存），保存当前项目。

13.13 复习题

1. 3D 摄像机跟踪器效果有何用？
2. 如何让添加到场景中的 3D 元素看上去有后退感？
3. 什么是果冻效应修复效果？

13.14 答案

1. 3D 摄像机跟踪器效果会自动分析 2D 素材中的运动，获取场景拍摄时摄像机所在的位置和所用的镜头类型，然后在 After Effects 中新建 3D 摄像机来匹配它。3D 摄像机跟踪器效果还会把 3D 跟踪点叠加到 2D 画面上，以便你把 3D 图层轻松地添加到源素材中。
2. 为了让添加的 3D 元素看上去有后退感，使其看上去好像在远离摄像机，我们需要调整 3D 元素的 Scale（缩放）属性。调整 Scale（缩放）属性可以使元素透视和合成的其他部分紧紧绑在一起。
3. 搭载 CMOS 传感器的数码摄像机［包括在电影业、商业广告、电视节目中广受欢迎的 DSLR 相机（带有视频拍摄功能）］通常使用的都是卷帘快门，它是通过 CMOS 传感器逐行扫描曝光方式实现的。在使用卷帘快门拍摄时，如果逐行扫描速度不够，就会造成图像各个部分的记录时间不同，从而出现图像倾斜、扭曲、失真变形等问题。在拍摄时，如果摄像机或拍摄主体在快速运动，卷帘快门就有可能引起图像扭曲，比如建筑物倾斜、图像歪斜等。

   After Effects 提供了果冻效应修复效果，用来自动解决这个问题。在使用时，先在 Timeline（时间轴）面板中选择有问题的图层，然后在菜单栏中，依次选择 Effect（效果）→ Distort（扭曲）→ Rolling Shutter Repair（果冻效应修复）。

第14课 高级编辑技术

课程概览

本课学习如下内容：

- 去除画面抖动
- 使用单点运动跟踪让视频中的一个对象跟踪另一个对象
- 使用透视边角定位做多点跟踪
- 创建粒子系统
- 使用时间扭曲效果创建慢动作

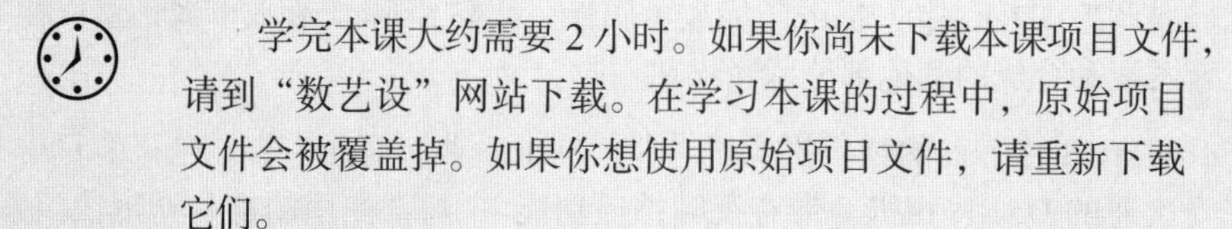

学完本课大约需要 2 小时。如果你尚未下载本课项目文件，请到“数艺设”网站下载。在学习本课的过程中，原始项目文件会被覆盖掉。如果你想使用原始项目文件，请重新下载它们。

项目：SPECIAL EFFECTS AND EDITING TECHNIQUES

After Effects 提供了高级运动稳定、运动跟踪、高级效果，以及其他高级功能，这些功能几乎可以满足最苛刻制作环境下的一切要求。

14.1 准备工作

在前面的课程中，我们学习了设计动态图形时需要用到的许多 2D 和 3D 工具。但，除此之外，After Effects 还提供了运动稳定、运动跟踪、高级抠像工具、扭曲变形、重置素材时间（时间扭曲效果）等功能，并支持 HDR 图像、网络渲染等。本课我们将学习如何使用 Warp Stabilizer VFX 稳定手持拍摄的视频，如何让一个对象跟踪另一个对象使它们的运动保持一致，以及如何使用边角定位来跟踪一个具有透视效果的对象。最后，我们还要讲一讲 After Effects 提供的两种高级数字效果：粒子系统发生器和时间扭曲效果。

本课包含多个项目。在开始学习之前，让我们先大致浏览一下。

1. 检查你硬盘上的 Lessons/Lesson14 文件夹中是否包含如下文件。若没有，请立即前往“数艺设”网站下载。
    - Assets 文件夹：bee swarm.mov、Group_Approach.mov、majorspoilers.mov、metronome.mov、multipoint_tracking.mov。
    - 在 Sample_Movies 文件夹包含 AVI 和 MOV 两个子文件夹，分别包含如下文件：Lesson14_Multipoint、Lesson14_Particles、Lesson14_Stabilize、Lesson14_Timewarp、Lesson14_Tracking
2. 在 Windows Movies & TV 中打开并播放 Lesson14/Sample_Movies/AVI 文件夹中的示例影片，或者使用 QuickTime Player 播放 Lesson14/Sample_Movies/MOV 文件夹中的示例影片，了解本课要创建的效果。
3. 当观看完成之后，关闭 Windows Movies & TV 或 QuickTime Player。如果存储空间有限，此时，你可以把这些示例影片从硬盘中删除。

注意：你可以一次性看完所有示例影片。当然，如果你不打算一次学完所有内容，也可以分开看，要学习哪部分就看哪部分的示例影片。

14.2 去除画面抖动

有时我们会手持摄像机进行拍摄，这样拍摄出的画面中就会有抖动。除非你想特意制造这种效果，否则我们都需要去除画面中的抖动，对画面进行稳定处理。

为了消除画面中的抖动，After Effects 为我们提供了 Warp Stabilizer VFX（变形稳定器 VFX）效果，用来消除画面中不想要的抖动。在使用 Warp Stabilizer VFX（变形稳定器 VFX）对视频画面去抖之后，画面中的运动会变得很平滑，因为 Warp Stabilizer VFX（变形稳定器 VFX）会适当地调整图层的缩放和位置，以便抵消画面中不想要的抖动。

双立方缩放

在 After Effects 中，放大一段视频或图像时，After Effects 必须对数据进行采样，用以补充之前不存在的信息。在缩放图层时，你可以为 After Effects 指定要使用的采样方法。更多细节，请参考 After Effects 帮助文档。

双线性采样方法是 After Effects 的传统方法。不过，相比于双线性采样，双立方采样使用了更复杂的算法，在图像的颜色过渡很平缓时（比如接近于真实的摄影图像），使用双立方采样能够获得更好的结果。双线性采样更适合用来对有清晰边缘的图像进行采样。

在为图层选择采样方法时，先选择图层，再从菜单栏中，依次选择 Layer（图层）→ Quality（品质）→ Bicubic（双立方）菜单或者 Layer（图层）→ Quality（品质）→ Bilinear（双线性）菜单。双线性和双立方采样仅适用于品质设为最佳的图层。（在菜单栏中，依次选择 Layer（图层）→ Quality（品质）→ Best（最佳）菜单，可以把图层的品质设为最佳。）此外，你还可以使用 Quality and Sampling（质量和采样）开关在双线性和双立方采样方法之间进行切换。

如果你需要放大图像同时又要保留细节，建议使用 Detail-Preserving Upscale（保留细节放大）效果，该效果会把图像中锐利的线条和曲线保留下来。例如，你可以使用这个效果把 SD 帧大小放大到 HD 帧大小，或者把 HD 帧大小放大到数字电影帧大小。Detail-Preserving Upscale（保留细节放大）效果与 Photoshop 的 Image Size（图像大小）对话框中的 Preserve Details（保留细节）重新采样非常类似。请注意，相比于双线性或双立方缩放，对图层应用 Detail-Preserving Upscale（保留细节放大）效果速度要慢一些。

14.2.1 创建项目

在学习本课之前，最好先把 After Effects 恢复成默认设置（参见前言中“恢复默认设置”部分的内容）。你可以使用如下快捷键完成这个操作。

1. 当启动 After Effects 时，请立即按下 Ctrl+Alt+Shift（Windows）或 Command+ Option+ Shift（macOS）组合键，此时会弹出一个消息框，询问“是否确实要删除你的首选项文件？”，单击 OK（确定），即可删除首选项文件，恢复 After Effects 默认设置。

2. 在 Home（主页）窗口中，单击 New Project（新建项目）。

此时，After Effects 新建并打开一个未命名的项目。

3. 在菜单栏中，依次选择 File（文件）→ Save As（另存为）→ Save As（另存为），打开

Save As（另存为）对话框。

4. 在 Save As（另存为）对话框中，转到 Lessons/Lesson14/Finished_Projects 文件夹下。

5. 输入项目名称 Lesson14_Stabilize.aep，单击 Save（保存）按钮，保存项目。

14.2.2 创建合成

下面导入素材，创建合成。

1. 在 Composition（合成）面板中，单击 New Composition From Footage（从素材新建合成）。

2. 在“导入文件”对话框中，转到 Lessons/Lesson14/Assets 文件夹下，选择 bee swarm.mov 文件，单击 Import（导入）或 Open（打开）按钮。

此时，After Effects 会使用所选素材的尺寸、长宽比、帧速率、时长新建一个同名的合成。

3. 在 Preview（预览）面板中，单击 Play（播放）按钮，预览视频。在预览完成后，按空格键，即可停止播放。

这是一段使用智能手机拍摄的视频。蜜蜂从蜂群进进出出，微风吹得草木沙沙作响，相机不稳定地移动着。

14.2.3 应用 Warp Stabilizer VFX

一旦向视频应用了 Warp Stabilizer VFX（变形稳定器 VFX）效果，After Effects 就开始分析视频。稳定处理是在后台进行的，其间你可以做其他处理工作。至于稳定处理所需要的时间，则取决于你的系统配置。After Effects 在分析视频素材时会显示一个蓝色条，做稳定处理时会显示一个橙色条。

1. 在 Timeline（时间轴）面板中，选择 bee swarm.mov 图层。在菜单栏中，依次选择 Animation（动画）→ Warp Stabilizer VFX（变形稳定器 VFX），这时在视频画面中出现一个蓝色条。

2. 如图 14-1 所示，当 Warp Stabilizer VFX（变形稳定器 VFX）完成稳定处理后，橙色条从画面上消失。按空格键，预览视频，可观看稳定前后的变化。

3. 按空格键，停止预览。

观看稳定的视频，发现稳定后的画面仍然有晃动，但是要比稳定前平滑得多。在稳定过程中，Warp Stabilizer VFX（变形稳定器 VFX）会移动并重新调整视频位置。通过 Effect Controls（效果控件）面板中的各个参数，可以看到稳定前后发生了什么变化。例如，视频边界被放大到了 103%，以隐藏稳定化过程中图像重定位产生的黑色空隙。接下来，我们将进一步调整 Warp Stabilizer VFX（变形稳定器 VFX）的各个参数，使视频画面变得更平滑。

图14-1

14.2.4 调整 Warp Stabilizer VFX 设置

下面在 Effect Controls（效果控件）面板中调整 Warp Stabilizer VFX 效果的相关参数，使视频画面更加平滑。

1. 如图 14-2 所示，在 Effect Controls（效果控件）面板中，把 Smoothness（平滑度）修改为 75%。

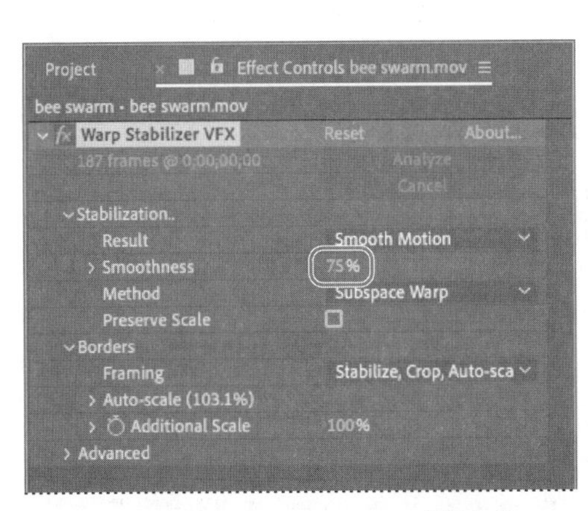

图14-2

此时，Warp Stabilizer VFX 立即开始稳定画面，并且不需要再分析视频，因为第一次的分析数据已经存储在了内存之中。

2. 当 Warp Stabilizer VFX 再次完成稳定之后，预览画面变化。

3. 预览完成后，按空格键，停止预览。

这次效果比上次好多了，但是画面还是有点抖。接下来，我们将不再修改平滑度，而是直接修改稳定结果。

4. 在 Effect Controls（效果控件）面板中，从 Result（结果）列表中，选择 No Motion（无运动）。

此时，Warp Stabilizer VFX 会尝试固定住摄像机的位置，这需要对视频画面做更多缩放处理。当选择 No Motion（无运动）时，Smoothness（平滑度）选项就呈现灰色不可用状态。

5. 当橙色条从画面中消失后，再次预览视频，观看稳定前后的变化。按空格键，停止播放。

这时，再观察视频画面，就会发现摄像机完全固定不动了，画面中只有花草在随风飘动的情景，之前的抖动现象完全没有了。为了得到这种效果，Warp Stabilizer VFX 必须把视频画面放大到原来的 115% 左右。

Warp Stabilizer VFX的各个参数

下面大致介绍一下 Warp Stabilizer VFX（变形稳定器 VFX）的各个参数，帮助各位初步了解 Warp Stabilizer VFX 这个效果。如果你想了解更多细节，学习更多使用技巧，请阅读 After Effects 帮助文档。

- Result（结果）：指定想要的结果，包括 Smooth Motion（平滑运动）和 Smoothness（无运动）两个选项。其中，Smooth Motion（平滑运动）会让摄像机运动得更平滑，而非消除运动，此时 Smoothness（平滑度）选项可用，用来控制平滑程度；No Motion（无运动）会试图消除摄像机的所有运动。
- Method（方法）：指定 Warp Stabilizer VFX 使用何种方法做稳定处理，包括 Position（位置）、(Position, Scale, Rotation)（位置、缩放、旋转）、Perspective（透视）、Subspace Warp（子空间变形）4 个选项。其中，Position（位置）指定 Warp Stabilizer VFX 仅依据位置数据做稳定；Position, Scale, Rotation（位置、缩放、旋转）指定 Warp Stabilizer VFX 使用位置、缩放、旋转这三种数据做稳定；Perspective（透视）可以有效地对整个帧做边角定位；Subspace Warp（子空间变形）是默认方法，它会尝试对帧的各个部分进行变形，以稳定整个帧。
- Borders（边界）：指定稳定视频时对画面边缘的处理方式。Faming（取景）控制着画面边缘在稳定结果中的呈现方式，以及是否采用其他帧的信息对边缘进行剪裁、缩放或合成，包含“仅稳定”“稳定、剪裁”“稳定、剪裁、自动缩放”“稳定、人工合成边缘”4 个选项。
- Auto-scale（自动缩放）：显示当前自动缩放量，允许你对自动缩放量进行限制。
- Advanced（高级）：允许更好地控制 Warp Stabilizer VFX 效果的行为。

14.2.5 精细调整稳定结果

大多数情况下，在默认设置下，使用 Warp Stabilizer VFX 就能获得很好的稳定效果。但是，有时可能需要我们进一步调整相关参数以便得到更好的稳定效果。在本项目中，视频剪辑的几处有倾斜现象。虽然一般观众不会注意到，但是眼尖的制片人会发现这个问题。下面我们将更改 Warp Stabilizer VFX 使用的方法来解决这个问题。

1. 如图 14-3 所示，在 Effect Controls（效果控件）面板中，从 Method（方法）列表中，选择 Perspective（透视）。

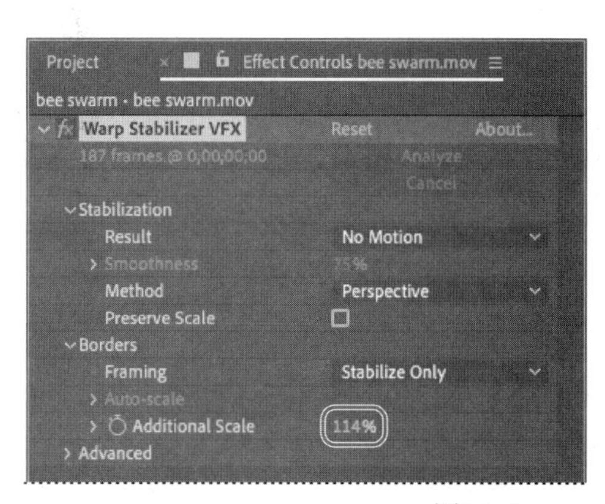

图14-3

2. 从 Framing（取景）列表中，选择 Stabilize Only（仅稳定）。
3. 设置 Additional Scale（其他缩放）为 114%。

> **注意：**放大视频画面会降低图像质量。根据经验，当放大倍率低于 115% 时，才能确保图像质量。

4. 按空格键，预览视频。

现在，视频画面看起来就比较稳定了。画面中只有随风飘动的花草和飞舞的蜜蜂。

5. 预览完成后，再次按空格键，停止播放。
6. 在菜单栏中，依次选择 File（文件）→ Save（保存），保存当前项目。然后选择 File（文件）→ Close Project（关闭项目），关闭当前项目。

如你所见，对视频做稳定处理会有副作用。为了补偿应用到图层的运动和旋转数据，必须对画面进行缩放，而这会降低图像的质量。如果你的项目必须使用一段有抖动的视频，那么在使用 Warp Stabilizer VFX 做稳定时，调整各个参数的过程中必须考虑图像的质量，一定要在稳定效果和图像质量之间做适当的权衡。

> Ae **提示：**我们可以借助 Warp Stabilizer VFX 的高级设置来得到更复杂的效果。更多相关内容，请阅读 Adobe Press 出版的 *Adobe After Effects CC Visual Effects and Compositing Studio Techniques* 一书。

消除运动模糊

在对视频做稳定处理之后，如果画面中出现运动模糊问题，你可以尝试使用 Camera Shake Deblur（相机抖动去模糊）效果来解决这个问题。Camera Shake Deblur（相机抖动去模糊）效果会分析模糊帧前后的帧，获取锐度信息，然后再把锐度信息应用到模糊帧，从而在一定程度上消除运动模糊。

这个效果特别适合用来消除那些由风、摄像机碰撞所引起的运动模糊。

14.3 使用单点运动跟踪

随着有越来越多的项目需要把数字元素融入到真实的拍摄场景中，创作人员迫切需要一种简便易行的方法把计算机生成的元素真实地合成到影片或视频背景中。针对这一需求，After Effects 提供了相关功能，允许创作者跟踪画面中的特定区域，并把这个区域的运动应用到其他图层上，这些图层可以包含文本、效果、图像或其他视频素材，它们会精确地跟随着指定区域做同步运动。

在 After Effects 中，当对一个包含多个图层的合成进行运动跟踪时，默认跟踪类型是 Transform（变换）。这种类型的运动跟踪会跟踪目标区域的位置、旋转，并将跟踪数据应用到另外一个图层上。跟踪位置时，After Effects 会创建一个跟踪点，并生成位置关键帧；跟踪旋转时，After Effects 会创建两个跟踪点，并生成旋转关键帧。

接下来，我们将创建一个形状图层，并让它跟随节拍器的摇臂一起运动。实际做起来十分困难，因为拍摄节拍器时摄像师没有使用三脚架，所以拍摄到的画面中有严重的抖动问题。

14.3.1 创建项目

如果你刚做完第一个项目，那么此时 After Effects 处于打开状态，请直接跳到第 3 步。否则，让我们先把 After Effects 恢复成默认设置（参见前言中“恢复默认设置”部分的内容）。你可以使用如下快捷键完成这个操作。

1. 当启动 After Effects 时，请立即按下 Ctrl+Alt+Shift（Windows 系统）或 Command+Option+Shift（macOS 系统），此时会弹出一个消息框，询问“是否确实要删除你的首选项文件？”，单击 OK（确定），即可删除首选项文件，恢复 After Effects 默认设置。

2. 在 Home（主页）窗口中，单击 New Project（新建项目）。

此时，After Effects 新建并打开一个未命名的项目。

3. 在菜单栏中，依次选择 File（文件）→ Save As（另存为）→ Save As（另存为），打开 Save As（另存为）对话框。

4. 在 Save As（另存为）对话框中，转到 Lessons/Lesson14/Finished_Project 文件夹下。

5. 输入项目名称 Lesson14_Tracking.aep，单击 Save（保存）按钮，保存项目。

14.3.2 创建合成

下面导入素材，并创建合成。

1. 在 Composition（合成）面板中，单击 New Composition From Footage（从素材新建合成）。

2. 在“导入文件”对话框中，转到 Lessons/Lesson14/Assets 文件夹下，选择 metronome.mov 文件，单击 Import（导入）或 Open（打开）按钮。

此时，After Effects 会使用所选素材的尺寸、长宽比、帧速率、时长新建一个同名的合成。

3. 把当前时间指示器拖曳到时间标尺的起始位置。然后手动预览视频素材。

14.3.3 创建形状图层

接下来，我们会在节拍器摆臂的末端添加一个星形。首先，使用形状图层创建一个星形。

1. 按 Home 键，或者直接把当前时间指示器移动到时间标尺的起始位置。

2. 在 Timeline（时间轴）面板中，单击空白区域，取消选择图层。

3. 如图 14-4 所示，在工具栏中，选择 Star Tool（星形工具），该工具隐藏于 Rectangle Tool（矩形工具）之下。

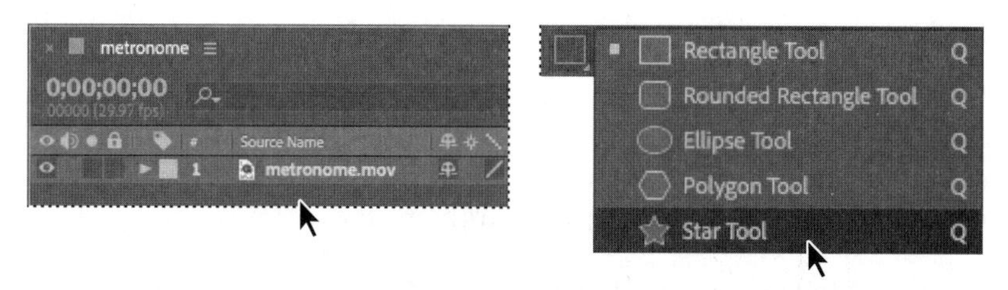

图14-4

4. 如图 14-5 所示，单击填充颜色框，选择一种淡黄色（R=220、G=250、B=90）。单击 Stroke（描边）字样，在 Stroke Options（描边选项）对话框中，选择 None（无），单击 OK 按钮。

> **注意：** 如果在工具栏中看不到填充颜色框，请检查是否真的取消了对图层的选择。当某个图层处于选中状态时，形状工具绘制的是蒙版。

5. 在 Composition（合成）面板中，绘制一颗小星星。

6. 使用 Selection Tool（选取工具，），把星星移动到摆臂顶端。

7. 如图 14-6 所示，选择 Shape Layer 1（形状图层 1），显示出图层锚点。使用 Pan Behind Tool（向右平移锚点工具，），把锚点移动到星星中心。

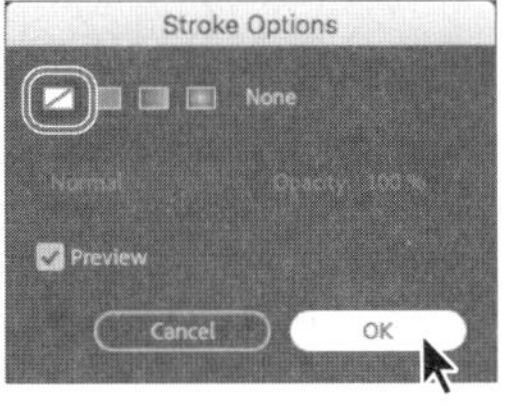

图14-5

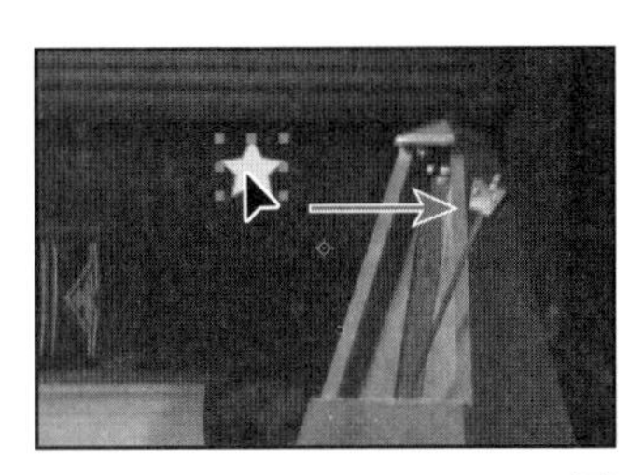

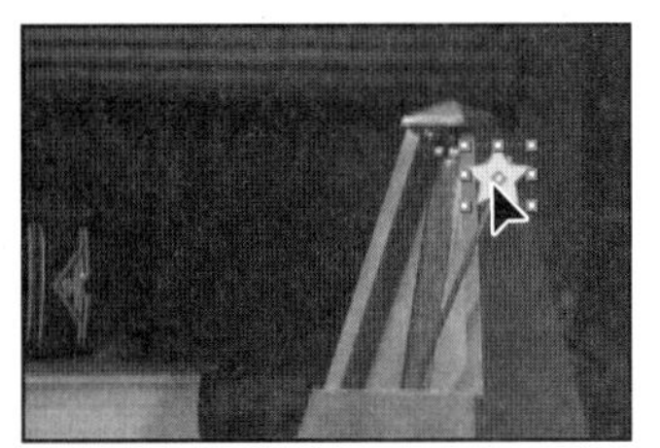

图14-6

提示：我们可以设置首选项让锚点自动位于一个形状的中心。在菜单栏中，依次选择 Edit（编辑）→ Preferences（首选项）→ General（常规）(Windows) 或者 After Effects CC → Preferences（首选项）→ General（常规）(macOS)，选择 Center Anchor Point In New Shape Layers（在新形状图层上居中放置锚点），单击 OK（确定）按钮。

14.3.4 设置跟踪点

After Effects 跟踪运动时会把一个帧中所选区域的像素和每个后续帧中的像素进行匹配。你可以创建跟踪点来指定要跟踪的区域。一个跟踪点包含一个特征区域、一个搜索区域和一个连接点。在跟踪期间，After Effects 会在 Layer（图层）面板中显示跟踪点。

接下来，我们将跟踪节拍器的摆臂（摆臂顶部的梯形物体上），在跟踪之前，需要先确定具体要跟踪的区域。前面我们已经创建好了星形，接下来，该设置跟踪点了。

1. 在 Timeline（时间轴）面板中，选择 metronome.mov 图层。

2. 在菜单栏中，依次选择 Animation（动画）→ Track Motion（跟踪运动）菜单，此时 After Effects 会打开 Tracker（跟踪器）面板。若看不全所有选项，请增大面板尺寸。

如图 14-7 所示，同时，After Effects 还会在 Layer（图层）面板中打开所选的图层，并把 Track Point 1（跟踪点 1）置于图像中心。

在 Tracker（跟踪器）面板中做如下设置：在 Motion Source（运动源）列表中，选择 Metronome.mov；设置 Current Track（当前跟踪）为 Tracker 1（跟踪器 1），Motion Target（运

动目标）为 Shape Layer 1（形状图层 1），After Effects 会自动把紧靠在运动源图层上方的那个图层设为运动目标。

图14-7

接下来，设置跟踪点。

3. 如图 14-8 所示，使用 Selection Tool（选取工具，▶），在 Layer（图层）目标中，把 Track Point 1（跟踪点 1）拖曳（单击跟踪点内框中的空白并拖曳）到摆臂顶部梯形物体上。

4. 放大跟踪点的搜索区域（外框），把摆臂顶部的梯形物体完全包裹住。然后调整跟踪点的特征区域（内框），使其位于梯形物体之内。

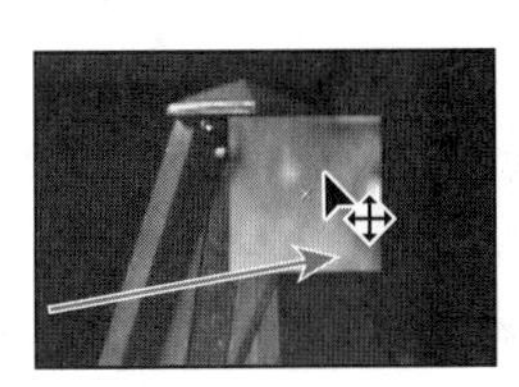

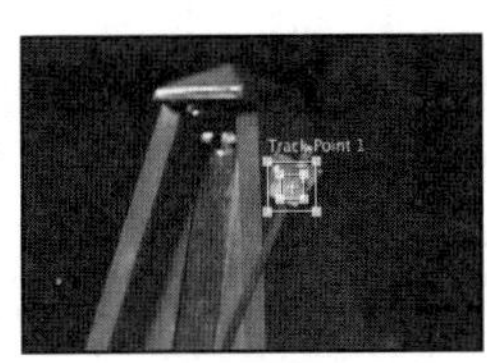

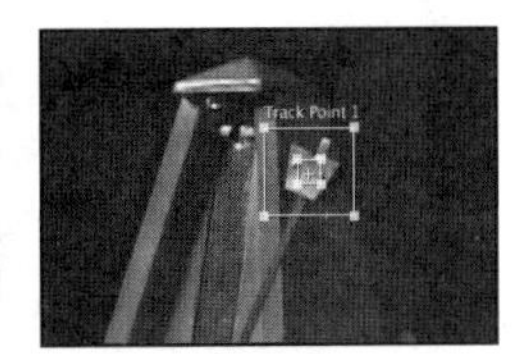

图14-8

Ae | **注意：**这里我们把星星移动到了摆臂顶部上。如果你只想让一个物体跟随指定区域移动，而不想把物体放到跟踪区域上，那么你应该相应地调整连接点的位置。

14.3.5 分析和应用跟踪

到这里，搜索区域和特征区域就已经定义好了，接下来，就可以分析并应用跟踪数据了。

1. 在 Tracker（跟踪器）面板中，单击 Analyze Forward（向前分析，▶）按钮。观察分析过程，确保跟踪点始终位于摆臂顶部的梯形上。如果不在，按空格键停止分析，重新调整特征区域（请参考本小节“校正跟踪点漂移”）。

注意：跟踪分析可能需要耗费较长时间。搜索区域和特征区域越大，需要的跟踪分析时间就越长。

2. 如图 14-9 所示，分析完毕后，单击 Apply（应用）按钮。

图14-9

3. 在 Motion Tracker Apply Options（动态跟踪器应用选项）对话框中，单击 OK（确定）按钮，把跟踪数据应用到 x 轴和 y 轴。

此时，运动跟踪数据添加到了 Timeline（时间轴）面板中，你可以在 metronome 图层下看到它们。并且这些运动跟踪数据最终也被应用到了 Shape Layer 1（形状图层 1）图层的 Position（位置）属性上。

移动和调整跟踪点大小

做运动跟踪时，经常需要调整跟踪点的特征区域、搜索区域和连接点来进一步调整跟踪点。我们既可以使用 Selection Tool（选取工具）分别移动和调整它们的，也可以一起移动和调整它们。如图 14-10 所示，不同操作可以通过光标图标体现出来。

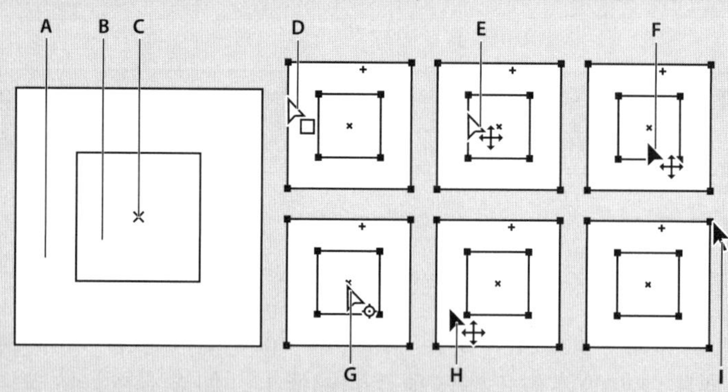

跟踪点各组成部分（左图）与选取工具图标（右图）
A 搜索区域　B 特征区域　C 连接点　D 移动搜索区域　E 同时移动两个区域
F 移动整个跟踪点　G 移动连接点　H 移动整个跟踪点　I 调整区域大小
图14-10

- 从 Tracker（跟踪器）面板菜单（位于面板标题右侧）中，选择或取消选择 Magnify Feature When Dragging（在拖曳时放大功能），可以打开或关闭特征区域放大功能。若该选项旁边有选取标志，则表明处于打开状态。
- 使用 Selection Tool（选取工具）拖曳搜索区域边框，可以仅移动搜索区域。此时，光标显示为 Move Search Region（移动搜索区域）图标（）（参见 D）。
- 把 Selection Tool（选取工具）放入特征区域或搜索区域，同时按住 Alt（Windows）或 Option（macOS）键拖曳，可以同时移动特征区域和搜索区域。此时光标显示为 Move Both Regions（同时移动搜索区域和特征区域）图标（）（参见 E）。
- 使用 Selection Tool（选取工具）拖曳连接点，将仅移动连接点。此时光标显示为 Move Attach Point（移动连接点）图标（）（参见 G）。
- 拖曳边框顶点，可以调整特征区域或搜索区域大小（参见 I）。
- 把 Selection Tool（选取工具）放入跟踪点内（不要放在区域边框和连接点上）并拖曳，可以同时移动特征区域、搜索区域和连接点。此时光标显示为 Move Track Point（移动跟踪点）图标（）。

有关跟踪点更多内容，请阅读 After Effects 帮助文档。

4. 如图 14-11 所示，按空格键，预览影片，可以看到星星不仅跟着摆臂摆动，而且还跟随摄像机一起运动。

图14-11

5. 预览完成后，再次按空格键，停止预览。
6. 在 Timeline（时间轴）面板中，隐藏两个图层的属性。在菜单栏中，依次选择 File（文件）→ Save（保存），保存当前项目。然后选择 File（文件）→ Close Project（关闭项目），关闭当前项目。

跟踪背景中的某个元素的运动非常有趣。只要你找到一个可靠的跟踪区域，单点运动跟踪非常简单。

校正跟踪点漂移

随着拍摄画面中对象不断移动，周围的灯光、对象，以及被摄主体的角度也在发生变化，这使得一些明显的特征在亚像素级别不再具有可识别性，因此选取一个可跟踪的特征就成了一件不太容易的事。有时你即使做了精心规划和多次尝试，还是会发现自己指定的特征区域会偏离期望目标。所以，做跟踪时，经常需要不断调整特征区域、搜索区域，更改跟踪选项，并且不断进行尝试。如果遇到跟踪点漂移问题，请按照如下步骤处理。

1. 按空格键，立即停止分析。
2. 把当前时间指示器移回到最后一个正常的跟踪点。你可以在 Layer（图层）面板中找到它。
3. 重新调整特征区域和搜索区域的位置、大小，这个过程中请务必小心，千万不要移动连接点，否则会在被跟踪的图层中导致图像出现明显的跳动。
4. 单击 Analyze Forward（向前分析）按钮，继续往下跟踪。

14.4 使用多点跟踪

除了单点跟踪之外，After Effects 还提供了两种更高级的跟踪——“平行边角定位”和“透视边角定位”，它们都使用多个跟踪点进行跟踪。

使用“平行边角定位”跟踪时，会同时跟踪源视频中的 3 个点。After Effects 计算出第四个点的位置，使 4 个点之间的连线保持平行。当把跟踪点的运动应用到目标图层时，Corner Pin（边角定位）效果会扭曲图层，以模拟斜切、缩放和旋转效果，但不模拟透视效果。跟踪过程中平行线始终保持平行，并且相对距离保持不变。

使用“透视边角定位”跟踪时，会同时跟踪源视频中的 4 个点。当把跟踪点的运动应用到目标图层时，Corner Pin（边角定位）效果会基于 4 个跟踪点的运动扭曲图层，以模拟透视的变化。

下面我们将使用“透视边角定位”把一段动画添加到计算机显示器上。最终效果和第 7 课中项目呈现的效果类似，这里我们只是使用了另外一种技术（“透视边角定位”）而已。开始之前，请先观看示例影片，了解我们要实现的目标。

14.4.1 创建项目

启动 After Effects，新建一个项目。

1. 当启动 After Effects 时，请立即按下 Ctrl+Alt+Shift（Windows）或 Command+ Option+

Shift（macOS）组合键，此时会弹出一个消息框，询问“是否确实要删除你的首选项文件？”，单击 OK（确定），即可删除首选项文件，恢复 After Effects 默认设置。在 Home（主页）窗口中，单击 New Project（新建项目）。

此时，After Effects 新建并打开一个未命名的项目。

2. 在菜单栏中，依次选择 File（文件）→ Save As（另存为）→ Save As（另存为），打开 Save As（另存为）对话框。
3. 在 Save As（另存为）对话框中，转到 Lessons/Lesson14/Finished_Project 文件夹下。
4. 输入项目名称 Lesson14_Multipoint.aep，单击 Save（保存）按钮，保存项目。
5. 在 Project（项目）面板中，双击空白区域，打开 Import File（导入文件）对话框，然后转到 Lessons/Lesson14/Assets 文件夹下。
6. 按住 Ctrl（Windows）或 Command 键（macOS），单击 majorspoilers.mov、multipoint_tracking.mov 两个文件，把它们同时选中，单击 Import（导入）或 Open（打开）按钮。
7. 按 Ctrl+N（Windows）或 Command+N（macOS）组合键，新建一个合成。
8. 如图 14-12 所示，在 Composition Settings（合成设置）对话框中，做如下设置。
    - 设置 Composition Name（合成名称）为 Multipoint_Tracking。
    - 从 Preset（预设）列表中，选择 NTSC DV。
    - 设置 Duration（持续时间）为 7:05，这是 majorspoilers.mov 的时长。

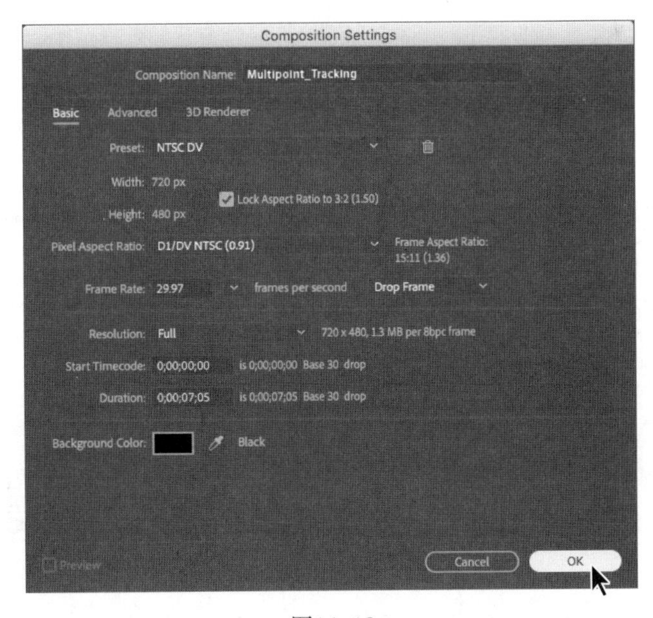

图14-12

9. 把 multipoint_tracking.mov 从 Project（项目）面板拖入 Timeline（时间轴）面板中。手动预览视频，你会发现画面有点抖动，因为是手持相机拍摄。

接下来，我们要把 majorspoilers.mov 图层放到计算机显示器上，而在一个平面（计算机显示器）上设置跟踪点是相当容易的。默认情况下，跟踪器是根据明亮度进行跟踪的，所以我们要在计算机显示器上反差强烈区域中设置跟踪点。

10. 按 Home 键，或者直接把当前时间指示器移动到时间标尺的起始位置。

11. 如图 14-13 所示，把 majorspoilers.mov 从 Project（项目）面板拖入 Timeline（时间轴）面板中，并使其位于最顶层。

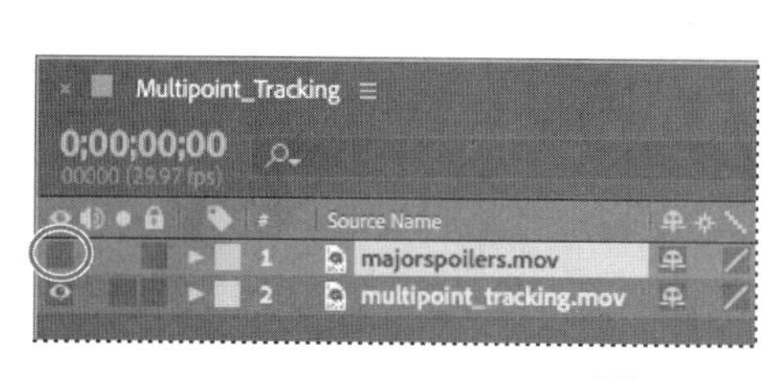

图14-13

12. 为了方便设置跟踪点，在 Timeline（时间轴）面板中，单击 majorspoilers.mov 图层左侧的眼睛图标，取消其可见性。

14.4.2　设置跟踪点

接下来，向 multipoint_tracking.mov 图层添加跟踪点。

1. 在 Timeline（时间轴）面板中，选择 multipoint_tracking.mov 图层。

2. 从菜单栏中，依次选择 Window（窗口）→ Tracker（跟踪器），打开 Tracker（跟踪器）面板。

3. 在 Tracker（跟踪器）面板中，从 Motion Source（运动源）列表中，选择 multipoint_tracking.mov。

4. 如图 14-14 所示，再次选择 multipoint_tracking.mov，然后单击 Track Motion（跟踪运动）。

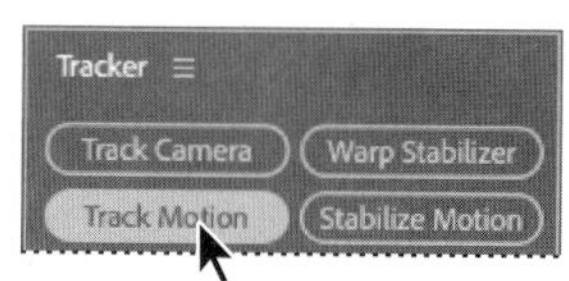

图14-14

此时，After Effects 在 Layer（图层）面板中打开视频，并且在画面中心出现一个跟踪点。

但是，我们需要跟踪 4 个点才能把视频添加到计算机显示器上。

5. 如图 14-15 所示，从 Track Type（跟踪类型）列表中，选择 Perspective Corner Pin（透视边角定位）。

此时，在 Layer（图层）面板中又出现了另外 3 个跟踪点。

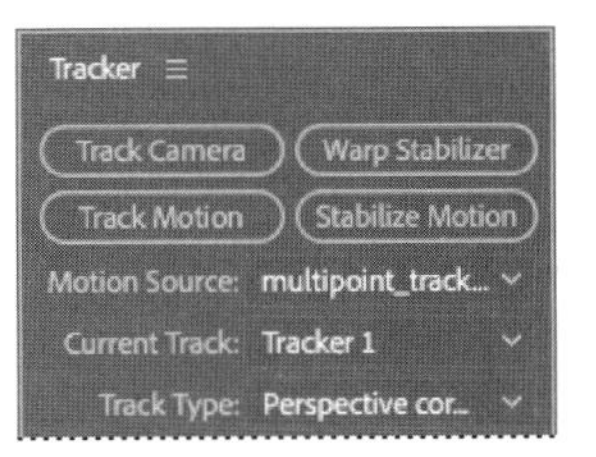

图14–15

6. 计算机显示器的 4 个角拥有强烈的对比度，因此我们需要把跟踪点设置到显示器的 4 个边角上，如图 14-16 所示。（因为我们正想把 majorspoilers 图层放到高对比度区域，所以无需移动跟踪点的连接点。）

图14–16

提示：关于移动跟踪点区域的内容，请参考“移动和调整跟踪点大小”部分。

14.4.3 应用多点跟踪器

跟踪点设置好之后，接下来，就该分析数据，并应用跟踪器了。

1. 在 Tracker（跟踪器）面板中，单击 Analyze Forward（向前分析）按钮。分析结束后，单击 Apply（应用）按钮，计算并应用跟踪数据。

2. 在 Timeline（时间轴）面板中，你可以看到 majorspoilers 图层的 Corner Pin（边角定位）和 Position（位置）属性关键帧，以及 motion_tracking 图层的跟踪点数据。

注意：若合成没有在 Composition（合成）面板中显示出来，请在 Timeline（时间轴）面板中单击，移动当前时间指示器，更新显示结果。

3. 把 majorspoilers 图层显示出来，移动当前时间指示器到时间轴的起始位置，预览影片，查看最终跟踪效果。

4. 预览完成后，按空格键，停止预览。

如果对结果不满意，请再次返回到 Tracker（跟踪器）面板，从 Motion Source（运动源）列表中，选择 multipoint_tracking.mov，单击 Reset（重置）按钮，重试一下。通过这个例子，相信你已经学会如何选择合适的特征区域了。

5. 隐藏图层的所有属性，在菜单栏中，依次选择 File（文件）→ Save（保存），保存当前项目。

6. 在菜单栏中，依次选择 File（文件）→ Close Project（关闭项目），关闭项目。

Mocha AE CC

在许多情况下，使用 Boris FX 的 Mocha AE CC 插件跟踪中的点可以得到更好、更精确的跟踪结果。从 Animation（动画）菜单中，选择 Track In Boris FX Mocha，即可使用 Mocha 进行跟踪。你还可以从 Effect（效果）菜单中，依次选择 Boris FX Mocha → Mocha AE CC，启动 Mocha AE CC，打开完整的控制界面。

使用 Mocha 的优点之一是，你不必精确地设置跟踪点就能得到完美的跟踪结果。Mocha 不使用跟踪点，它使用的是平面跟踪，也就是基于用户指定平面的运动来跟踪对象的变换、旋转和缩放数据。与单点跟踪、多点跟踪工具相比，平面跟踪能够为计算机提供更多详细信息。

使用 Mocha 时，需要在视频剪辑中指定若干平面，这些平面与你想跟踪的对象同步运动。平面不一定是桌面或墙面，例如，当有人挥手告别时，你可以将他的上下肢作为两个平面。对平面进行跟踪之后，你可以把跟踪数据导出，以便在 After Effects 中使用。

关于 Mocha 更多内容，请阅读 After Effects 帮助文档。

14.5 创建粒子仿真效果

After Effects 提供了几种效果可以很好地模拟粒子运动，其中包括 CC Particle Systems II 和 CC Particle World，它们基于同一个引擎，两者的主要区别是，CC Particle World 能够让你在 3D 空间（而非 2D 图层）中移动粒子。

接下来，我们将学习如何使用 CC Particle Systems II 效果来制作超新星爆炸动画，这样的动画可以用在科学节目的片头或作为一个动态背景使用。在开始动手制作之前，请先观看示例影片，了解我们要制作的效果。

14.5.1 创建项目

启动 After Effects，新建一个项目。

1. 当启动 After Effects 时，请立即按下 Ctrl+Alt+Shift（Windows）或 Command+ Option+ Shift（macOS）组合键，此时会弹出一个消息框，询问"是否确实要删除你的首选项文件？"，单击"OK"（确定），即可删除首选项文件，恢复 After Effects 默认设置。在 Home（主页）窗口中，单击 New Project（新建项目）。

此时，After Effects 新建并打开一个未命名的项目。

2. 在菜单栏中，依次选择 File（文件）→ Save As（另存为）→ Save As（另存为），打开 Save As（另存为）对话框。
3. 在 Save As（另存为）对话框中，转到 Lessons/Lesson14/Finished_Project 文件夹下。
4. 输入项目名称 Lesson14_Particles.aep，单击 Save（保存）按钮，保存项目。

制作本项目虽然不需要使用其他视频素材，但是必须创建合成。

5. 在 Composition（合成）面板中，单击 New Composition（新建合成）图标。
6. 如图 14-17 所示，在 Composition Settings（合成设置）对话框中，做如下设置。
   - 设置 Composition Name（合成名称）为 Supernova。
   - 从 Preset（预设）列表中，选择 HDTV 1080 29.97。
   - 设置 Duration（持续时间）为 10:00。

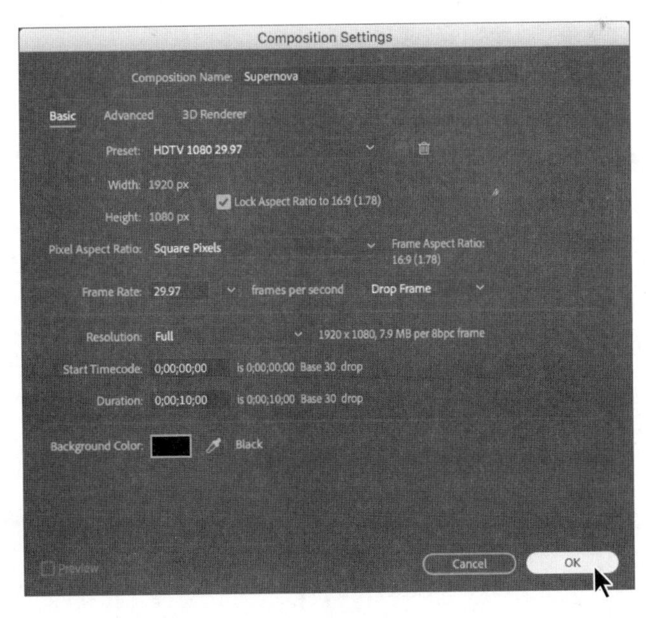

图14-17

单击 OK 按钮，新建一个合成。

14.5.2 创建粒子系统

下面将使用纯色图层来创建粒子系统，首先让我们先创建一个纯色图层。

1. 在菜单栏中，依次选择 Layer（图层）→ New（新建）→ Solid（纯色），新建一个纯色图层。
2. 在 Solid Settings（纯色设置）对话框中，设置 Name（名称）为 Particles。
3. 如图 14-18 所示，单击 Make Comp Size（制作合成大小）按钮，使纯色图层和合成尺寸一样大。然后单击 OK（确定）按钮。

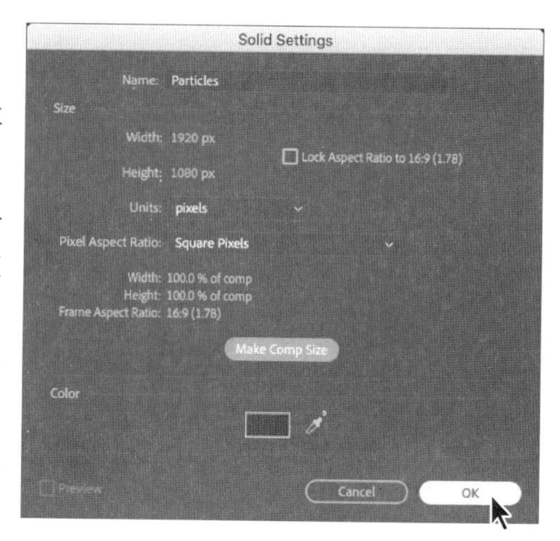

图14-18

了解Particle Systems II各个属性

粒子系统有些特有的属性，下面介绍几个供大家参考。我们将按照它们在 Effect Controls（效果控件）面板中的出现顺序来介绍。

Birth Rate（产生率）：控制每秒产生的粒子数量。该数值是个估计值，不是实际产生的粒子数。但该数值越大，粒子密度会越大。

Longevity（寿命）：控制粒子存活的时间。

Producer Position（发射器位置）：控制粒子系统的中心点或源点。该位置是通过 x、y 坐标指定的。所有粒子都从这个点发射出来。通过调整 x 和 y 半径可以控制发射器的大小，x、y 半径越大，发射器越大。若 x 半径很大，y 半径则为 0，则发射器将变为一条直线。

Velocity（速度）：控制粒子移动速度。该值越大，粒子移动得越快。

Inherent Velocity %（固有速率百分比）：控制当 Producer Position（发射器位置）改变时传递到粒子的速度。若该值为负值，粒子会反向运动。

Gravity（重力）：决定粒子下落的速度。该值越大，粒子下落得越快。设为负值时，粒子会上升。

Resistance（阻力）：模拟粒子和空气、水的交互作用，它会阻碍粒子运动。

Direction（方向）：控制粒子流的方向，该属性和 Direction Animation 类型一起使用。

Extra（追加）：向粒子运动引入随意性。

Birth/Death Size（产生/衰亡大小）：控制粒子创建时或衰亡时的大小。

Opacity Map（透明度贴图）：控制粒子在生存期内不透明度的变化。

Color Map（颜色贴图）：该属性与 Birth Color、Death Color 一起使用，控制粒子亮度随时间的变化。

4. 在 Timeline 面板中，选择 Particles 图层，从菜单栏中，依次选择 Effect（效果）→ Simulation（模拟）→ CC Particle Systems II（CC 粒子系统 II）。
5. 如图 14-19 所示，把当前时间指示器拖曳到 4:00，观看粒子系统。

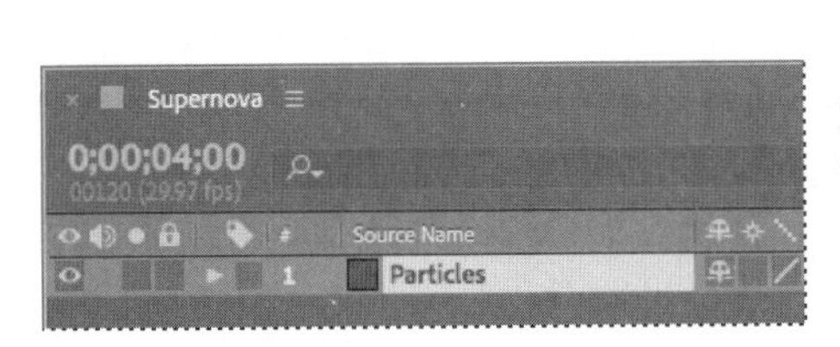

图14–19

此时，有一大股黄色粒子流出现在 Composition（合成）面板中。

14.5.3 更改粒子设置

接下来，在 Effect Controls（效果控件）面板中修改粒子设置，把粒子流转化成一颗超新星。

1. 如图 14-20 所示，在 Effect Controls（效果控件）面板中，展开 Physics（物理）属性组。在 Animation（动画）中，选择 Explosive（爆炸），把 Gravity（重力）修改为 0.0，让粒子从中心向四周喷射而出。

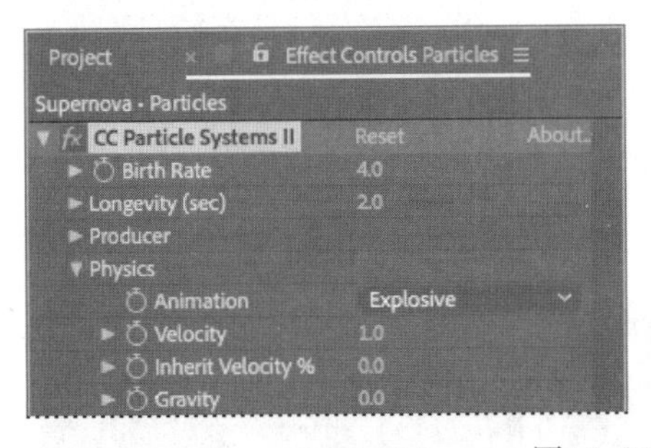

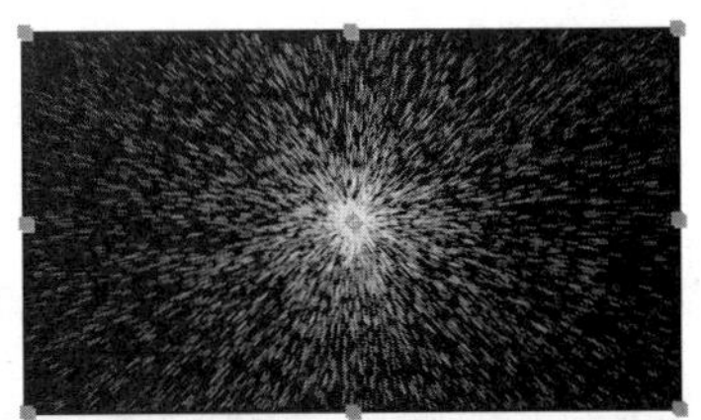

图14–20

2. 隐藏 Physics（物理）属性组，展开 Particle（粒子）属性组。然后从 Particle Type（粒

子类型）列表中，选择 Faded Sphere（渐隐球）。

现在，粒子看起来有点像星系了。接下来，继续修改相应设置。

3. 把 Death Size（死亡大小）改为 1.50，Size Variation（大小变化）改为 100%。

这样可以随机修改粒子产生时的大小。

4. 如图 14-21 所示，把 Max Opacity（最大不透明度）改为 55%，使粒子半透明。

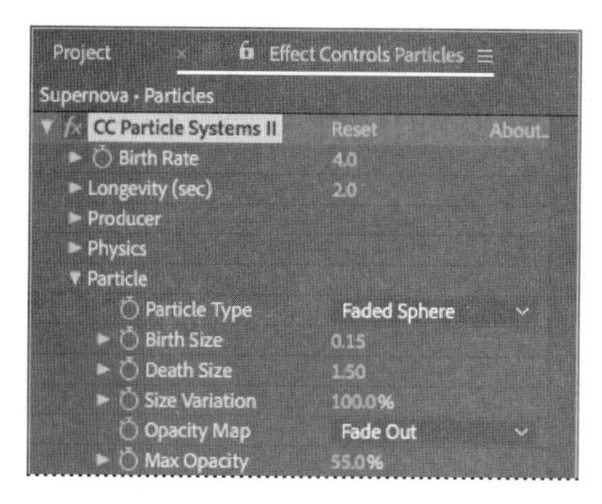

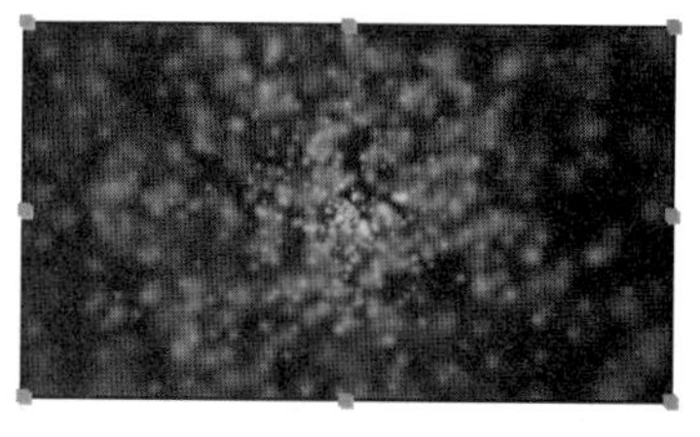

图14-21

5. 单击 Birth Color（出生颜色）框，把颜色修改为 R=255、G=200、B=50，使粒子产生时为黄色。

6. 如图 14-22 所示，单击 Death Color（死亡颜色）框，把颜色修改为 R=180、G=180、B=180，使粒子淡出时呈现浅灰色。

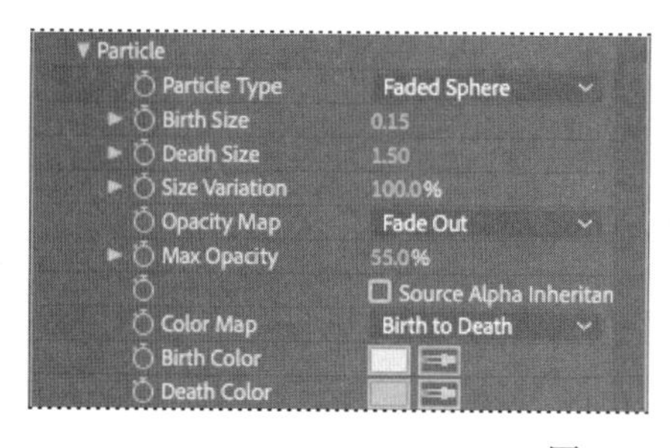

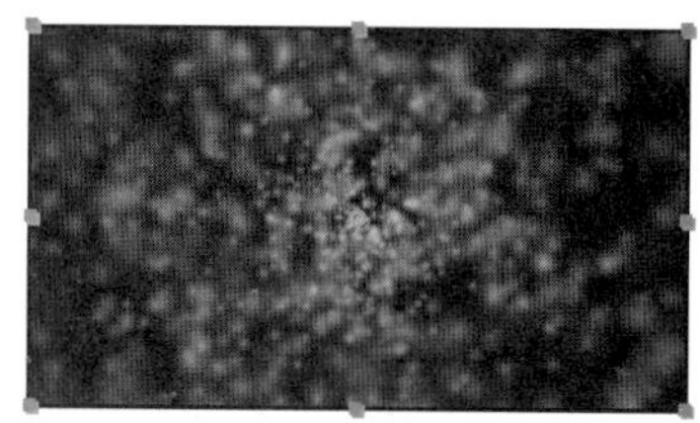

图14-22

7. 如图 14-23 所示，把 Longevity（寿命）修改为 0.8 秒，减少粒子在屏幕上的显示时间。

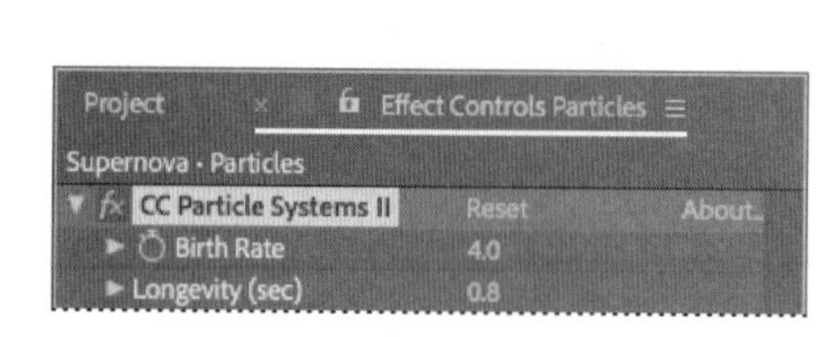

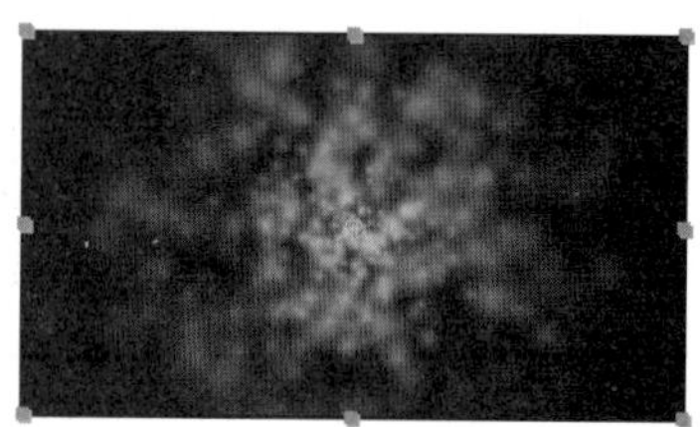

图14-23

> **注意：**虽然 Longevity 和 Birth Rate 两个属性都位于 Effect Controls（效果控件）面板顶部，但是建议你先调整完其他粒子属性，然后再调整它们，这样做起来会更简单。

Faded Sphere（渐隐球）类型的粒子看上去很柔和，但是粒子形状还是有点太清晰了。为了解决这个问题，接下来，我们应用高斯模糊效果对图层进行模糊。

8. 隐藏 CC Particle Systems II 效果的所有属性。
9. 在菜单栏中，依次选择 Effect（效果）→ Blur & Sharpen（模糊和锐化）→ Gaussian Blur（高斯模糊）。
10. 如图 14-24 所示，在 Effect Controls（效果控件）面板下的 Gaussian Blur（高斯模糊）效果中，把 Blurriness（模糊度）修改为 10。然后，选择 Repeat Edge Pixels（重复边缘像素），防止边缘的粒子被裁剪掉。

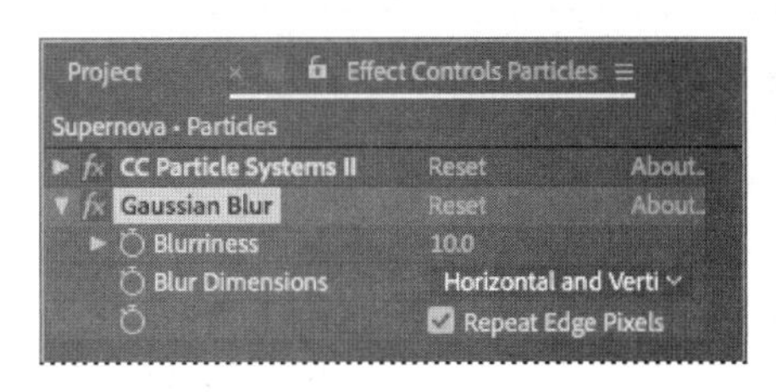

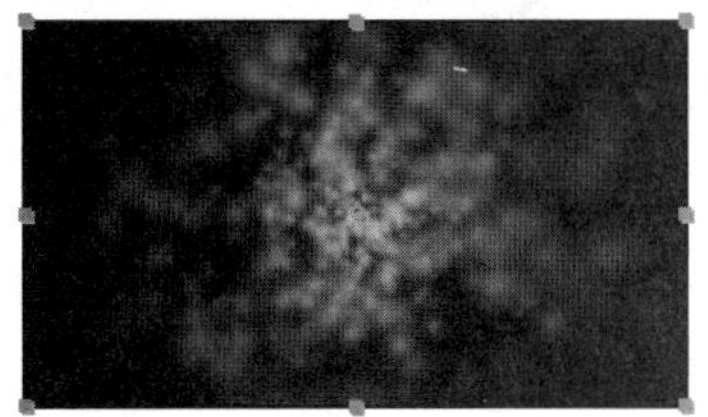

图14-24

14.5.4 创建太阳

下面创建一个太阳，放在粒子之后，形成光晕效果。

1. 把当前时间指示器拖曳到 7:00。
2. 按 Ctrl+Y（Windows）或 Command+Y（macOS）组合键，新建一个纯色层。
3. 如图 14-25 所示，在 Solid Settings（纯色设置）对话框中，做如下设置。
   - 设置 Name（名称）为 Sun。
   - 单击 Make Comp Size（制作合成大小）按钮，使纯色层与合成大小相同。
   - 单击颜色框，设置颜色为黄色（R=255、G=200、B=50），使之与粒子的 Birth Color 一样。

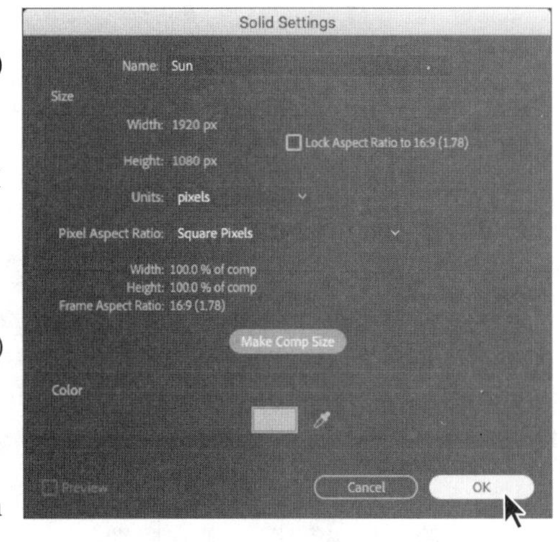

图14-25

单击 OK（确定）按钮，关闭 Solid Settings（纯色设置）对话框。

4. 在 Timeline（时间轴）面板中，把 Sun 图层拖曳到 Particles 图层之下。

5. 在工具栏中，选择 Ellipse Tool（椭圆工具，），该工具隐藏于 Rectangle Tool（矩形工具，）或 Star Tool（星形工具，）之下。在 Composition 面板中，按住 Shift 键，拖绘一个半径约为 100 像素（或合成宽度的 1/4）的圆形。这样你就创建好了一个蒙版。

6. 如图 14-26 所示，使用 Selection Tool（选取工具，），把蒙版形状拖曳到 Composition（合成）面板中心。

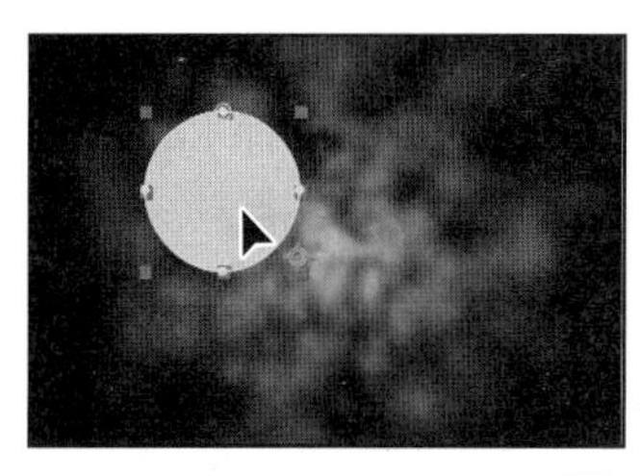
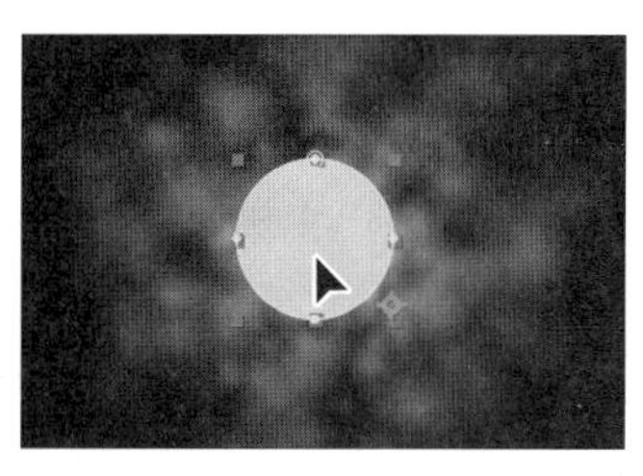

图14-26

7. 如图 14-27 所示，在 Timeline（时间轴）面板中，选择 Sun 图层，按 F 键，显示其 Mask Feather（蒙版羽化）属性，修改蒙版羽化值为 100、100 像素。

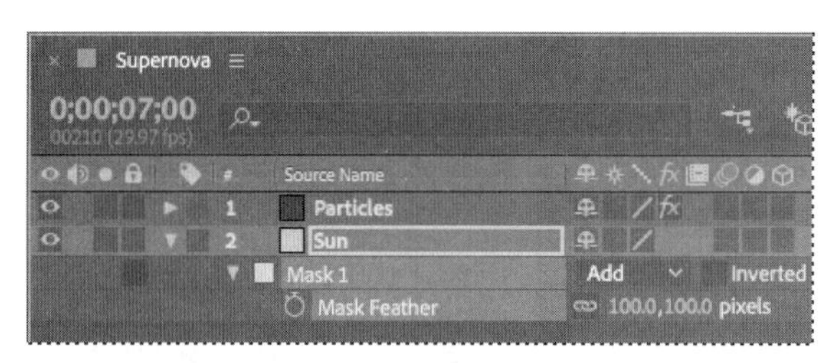

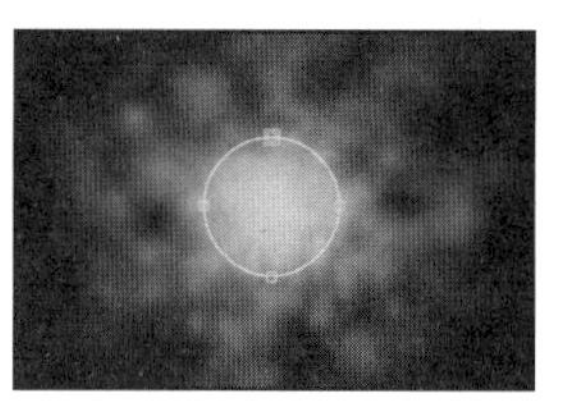

图14-27

8. 如图 14-28 所示，按“Alt+[”（Windows）或“Option+[”（macOS）组合键，把图层入点设置为当前时间。

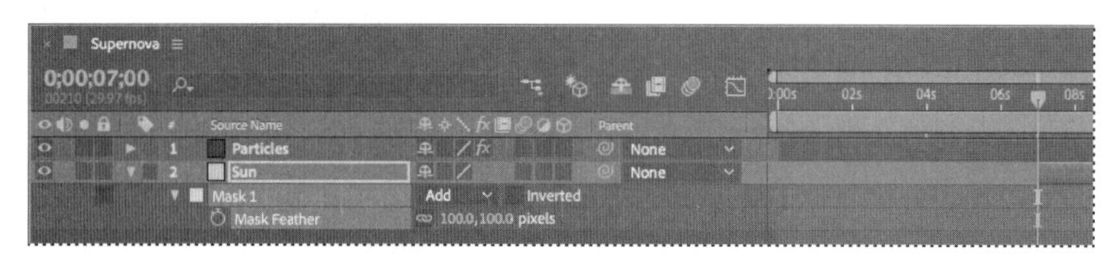

图14-28

9. 隐藏 Sun 图层的所有属性。

14.5.5 照亮周围黑暗区域

当太阳制作好之后，在其照射下，其周围的黑暗区域应该变亮起来。

1. 确保当前时间指示器仍然位于 7:00 处。
2. 按 Ctrl+Y（Windows）或 Command+Y（macOS）组合键，打开 Solid Settings（纯色设置）对话框。
3. 在 Solid Settings（纯色设置）对话框中，设置名称为 Background，单击 Make Comp Size（制作合成大小）按钮，使其与合成大小相同，然后单击 OK 按钮，新建一个纯色层。
4. 在 Timeline（时间轴）面板中，把 Background 图层拖曳到最底部。
5. 如图 14-29 所示，在 Background 图层处于选中的状态下，从菜单栏中，依次选择 Effect（效果）→ Generate（生成）→ Gradient Ramp（梯度渐变）。

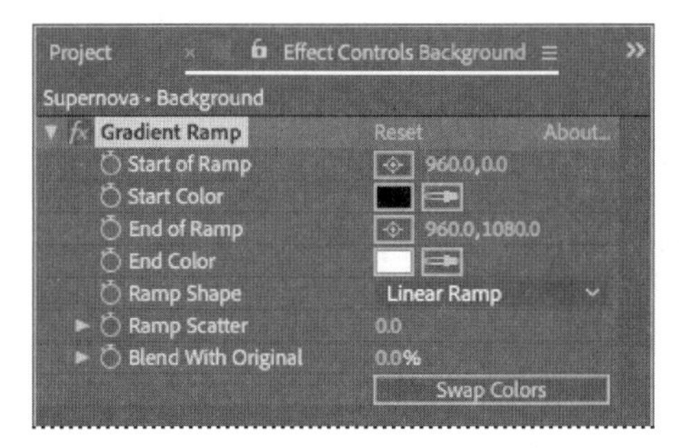

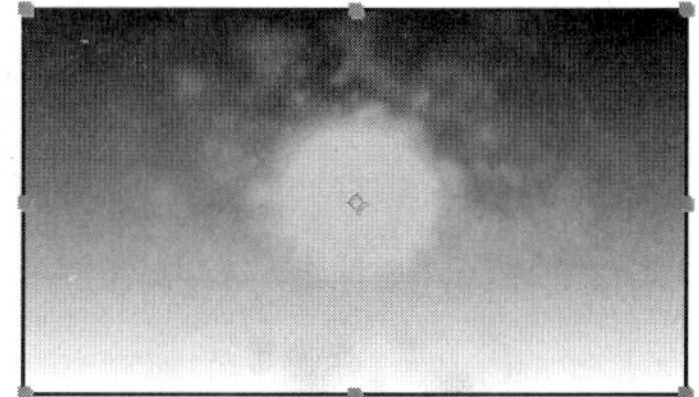

图14-29

Gradient Ramp（梯度渐变）效果会生成一个颜色渐变，并将其与原图像相混合。你可以把渐变形状更改为线性渐变或径向渐变，还可以修改渐变的位置和颜色。通过 Start Of Ramp（渐变起点）和 End Of Ramp（渐变终点），可以设置渐变的起始和结束位置。借助 Ramp Scatter（渐变散射），可以使渐变颜色散开，消除条纹。

6. 如图 14-30 所示，在 Effect Controls（效果控件）的 Gradient Ramp（梯度渐变）中，做如下设置。
   - 修改 Start Of Ramp（渐变起点）为 960、538，End Of Ramp（渐变终点）为 360、525。
   - 从 Ramp Shape（渐变形状）列表中，选择 Radial Ramp（径向渐变）。
   - 单击 Start Color（起始颜色）框，设置起始颜色为深蓝色（R=0、G=25、B=135）。
   - 设置 End Color（结束颜色）为黑色（R=0、G=0、B=0）。
7. 按“Alt+[”（Windows）或“Option+[”（macOS）组合键，把图层入点设置为当前时间。

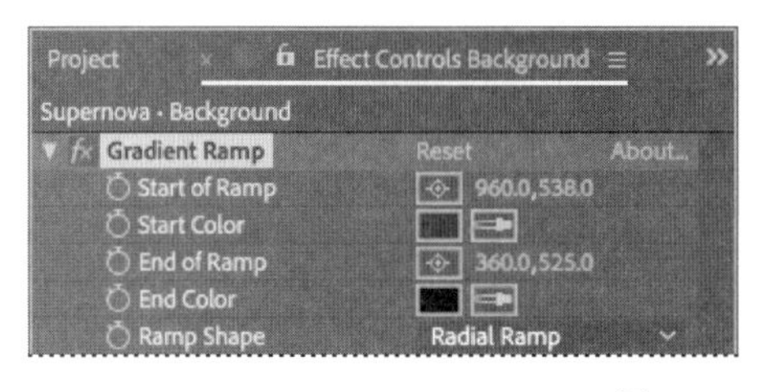

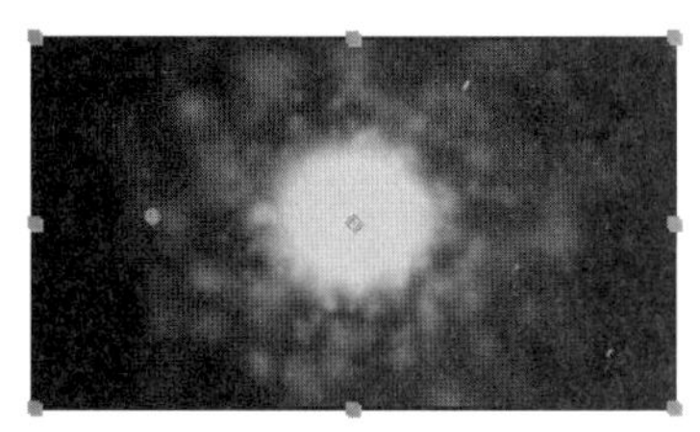

图14-30

14.5.6 添加镜头光晕

下面添加一个镜头光晕，模拟爆炸效果，把所有元素结合在一起。

1. 按 Home 键，或者直接把当前时间指示器拖曳到时间标尺的起始位置。
2. 按 Ctrl+Y（Windows）或 Command+Y（macOS）组合键，打开 Solid Settings（纯色设置）对话框。
3. 在 Solid Settings（纯色设置）对话框中，设置名称为 Nova，单击 Make Comp Size（制作合成大小）按钮，使其与合成大小相同，设置 Color（颜色）为黑色（R=0、G=0、B=0），然后单击 OK（确定）按钮，新建一个纯色层。
4. 如图 14-31 所示，在 Timeline（时间轴）面板中，把 Nova 图层拖曳到最顶层。在 Nova 图层处于选中的状态下，从菜单栏中，依次选择 Effect（效果）→ Generate（生成）→ Lens Flare（镜头光晕）。

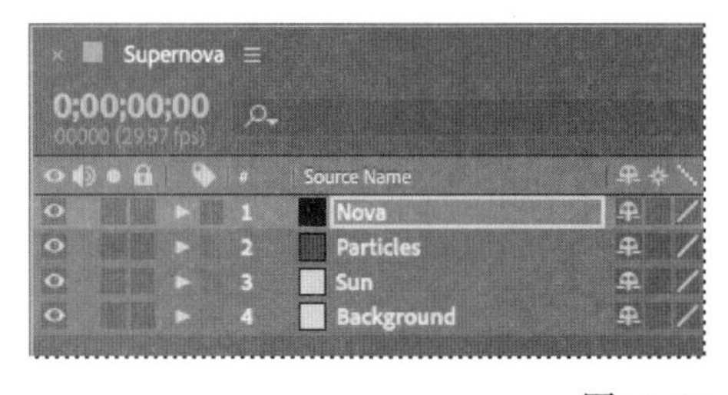

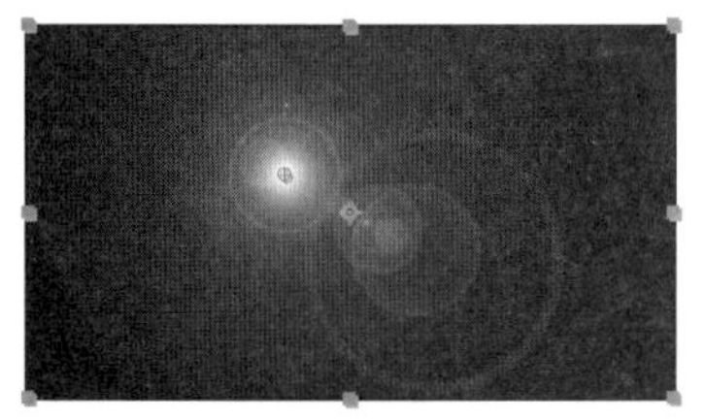

图14-31

5. 如图 14-32 所示，在 Effect Controls（效果控件）面板的 Lens Flare（镜头光晕）效果中，做如下设置。
   - 修改 Flare Center（光晕中心）为 960、538。
   - 在 Lens Type（镜头类型）列表中，选择 50–300mm Zoom（50–300 毫米变焦）。
   - 把 Flare Brightness（光晕亮度）修改为 0%，然后单击左侧的秒表图标（⏱），创建初始关键帧。

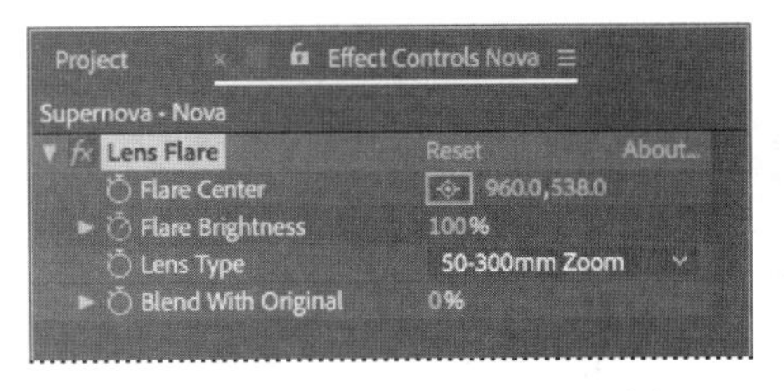

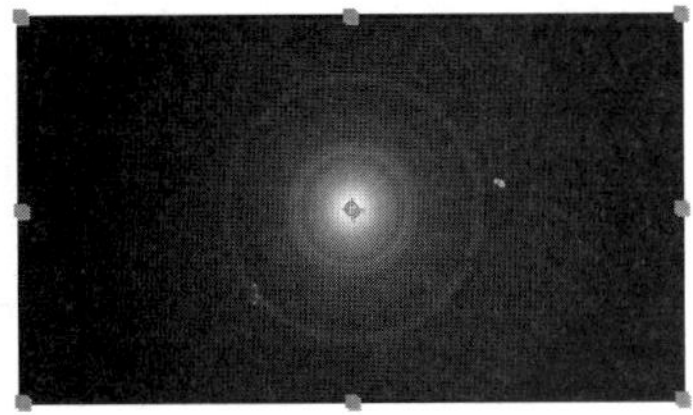

图14-32

6. 把当前时间指示器拖曳到 0:10。
7. 把 Flare Brightness（光晕亮度）修改为 240%。
8. 把当前时间指示器拖曳到 1:04，把 Flare Brightness（光晕亮度）修改为 100%。
9. 在 Nova 图层处于选中的状态下，按 U 键，显示其 Lens Flare（镜头光晕）属性。

关于HDR（高动态范围）素材

After Effects 支持 HDR（高动态范围）颜色。

现实世界中的动态范围（明暗比值）远远超出人类视觉范围，以及打印的或显示在显示器上的图像范围。人眼能够识别相差很大的不同亮度级别，但是大部分摄像机和计算机显示器只能捕获或再现有限的动态范围。摄影师、动态影像艺术家，以及其他从事数字影像处理的人员必须对场景中哪些是重要的元素做出抉择，因为他们使用的动态范围是有限的。

HDR 素材为我们开辟了一片新天地，它使用 32 位浮点数，能够表示非常宽的动态范围。相比于整数（定点数），在相同位数下，浮点数表示的范围要大得多。HDR 值可表示的亮度级别（包括蜡烛和太阳这么亮的对象）远超 8-bpc（每个通道 8 位）和 16-bpc（非浮点）模式可表示的亮度级别。低动态范围下的 8-bpc 和 16-bpc 模式只能表示从黑到白这样的 RGB 色阶，这只能表现现实世界中很小的一段动态范围。

After Effects 通过多种方式支持 HDR 图像。例如，你可以创建用来处理 HDR 素材的 32-bpc 项目，也可以在处理 HDR 图像时调整其曝光或光亮度。更多相关内容，请阅读 After Effects 帮助文档。

10. 使用鼠标右键单击（或者按住 Control 单击）Flare Brightness（光晕亮度）的最后一个关键帧，从弹出的菜单中，依次选择 Keyframe Assistant（关键帧辅助）→ Easy Ease In（缓入）。
11. 如图 14-33 所示，使用鼠标右键单击（或者按住 Control 单击）Flare Brightness（光晕亮度）的第一个关键帧，从弹出的菜单中，依次选择 Keyframe Assistant（关键帧辅助）→ Easy Ease Out（缓出）。

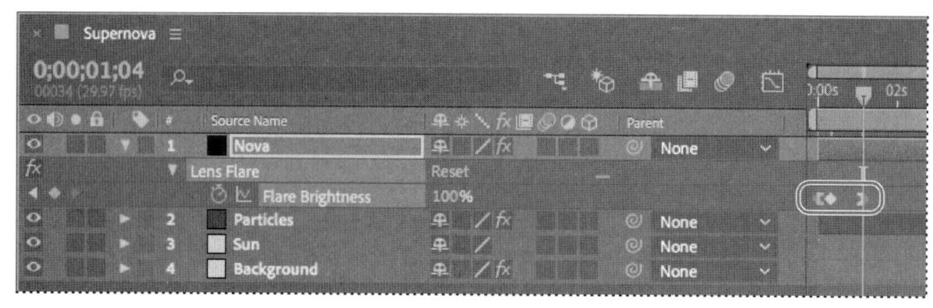

图14-33

接下来，需要把 Nova 图层之下的图层在合成中显示出来。

12. 如图 14-34 所示，按 F2 键，取消选择所有图层，从 Timeline（时间轴）面板菜单中，选择 Columns（列数）→ Modes（模式），然后从 Nova 图层的 Mode（模式）中，选择 Screen（屏幕）。

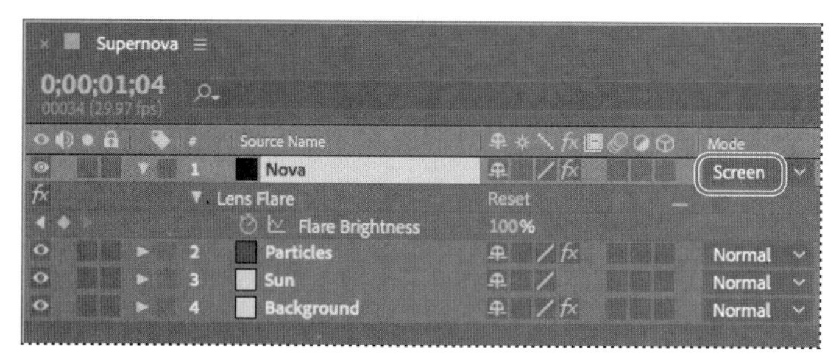

图14-34

13. 按空格键，预览影片。预览完成后，再次按空格键，停止预览。

14. 在菜单栏中，依次选择 File（文件）→ Save（保存），保存当前项目。然后选择 File（文件）→ Close Project（关闭项目），关闭当前项目。

14.6 使用 Timewarp（时间扭曲）效果调整播放速度

在 After Effects 中，调整图层的播放速度时，你可以使用 Timewarp（时间扭曲）效果精确控制多个参数，比如插值方法、运动模糊、源裁剪（删除画面中不需要的部分）。

接下来，我们将使用 Timewarp（时间扭曲）效果改变一小段影片的播放速度，制作慢动作播放效果。开始动作制作之前，请先观看示例影片，了解一下最终要制作的效果。

14.6.1 创建项目

启动 After Effects，新建一个项目。

1. 当启动 After Effects 时，请立即按下 Ctrl+Alt+Shift（Windows）或 Command+ Option+

Shift（macOS）组合键，此时会弹出一个消息框，询问“是否确实要删除你的首选项文件？”，单击 OK（确定），即可删除首选项文件，恢复 After Effects 默认设置。在 Home（主页）窗口中，单击 New Project（新建项目）。

此时，After Effects 新建并打开一个未命名的项目。

2. 在菜单栏中，依次选择 File（文件）→ Save As（另存为）→ Save As（另存为），打开 Save As（另存为）对话框。

3. 在 Save As（另存为）对话框中，转到 Lessons/Lesson14/Finished_Project 文件夹下。4. 输入项目名称 Lesson14_Timewarp.aep，单击 Save（保存）按钮，保存项目。

4. 如图 14-35 所示，在 Composition（合成）面板中，单击 New Composition From Footage（从素材新建合成）图标。在“导入文件”对话框中，转到 Lessons/Lesson14/Assets 文件夹下，选择 Group_ Approach.mov，单击 Import 或 Open 按钮。

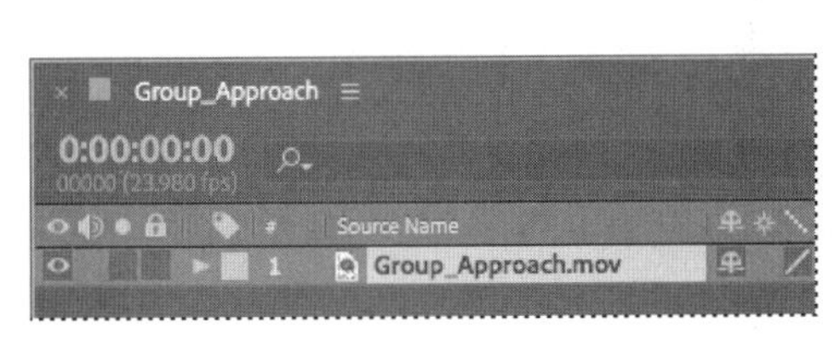

图14-35

After Effects 使用源素材名新建一个合成，并在 Composition（合成）和 Timeline（时间轴）面板中将其显示出来。

5. 在菜单栏中，依次选择 File（文件）→ Save（保存），保存当前项目。

14.6.2 应用时间扭曲效果

在源视频中，有一群年轻人迈着稳健的步伐向镜头走来。导演要求从第 2 秒开始把人物的行走速度放慢到 10%，然后逐步恢复行走速度，并在 7:00 时恢复到原来的速度。

1. 在 Timeline（时间轴）面板中，选择 Group_Approach 图层，从菜单栏中，依次选择 Effect（效果）→ Time（时间）→ Timewarp（时间扭曲）。

2. 在 Effect Controls（效果控件）面板的 Timewarp（时间扭曲）效果中，从 Method（方法）列表中，选择 Pixel Motion（像素运动），从 Adjust Time By（调整时间方式）列表中，选择 Speed（速度）。

选择 Pixel Motion（像素运动）后，Timewarp（时间扭曲）会分析邻近帧的像素运动和创建运动矢量，并以此创建新的帧。Speed（速度）指定按照百分比而非指定帧来调整时间。

3. 把当前时间指示器拖曳到 2:00。

4. 如图 14-36 所示，在 Effect Controls（效果控件）面板中，把 Speed（速度）设置为 100，单击左侧秒表图标（⏱），设置一个关键帧。

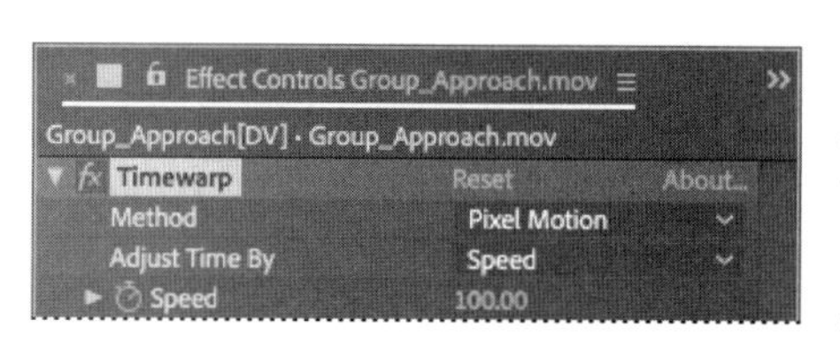

图14-36

这将使 Timewarp（时间扭曲）在第 2 秒之前保持播放速度为 100%。

5. 在 Timeline（时间轴）面板中，选择 Group_Approach 图层，按 U 键，显示其 Timewarp Speed（时间扭曲 - 速度）属性。

6. 把当前时间指示器拖曳到 5:00，把 Speed（速度）设置为 10。After Effects 自动添加一个关键帧。

7. 如图 14-37 所示，把当前时间指示器拖曳到 7:00，把 Speed（速度）设置为 100。After Effects 自动添加一个关键帧。

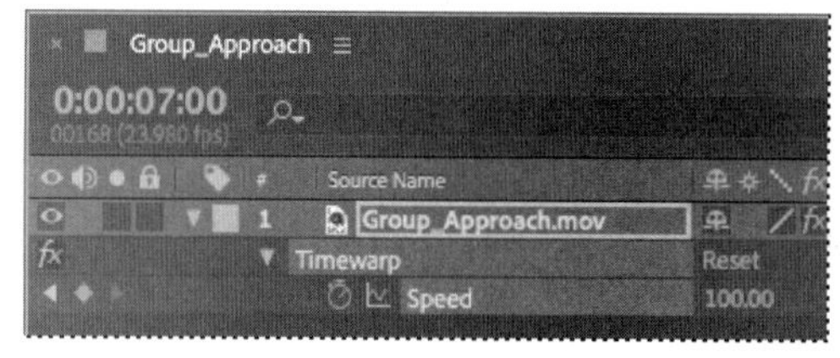

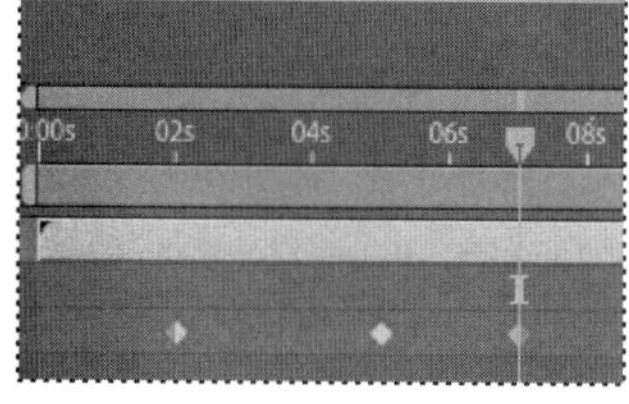

图14-37

8. 按 Home 键，或者直接把当前时间指示器移动到时间标尺的起始位置。然后预览效果。

通过预览，你会发现画面中人物行走速度的变化很生硬，并不平滑，跟我们见过的酷炫的慢动作效果不一样。这是因为关键帧动画是线性的，并不是平滑的曲线。接下来，我们将解决这个问题。

注意：在制作过程中，一定要保持耐心。第一次播放时效果不太正常，这是因为 After Effects 需要把相关信息缓存到 RAM 中，等到第二次播放时，效果就正常了。

9. 预览完成后，按空格键，停止播放。

10. 如图 14-38 所示，在 Timeline（时间轴）面板中，单击 Graph Editor（图表编辑器）图

标，显示出 Graph Editor（图表编辑器）。确保 Group_Approach 图层的 Speed（速度）属性处于选中状态，Graph Editor（图表编辑器）显示其图表。

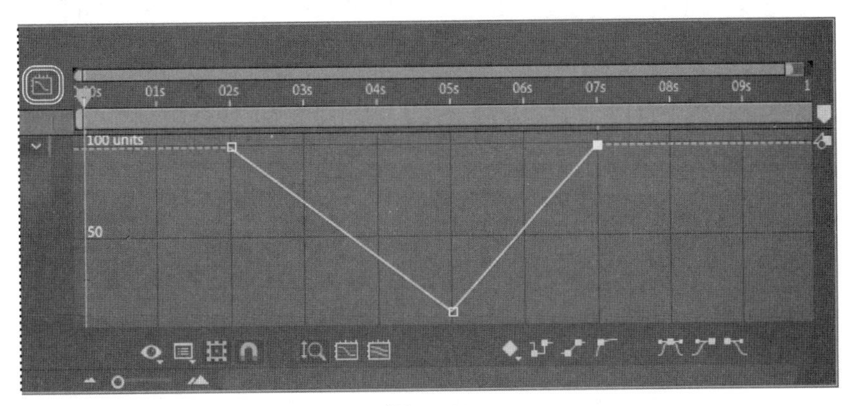

图14-38

11. 单击选择第一个 Speed（速度）关键帧（在 2:00 处），然后单击 Graph Editor（图表编辑器）底部的 Easy Ease（缓动）图标（ ）。

这会改变对关键帧出、入点的影响，使变化不再突如其来，变得十分平缓。

> Ae | **提示：**关闭 Timeline（时间轴）面板中显示的列，可以看到 Graph Editor（图表编辑器）中的更多图标。你还可以按 F9 键，快速应用 Easy Ease（缓动）效果。

12. 如图 14-39 所示，对于其他两个 Speed（速度）关键帧（分别位于 5:00 处和 7:00 处），重复步骤 11。

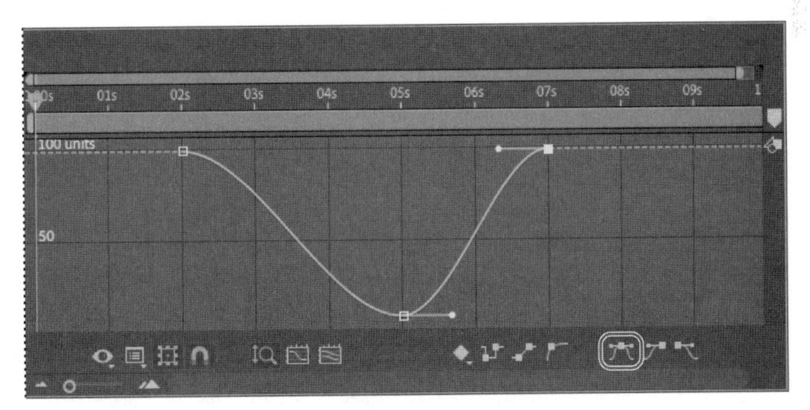

图14-39

此时，运动曲线变得非常平滑。接下来，我们通过拖曳贝塞尔曲线控制字手柄来进一步调整它。

13. 分别拖曳位于 2:00 和 5:00 处的关键帧的贝塞尔曲线控制手柄，调整曲线，使其呈现如图 14-40 所示的形状。

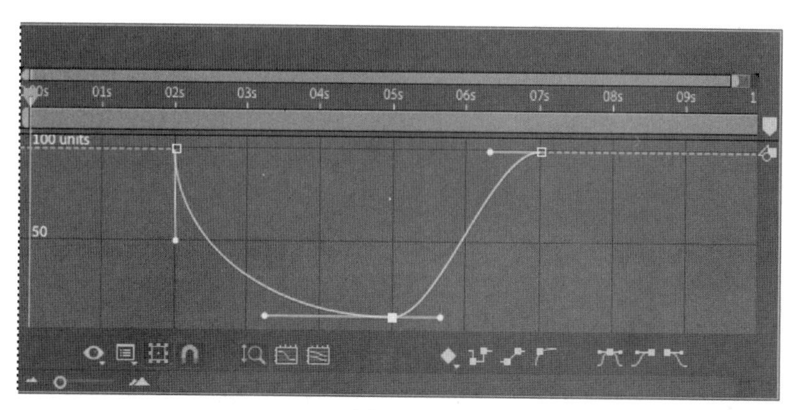

图14-40

> **注意：** 关于贝塞尔曲线控制手柄的使用方法，请参考第 7 课中的相关内容。

14. 再次预览影片。这次，慢动作效果就显得非常高级、专业了。

15. 在菜单栏中，依次选择 File（文件）→ Save（保存），保存当前项目。然后选择 File（文件）→ Close Project（关闭项目），关闭当前项目。

到这里，我们就已经学习了 After Effects 中的一些高级功能了，包括运动稳定、运动跟踪、粒子系统、时间扭曲效果。在项目制作完成后，接下来就该渲染和导出项目了，这部分内容我们将在第 15 课中讲解。

14.7 复习题

1. 什么是 Warp Stabilizer VFX？什么时候使用它？
2. 在跟踪图像时，发生漂移的原因是什么？
3. 粒子效果中的“产生率”是什么？
4. 时间扭曲效果有什么用？

14.8 答案

1. 有时我们会手持摄像机进行拍摄，这样拍摄出的画面中会有抖动。除非这正是你想要的效果，否则我们都需要去除画面中的抖动，对画面进行稳定处理。为此，After Effects 为我们提供了 Warp Stabilizer VFX（变形稳定器 VFX）效果，该效果会分析目标图层的运动和旋转，然后做相应调整。在使用 Warp Stabilizer VFX（变形稳定器 VFX）对视频画面去抖之后，画面中的运动会变得很平滑，因为 Warp Stabilizer VFX（变形稳定器 VFX）会适当地调整图层的缩放和位置，以便抵消画面中不想要的抖动。你可以通过修改设置调整 Warp Stabilizer VFX 裁剪、缩放和执行其他调整的方式。
2. 当跟踪点的特征区域跟丢目标特征时，就会发生漂移问题。随着拍摄画面中对象不断移动，周围的灯光、对象，以及被摄主体的角度也在发生变化，这使得一些明显的特征在亚像素级别不再具有可识别性，因此选取一个可跟踪的特征就成了一件不太容易的事。有时你即使做了精心规划和多次尝试，还是会发现自己指定的特征区域会偏离期望目标。所以，在做跟踪时，经常需要不断调整特征区域、搜索区域，更改跟踪选项，并且不断进行尝试。
3. 粒子效果中的“产生率”控制着新粒子产生的频率。
4. 在 After Effects 中，调整图层的播放速度时，你可以使用 Timewarp（时间扭曲）效果来精确控制多个参数，例如插值方法、运动模糊、源裁剪（删除画面中不需要的部分）。

第15课 渲染和输出

课程预览

本课学习如下内容：

- 使用渲染队列输出影片
- 为渲染队列创建模板
- 使用 Adobe Media Encoder 输出影片
- 为交付文件选择合适的编码器
- 使用像素长宽比校正
- 为合成创建测试版本
- 在 Adobe Media Encoder 中创建自定义编码预设
- 为最终合成渲染和输出 Web 版本

跟学完本课所需要的总时间受所用计算机处理器的速度和用于渲染的 RAM 大小的影响。但只从讲解的文字内容来看，学完本课大约不到 1 小时。如果你尚未下载本课项目文件，请到“数艺设”网站下载。在学习本课的过程中，原始项目文件会被覆盖掉。如果你想使用原始项目文件，请重新下载它们。

项目：OUTPUTTING YOUR PROJECT FOR MULTIPLE USES BROADCAST

当一个项目制作好之后，无论是用在 Web 上还是用在广播电视上，我们应该都能够根据用途将其输出为合适的格式，这是决定项目最终能否获得成功的关键。使用 Adobe After Effects 和 Adobe Media Encoder，我们可以轻松把最终合成以多种格式和分辨率进行渲染、输出。

15.1 准备工作

前面几课中我们讲解了如何使用 After Effect 提供的各种功能和工具制作一个项目，当项目最终制作完成后，接下来就应该渲染和输出项目了。这正是我们要在本课讲解的内容。在本课中，我们将讲解如何设置渲染队列和 Adobe Media Encoder 中的功能选项把最终合成输出成不同的格式，使用的是第 1 课的项目文件。

1. 检查硬盘上的 Lessons/Lesson15 文件夹中是否包含如下文件。若没有，请立即前往“数艺设”网站下载。
    - Assets 文件夹：movement.mp3、swimming_dog.mp4、title.psd。
    - Start_Project_File 文件夹：Lesson15_Start.aep。
    - Sample_Movies 文件夹：Lesson15_Draft_RQ.avi、Lesson15_Draft_RQ.mov、Lesson15_Final_Web.mp4、Lesson15_HD-test_1080p.mp4、Lesson15_Lowres_YouTube.mp4。
2. 打开并播放第 15 课的示例影片，这些示例影片只是第 1 课中创建的影片的不同版本（它们采样不同的品质设置渲染得到）而已。（如果你使用的是 Windows 系统，请观看 Lesson15_Draft_RQ.avi；如果你用的是 macOS 系统，请观看 Lesson15_Draft_RQ.mov）。在观看完示例影片之后，关闭 Windows Movies & TV 或 QuickTime Player。如果你的计算机存储空间有限，此时，你就可以把示例影片从硬盘中删除。

> Ae **注意**：Lesson15_HD_test_1080p.mp4 文件只包含影片的前 3 秒。

在学习本课之前，最好先把 After Effects 恢复成默认设置（参见前言中“恢复默认设置”部分的内容）。你可以使用如下快捷键完成这个操作。

3. 当启动 After Effects 时，请立即按下 Ctrl+Alt+Shift（Windows）或 Command+Option+Shift（macOS）组合键，此时会弹出一个消息框，询问“是否确实要删除你的首选项文件？”，单击 OK（确定）按钮，即可删除首选项文件，恢复 After Effects 默认设置。
4. 如图 15-1 所示，在 Home（主页）窗口中，单击 Open Project（打开项目）按钮。

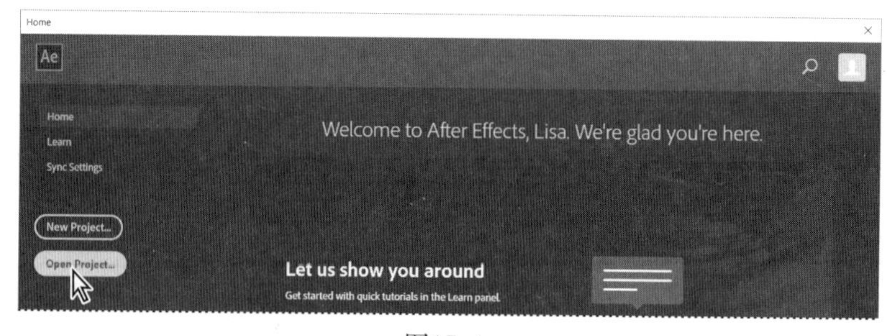

图15-1

Ae 注意：若弹出缺失字体（Arial Narrow Regular）提示信息，请单击 OK 按钮。

5. 在“打开”对话框中，转到 Lessons/Lesson15/Start_Project_File 文件夹下，选择 Lesson15_Start.aep，单击 Open（打开）按钮。
6. 在菜单栏中，依次选择 File（文件）→ Save As（另存为）→ Save As（另存为），打开 Save As（另存为）对话框。
7. 在 Save As（另存为）对话框中，转到 Lessons/Lesson15/Finished_Project 文件夹下。
8. 输入项目名称 Lesson15_Finished.aep，单击 Save（保存）按钮，保存项目。

15.2 关于渲染和输出

渲染合成就是把组成合成的各个图层、设置、效果、以及其他相关信息渲染成一段可持续播放的影片。在 After Effects 中，每次预览合成时，After Effects 都会渲染合成的内容，不过这不是本课要讲的内容。本课要讲的是合成制作好之后，如何把它渲染输出，以便分享出去。我们可以使用 After Effects 中的 Render Queue（渲染队列）面板或 Adobe Media Encoder 来输出最终影片。（事实上，After Effects 中的 Render Queue 使用的是一个内嵌版本的 Adobe Media Encoder，它支持绝大多数编码格式，但并不包含 Adobe Media Encoder 的所有功能）

使用 Render Queue（渲染队列）输出影片时，有如下两个步骤：After Effects 先渲染合成，然后再把渲染结果编码成指定的格式进行输出。在 Render Queue（渲染队列）中，第一步由你选择的渲染设置控制，第二步由所选的输出模块控制。

Adobe 推荐大家使用 Adobe Media Encoder 来创建高品质的影片，以方便大家把影片制成 Web、DVD、蓝光光盘。

15.3 使用渲染队列导出影片

无论是制作样片，创建低分辨率版本，还是创建高分辨版本，你都可以使用 After Effects 的渲染队列来导出影片。影片用途不同，需要做的输出设置也不同，但是基本的输出流程都是一样的。

下面我们使用渲染队列为合成导出一个初稿。

1. 如图 15-2 所示，在 Project（项目）面板中，选择 Movement 合成。从菜单栏中，依次选择 Composition（合成）→ Add To Render Queue（添加到渲染队列）。

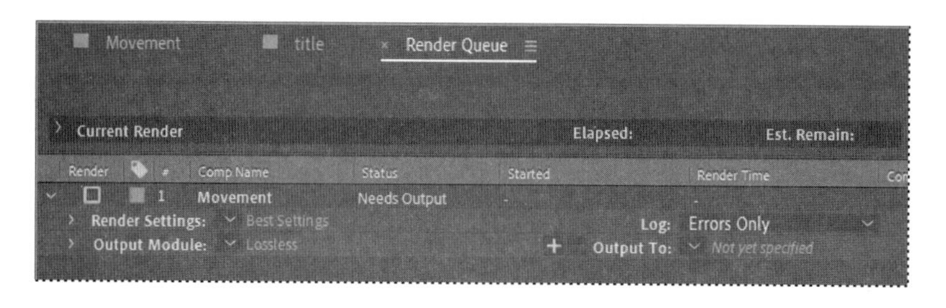

图15-2

> **提示：**你还可以直接把合成从 Project（项目）面板拖曳到 Render Queue（渲染队列）面板中。

此时，After Effects 会打开 Render Queue（渲染队列）面板，并且 Movement 合成也出现在了渲染队列之中。请注意，在 Render Settings（渲染设置）和 Output Module（输出模块）的默认设置下，After Effects 会创建一个全尺寸、高质量的影片。接下来，我们将修改相关设置，创建一段低分辨率的测试影片，这时的渲染速度会非常快。

2. 如图 15-3 所示，单击 Render Settings（渲染设置）右侧的箭头图标，从下拉列表中，选择 Draft Settings（草图设置）。然后，单击 Draft Settings（草图设置）文本。

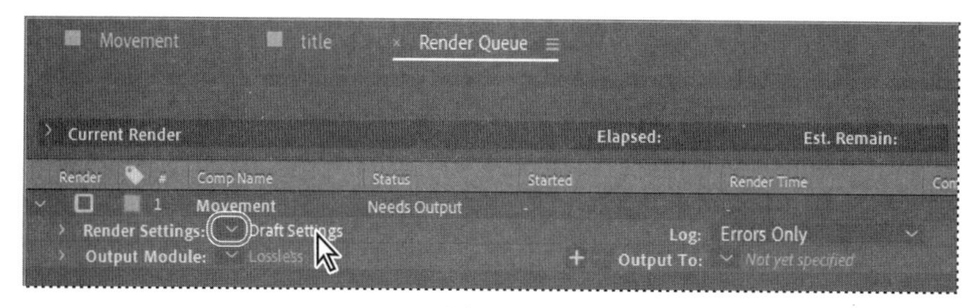

图15-3

此时，After Effects 会打开 Render Settings（渲染设置）对话框。这里，我们会采用 Draft Settings（草图设置）模板中的大部分默认设置，但是要把分辨率降低一些，以加快整个合成的渲染速度。

3. 在 Render Settings（渲染设置）对话框中，从 Resolution（分辨率）列表中，选择 Third（三分之一）。

选择 Third（三分之一）后，After Effects 会渲染合成中 1/9 的像素：1/3 行和 1/3 列。

4. 在 Time Sampling（时间采样）区域中，从 Time Span（时间跨度）列表中，选择 Length of Comp（合成长度）。

5. 如图 15-4 所示，单击 OK（确定）按钮，关闭 Render Settings（渲染设置）对话框。

6. 从 Output Module（输出模块）下拉列表中，选择 Lossless（无损）。

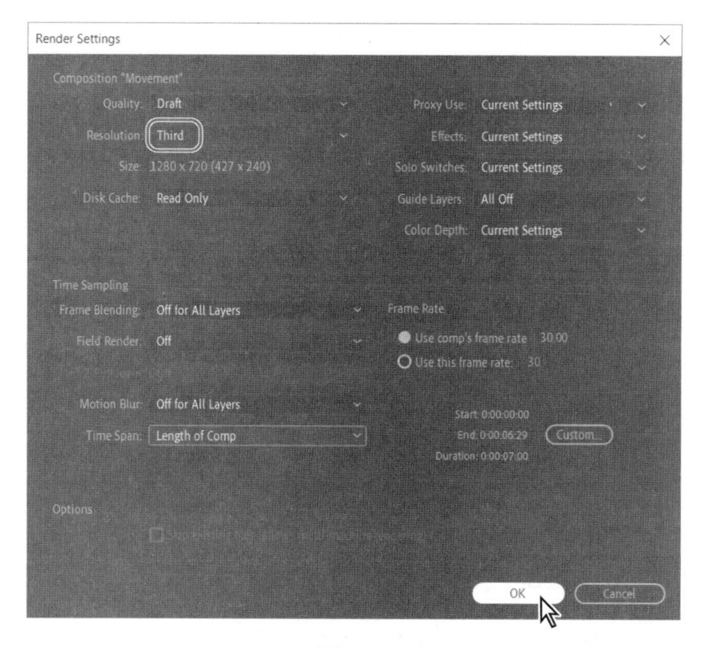

图15-4

单击 Output Module（输出模块）右侧的蓝色文本，可打开“输出模块设置”对话框，你可以在其中做各种输出设置。但这里，我们不做修改，采用默认设置。

7. 如图 15-5 所示，单击 Output To（输出到）右侧的蓝色文本，打开 Output Movie To（将影片输出到）对话框。

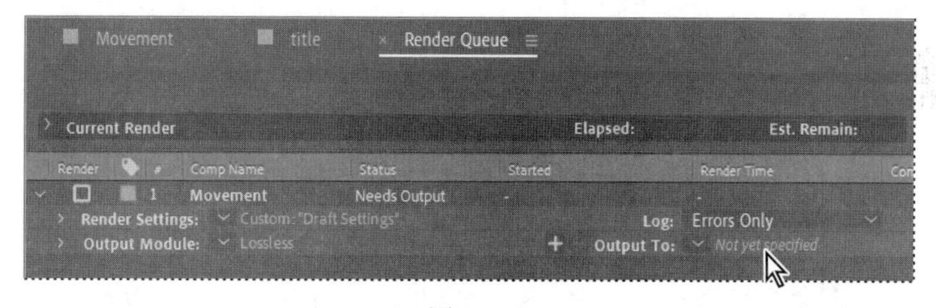

图15-5

8. 在 Output Movie To（将影片输出到）对话框中，转到 Lessons/Lesson15 文件夹下，新建一个名为 Final_Movies 的文件夹。

- 在 Windows 系统下，单击 New Folder（新建文件夹），然后输入名称。
- 在 macOS 系统下，单击 New Folder（新建文件夹）按钮，输入文件夹名称，单击 Create（创建）。

9. 双击 Final_Movies 文件夹，进入其中。

10. 如图 15-6 所示，输入文件名 Draft_RQ.avi（Windows）或 Draft_RQ.mov（macOS），

然后单击 Save（保存）按钮，返回到 Render Queue（渲染队列）面板。

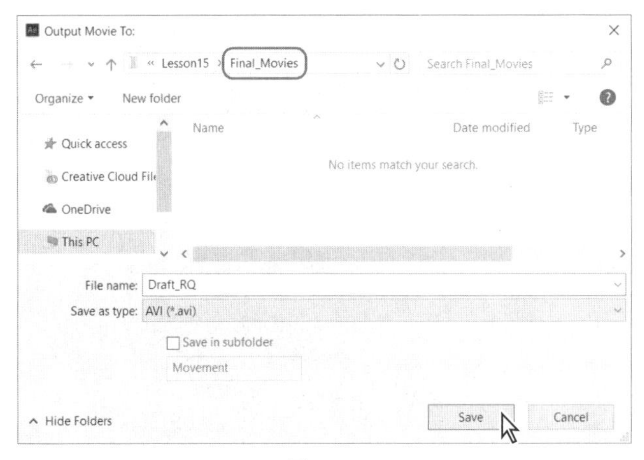

图15-6

11. 如图 15-7 所示，在 Render Queue（渲染队列）面板中，单击 Render（渲染）按钮。

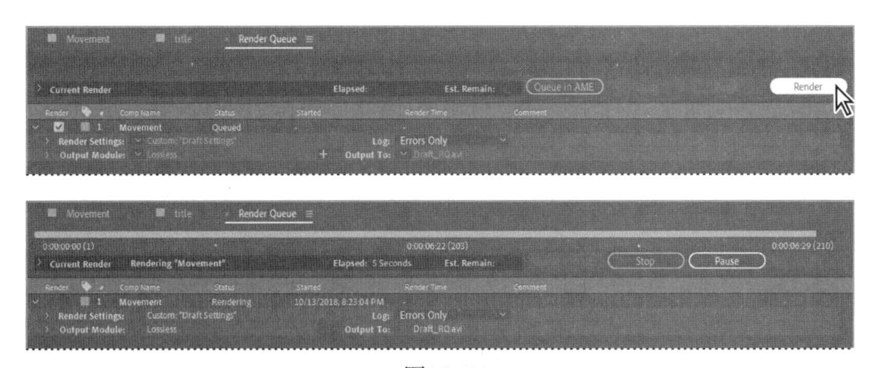

图15-7

After Effects 开始渲染影片。如果渲染队列中还有其他等待渲染的影片（或者有着不同设置的同一段影片），After Effects 也会逐个渲染它们。

注意：要在相同渲染设置下把同一段影片导出为不同格式，这根本不需要进行多次渲染，你只需要在 Render Queue（渲染队列）面板中根据需要的格式添加多个输出模块即可。

12. 转到 Lessons/Lesson15/Final_Movies 文件夹下，找到渲染好的影片，然后双击预览。

如果需要对影片做调整，此时可以再次打开合成，做相应调整。当调整完成后，保存项目，然后再次使用合适的设置输出测试影片。检查完测试影片，做必要的修改，即可使用全分辨率输出影片。

提示：从影片制作 GIF 动画很简单，只需要把合成添加到 Adobe Media Encoder 队列，然后选择 Animated GIF 输出格式即可。

为移动设备制作影片

在 After Effects 中，你可以轻松制作在移动设备（例如平板计算机、智能手机）上播放的影片。只需要把合成添加到 Adobe Media Encoder 编码队列，选择针对指定设备的编码预设进行渲染即可。

为了得到最佳结果，拍摄素材以及在 After Effects 中处理素材时，都要充分考虑移动设备自身的特点。对于小屏设备，拍摄时应该注意光照条件，并且输出时要使用低帧率。更多相关内容，请阅读 After Effects 帮助文档。

15.4 为渲染队列创建模板

在输出合成时，你可以手动选择各种渲染设置和输出模块设置。除此之外，我们还可以直接使用模板来快速应用预设。当你需要以相同格式渲染多个合成时，你就可以把这些相同的渲染设置定义成模板，然后同时指定给多个合成使用。模板一旦定义好，它就会出现在 Render Queue（渲染队列）面板中相应的列表中（渲染设置和输出模块）。在渲染某个合成时，你只需要根据工作要求从相应的列表中选择合适模板，所选模板中的设置即可自动应用到目标合成的渲染中。

15.4.1 创建渲染设置模板

在 After Effects 中，我们可以针对不同情况创建不同的渲染设置模板。例如，我们可以通过创建及选用不同模板，把同一段影片渲染成草图版本和高分辨率版本，或使用不同帧速率渲染同一段影片。

创建渲染设置模板时，先从菜单栏中，依次选择 Edit（编辑）→ Templates（模板）→ Render Settings（渲染设置）菜单，在 Render Settings Template（渲染设置模板）对话框中，在 Settings（设置）区域单击 New（新建），新建一个模板。然后为模板选择合适的设置。在 Settings Name（设置名称）中，输入一个名称（比如 Test_lowres），用来描述模板的用途。然后单击 OK（确定）按钮。

这时，我们刚创建好的渲染设置模板就会出现在 Render Queue（渲染队列）面板中的 Render Settings（渲染设置）列表中。

15.4.2 为输出模块创建模板

我们可以使用上面类似的步骤为输出模块创建模板。每个输出模块模板包含一组特定的设置组合，用来实现特定类型的输出。

在为输出模块创建模板时，先从菜单栏中，依次选择 Edit（编辑）→ Templates（模板）→ Output Module（输出模块），打开 Output Module Templates（输出模块模板）对话框。在 Settings（设置）区域中，单击 New（新建）按钮，新建一个模板。然后为模板选择合适的设置，根据要生成的输出为模板命名。单击 OK（确定）按钮，关闭对话框。

这时，刚创建好的输出模块模板就会出现在 Render Queue（渲染队列）面板中的 Output Module（输出模块）列表中。

15.5 使用 Adobe Media Encoder 渲染影片

在最终输出影片时，建议你使用 Adobe Media Encoder，它会在你安装 After Effects 时一同安装到系统中。Adobe Media Encoder 支持多种视频编码，借助它，你可以把影片输出成各种不同格式，包括 YouTube 等当下流行的视频服务网站的格式。

注意：如果你的系统当前没有安装 Adobe Media Encoder，请从 Creative Cloud 安装它。

15.5.1 渲染广播级影片

首先，选择相应设置，渲染出适合广播电视播出的影片。

1. 在 Project（项目）面板中，选择 Movement 合成，从菜单栏中，依次选择 Composition（合成）→ Add To Adobe Media Encoder Queue（添加到 Adobe Media Encoder 队列）菜单。

此时，After Effects 会打开 Adobe Media Encoder，并把所选的合成添加到渲染队列中，并使用默认渲染设置。你的默认设置可能和这里的不同。

提示：你还可以把合成拖入 Render Queue（渲染队列）面板，单击 Queue in AME（AME 中的队列）按钮，将其添加到 Adobe Media Encoder 队列。

2. 如图 15-8 所示，在 Preset（预设）一栏中，单击蓝色文本。

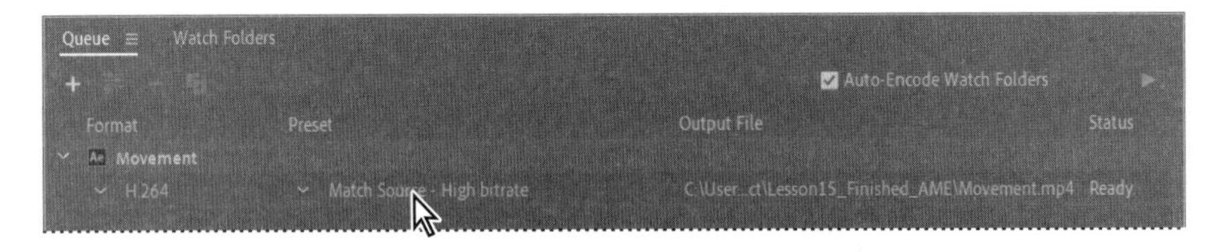

图15-8

此时，Adobe Media Encoder 会连接动态链路服务器，这可能需要花点时间。

提示：如果你不需要在 Export Settings（导出设置）对话框中修改任何设置，可以从 Queue 面板的 Preset（预设）列表中选择已有的预设。

3. 在 Export Settings（导出设置）对话框中，从 Format（格式）下拉列表中，选择 H.264，然后从 Preset（预设）下拉列表中，选择 High Quality 1080p HD（见图 15-9）。

图15-9

使用 High Quality 1080p HD 预设渲染整个影片可能得花好几分钟。下面我们将更改设置，只渲染影片前 3 秒，用以预览影片质量。在 Export Settings（导出设置）对话框底部有一个时间标尺，你可以通过拖曳其上的入点和出点滑块，指定要渲染的区域。

关于压缩

为了减少影片尺寸，我们必须对影片进行压缩，这样才能高效地存储、传输、播放影片。在为特定类型的设备导出和渲染影片文件时，我们要选择合适的压缩器/解压缩器（又叫编码器/解码器）或 codec（编解码器）来压缩信息，生成能够在指定设备上以特定带宽播放的文件。

编解码器有很多种，但没有哪种编解码器能够适用于所有情况。例如，用来压缩卡通动画的最佳编解码器通常不适合用来压缩真人视频。压缩电影文件时，我们要认真调整各种压缩设置，以使其在计算机、视频播放设备、Web、DVD 播放器上呈现出最好的播放质量。有些编码器允许我们移除影片中妨碍压缩的部分（例如摄像机随机运动、过多胶片噪点）来减小压缩文件的尺寸。

你选用的编解码器必须适用于所有观众。例如，如果你使用视频采集卡上的硬件编码器，那么观众就必须安装有同样的视频采集卡，或者安装了用来模拟视频采集卡硬件的软件编解码器。

关于压缩和编解码器的更多内容，请阅读 After Effects 帮助文档。

4. 如图 15-10 所示，把当前时间指示器拖曳到 3:00，然后单击 Set Out Point（设置出点，▙）按钮，该按钮位于 Select Zoom Level（选择缩放级别）左侧。

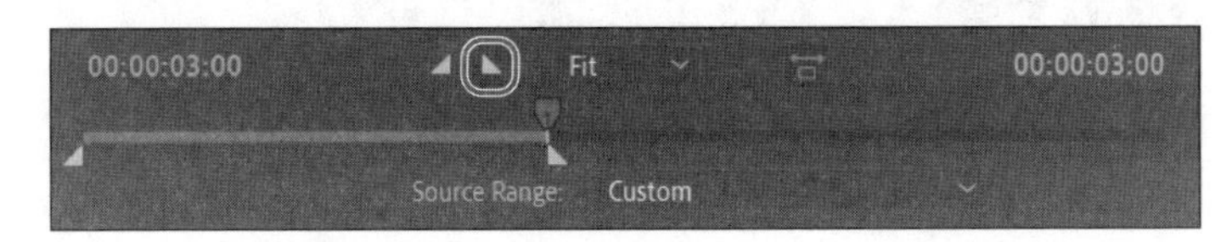

图15-10

5. 单击 OK（确定）按钮，关闭 Export Settings（导出设置）对话框。

6. 如图 15-11 所示，在 Output File（输出文件）栏，单击蓝字，在打开的“另存为”对话框中，转到 Lessons/Lesson15/Final_Movies 文件夹下，输入文件名称 HD-test_1080p.mp4，然后单击 Save（保存）或 OK（确定）按钮。

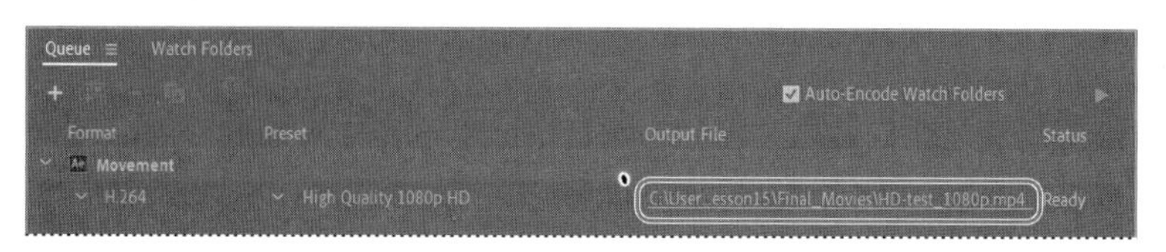

图15-11

到这里，输出影片的准备工作就完成了。但是，在开始渲染之前，让我们再向队列中添加几个输出设置项。

15.5.2 向队列添加其他编码预设

Adobe Media Encoder 内置有多种预设，这些预设可以用来为广播电视、移动设备、Web 输出影片。接下来，我们将为影片添加一个输出 YouTube 格式的预设，以便将其发布到 YouTube 上。

> **提示：** 如果你经常渲染文件，建议你创建一个监视文件夹。每当你把一个文件放入监视文件夹时，Adobe Media Encoder 就会自动使用你在监视文件夹面板中指定的设置对文件进行编码。

1. 如图 15-12 所示，在 Preset Browser（预设浏览器）面板中，依次选择 Web Video（Web 视频）→ Social Media（社交媒体）→ YouTube 480p SD Wide（YouTube 480p SD 宽屏）。

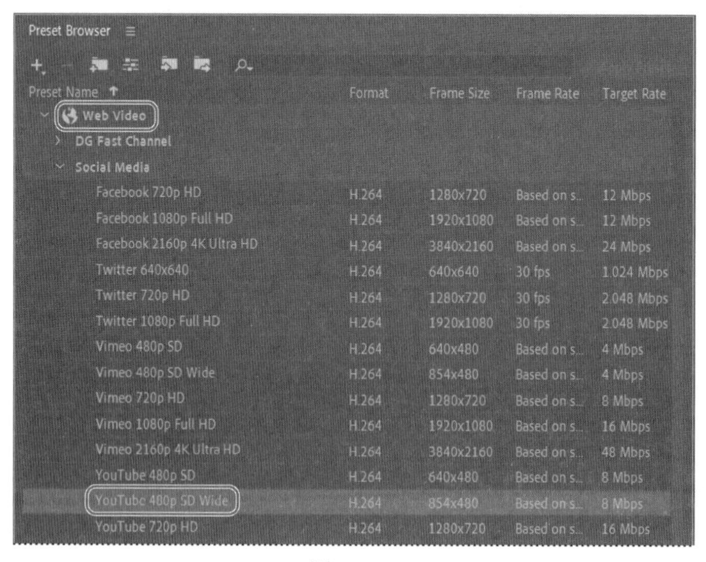

图15-12

2. 如图 15-13 所示，把 YouTube 480p SD Wide（YouTube 480p SD 宽屏）预设拖到 Queue（队列）面板中的 Movement 合成上。

图15-13

此时，Adobe Media Encoder 在队列中添加 YouTube 输出格式选项。

3. 对于刚刚添加的输出格式，在其 Output File（输出文件）栏目中，单击蓝字。在打开的“另存为”对话框中，转到 Lessons/Lesson15/Final_Movies 文件夹下，输入文件名称 Final_Web.mp4，单击 Save（保存）或 OK（确定）按钮。

15.5.3 渲染影片

此时，在 Adobe Media Encoder 队列中有影片两个输出版本的设置。接下来，我们就可以渲染和观看它们了。渲染会占用大量系统资源，可能会花一些时间，这取决于你的系统配置、合成的复杂度和长度，以及你选择的设置。

1. 如图 15-14 所示，单击 Queue（队列）面板右上角的绿色 Start Queue（启动队列）按钮（▶）。

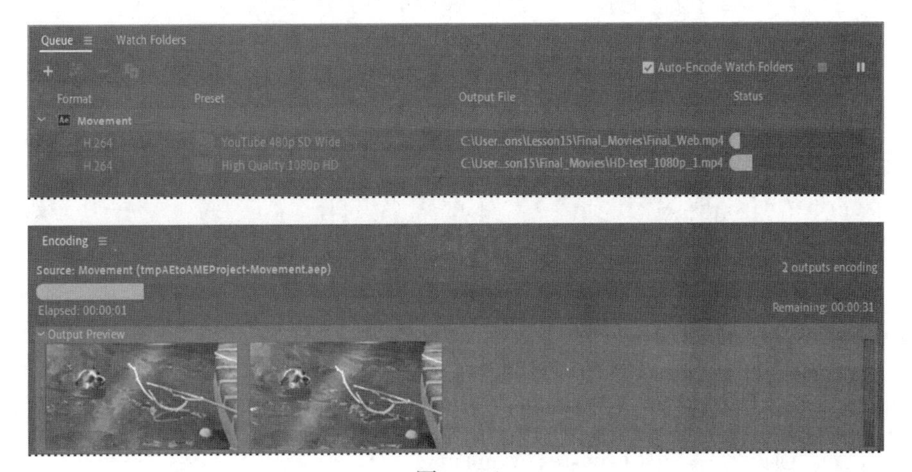

图15-14

> **提示**：编码时可能需要耗费一段时间，这具体取决于你的系统配置。

此时，Adobe Media Encoder 同时执行队列中的两个编码任务，并显示一个状态条，报告预计剩余时间。

2. 在 Adobe Media Encoder 对影片编码完成后，转到 Final_Movies 文件夹下，双击播放它们。

> Ae 提示：如果忘记了影片的保存位置，可以单击 Output File（输出文件）栏目中的蓝字，Adobe Media Encoder 会直接打开保存着影片的文件夹。

15.5.4 为 Adobe Media Encoder 自定义预设

大多数情况下，使用 Adobe Media Encoder 自带的预设就能满足各种项目的常见需求。但是，如果你有特殊需求，那么可能得自己创建编码预设。接下来，我们将自己定义一个预设，用来为影片渲染一个低分辨率版本，以便上传到 YouTube 上，这比上面的渲染速度要快很多。

1. 单击 Preset Browser（预设浏览器）顶部的 New Preset Group（新建预设组）图标（），为新建组指定一个唯一的名称，比如你的名字。
2. 如图 15-15 所示，单击 Create New Preset（新建预设）图标（+），选择 Create Encoding Preset（创建编码预设）。

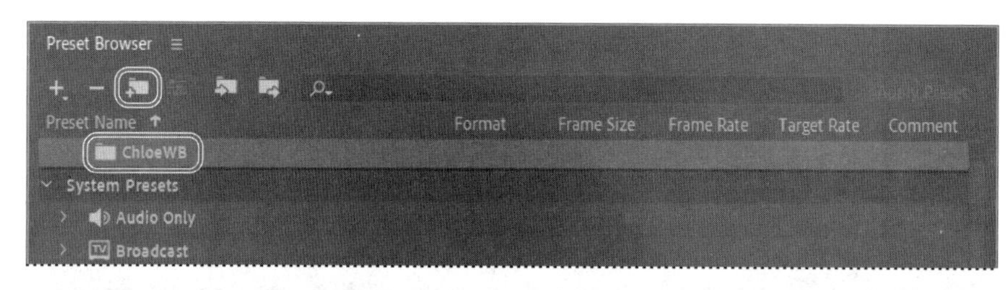

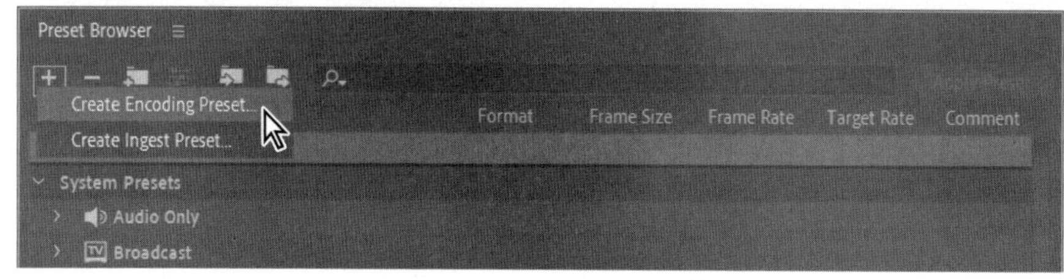

图15-15

3. 如图 15-16 所示，在 Preset Settings（预设设置“新建预设”）对话框中，做如下设置。
   - 设置“预设名称”为 Low-res_YouTube。
   - 从 Format（格式）列表中，选择 H.264。
   - 从 Based On Preset（基于预设）列表中，选择 YouTube 480p SD Wide（YouTube 480p SD 宽屏）。
   - 选择 Video（视频）选项卡。

- 如图 15-17 所示，在 Frame Rate（帧速率）中，取消选择 Based On Source（基于源）。

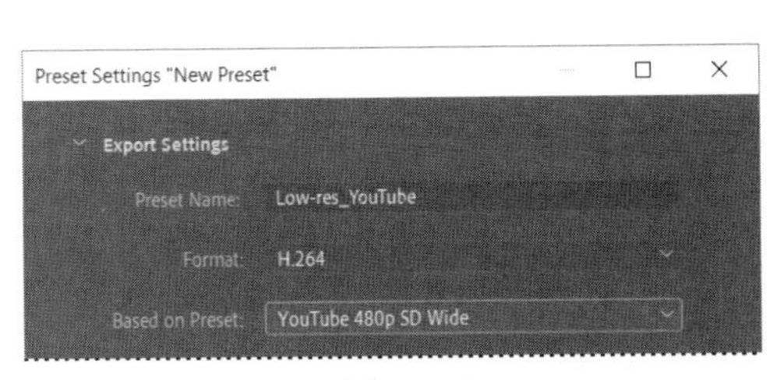

图15-16

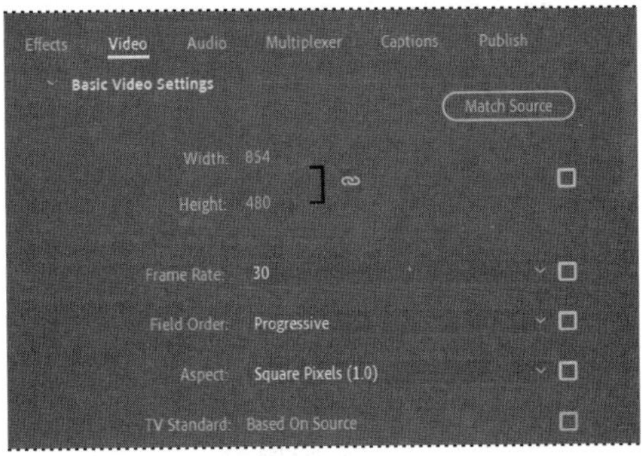

图15-17

- 如图 15-18 所示，从 Profile（配置文件）中，选择 Baseline（基线）。（你可能需要往下拉右侧的滑动条，才能看到这个选项）
- 从 Level（级别）中，选择 3.0。
- 从 Bitrate Encoding（比特率编码）中，选择 VBR, 1 Pass（VBR, 1 次）。
- 如图 15-19 所示，单击 Audio（音频）选项卡，从 Sample Rate（采样速率）中，选择 44100 Hz。从 Audio Quality（音频质量）中，选择 Medium（中等）。

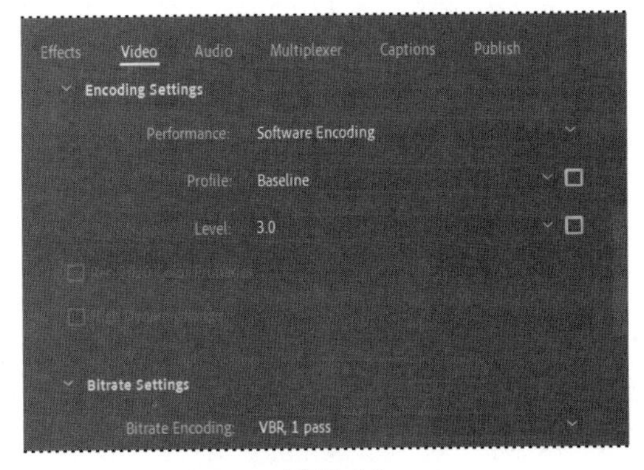

图15-18

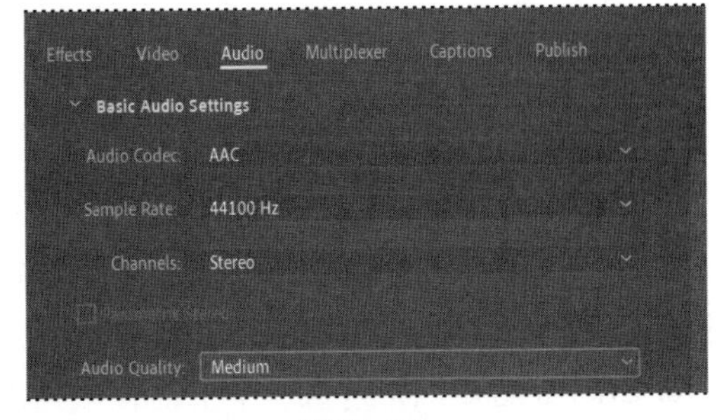

图15-19

4. 单击 OK（确定）按钮，关闭 Preset Settings（预设设置“新建预设”）对话框。
5. 把 Low-res_YouTube 预设拖曳到 Queue（队列）面板中的 Movement 合成之上。
6. 对于刚添加的输出格式，在其 Output File（输出文件）栏目中，单击蓝字。在打开的“另存为”对话框中，转到 Lessons/Lesson15/Final_Movies 文件夹下，输入文件名称 Lowres_YouTube，单击 Save（保存）或 OK（确定）按钮。
7. 单击 Queue（队列）面板右上角的绿色 Start Queue（启动队列）按钮（▶）。

此时，Adobe Media Encoder 使用新预设中的设置，很快地渲染出了影片。不过，渲染质量并不高。

8. 当 Adobe Media Encoder 对影片编码完成后，转到 Final_Movies 文件夹下，双击播放它们。

现在，我们已经为最终合成渲染输出了两个版本，一个是 Web 版本，另一个是广播电视版本。

为广播电视准备影片

本课最终渲染得到的影片是高分辨率的，并且适合广播电视播出。不过，有时你可能还需要调整其他合成才能得到想要的发布格式。

修改合成尺寸时，首先根据想要的目标格式，设置好相应参数，新建一个合成，然后，再把项目合成拖曳到新合成中。

在把合成从方形像素长宽比转换为非方形像素长宽比（广播电视播出时使用这种格式）时，Composition（合成）面板中的素材看起来会比原来宽。此时，为了准确查看视频影像，我们需要开启"像素长宽比校正"（pixel aspect ratio correction）功能。在视频监视器上显示图像时，"像素长宽比校正"会轻微挤压合成的视图。默认情况下，这项功能是关闭的，单击 Composition（合成）面板底部的 Toggle Pixel Aspect Ratio Correction（切换像素长宽比校正）图标即可开启该功能。在"首选项"（Preferences）对话框的"预览"中，有一个 Zoom Quality（缩放质量）设置项，修改该设置项会影响预览时"像素长宽比校正"的质量。

恭喜你！到这里，我们已经学完了本书的全部课程。

本书的目标是讲解 After Effects 的基础知识，帮助大家学习使用 After Effects 这款强大的软件。但是，限于篇幅，本书无法涵盖 After Effects 的全部内容。如果你想学习更多有关 After Effects 的知识，请参考本书前言中列出的各种学习资源。

15.6 复习题

1. 什么是压缩？压缩文件时，应该注意什么？
2. 如何使用 Adobe Media Encoder 输出影片？
3. 请说出在 Render Queue（渲染队列）面板中你能创建的两种模板，并说明何时以及为何使用它们。

15.7 答案

1. 为了减小影片的文件大小，我们必须对影片进行压缩，这样才能高效地存储、传输、播放影片。在为特定类型的设备导出和渲染影片文件时，我们要选择合适的压缩器/解压缩器（又叫编码器/解码器）或 codec（编解码器）来压缩信息，生成能够在指定设备上以特定带宽播放的文件。编解码器有很多种，但没有哪种编解码器能够适用于所有情况。例如，用来压缩卡通动画的最佳编解码器通常不适合用来压缩真人视频。在压缩电影文件时，我们要认真调整各种压缩设置，以使其在计算机、视频播放设备、Web、DVD 播放器上呈现出最好的播放质量。有些编码器允许我们移除影片中妨碍压缩的部分（比如摄像机随机运动、过多胶片噪点）来减小压缩文件的尺寸。
2. 使用 Adobe Media Encoder 输出影片时，先在 After Effects 的 Project（项目）面板中选择要输出的合成，然后从菜单栏中，依次选择 Composition（合成）→ Add To Adobe Media Encoder Queue（添加到 Adobe Media Encoder 队列）菜单。在 Adobe Media Encoder 中，选择编码预设，以及其他设置，为输出文件命名，单击 Start Queue（启动队列）按钮。
3. 在 After Effects 中，我们可以为渲染设置和输出模块设置创建模板。当你需要以相同格式渲染多个合成时，可以把相同的渲染设置定义成模板，然后把模板同时指定给多个合成使用。模板一旦定义好，它们就会出现在 Render Queue（渲染队列）面板中相应的列表中（渲染设置和输出模块）。在渲染某个合成时，你只需要根据工作要求从相应的列表中选择合适模板，所选模板中的设置即可自动应用到目标合成的渲染中。

附录A　常用快捷键

功能	Windows	macOS
全选	Ctrl+A	Command+A
取消全选	F2或Ctrl+Shift+A	F2或Command +Shift+A
对所选图层、合成、文件夹、效果、组、蒙版重命名	按主键盘上的Enter键	按主键盘上的Return键
打开所选图层、合成或素材	按数字小键盘上的Enter键	按数字小键盘上的Enter键
向下（后）或向上（前）移动所选图层、蒙版、效果或渲染项的图层顺序	Ctrl+Alt+向下箭头 或 Ctrl+Alt+向上箭头	Command +Option+向下箭头 或 Command +Option +向上箭头
把所选图层、蒙版、效果或渲染项移动到最底层（最后）或最顶层（最前）	Ctrl+Alt+Shift+向下箭头 或 Ctrl+Alt+Shift+向上箭头	Command +Option+Shift+向下箭头 或 Command +Option +Shift+向上箭头
在Project面板、Render Queue面板、Effect Controls面板中把选择项扩展到下一项	Shift+向下箭头	Shift+向下箭头
在Project面板、Render Queue面板、Effect Controls面板中把选择项扩展到上一项	Shift+向上箭头	Shift+向上箭头
复制所选的图层、蒙版、效果、文本选择器、动画制作工具、操控网格、形状、渲染项、输出模块、合成	Ctrl+D	Command+D
退出	Ctrl+Q	Command+Q
撤销	Ctrl+Z	Command+Z
重做	Ctrl+Shift+Z	Command+Shift+Z
清理所有内存	Ctrl+Alt+/（数字小键盘）	Command+Opition+/（数字小键盘）
中断脚本运行	Esc	Esc

附录B　自定义键盘快捷键

与 Adobe Premiere Pro CC、Audition CC 一样，After Effects 也提供了一个可视化的键盘快捷键编辑器。从菜单栏中，依次选择 Edit（编辑）→ Keyboard Shortcuts（键盘快捷键），即可打开键盘快捷键编辑器。

在键盘快捷键编辑器中，你几乎可以为所有命令指定键盘快捷键，但是下面这些快捷键已经被系统预先指定，你无法重新指定它们，例如 A、AA、E、EE、F、FF、L、LL、M、MM、P、PP、R、RR、S、SS、T、TT、U、UU。

B.1　查看快捷键

通过如下步骤，你可以查看哪些快捷键已经指定，哪些尚未指定。

- 如图 B-1 所示，要查看快捷键完整的命令名，先把光标放到键盘的某个键上。

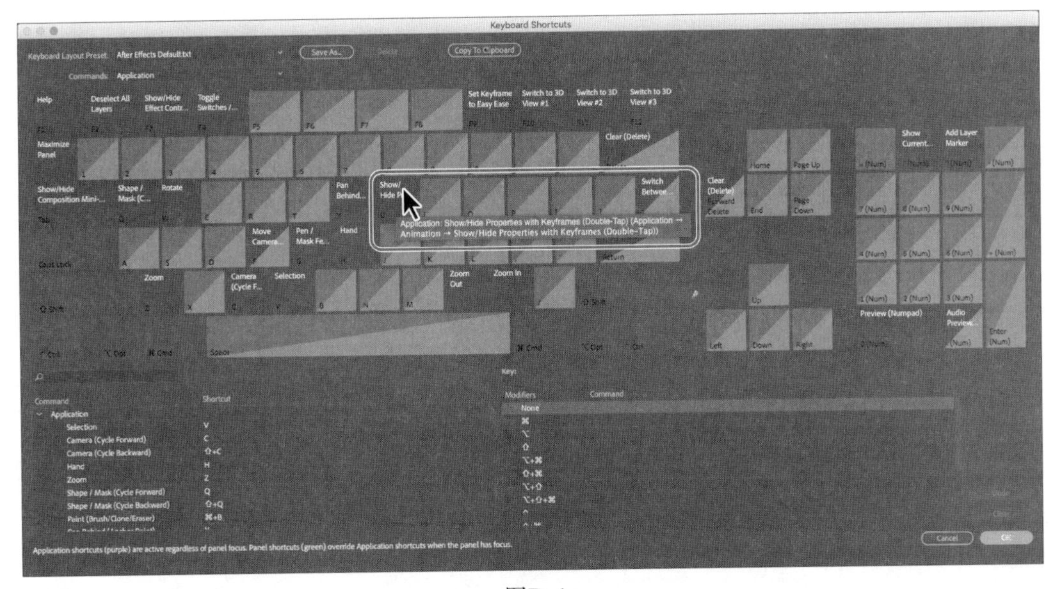

图B-1

- 要查看哪些快捷键需要用到修饰键（Ctrl、Shift、Alt），只需在键盘上按下相应的修饰键即可显示出来。
- 要想查看某个键分配的命令，只要用鼠标单击那个键即可在右下角区域显示出来。

在键盘快捷键编辑器中，键盘上的各个键有不同颜色，指明它们是应用程序级别的快捷键，还是面板级别的快捷键。应用程序级别的快捷键为紫色；面板级别的快捷键为绿色；半紫半绿的键表示指派给它们的命令既有面板级别的命令也有应用程序级别的命令。

B.2 编辑快捷键

执行如下操作，编辑快捷键：

1. 从“命令”菜单中，选择“应用程序”或一个面板。
2. 从键盘快捷键对话框底部的列表中，选择一个命令。
3. 单击命令名右侧的 × 图标，清除快捷键，然后输入新快捷键。从右侧列表中，选择修饰键。或者，把命令名拖曳到一个键上。

如果你选了一个无权指定的键，或者有可能引起冲突的快捷键，After Effects 会向你显示一个警告。

制作笔记

本书使用 Adobe InDesign CC (2018 release) 排版，美工制作中用到了 Adobe InDesign、Adobe Illustrator、Adobe Photoshop。

书中出现的公司名称仅用来做演示，不指代任何实际的组织或个人。

用到的字体

本书中用到的字体有 Adobe Myriad Pro、Adobe Warnock Pro，以及其他 Adobe 字体。关于 OpenType 和 Adobe 字体的更多信息，请访问 Adobe 官网。

参与人员

下面这些人员参与了本书的编写与制作工作。

- 作者：布里·根希尔德（Brie Gyncild）。
- 图形设计与排版：丽莎·弗里斯玛（Lisa Fridsma）。
- 文字编辑和审校：温迪·卡茨（Wendy Katz）。
- 索引编制：布里·根希尔德（Brie Gyncild）。
- 录入工作：梅根·哈恩（Megan Ahearn）。
- 内页设计：米米·赫夫特（Mimi Heft）。
- 课程设计：丽莎·弗里斯玛（Lisa Fridsma）、布里·根希尔德（Brie Gyncild）。
- Adobe Press 执行编辑：劳拉·诺曼（Laura Norman）。
- Adobe Press 制作编辑：特蕾西·克罗姆（Tracey Croom）。

贡献者

Mark Christiansen：Mark 是 *After Effects CC Visual Effects and Compositing Studio Techniques*（Adobe Press）一书的作者。工作中，他为电影、网络电视、计算机游戏，及许多高科技公司制作了大量视觉效果和动画，参与过的项目有 *The Orphanage* (*Dimension Films*)、*Telling Pictures*(*The History Channel*)、*The Couturié Company* (*HBO*)，服务过的公司有 Seagate、Sun、Intel、Medtronic 等，其中特别值得一提的是 *The Day After Tomorrow* 以及 Robert Rodriguez 导演的电影。

Lee Daniels：Lee 是一位自由动画师、插画师、动态图形艺术家，他住在伦敦南部，有自己的工作室。Lee 起初做杂志设计和修图工作，随后 10 多年间，他为许多跨国公司、电视和新媒体客户制作定制动画和视觉效果，其中包括 Channel 4、Discovery US、国家地理、镜报集团、埃克森美孚和癌症研究公司。最近，他接受委托，为 4oD 短剧平台制作了几部 UK 电视秀。他热衷于在 LeeDanielsART YouTube 频道上与他人分享自己使用 After Effects 制作动画的各种技巧，受到越来越多用户的欢迎。

Takeshi Hiraoka：2002 年一个寒冷的冬日，Hiraoka 从夏威夷檀香山搬到了寒冷的旧金山，就读于旧金山艺术大学，并于 2004 年 5 月毕业。读书期间，Hiraoka 结识了 Sheldon Callahan，他们一起导演并制作了长篇 DV 电影《缘起》。Hiraoka 不仅是 DV 制作人，他还是 2D 和 3D 动画师。

Stephen Schleicher：从堪萨斯州到佐治亚州再到加利福尼亚州，Stephen 担任过编辑、平面设计师、摄像师、导演和制片人，制作过大大小小的各种影像作品。目前，Stephen 在福特海斯州立大学教授媒体和 Web 开发。他还为州政府、地方机构和组织拍摄视频和制作项目，同时也推出了许多个人作品。Stephen 是数字媒体网（digitalmedianet）的定期撰稿人。

Anna Ullrich：安娜是一位不太起眼但超厉害的数码艺术家，她生活在华盛顿州西雅图市，但心系明尼苏达州，因为那里住着她那精神矍铄又聪明绝顶的祖母。Anna 从西雅图华盛顿大学获得了 BFA 学位（影像），随后从印第安纳州圣母大学获得 MFA 学位（影像）。

致谢

我们衷心感谢 Victoria Nece 女士对本项目的支持和帮助。如果没有你，我们将无法顺利完成这个项目！万分感谢！